普通高校"十三五"规划教材

Eastsoft.

东软载波单片机应用
C 程序设计

上海东软载波微电子有限公司　编著

北京航空航天大学出版社

内 容 简 介

从 C 语言设计及实现的角度，为读者深入解析 C 语言的各种细节。本书以《C 语言参考手册》为基础，既力求精确描述，又不乏通俗解释，并配有详细例程，期待成为国内第一本面向 C 程序员的语言参考手册。本书涉及领域较广，包括计算机系统结构、程序语言概念、程序设计基础、软件工程、嵌入式开发等。同时，本书又是一本专门针对 C 语言深度剖析的参考手册，不但囊括了 C 语言的传统知识点，还深入阐述了类型系统、寻常类型转换规则、声明形式等高级主题。

本书既合适作为高等院校学生、广大 C 程序开发人员的参考手册，也可以帮助从事 C 编译器设计人员更好地理解 C 语言标准。

图书在版编目(CIP)数据

东软载波单片机应用 C 程序设计 / 上海东软载波微电子有限公司编著. -- 北京 ： 北京航空航天大学出版社，2017.6

ISBN 978 - 7 - 5124 - 2446 - 3

Ⅰ.①东… Ⅱ.①上… Ⅲ.①单片微型计算机－C 语言－程序设计 Ⅳ.①TP368.1②TP312.8

中国版本图书馆 CIP 数据核字(2017)第 133408 号

东软载波单片机应用 C 程序设计

上海东软载波微电子有限公司　编著

责任编辑　胡晓柏　张　楠

*

北京航空航天大学出版社出版发行

北京市海淀区学院路 37 号(邮编 100191)　http://www.buaapress.com.cn

发行部电话:(010)82317024　传真:(010)82328026

读者信箱:emsbook@buaacm.com.cn　邮购电话:(010)82316936

涿州市新华印刷有限公司印装　各地书店经销

*

开本:710×1 000　1/16　印张:26　字数:554 千字

2017 年 9 月第 1 版　2017 年 9 月第 1 次印刷　印数:3 000 册

ISBN 978 - 7 - 5124 - 2446 - 3　定价:65.00 元

若本书有倒页、脱页、缺页等印装质量问题，请与本社发行部联系调换。联系电话:(010)82317024

前　言

本书的写作目的源于上海东软载波微电子有限公司 HRCC 编译器设计团队的实践工作。HRCC 编译器是一款面向嵌入式应用的 C 编译器,她以 C89 标准为基础结合 HR 系列单片机特性设计而成。自 2010 年 6 月 HRCC 编译器正式发布以来,有数百家嵌入式系统方案公司及高等院校实验室正在使用其开发各类系统方案,是真正意义上完全独立自主设计的商业级 C 编译器。在编译器开发与支持工作中,发现不少拥有多年 C 程序开发经验的工程师其实并没有真正了解 C 语言。面对一些"奇怪"的语法问题,他们经常使用自认为最有效的方式——回避。我们曾经很多次拿着《C 语言参考手册》向用户深入解释错误原因,但显然这种方式过于低效。为此,我们经过大量的经验总结,决定编写 C 语言书籍,帮助客户深入、精确理解 C 语言。

尽管 C 语言已经问世 40 多年,但关于 C 语言精确描述的书籍却非常稀缺。目前,堪称最精确描述 C 语言的书籍莫过于《C 语言参考手册》,其在每位 C 编译器设计者心目中的地位是无可比拟的。不过,遗憾的是绝大多数 C 程序开发人员并非该书的预期读者。正如该书前言所述:We expect our readers to already understand basic programming concepts,and many will be experienced C programmers。作为 HRCC 编译器设计团队,我们每位研发人员都曾无数次拜读《C 语言参考手册》及 C89/C99 标准,深知其"晦涩"并非普通开发人员可以接受,面对每个细节都必须反复推敲,否则稍有不慎就可能引起误解。而市面上大部分的"经典"C 语言教材可能只涉及了其中 30% 左右的语法点,还不乏一些错误观点存在。为此,我们团队期待结合对 C 语言的理解及多年编译器设计经验,从程序语言设计及实现的角度,深入浅出为读者解析那些 C 语言的"细枝末节"。

本书涉及领域较广,包括计算机系统结构、程序语言概念、程序设计基础、软件开发技术、嵌入式应用以及程序调试技术等,期待为读者展示软件开发的完整过程。在 C 语言知识方面,本书不但讲述了表达式、语句、函数、数组、指针等基本语言点,还深入描述了类型系统、寻常类型转换规则、声明形式等市面上大部分教材几乎从未涉足的话题。

　　本书所使用的软件开发环境、程序源代码都可以从上海东软载波微电子有限公司官方网站（www.essemi.com）免费获得。由于时间仓促，笔者水平有限，书中难免有不足和疏漏之处，欢迎广大读者批评和指正。作者联系方式：

　　E-mail：c_program@essemi.com

　　最后，特别感谢上海东软载波微电子有限公司软件部卢昊参与全书编写工作，潘松、陈立权、陈光胜校审全稿，并提出宝贵意见。

上海东软载波微电子有限公司软件部

目　录

第 **1** 章

计算机系统

计算机系统堪称是 20 世纪人类创造的最复杂的系统之一。随着个人微型计算机的诞生，计算机已经从实验室走向了人们的日常生活。除了最为人所熟知的微型个人计算机(即 personal computer，简称 PC)之外，那些体积小巧、性能各异的嵌入式计算机更是浸润在我们生活的每个角落。

关于计算机系统结构(computer architecture)的概念，最早由 IBM 计算机帝国的缔造者 G.M.Amdahl 于 1964 年提出的，其定义为：程序员所看到的计算机系统的属性，即概念性结构和功能特性。**概念性结构**主要指计算机各基本部件(如微处理器、存储设备、IO 外设等)的逻辑组织结构，但并不涉及这些部件的硬件设计与实现。而**功能特性**主要是指计算机的指令系统及其执行模型，包括数据表示、寻址技术、寄存器定义、指令系统、存储系统、中断系统、输入输出系统以及机器的工作状态等。

本章将依托于上海东软载波微电子有限公司自主研发的 HR 系列单片机，概要介绍计算机的基本结构。

1.1 计算机结构简介

在过去的半个世纪中，计算机硬件、软件技术的飞速发展都是令人惊叹不已的。如今，一台普通智能手机的性能已经超过了 20 年前的个人计算机了，而前者体积可能只是后者的百分之一。随着时间的推移，计算机的实现技术及性能指标都会不断提升，但系统内在的本质不会改变。几乎所有主流计算机系统都由相似的硬件和软件组成，它们的组织结构并不存在本质差异，其所扮演的角色及执行的功能也没有太多变化。本节将介绍两种典型的计算机结构：冯·诺依曼结构、哈佛结构。

1.1.1 冯·诺依曼结构

1946 年，被后世誉为"计算机之父"的冯·诺依曼(von Neumann)教授提出了一种将程序指令存储器和数据存储器合并在一起的计算机结构，即**冯·诺依曼结构**(也被称为**普林斯顿架构**)，其逻辑结构如图 1-1 所示。直到今天，绝大多数个人计算机及嵌入式计算机仍然沿用冯·诺依曼结构，例如，Intel x86、8051、ARM7、Cortex-M0、MIPS 等。冯·诺依曼结构的主要特点如下：

（1）存储器是字节固定、线性编址的一维结构，每个地址是唯一定义的；

（2）机器运行由指令形式的低级机器语言驱动。指令顺序执行，即按照指令在存储器中存储的顺序依次执行，分支结构由转移指令完成；

（3）以运算器为中心，数据存储及输入输出都必须通过运算器；

（4）运算器、存储器及输入输出设备之间的协同工作由控制器集中控制。

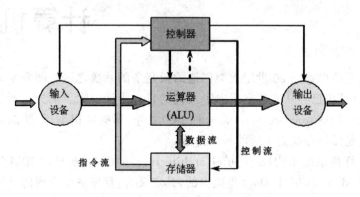

图1-1 冯·诺依曼计算机结构

1.1.2 哈佛结构

哈佛结构是一种将程序指令和数据空间独立存储的计算机系统，其目的是为了缓解程序运行时的存储访问瓶颈，如图1-2所示。与传统冯·诺依曼结构不同，哈佛结构通过两条独立的总线分别用于取指令及取数据，因此从架构上解决了这两种行为在总线访问上的冲突问题。在嵌入式应用领域，基于哈佛结构的主流处理器包括：Microchip公司的PIC、摩托罗拉公司的MC68、Atmel公司的AVR以及ARM公司的ARM9、ARM10、Cortex-M3等。

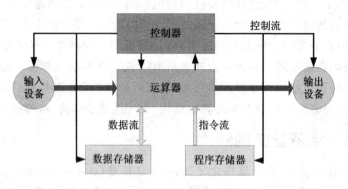

图1-2 哈佛计算机结构

由于是通过两条独立系统总线，哈佛结构的处理器允许指令字长与数据字长不同。例如，ARM公司Cortex-M3处理器的Thumb指令字长是16位，而数据字长是 32 位。

非冯·诺依曼结构计算机

在计算机领域,冯·诺依曼结构的地位无可比拟。从本质来说,其一维计算模型(指令顺序执行)及一维存储模型(存储空间线性编址)成就了现代计算机的辉煌。不过,随着人们对计算效率的极致追求,这种模型也限制了计算机的发展。正因如此,人们已经开始尝试脱离冯·诺依曼结构,设计一些新型计算机结构。目前,主要在以下三方面进行探索:

(1)采用多个处理部件形成流水处理。通过处理时间的重叠达到提高效率的目的,该技术已经成熟,已在现代计算机中广泛应用;

(2)采用多机并行结构。通过多机并行协同工作的方式提高执行效率的目的,如并行计算机,该技术正在趋于成熟;

(3)突破传统控制流驱动方式,采用数据流驱动的方式。只要数据已经准备完毕,相关指令即可并行执行,而不再受制与冯.诺依曼的一维计算模型。人们将此类计算机称为数据流计算机。这是未来并行计算的研究方向。

除此之外,专用于处理非数值化信息(如自然语言、音频、视频、图像处理等)的智能计算机、推理机、光子计算机、量子计算机、神经网络计算机、仿生计算机等也正在研究中。

1.2　处理器内核

HR 系列单片机主要包括:HR7P 系列 8 位单片机、HR8P 系列 32 位 Cortex-M0 内核单片机、ES9P 系列 32 位 Cortex-M3 内核单片机。本章将主要介绍 HR7P 系列 8 位单片机内核(见图 1-3)。HR7P 系列单片机具有如下特点:

(1)高性能哈佛结构,16 位指令字长,8 位数据字长;

(2)79 条精简指令;

(3)多级硬件程序堆栈(宽度同程序指令宽度);

(4)复位向量位于 0000_H,默认中断向量位于 0004_H,支持中断优先级向量表;

(5)支持硬件乘/除法器;

(6)支持中断处理,有多个中断源。

中央处理器(central processing unit)是单片机的核心部件,由运算单元和控制单元组成。在程序运行时,数据运算、取指、指令译码、控制逻辑等操作都是由中央处理器完成。

程序存储器(program memory)主要用于保存程序执行指令的存储器。根据存储特性不同,可将程序存储器分为 OTP、FLASH 两类。OTP 程序存储器只能一次写入,不允许擦除或修改。主要应用于一些成本敏感的低端消费品领域,代表型号有

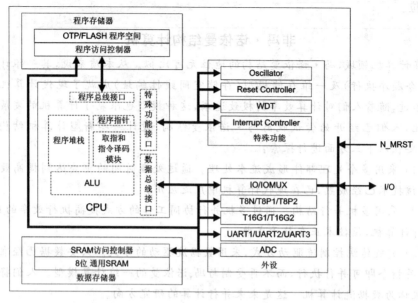

图 1-3 HR 单片机内核图

HR7P153、HR7P155、HR7P173 等。FLASH 程序存储器则允许多次写入,反复擦除或修改。主要应用于白色家电、工业控制、仪器仪表等品质要求较高应用领域,代表型号有 HR7P169、HR7P201、HR7P275 等。

　　数据存储器(data memory)是程序执行过程中可随机读写的存储器,包括特殊功能寄存器和通用数据寄存器两部分。特殊功能寄存器用于规定和设置芯片系统或外设模块的操作,而通用数据寄存器则用于用户数据的存储。

1.2.1 指令系统

　　HR7P 系列产品采用优化设计的 2T 架构,通过片内时钟生成器产生两个不重叠的正交时钟 phase1(p1)和 phase2(p2)。两个不重叠的正交时钟组成一个机器周期,即一个机器周期由 2 个系统时钟周期组成,简称 2T 结构。CPU 在第一个系统时钟周期内进行取指、译码、中断处理、读取操作数。在第二个系统时钟周期内将进行算术运算或逻辑运算操作,并将运算结果写回及预取下一条指令。

　　HR7P 系列产品绝大多采用 79 条精简指令集。为了方便程序设计者使用,指令助记符大多是由指令功能的英文缩写组成。每条指令有操作码与操作数两个部分。操作码是指令的唯一标识,中央处理器通过操作码识别具体指令。操作数则是该指令的输入数据。

　　按指令执行的机器周期数可分为双周期指令和单周期指令,其中 CALL、LCALL、RCALL、GOTO、JUMP、RET、RETIA、RETIE 为双周期指令。满足跳转条件时,JBC、JBS、JDEC、JINC 指令为双周期指令,否则为单周期指令。其他指令为单周期指令。

在 79 条精简指令集中,除了 NOP、NOP2 两条指令不执行任何操作外,其余指令根据执行功能可分为三类:寄存器操作类指令、程序控制类指令和算术逻辑运算类指令。指令集请参见本书附录 C。

1.2.2　乘法器和除法器

与通用计算机不同,嵌入式计算机主要应用于各类控制领域,对算术运算的速率要求较低,鉴于成本、体积等因素考虑,早期嵌入式计算机大多只包含了最基本的硬件加法运算器。理论上,加法运算与移位运算结合可以实现所有二进制整数的算术运算,因此,大多数嵌入式应用领域中的乘、除运算都是借助于循环地加减、移位运算实现的。这种实现方式的主要缺点在于其执行效率较低,可能影响系统响应的实时性。但随着嵌入式计算机与通用计算机的应用领域界限越来越模糊,对两者性能的要求也日趋相同。为了提升算术运算的效率,某些嵌入式计算机通过硬件实现了乘法器、除法器,甚至于在 DSP 芯片中还集成了硬件浮点运算单元。HR7P 高端系列单片机内部集成了硬件乘(除)法器,其结构如图 1-4 所示。

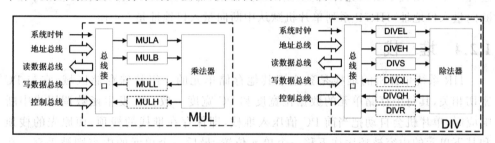

图 1-4　硬件乘/除法器内部结构图

硬件乘法器是一个 8 位二进制数乘以 8 位二进制数的乘法运算设备,乘积为 16 位二进制数。MULA、MULB 是只写寄存器,不可读取,用于设置两个乘数。MULL、MULH 是只读寄存器,不可写入,用于保存乘法运算结果。整个硬件乘法器的运算周期为一个机器周期。

硬件除法器是 16 位二进制数除以 8 位二进制数的除法运算设备,商为 16 位二进制数,余数为 8 位二进制数。DIVEL、DIVEH 是只写寄存器,不可读取,用于设置被除数。DIVS 也是只写寄存器,用于设置除数。DIVQL 和 DIVQH 寄存器是只读寄存器,用于保存除法运算结果。被除数和除数设置完成后,需要插入 2 条 NOP 指令,才能读取商和余数。若除数为 0x00,则商为 0xFFFF,余数为 0xFF,表示结果溢出。

特别注意,如果用户程序需要在主程序和中断服务程序中同时需要使用乘(除)法器,就需要考虑乘(除)法器相关寄存器的数据冲突问题。例如,用户在使用乘法器运算时,需要通过多条指令分别设置两个乘数寄存器。如果在此期间被中断,而中断处理程序中也需要用乘法器,则同样会设置两个乘数寄存器,由此可能导致原来主程序中设置的乘数寄存器的值被覆盖,中断返回后再通过结果寄存器获取的乘积并不一定是预期结果。在使用乘(除)法器时,用户必须提防这类数据冲突导致的程序逻辑异常。

1.2.3　程序计数器

程序计数器(program counter,亦简称为 PC),用于控制指令的执行顺序。HR7P 系列单片机 PC 的宽度最多为 16 位,寻址范围为 $0000_H \sim FFFF_H$,寻址超出地址范围会导致 PC 溢出循环。在单片机内部,CPU 通过程序总线从当前 PC 指向的程序存储器中读取指令及其操作数,读取当前指令后 PC 自动加 1,指向下一条待执行指令的程序地址。如果当前 PC 为 $FFFF_H$ 时,那么,在读取当前指令后 PC 将自动归为 0000_H,即指向程序存储器的首地址。

除了运算类指令外,指令系统还支持一些可以改变程序执行顺序的跳转类指令。通过跳转指令的组合,即可实现各种程序逻辑,如选择、循环、函数调用等。

在处理器运行过程中发生复位,则 PC 的值被自动重置为 0000_H。当处理器运行过程产生中断且中断被允许响应,则 PC 会根据不同的中断向量模式指向对应的中断向量入口地址,HR7P 系列单片机默认中断向量入口地址是 0004_H。

1.2.4　堆　栈

HR 系统单片机的堆栈是独立于其他存储单元的一组特殊存储区域,它与 PC 密切相关,其每个存储单元的数据位宽度和 PC 宽度一致。在发生函数调用或中断响应时,单片机会自动把当前 PC 值压入堆栈,即保存在堆栈的栈顶,而原先的栈顶和其下单元的内容被顺序往下移一个单元位置,最后一个单元的内容则被丢弃。在子程序调用结束返回或中断返回时,单片机会自动将堆栈的栈顶数据置入 PC 中,顶部其下的单元内容顺序往上移一个单元位置,程序从新的 PC 值处运行。

堆栈深度(depth of stack,亦称为**堆栈级数**)即堆栈的存储单元数量。HR 系列单片机各型号堆栈深度不一样。HR7P 系列部分单片机支持 32 级堆栈,当程序执行 CALL、LCALL 指令或中断被响应后,PC 自动压栈保护。当执行 RET、RETIA 或 RETIE 指令时,堆栈会将栈顶数据(即最近一次压栈的数据)弹出至 PC。下面,通过程序 1-1 说明子程序调用过程中堆栈的变化情况。

程序 1-1

1	0x0200	CALL Sub1	;当前 PC 为 0200_H,调用 Sub1 子程序
2	0x0201	NOP	
3		……	
4	Sub1:		
5	0x0300	NOP	;Sub1 子程序内容
6	0x0301	RET	;Sub1 子程序返回

程序在地址 0200H 处执行 CALL,调用子程序 Sub1,调用前堆栈内的内容如图 1-5(a)所示。首先,单片机读取 CALL 指令,读取完毕后 PC 自动加 1,指向下一条指令的地址 0201H。由于当前指令是 CALL,单片机会将 PC 的值压入堆栈,如图 1-5(b)所示。然后执行 CALL 指令,把 Sub1 子程序的入口地址 0300H 赋给 PC,即跳转到 Sub1 子程序执行。最后,当执行完子程序 Sub1 的 RET 指令后,单片机将栈顶元素的值弹出到 PC,程序从返回地址 0201H 地址继续执行,如图 1-5(c)所示。

与 8051 系列单片机不同,HR 单片机的堆栈是硬件实现的。压栈和出栈都是由硬件自动完成,响应速度快。而 8051 系列单片机是软件堆栈,压栈数据存储在数据存储器内,由程序设计者对 PC 进行压栈和出栈保护。这种方式的优点是只要 RAM 空间够大,理论上可以无限次压栈。但是一旦数据存储器内数据被异常改变,则会导致程序执行异常。硬

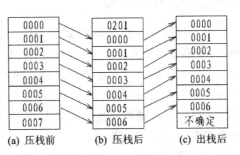

图 1-5 堆栈调用关系图

件堆栈就完全不存在此类问题,这是 HR 系列单片机抗干扰性远优于 8051 系列单片机的重要因素之一。而硬件堆栈也有一个缺点,那就是堆栈深度在芯片设计时确定,软件设计时要特别注意函数调用的嵌套深度。HR7P 系列部分单片机支持 32 级硬件堆栈,通常可以满足所有应用需求,函数递归调用除外。

1.3 程序存储器

程序存储器是单片机内部用于保存执行程序的存储区域。HR 单片机的程序存储器的每个存储单元都是 16 位字长,其存储空间从 1K 到 64K 不等,寻址超出地址范围就会导致 PC 溢出。

PC 的低 8 位可通过 PCRL 寄存器直接读写,而 PC 的高 8 位不能直接读写,只能通过 PCRH 寄存器来间接设置。复位时,PCRL、PCRH 和 PC 都会被自动清零。在 HR 系列单片机中,可以通过两种方式修改 PC:直接修改寄存器、跳转指令。

1.3.1 直接修改寄存器

正如之前所述,处理器内部的 PC 对用户是不可见的,但用户可以通过访问 PCRL、PCRH 两个寄存器实现修改 PC 的目的。特别注意,由于 PCRL、PCRH 是两个寄存器,试图修改它们的值是无法通过一条指令实现的,而 PC 的值又直接影响下一条待执行指令。为了解决这一矛盾,HR 单片机并没有将 PCRH 寄存器的值直接映射到 PC 的高 8 位,而是在用户对 PCRL 寄存器修改时,将 PCRL、PCRH 寄存器

的值同时映射到 PC。因此,在通过寄存器修改 PC 时,用户必须先修改 PCRH 寄存器,再修改 PCRL 寄存器。

1.3.2 跳转指令

通过跳转指令也可以改变 PC 状态。HR 系列单片机的跳转指令支持三种程序存储器寻址方式:直接程序存储器寻址、相对程序存储器寻址、间接程序存储器寻址。

直接程序存储器寻址

直接程序存储器寻址,即跳转指令的目标地址直接存储在指令码中的寻址方式。例如,如果程序要转移到 1000H 处,则地址 1000H 或其等价的形式直接出现在指令码中。直接程序存储器寻址是早期微处理器跳转指令最常用的方式。但随着程序存储空间不断增大,在指令码中直接表示目标地址的方式越来越困难。为此,许多微处理器将直接程序存储器寻址分两种实现:短跳转指令(如 RCALL、CALL、GOTO)、长跳转指令(AJMP、LCALL)。

短跳转指令,其指令码中包含了跳转目标地址的低 11 位,而目标地址的高 5 位来自 PCRH 寄存器的第 3~7 位。由于短跳转指令码中只包含了跳转目标地址的低 11 位,因此,在不改变 PCRH 的情况下,短跳转指令的寻址范围为 2K 字。

长跳转指令(指令码长度为 32 位),其指令码中包含了完整的 16 位跳转目标地址。在执行长跳转指令时,处理器将指令码的 16 位目标地址直接赋值给 PC,并使用其中高 8 位值更新 PCRH 寄存器。

相对程序存储器寻址

相对程序存储器寻址,即跳转指令的目标地址以相对于 PC 的偏移方式存储在指令码中的寻址方式。例如,HR 系列单片机的 JUMP 指令,该指令的目标地址是相对于当前 PC 的 +128~+127 的范围内,而指令码中只需要使用 8 位二进制数表示目标地址即可。这种方式并不是所有微处理器都支持的,但在一些现代微处理器架构中比较常见。除了 JUMP 指令之外,HR 系列单片机的条件跳转指令也是通过相对寻址实现的,如 JBS、JBC 等,即条件为真时 PC=PC+2(跳过下一条指令)。

间接程序存储器寻址

间接程序存储器寻址,即跳转指令的目标地址是存储在某个 RAM 或寄存器内,再将该 RAM 或寄存器的地址存放在指令码中的寻址方式。例如,HR 系列单片机的 RCALL 指令,该指令码中包含一个 RAM 地址,而真正的目标地址是存储在该 RAM 存储单元内。

1.3.3 FLASH 自编程

HR 系列单片机的 FLASH 存储器允许用户进行自编程,这在实际系统中非常实用。如果用户系统需要在掉电时保存有用的信息,一种方式是通过增加 EEPROM 存储器来实现,另一种方式就是利用 FLASH 自编程功能,用户可以将要保存的信息通过自编程写入到单片机的 FLASH 中。后一种方式既降低了成本,也节省了芯片的端口资源。

以 HR7P90H 为例,FLASH 程序存储器按空间大小不同,分为若干页,每页 256 个字。每页又分 4 行,每行 64 个字。FLASH 以页为单位擦除,通过程序存储器控制寄存器(ROMCH,ROMCL)可将 FRAH 寄存器所指向的页擦除。FLASH 是以行为单位写数据,其操作行为是将 ROMD(ROMDH,ROMDL)寄存器中的 16 位值写入 FRAL<5:0>所指向的程序写缓冲区地址。

ROMCL/ROMCH 寄存器为 FLASH 读数据控制寄存器。其中 ROMCH 不是物理寄存器,试图读取 ROMCH 时,其值为 0。

FRAH/FRAL 寄存器为 FLASH 读数据指针寄存器。当读 FLASH 时,FRAH/FRAL 组成指针,最大可寻址 64K 的 FLASH 程序存储空间。当写 FLASH 时,FRAH<7:0>指向 FLASH 的写入页;每页 FLASH 分为 4 个区,由 FRAL<7:6> 划分;每个区的容量与程序缓冲器相同,为 64 个字,通过程序缓冲器进行改写操作,程序缓冲器由 FRAL<5:0>寻址。

ROMDH/ROMDL 寄存器为 FLASH 数据寄存器。当读 FLASH 时,ROMDH/ROMDL 用于存放读出的 16 位 FLASH 数据。当写 FLASH 时,ROMDH/ROMDL 中的数据将被写入程序缓冲器中。

FLASH 在进行擦除、写入时,整个芯片处于暂停状态,其中包括 CPU 工作暂停,指令执行暂停,外围模块工作暂停,中断响应暂停;暂停时外围模块以及 IO 工作等均保持暂停前的状态,直至存储器 FLASH 擦除、写入完成后,芯片才会继续工作。FLASH 存储器页更新流程如图 1-6 所示。程序存储器 FLASH 的页擦除时间为 22 ms±8%,程序存储器的写入时间为 4.1 ms±8%。

用读指令将一页内容备份至数据存储空

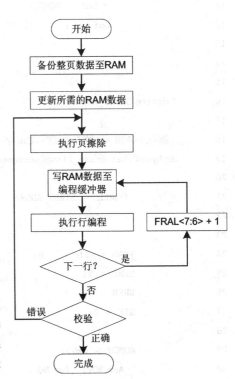

图 1-6 FLASH 页更新流程

间,然后修改备份数据存储空间要更新的值。通过寄存器 ROMCL 和 ROMCH 进行页擦除,擦除完成后用写指令将相应 64 字的数据写入程序写缓冲区。接着通过寄存器 ROMCL 和 ROMCH 将整个程序写缓冲器中的内容写入{FRAH,FRAL<7:6>}所指向的页中的一行(必须依照固定程序流程进行)。重复上面步骤直至完成整页编程,最后用读指令进行写入区的校验,见程序 1-2。

程序 1-2

```
1       //读取 FLASH 数据。addr:起始地址,buf:结果数据缓存区指针,n:读取字节数
2       void read_flash(unsigned int addr, unsigned char * buf, unsigned char n)
3       {
4               unsigned char i;
5
6               FRAL = addr;                    //地址低字节
7               FRAH = addr >> 8;               //地址高字节
8               for (i = 0; i<n; i++)
9               {
10                      __asm {TBR#1}           //读程序缓冲区,FRA+1
11                      * buf = ROMDL;          //保存读出的数据
12                      buf++;
13              }
14      }
15
16      #define START_ADDR 0
17
18      //擦除 FLASH 页(填充 0xFF),256 字节/页
19      unsigned char erase_flash(unsigned int addr)
20      {
21              if(addr < START_ADDR)           //检查 FLASH 起始擦写地址是否有效
22                  return 0;
23
24              FRAH = addr >> 8;               //地址高字节
25              MEWS = 1;                       //选择 FLASH 擦除
26              WREN = 1;                       //使能 FLASH 擦除
27              GIE = 0;                        //关全局中断
28
29              ROMCH = 0x55;
30              __Asm NOP; __Asm NOP;           //8 个 NOP 指令或等待 8 个指令周期
31              __Asm NOP; __Asm NOP;
32              __Asm NOP; __Asm NOP;
```

```
33          __Asm NOP; __Asm NOP;
34
35          ROMCH = 0xAA;
36          __Asm NOP; __Asm NOP;          //8 个 NOP 指令或等待 8 个指令周期
37          __Asm NOP; __Asm NOP;
38          __Asm NOP; __Asm NOP;
39          __Asm NOP; __Asm NOP;
40
41          MTRG = 1;                      //启动擦除操作
42          while (MTRG);                  //等待擦除完成
43
44          WREN = 0;                      //禁止 FLASH 擦除
45          GIE = 1;                       //开全局中断
46          return 1;
47      }
48
49  //将数据逐字节写入 FLASH。addr:起始地址,buf:数据缓存区指针,n:写入字节数
50  void write_flash(unsigned int addr, unsigned char * buf, unsigned char n)
51  {
52          unsigned char i;
53
54          FRAL = (addr && 0xC0);          //地址低字节,64 字节行
55          FRAH = addr >> 8;               //地址高字节
56          for (i = 0; i<64; i++)
57          {
58              ROMDL = 0xFF;               //写入 FLASH 的字节数据
59              ROMDH = 0xFF;               //忽略高 7 位不用
60              __asm {TBW #1};             //写程序缓冲区,FRA + 1
61          }
62
63          FRAL = addr;                    //地址低字节
64          FRAH = addr >> 8;               //地址高字节
65          for (i = 0; i<n; i++)
66          {
67              ROMDL = * buf;              //写入 FLASH 的字节数据
68              ROMDH = 0x00;               //忽略高 7 位不用
69              __asm {TBW #1};             //写程序缓冲区,FRA + 1
70          }
71
```

东软载波单片机应用 C 程序设计

```
72              GIE = 0;                        //关全局中断
73              MEWS = 0;                       //选择 FLASH 写入
74              WREN = 1;                       //使能 FLASH 写入
75
76              ROMCH = 0x55;
77              __Asm NOP; __Asm NOP;           //8 个 NOP 指令或等待 8 个指令周期
78              __Asm NOP; __Asm NOP;
79              __Asm NOP; __Asm NOP;
80              __Asm NOP; __Asm NOP;
81
82              ROMCH = 0xAA;
83              __Asm NOP; __Asm NOP;           //8 个 NOP 指令或等待 8 个指令周期
84              __Asm NOP; __Asm NOP;
85              __Asm NOP; __Asm NOP;
86              __Asm NOP; __Asm NOP;
87
88              MTRG = 1;                       //启动写操作
89              while (MTRG);                   //等待写完成
90
91              WREN = 0;                       //禁止 FLASH 写入
92              GIE = 1;                        //开全局中断
93          }
```

在使用 FLASH 自编程功能时,必须注意以下两点:

(1) 由于 FLASH 的擦写需要几十毫秒的时间,这段时间无法响应外部中断,程序也无法继续执行。因此对实时性要求高的系统,不能在程序运行过程中去使用 FLASH 自编程功能,只能在不影响系统实时响应的上电或者掉电时,使用 FLASH 自编程功能。

(2) 由于 FLASH 存储器的特点,其固定地址的擦写寿命是有限的(HR7P 系列部分单片机的 FLASH 存储器擦写寿命为 3 万次)。当系统产品需要频繁保存数据时,用户可以通过分片循环读写的方式,避免对 FLASH 存储器的固定地址进行操作,这样可以在产品的完整寿命周期中保证 FLASH 存储器不会失效。

1.4 数据存储器

HR7P 系列单片机的数据存储器由两部分组成:通用存储器 GPR、特殊功能寄存器 SFR。

GPR 分为若干个存储体组,每个存储体组最多 128 个字节。SFR 最多支持 128 个特殊寄存器,地址范围 $FF80_H \sim FFFF_H$。

数据存储器结构示意如图 1-7 所示。从图中可以看到,每个存储体组共有 256 个字节,低地址的 128 个字节作为通用存储器 GPR 使用;高地址的 128 个字节作为特殊功能寄存器 SFR 使用。SFR 全部都被映射到实际物理地址 FF80$_H$～FFFF$_H$,所以特殊功能寄存器 SFR 最多只能支持 128 个字节。

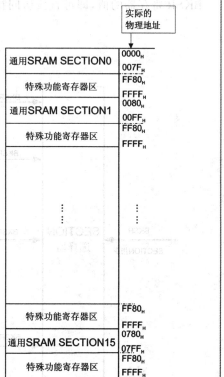

图 1-7 数据存储器结构

在计算机处理器中,对存储单元的操作都是基于存储单元地址进行的。在执行需要访问存储器的指令时,处理器必须从指令码及当前机器状态得到待访问存储单元的地址,这种获取地址的方式被称为**寻址方式**(addressing mode)。理论上,寻址方式越丰富,指令集功能则更强大,但该处理器的设计及制造成本也相对较高。在通用计算机领域,处理器的寻址方式相对较丰富,如 Intel x86 支持直接寻址、立即数寻址、间接寻址、寄存器间接寻址、相对寻址、基址寻址等。但嵌入式计算机领域,由于成本等因素限制,寻址方式相对比较简单,HR7P 系列单片机支持三种寻址方式:直接寻址、间接寻址和特殊寻址。

1.4.1 直接寻址

直接寻址,即指令码中包含了目标存储器的地址,处理器则根据指令码直接存取对应存储单元。不过,随着存储器空间越来越大,许多处理器的指令集都无法真正做到在指令码中包含目标存储器的完整地址。例如,使用 16 位二进制只能编址 64K 存储空间,而 HR7P 系列单片机的指令码长度只有 16 位,显然试图在指令码中包含完整的目标地址是无法实现的。为了解决这一问题,HR 系列单片机引入了存储体组的概念。

HR7P 系列单片机规定,在直接寻址时,绝大多指令中只包含目标地址的低 8 位,而目标地址的高位部分存放在 BKSR 寄存器中。从逻辑上来说,就是将完整的存储空间划分为若干存储体组,每个存储体组有 256 个字节空间,BKSR 寄存器则用于表示当前选中的存储体组。指令中包含的低 8 位目标地址用于在存储体组内部寻址。

特别注意,单片机将每个存储体组的低 128 个字节空间作为通用存储器使用,而将高 128 个字节空间直接映射到特殊功能寄存器区域,便于用户可以无须切换

BKSR 寄存器的值，即可直接访问特殊功能寄存器，如图 1-8 所示。

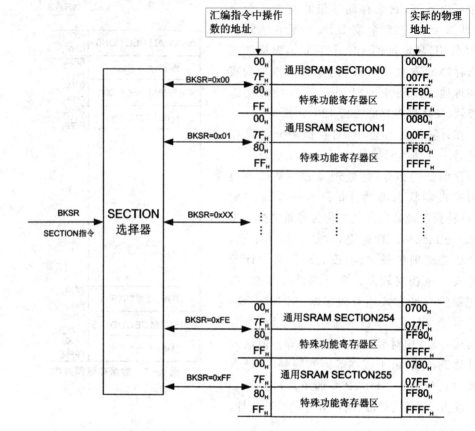

图 1-8　直接寻址示意图

为了便于操作，HR7P 系列单片机指令集中有一条"SECTION"指令，用于选择存储体组，效果等同于直接操作特殊功能寄存器 BKSR，见程序 1-3。

程序 1-3

```
1        SECTION      1               ;选择存储体组 1
2        MOVI         0x55            ;赋初始值
3        MOVA         0x03            ;地址必须是 0x03;如果写成 0x83,
4                                     ;将对特殊功能寄存器 0xFF83 进行操作
5        MOVA         0x83 % 0x80     ;功能与上一行相同,但推荐使用这种方式
6        MOV          0x83 % 0x80,0   ;将 0x83 单元数据读取到 A 寄存器中。
```

1.4.2　间接寻址

间接寻址，即指令码中包含的不是目标地址，而是存放目标地址的存储单元的地址。完成这类寻址指令需要进行两次存储访问，先获得存放目标地址的存储单元的

地址,再访问该存储单元获得真正的目标地址。

在 HR7P 系列单片机中,间接寻址是通过 IAAL、IAAH、IAD 三个寄存器实现的,其中 IAAL、IAAH 两个寄存器用于存储实现待访问存储单元的目标地址,再通过对 IAD 寄存器的读写操作完成间接寻址。也就是,对 IAD 寄存器的读写操作会自动转为对 IAAL、IAAH 寄存器中所指向的存储单元的操作。间接寻址示意如图 1-9 所示。

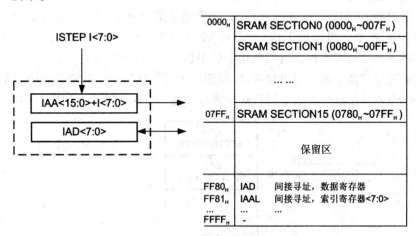

图 1-9　间接寻址示意图

为了便于间接寻址操作,指令集有一条"ISTEP"指令,用来对间接寻址索引寄存器 IAAL 和 IAAH 寄存器进行偏移计算。该指令支持 8 位有符号立即数,即偏移范围$-128\sim127$。虽然只有 8 位立即数,但是该条指令对整个 IAA 寄存器组(IAAL 和 IAAH)进行 16 位计算。计算结果依然存放于 IAAL 和 IAAH 寄存器中。

程序 1-4

```
1              MOVI    0x00
2              MOVA    IAAH
3              MOVA    IAAL            ;IAAL 指向 RAM 首地址
4       NEXT1:
5              CLR     IAD
6              INC     IAAL            ;指针 IAAL 内容加 1
7              JBS     IAAL,7          ;是否已到 7FH?
8              GOTO    NEXT1           ;未完成,循环到下一个单元清零
```

程序 1-4 的功能是采用间接寻址的方式将存储体组 0 的寄存器空间 $0000_H \sim 007F_H$ 清零。

注意,IAD 寄存器自身也有物理地址 $FF80_H$。因此,该寄存器也是可以被间接寻址的。当通过间接寻址的方式读 IAD 寄存器时,其结果值始终为 0,而写入操作则是一个空操作。

1.4.3 通用存储器特殊寻址

正如之前所述,HR7P 系列单片机的数据存储器是以存储体组形式组织的,而鉴于指令空间所限,每个存储体组的空间仅限于 256 个字节(实际通用存储器空间只有 128 个字节)。随着嵌入式应用对数据存储器空间的需求日趋增大,某些较大的线性空间必须被划分为相当数量的存储体组,不同存储体组之间的数据交换则不得不依赖于反复切换 BKSR 寄存器值实现,大大降低了程序执行效率。为了解决这一瓶颈,HR7P 系列单片机增加了指令 MOVAR 和 MOVRA 两条指令用于对通用存储器进行特殊寻址读写操作。这两条指令码中包含 11 位目标地址信息,可用于对 2K 字节的通用存储器空间进行直接寻址,以便减少在存储组之间的切换操作。但 MOVAR 和 MOVRA 指令无法访问特殊功能寄存器。特殊寻址示意如图 1-10 所示。

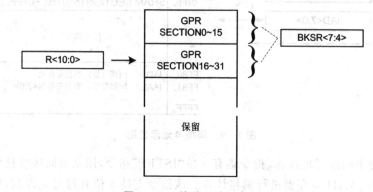

图 1-10 特殊寻址示意图

程序 1-5 的功能是通过特殊寻址方式对通用寄存器中地址为 0693H 的存储单元进行访问。

程序 1-5

```
1          MOVI      0x55        ;0x55 ->A注
2          MOVAR     0x693       ;A-> [0693H]
3          MOVRA     0x693       ;[0693H] ->A
```

注:A 为单片机累加器。

第 **2** 章

C 语言基础

迄今为止,程序设计语言仍然是人类与计算机之间最主要的交流途径。在过去的近半个世纪中,绝大多数为人所熟知的程序设计语言都是命令式语言,如 Fortran、C、Pascal、Ada 等,它们被广泛应用于系统软件、应用软件、科学计算、人工智能、嵌入式系统、分布计算等各领域,对计算机技术发展做出了重要贡献。作为最经典的命令式语言之一,C 语言的成就更是令世人瞩目。本章将从最基本的概念开始,引领读者步入 C 语言的世界。

2.1 命令式语言

在正式讨论 C 语言之前,读者应该了解关于程序设计的一些基本概念。严格来说,**程序**(program)是对于某个具体任务的一种描述形式,并不是计算机科学的专有名词。无论是否接触计算机,程序都是无处不在的。例如,工作计划或操作说明书都是特殊形式的程序,只不过大多数情况下人们并不会把它们与"程序"关联。当计算机诞生之后,为了指导计算机完成某些任务,必须借助于一些特定方式与计算机进行交流,而这种方式就是"计算机程序",它是人类向计算机传达指令的唯一途径。而程序的描述规范是双方必须严格遵守的协议,否则就失去交流的平台。习惯上,将这种程序描述协议称为"语言"。

尽管计算机技术飞速发展,但人类与计算机交流的唯一规范语言仍然仅限于二进制形式的机器语言。显然,除了专业的计算机设计者之外,其他人很难满意这种交流方式。而程序设计语言及编程方法学的研究目的正是旨在改变这种糟糕的现状。

在过去的数十年间,冯·诺依曼(von Neumann)的计算机结构对程序语言的发展起到了至关重要的作用。在冯·诺依曼结构中,程序被抽象为两个部分,即"数据"与"执行",而程序运行就是通过"执行"改变"数据"状态的过程。至于该过程的细节,大致可分为三个步骤:取数据、处理、回存数据。显然,这种"朴实"的数据处理方式被大多数早期程序语言设计者所接受,命令式语言的设计思想正是源自于此。由于历史发展等原因,命令式语言对后续程序设计的基本理念产生了深远的影响。其实,追本溯源后不难发现,它就是对计算机的"数据"与"执行"进行了语言级别的抽象。

首先，使用"变量"的概念将计算机"原始"的数据存储进行了包装，允许程序员为存储空间指定特定的名字，并通过名字引用相应的存储空间。与变量关系密切的操作就是"赋值"，这也是命令式语言的标志特性。所谓"赋值"，就是数据回存的过程。有些语言将其实现为赋值语句，有些语言可能实现为赋值表达式，其本质没有太大差异。简单来说，命令式语言的核心就是基于"变量"的数据处理。理论上，一切有意义的数据处理过程是离不开变量赋值的，这也是冯·诺依曼体系结构所提倡的。

其次，就是关于"执行"。程序设计语言通常将其抽象成两个概念：表达式、控制结构。

表达式是描述计算的最基本方式。由于早期语言主要应用于科学计算，因此其设计灵感主要就是源于数学公式。尽管人们最初想把这件事做到极致，但似乎并没有语言真正实现，包括某些数学领域的语言。在表达式方面，大多数命令式语言的支持相对是比较弱的，通常只支持算术运算、逻辑运算、关系运算等，例如 $a=a+10*b$。表达式的出现不但简化了计算的描述形式，更促进了类型系统的发展。众所周知，计算机指令是类型无关的，例如，将字符串与整数进行算术运算，只要指令形式合法，CPU 必定会设法完成计算，尽管计算结果没有任何实际意义。然而，类型机制则明确了每种数据类型的合法取值范围及操作，显然，字符串类型不可能被允许应用于算术运算，这就从语言设计角度对数据计算的合法性进行了限制。当然，类型的神奇功用远不止此，笔者将在后续详细讨论。

控制结构是改变程序执行逻辑的主要途径，程序语言通常支持两种控制结构：选择、循环。选择是一种有条件地执行相应语句的语法结构。而循环则是控制计算机重复执行特定语句块的语法结构。事实上，在早期语言实现中，人们设计控制结构只是出于应用便捷的目的，并没有期待它能够完全取代计算机的跳转指令实现任何程序的描述。直到 1966 年，从理论与实践都证明了这种设计是非常合理且精巧的。因此，在之后的几十年中，没有人试图再次颠覆或改变它。

最后，谈谈程序设计。美国著名计算机科学家 Donald E.Knuth 著有一部计算机科学领域的传世之作《The Art of Computer Programming》（中文译名为《计算机程序设计艺术》），该书的经典不言而喻，其书名中"Art"一词更是对程序设计最完美的诠释。书中详细介绍了各种精妙算法的设计，但它却借助于面向 MIX 机器的汇编语言实现（MIX 是一种虚拟计算机结构）。显然，将程序设计与程序语言混淆是错误的，尽管它有时不得不借助于一门语言实现，但语言只是艺术家手中的画笔。本书旨在帮助读者解决如何使用程序语言，期间可能涉及简单的数据结构与算法设计，但却不能教授读者如何设计结构完美的程序，那需要阅读《The Art of Computer Programming》，以达成设计结构完美的程序之目标。

程序语言范型

通常,程序设计语言可以分为 4 类:命令式语言、函数式语言、逻辑语言、面向对象语言。然而,许多更专业的观点认为:面向对象语言不能单独归为一类,因为它们大多是从命令式语言或函数式语言演化发展而来的。

毫无疑问,命令式语言是应用最广泛的语言,已被绝大多数人所接受,可惜不是全部。在程序语言的发展历程中,总有一小部分人试图改变现状。当然,他们的目的绝不仅是创造一门语言如此简单,而是摆脱传统语言对冯·诺依曼结构的依赖,函数式语言、逻辑语言便由此诞生。

函数式语言的设计模式是基于数学函数,它将数学函数在语言中的实现推向了极致,期待使用函数抽象计算机的一切行为。首先,函数式语言颠覆了"变量"的概念,在语言层次上摆脱了"存储空间"的存在,完全依赖于函数实现存储抽象。至于控制结构,选择的实现形式是分段函数,而循环的实现则是递归函数。除此之外,函数式语言还提出了许多命令式语言不支持的概念,例如,高阶函数、单子(monad)、惰性求值等。著名的函数式语言包括:LISP、Haskell、ML 等。1977 年,著名计算机科学家 John Backus 在图灵奖获奖演讲时提到:纯函数式语言比命令式语言好,其程序可读性更强、更可靠、更可能正确。尽管这个观点是完全正确的,但到目前为止,使用函数式语言实现的程序仍然只是小部分。

逻辑语言的设计模式是基于形式逻辑的,使用符号逻辑的形式来表示程序,并通过逻辑推导过程来生成结果。逻辑语言的程序是声明性的,与过程性语言不同,它只说明所需要的结果,不需要描述该结果的详细求值过程。逻辑语言主要应用于人工智能,其最具代表性的语言是 Prolog。

在过去的几十年中,尽管函数式语言与逻辑语言拥有先进的设计理念,但阻碍它们真正流行的原因是它们编写的程序执行效率不及命令式语言。不过,随着计算机技术发展,现状正在发生变化,尤其是函数式语言在近十年中得到了广泛的认可与支持。

2.2　程序基本结构

图 2-1 是一个求和程序,尽管其功能简单,但囊括了 C 语言的最基本元素,例如,函数、表达式、控制结构、变量、预处理等。下面,笔者将对这些概念进行简单介绍,以便读者从宏观上理解 C 程序的基本结构。

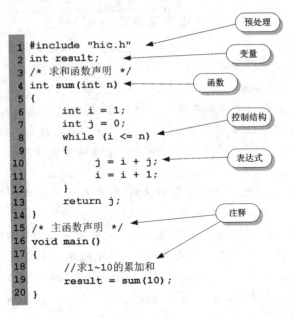

图 2-1　程序基本结构示意

2.2.1　注　释

注释(comment)是程序中用于说明或备注的文本。在程序设计语言中,注释也是必不可少的。注释本身既不参与编译,也不影响程序的执行。但是,注释却大大增加了程序的可读性。虽然不同语言支持注释的形式可能不同,但却无法找到不支持注释的语言。C语言支持两种注释形式:行内注释、块注释。行内注释使用"//"标注,"//"之后至该行结束的文本即为注释文本。这种注释方式源于C++,由C99标准正式提出。块注释使用"/*　*/"标注,两个"*"之间的文本即为注释,块注释是可以跨行的,块注释不能嵌套使用。

2.2.2　预处理

预处理(preprocess)是指在程序被编译前对其进行的特定文本处理过程,也称为"编译预处理"。在C语言中,预处理行为是由专门的预处理命令控制,预处理命令是以字符"#"开始的文本行,如图 2-1 第 1 行所示。#include 命令的功能是将指定文件的文本完整地进行预处理后,并用预处理结果替换该预处理命令行。在本例中,就是使用"hic.h"文件的内容替换#include 命令行。

2.2.3　函　数

函数(function)是一种执行逻辑的组织形式,通常由若干语句组成,以实现某个特定功能。在介绍程序语言的函数概念之前,不妨先回忆下数学意义上的函数,其定义如下：

如果 A、B 为非空集合，从 A 到 B 的函数 f 是对元素的一种映射关系，对 A 的每个元素都能映射到 B 的一个元素。如果 f 是从 A 到 B 的函数，则称 A 是 f 的**定义域**（domain），B 是 f 的**伴域**（codomain）。

以函数 f(x)＝x＋10(x∈R)为例，其定义域、伴域都为实数，映射关系是 f(x)＝x＋10，函数名则为 f。同样，在程序语言中，函数也有类似属性：函数名、参数、返回类型、函数体。其中，参数 x 的类型就是定义域，而返回类型则是伴域，函数体可以理解为函数的映射关系描述。

图 2－1 中有两个函数定义：main 与 sum。其中，main 函数是 C 语言规定的主函数，这是程序执行的入口。一个完整的程序只能且仅拥有一个 main 函数，否则程序是无法正常编译执行。sum 函数是一个用户自定义函数，其功能是对 1～n 进行求和。

从形式来说，函数定义首部的说明信息通常包括：返回类型、函数名、参数。以 sum 函数为例，函数名为 sum，在其之前的"int"（整数类型）即是返回类型，其后则是参数说明。在 C 语言中，参数说明必须位于函数名之后的一对小括号内，每个参数描述一般包括参数名与参数类型，例如，int n 则表示参数名为 n，类型为整数类型。函数可以拥有多个参数，即参数列表，各参数之间使用逗号分隔，例如，int average (int v,int n)。在函数定义首部之后，即为函数体描述，函数体必须被置于一对大括号内，第 6～13 行即为 sum 函数的函数体。

函数调用，也称为"函数应用"，即传入不同的参数并得到不同的函数映射，如第 18 行所示，即调用 sum 函数计算 1～10 的累加和。

2.2.4　变　量

变量（variable）主要用于存储程序执行过程中的数据。正如之前所述，变量是命令式语言的设计核心。对于初学者而言，习惯基于"变量"的概念思考问题是学习命令式语言的关键，脱去"华丽"的外衣之后，命令式语言的许多概念只不过是"存储空间"的一种包装形式。图 2－1 包括三个变量 i、j、result，其声明分别位于第 2、6、7 行，它们的类型都是 int。

2.2.5　表达式与控制结构

表达式与控制结构是程序的计算与执行逻辑的描述。图 2－1 中有一个控制结构 while，while 语句是 C 语言的一种常用循环结构。while 语句由两部分组成：条件表达式、循环体。在程序 2－1 中，while 语句的条件表达式就是第 8 行的 i＜＝n（判断 i 是否小等于 n），而循环体则是第 9～12 行的语句。while 语句的执行过程大致如下：

（1）对条件表达式求值，如果求值结果为 0，则终止循环，继续执行 while 结构的后续语句；

（2）如果条件表达式求值结果不为 0，则执行循环体内语句，完成后转入步骤 1。

本例涉及的表达式形式比较简单。这里，只对赋值运算作简单介绍。在 C 语言中，将"＝"称为赋值运算符，表示将其右部表达式的求值结果赋给左部符号，而不是数学中的等于。例如，i＝i＋j 表示将 i＋j 的求值结果赋给变量 i。

2.3　C 语言标准

1971 年，Ken Thompson、Dennis Ritchie 在贝尔实验室设计完成 C 语言。在过去的四十年中，C 语言发展成为应用最广泛的程序语言之一，数以亿计的程序使用 C 语言实现。出于各种原因的考虑，C 语言的语言体系经历了多次演变与规范。本节将概要介绍 C 语言的相关标准，以便读者对其有所了解。

2.3.1　传统 C

其实，1971 年的初版 C 语言与我们所知道的 C 语言差异较大，语言本身也不够规范成熟。经过修改与完善，直到 70 年代中期，C 语言才接近与人们所熟知与喜爱的形式。1978 年，由 Brian Kernighan 和 Dennis Ritchie 合著的《The C Programming Language》出版，这是关于 C 语言的经典名著，也是 C 语言的最初描述文本，通常称为 K&R C。

在此书出版之后，C 语言又经历了一些较小修改，添加了一些新的语言特性。80 年代初期形成了一个早期被公认的 C 语言定义，称为传统 C。传统 C 并不是正式的标准定义，只是 C 语言标准化之前的一个相对接受度较高的定义。尽管 C 编译器开发商大多接受传统 C，但没有人放弃对其适当的修改与扩展。在 C 语言标准诞生之前，由于编译器的实现缺乏真正意义的标准定义，通常将此类编译器统称为"旧式 C 编译器"。

2.3.2　C89 标准

20 世纪 80 年代初，各种旧式 C 语言已经被广泛应用于各种领域，人们意识到这种"百家争鸣"的局势将产生严重的后果，形成一份正式的语言标准对 C 语言的商用推广意义深远。程序语言领域不乏类似的成功例子，许多流行的语言最终都形成了完整的标准文本，如 Algol、Pascal 等。1983 年，美国国家标准化组织（ANSI）成立了 C 语言工作小组，开始着手制定 C 语言的正式标准。本次标准制定不仅规范了 C 语言的常用特性，删除了一些曾经因为某些特殊原因而存在的不合理的语言元素，例如，far、near 关键字等。1989 年 12 月，C 语言标准被 ANSI 委员会采纳为《美国国家标准 X3.159-1989》，通常被称为 **ANSI C**（见图 2－2）。

之后，为了兼顾 C 语言的国际性应用，国际标准组织（ISO）也接纳了 ANSI C 标准,并对其进行了少量编辑性修改后形成了《ISO/IEC 9899:1990》,这是 C 语言的第 1 个国际性标准,通常被称为 **C89 标准**。目前,仍然有许多 C 编译器只支持 C89 标准,包括 HRCC 在内。从传统 C 到 C89 标准的主要修改包括:

图 2 - 2 ANSI C 封面

（1）支持函数原型,并允许在函数声明中指定参数的类型;

（2）增加了 void、const、volatile、signed 等新的关键字;

（3）支持宽字符、宽字符串和多字节字符;

（4）在转换规则、声明和类型检查方面的一些修订与增补说明;

（5）添加了真正的标准函数库;

（6）新的预处理命令和特性。

2.3.3 C95 标准

1995 年,ISO 对 C89 标准进行了一次正常维护,这次修订只涉及一些缺陷修复和补充说明,主要修改包括:

（1）新增了 3 个标准库的头文件:iso646.h、wctype.h、wchar.h;

（2）新增了标记与宏,用于替换有些文字的字符集中不存在的操作符和标点;

（3）定义了一些用于多字节和宽字符的新函数、类型及常量;

（4）为格式化输入输出增加了一些新的格式代码。

2.3.4 C99 标准

1995 年,在 C95 标准的维护过程中,ISO 开始对 C 语言标准进行更深入的修订,最终于 1999 年完成发布《ISO/IEC 9899:1999》,这是 C 语言的第 2 次重要的标准定义,通常被称为 **C99 标准**。但由于多种原因,并不是所有 C 编译器都支持 C99 标准,尤其是一些早期的编译器。

从 C89 或 C95 标准到 C99 标准的主要修改包括:

（1）复数类型及其运算;

（2）支持 64 位的整数类型;

（3）支持可变长度的数组;

（4）支持布尔类型;

（5）完善了对非英语字符集的支持;

（6）加强了浮点类型及其库函数的支持;

（7）支持行内注释。

一次伟大的"邂逅"

在计算机科学领域,C 语言的诞生算是一次伟大的"邂逅"。1967 年,Dennis Ritchie 参与的第一个项目就是 Multics,这是一个由贝尔实验室与通用电气、麻省理工学院联合创立的庞大项目,该项目是基于 GE－645 Multics 机器的操作系统。不过,Multics 的研发却陷入了重重困难,贝尔实验室管理层与研究人员认为,项目不能按期完成并且代价高昂,最终决定撤离该项目组。尽管 Multics 项目失败了,但在许多问题上提出了创新思路,包括树形结构的文件系统、用户级的 Shell、文本文件形式的设备表示与访问、使用 PL/I 高级语言实现 OS 等。

在撤离 Multics 项目之后,一位名叫 Ken Thompson 的研究员提出结合 Multics 的创新特点按自己的计划重新创造一个基于 DEC PDP－7 机器的计算环境。在等待官方批准时,Ken Thompson 与 Dennis Ritchie 自娱自乐把一个"太空旅行"的游戏移植到了 DEC PDP－7 上。这次"邂逅"的经历促使 Thompson 与 Ritchie 萌发了实现一个基于 PDP－7 机器的新的多任务操作系统的想法,项目被称为 UNICS,而它最终的产品名称就是著名的 UNIX。

最初的 UNIX 是用汇编语言实现的,在移植过程中遇到不少麻烦。结合 Multics 项目的经验,迫切需要一门合适的高级语言作为实现工具,经过对 PL/I、Fortran 等语言的实验,最终 Thompson 决定设计一种自己的语言——B 语言。B 语言是无类型的语言,其源于 BCPL 语言(由 Martin Richards 于 1965 年设计),但为了压缩到 PDP－7 仅有的 8K 字节内存中,Thompson 对 BCPL 进行了删减。不过,B 语言的某些局限性,仍然使得 UNIX 的设计之路异常坎坷。在将 UNIX 移植到 DEC PDP－11 机器的过程,由于 B 语言的移植性问题,一度迫使 Thompson 再次使用汇编语言实现 UNIX。而 Ritchie 则利用 PDP－11 的高效性能,在 B 语言的基础上,创立了引入类型系统的编译语言 NB(New B),它提供了 int、char 类型以及数组、指针等。从无类型的 B 到类型化的 NB,算是一次进化的飞跃,但仍不够完美,例如,不支持类型组合等。为了更好地解决程序的可移植性问题,NB 存在了很短一段时间后,Ritchie 对 NB 语言又进行了一次改进与完善,C 语言由此诞生。

作为一门伟大的语言,C 语言借助 UNIX 展翅飞翔,而 UNIX 也由于 C 语言得以快速移植落地生根,两者相得益彰,成就了计算机发展历程中的精彩一幕。

2.3.5　C1x 标准

继 C99 标准发布之后,ISO 分别于 2003 年、2008 年对 C99 标准进行了两次维护,这两次维护只涉及一些细节修订。直到 2011 年 12 月 8 日,ISO 正式发布了《ISO/IEC 9899:201x》,这是 C 语言的第 3 次重要的标准定义,也是 C 语言的最新官方标准,通常被称为 C1x 标准。目前,只有很少的编译器支持 C1x 标准。从 C99 标准到 C1x 标准的主要修改包括:

（1）多线程支持；

（2）增强对 Unicode 字符的支持；

（3）匿名结构体/联合体支持；

（4）静态断言,在解释♯if 和♯error 之后被处理；

（5）对齐处理的标准化支持；

（6）增加了边界检查函数接口；

（7）增加了浮点处理的宏；

（8）新的 fopen()函数的打开模式；

（9）删除了 gets()函数,而使用更安全的 get_s()函数替代。

2.3.6　GB 标准

1994 年 12 月 7 日,中国国家技术监督局发布了《GB/T 15272－94　程序设计语言 C》的国家标准,这是关于 C 语言的唯一中国国家标准,由西安电子科技大学负责起草。GB 的 C 语言标准基本是对 C89 标准的中文翻译,并加入了少量注释。不过,对于初学者而言,如果有机会尝试阅读 GB 的 C 语言标准也是非常有意义的,至少不必纠结于 C89 标准中那些“晦涩”描述。

2.4　语言的语法

程序设计语言的语法是描述构成语言句子的各个符号之间的组合规律,它是判断程序合法性的标准之一,但不是唯一标准。通常,一个合法程序包括两层意义:语法合法、语义合法。对于语言学习者来说,深入理解该语言的语法、语义是非常必要的。但问题的关键在于,如何保证语言设计者与应用者对该语言的语法、语义的理解是完全一致,否则就失去了沟通的基础平台。

在高级语言诞生初期,语言学家对于语法、语义的描述形式做了大量研究与探索,他们企图通过数学的形式为程序语言建模,甚至于实现编译器的自动生成。在语法领域,他们很快获得了令人可喜的进展。20 世纪 50 年代,美国的语言学家 Noam Chomsky 提出了“转换－生成语法”的概念,深入阐述了语法结构的相关理论,奠定了形式语言学的基础。

2.4.1　文　法

Noam Chomsky 的研究发现,语言的语法可以被抽象为四个部分:终结符、非终结符、产生式、初始符。通常,记作四元组表示,即 $G = (V_n, V_t, S, P)$。其中,V_n 表示非终结符的集合,V_t 表示终结符的集合,S 表示初始符,P 表示产生式的集合。

终结符(terminal),即语言的最基本符号,不可再分割的原子符号,也无法使用其他符号进行替换。在程序设计语言中,终结符必定是词法分析所得到的独立单词。

例如,关键字 if、then 及字面常量等都是终结符。

非终结符(nonterminal),即语法变量,它可以定义为是一个或多个由终结符号和非终结符号组成的符号串。

产生式(production):用于描述非终结符与相应符号串对应的替代规则,形如:α→β,即表示 α 可以由 β 替换。其中,α、β 都是符号串,但 α 至少包含一个非终结符。为了便于讲解,习惯将箭头左侧符号串称为产生式左部,而将其右侧符号串称为产生式右部。

初始符(start symbol):在完整文法中,有且仅有一个非终结符可以被指定为初始符,表示文法从该符号开始进行规则定义。

按文法描述能力不同,Noam Chomsky 将文法由强到弱分成四类:0 型文法(短语文法)、1 型文法(上下文相关文法)、2 型文法(上下文无关文法)、3 型文法(正则文法)。在此,笔者不详细介绍各类文法的基本形式,有兴趣的读者可参考形式语言的相关资料。其中,大多数读者最常涉及的应该是 2 型文法与 3 型文法。其中,2 型文法主要应用于描述程序语言的语法,也就是本节讨论的重点。而 3 型文法的应用则是更著名的正则表达式。

简单表达式

1	低优先级表达式 *	→	低优先级表达式 低优先级运算符 高优先级表达式
2			｜ 高优先级表达式
3	高优先级表达式	→	高优先级表达式 高优先级运算符 单目表达式
4			｜ 单目表达式
5	单目表达式	→	(低优先级表达式)
6			｜ -单目表达式
7			｜ 项
8	项	→	const
9	低优先级运算符	→	＋
10			｜ －
11	高优先级运算符	→	＊
12			｜ /

下面,结合一个简单实例介绍文法的基本形式。这是一个整数表达式的语法,该表达式支持四则运算、取负运算以及小括号。为了便于描述,使用"const"指代所有的整数类型字面常量。

完整的文法是由若干产生式组成,本例中每行文本即为一条产生式。注意,当一个非终结符允许被定义为多个符号串时,则需要使用多条产生式表示。对于这种情况,允许使用竖线形式进行简化。例如,产生式 A→aB,A→cB 可以简化为 A→aB ｜ cB,而省略左部非终结符。如本例所示,第 6、7 行产生式的左部都是"单目表达式"。

至于"非终结符"与"终结符",其实并不难区分。在 2 型文法中,能够出现在产生式左部的符号显然就是非终结符,它们可以被定义为一个或多个符号串,如"低优先级表达式"、"单目表达式"等。而其余的符号则是终结符,如"＋"、"＊"、"const"等。

另外,还需要指定一个非终结符作为初始符,在本例中,就是"低优先级表达式"。对于没有明确指定初始符的情况,通常将文法规则中第一个非终结符作为初始符。

2.4.2　文法推导

正如之前所述,语言的语法是关于构成语言句子的各个符号之间的组合规律。对于用户来说,需要了解的是文法与程序之间的关系。简言之,就是如何通过文法定义判定程序的合法性。为了解释这个过程,必须引入"推导"的概念。推导的公理化定义如下:

如果 $\alpha \rightarrow \beta$ 是文法 G＝(V_n, V_t, S, P) 的规则,即 $(\alpha \rightarrow \beta) \in P$,而 γ 和 β 是 $(V_n \cup V_t)$ 中任意符号,若有符号串 v,w 满足:

$$v = \gamma \alpha \delta, w = \gamma \beta \delta$$

则认为 v(应用规则 $\alpha \rightarrow \beta$)直接产生 w,或者 w 是 v 的直接推导,记作 $v \Rightarrow w$。如果 $v_1 \Rightarrow v_2 \Rightarrow \cdots \Rightarrow v_n$,则将其称为 v_1 到 v_n 的推导。

其实,推导的操作行为远比定义形式简单得多。通俗地讲,就是将文法的左部非终结符替换为某条产生式右部符号串的过程。当一个非终结符是多条产生式的左部时,则需要选择其中一条产生式进行替换。

借助于"推导"的概念,试图解释文法与程序之间的关系就比较容易了。对于语法正确的程序,从文法初始符出发,经过推导,最终必定可以得到该程序文本。否则,则可以判定该程序存在语法错误。当然,在推导过程中,如果面临多条产生式选择的情况,不合理的选择可能导致推导过程需要回溯。但这并不会影响最终的判定结果。以表达式"3＋5＊9"为例,推导过程如下:

1	低优先级表达式	⇒低优先级表达式	低优先级先运算符	高优先级表达式
2		⇒高优先级表达式	低优先级先运算符	高优先级表达式
3		⇒单目表达式	低优先级先运算符	高优先级表达式
4		⇒项	低优先级先运算符	高优先级表达式
5		⇒3	低优先级先运算符	高优先级表达式
6		⇒3＋高优先级表达式		
7		⇒3＋高优先级表达式	高优先级运算符	单目表达式
8		⇒3＋单目表达式	高优先级运算符	单目表达式
9		⇒3＋项	高优先级运算符	单目表达式
10		⇒3＋5	高优先级运算符	单目表达式
11		⇒3＋5	＊	单目表达式
12		⇒3＋5	＊	项
13		⇒3＋5	＊	9

东软载波单片机应用 C 程序设计

从文法初始符出发，经过 13 次推导，最终得到了表达式"3+5 ＊ 9"，故可以判定该表达式是合法的。为了便于读者理解，笔者将每次推导试图替换的非终结符使用下划线标识。

2.5　本书约定

为了便于阅读与理解，关于 C 语言的语法描述，本书约定如下：

(1) 每条产生式单独占用一行；

(2) 统一采用箭头形式描述非终结符的定义；

(3) 非终结符使用中文字符表示，或者包括中文字符的形式，并用楷体书写；

(4) 文法开始符的右侧使用星号（＊）标记；

(5) 如果产生器右部某个符号存在"opt"下标，则表示该符号可以省略，例如，常量表达式$_{opt}$，"opt"下标可以作用于非终结符或终结符；

(6) 使用灰色底纹标注的符号可以是特定的字符集，例如，除了双引号（"）和换行符之外的其他任何字符，表示满足条件的所有字符的集合，这是终结符的集合。

特别说明，在后续章节讲解中，本书将尽可能为读者更多展示 C 语言的标准文法形式，但由于其语法体系比较复杂，很多元素无法孤立存在，因此有时会给出一些便于理解的简化形式。有兴趣的读者可以参考本书附录，其中包括了标准文法描述。

第 **3** 章

表达式

在数学、物理等自然科学领域,实现公式自动计算是计算机程序最基本目标之一,而程序语言表达式的设计理念也正源自于此,它的许多特点都遵循人们在数学中形成的惯例思维。在大多数语言中,表达式的语义规则通常是最复杂的部分,其中许多细节对理解表达式的求值是至关重要的,例如,结合性、优先级等,但不幸的是,语言设计者往往疏于对其进行详尽声明。同样的问题在 C 语言中尤其突现。为追求简洁且高效的描述形式,C 语言设计者在表达式设计方面可谓"用心良苦",最终他们也做到了。可惜这一切对于那些未能领悟其设计精髓的用户却是灾难。为了帮助读者深入理解,本章不仅涉及关于 C 语言表达式的基本话题,还将从更专业的角度揭示其隐藏的奥秘。

3.1 变 量

变量(variable)主要用于存储程序执行过程中的数据,是程序及表达式的重要组成部分。在命令式语言中,变量是存储空间的最直接描述形式,程序是通过执行改变变量存储状态的方式实现对计算机的操纵。通常,变量具有以下几个重要的属性:名字、类型、作用域、生存期。

名字是变量的标识,用户程序可以通过名字访问指定的变量符号,这种行为被称为"变量引用"。关于名字的话题,将在 3.2 节中详述。

类型用于描述变量存储数据的形式,例如,整数、浮点数、字符等。

作用域、生存期分别用于描述变量的有效范围与生命周期。由于这两个概念比较相似,有些书籍并不严格区分。这里,笔者强调作用域与生存期是两个完全不同的属性,后续章节中将详述其中差异。

3.1.1 类 型

除了"原古"时期少数无类型的高级语言之外,类型可能是汇编语言与高级语言的最主要差异。类型的出现不但为程序语言的描述形式注入了活力,更为其理论研究奠定了坚实基础。

虽然"类型"的概念已经至少存在了半个多世纪,但至今没有形成统一的定义。这里,笔者仅给出一种相对被广泛接受的说法:**类型**(type)就是一组值以及关于这些值上的一组操作。在 C 语言中,每个变量都必须有一个且只有一个类型,用于限定该变量允许存储的数据及基于其合法的操作。C 语言支持的类型非常丰富,如表 3-1 所列。为了便于语言定义与描述,C 语言标准对数据类型进行了详细分类。

表 3-1　C 语言主要类型及其分类

C 语言类型	类型说明	类型分类		
unsigned int	无符号整数类型	整数类型	算术类型	标量类型
signed int	有符号整数类型			
unsigend long	无符号长整数类型			
signed long	有符号长整数类型			
unsigned char	无符号字符类型			
signed char	有符号字符类型			
enum	枚举类型			
float	单精度浮点类型	浮点类型		
double	双精度浮点类型			
T *	指向 T 类型的指针	指针类型		
T[...]	T 类型的数组	数组类型		聚合类型
struct {...}	结构类型	结构类型		
union {...}	联合类型	联合类型		
T (...)	函数类型	函数类型		
void	void 类型	void 类型		

整数类型(integer type)包括所有形式的整数、字符和枚举类型。

算术类型(arithmetic type)包括整数类型和浮点类型,如果遵守 C99 标准,则还包括复数类型。

标量类型(scalar type)包括算术类型与指针类型。

聚合类型(aggregate type)是基于标量类型构造的组合类型,包括数组类型与结构类型。

本章只涉及最基本的算术类型,算术类型是程序语言最基本的数据类型,其描述形式与目标计算机结构关系密切。算术类型通常包括四个基本属性:

类型名字,就是类型的唯一标识。算术类型是程序语言预定义的原子类型,其名字是必须存在的。在其他情况下,有时匿名类型也是合法的。

类型长度，就是该类型变量占用存储空间的大小。例如，在 MS C/C++ 编译器中，int 类型的长度为 4 字节，即表示一个 int 类型变量至少需要占用 4 个字节的存储单元。

类型取值，就是该类型允许表示数值的集合。从数学意义而言，类型取值的集合可能是有限集合，也可能是无限集合。但从程序语言角度而言，类型取值集合必定是有限的，这是受限于类型长度的定义。以浮点类型为例，尽管浮点数据（即小数）的集合在数学意义上是无限的，但其浮点类型可表示的浮点数值仍然是有限的。

类型操作，就是基于该类型数据允许的合法操作。

整数类型

整数类型（简称"整型"）主要用于描述整数数据，如 0、1、569、-873 等。根据类型长度不同，C 语言的整数类型分为：字符类型（char）、整数类型（int）、长整数类型（long）。与许多语言不同，C 语言标准没有对整数类型的长度进行非常严格的限制，而是采用"由实现定义"的方案。因此，long、int 类型的长度经常受限于目标计算机的字长，例如，32 位 PC 机上的 C 编译器大多数规定 int 类型的长度为 4 字节，而在 8 位 HR 单片机上，int 类型的长度则为 2 字节。

结合整数的符号特点，以上三种整数类型又可细分为有符号字符类型（signed char）、无符号字符类型（unsigned char）、有符号整数类型（signed int）、无符号整数类型（unsigned int）、有符号长整数类型（signed long）、无符号长整数类型（unsigned long）。针对 HR7P 系列单片机特点，HRCC 规定：字符类型的长度为 1 字节，整数类型的长度为 2 字节，长整数类型的长度为 4 字节。

基于整数类型进行算术运算（如加、减、乘、除、取余等）都是合法的。

字符类型

目前，图形化技术已经相当成熟了，但字符仍然是计算机最主要的输入输出形式之一。由于各国语言文字纷繁复杂，字符相关技术是早期计算机应用的主要研究领域，例如，字符编码与显示技术等。

字符数据与数值数据之间差异显著，但与很多语言不同，C 语言的字符类型更像是 1 字节的整数类型，其字符类型几乎可以参与所有整数类型合法的运算，而不必进行任何类型转换。

浮点类型

浮点类型用于存储浮点数据，如 1.2、3.242、12.1e12 等。根据计算机的数据表示规则，浮点类型数据通常是以 IEEE754 标准形式存储的，其取值范围远大于整数类型。根据数据可表示精度的差异，浮点类型可分为单精度浮点类型（float）、双精度浮点类型(double),float 类型的长度是 4 个字节,而 double 类型的长度是 8 个字节。大多数 C 编译器都遵守这个标准,因为许多 CPU 的浮点运算单元(floating-point unit,缩写为 FPU)也是依此设计的。

由于单片机应用中对浮点运算的需求较少,因此 HRCC 对浮点类型的支持与 C89 标准也有一定差异。在 HRCC 中,float 类型的长度是 3 字节,double 类型的长度是 4 字节,两者的差异也仅限于数据的精度。其实,HRCC 的 double 类型与 C89 中的 float 类型的存储形式是一致的。

至此,读者可能会有疑问:既然浮点类型可以描述数据范围远大于整数类型,那为什么还需要设置整数类型呢?

事实上,与整数类型存储形式不同,浮点类型值只是实际数据的一个近似值。例如,试图使用浮点类型表示 100000000,但其实的数据却可能是 99999999.999。一些精度较高的运算是无法接受这种误差的。除了精度原因之外,运算效率也是重要的因素。在绝大多数计算机中,浮点数据的运算效率远低于整数运算。因此,为变量选择合适的类型是非常必要的。表 3-2 列出了 HRCC 实现的算术类型。

表 3-2　HRCC 实现的算术类型

类型	长度(位)	取值范围	说明
sbit	1	$0\sim1$	位类型
enum	8	$-127\sim127$	枚举类型
unsigned char	8	$0\sim255$	无符号字符类型
signed char	8	$-127\sim127$	有符号字符类型
unsigned int	16	$0\sim65535$	无符号整数类型
signed int	16	$-32767\sim32767$	有符号整数类型
unsigned long	32	$0\sim4294967295$	无符号长整数类型
signed long	32	$-2147483647\sim2147483647$	有符号长整数类型
float	24	$10^{-37}\sim10^{+37}$	单精度浮点类型
double	32	$10^{-37}\sim10^{+37}$	双精度浮点类型

sbit 类型是 HRCC 支持的一种非标准类型,其长度为 1 位,编译器会自动将多个 sbit 类型的变量收集分配。

至此,笔者主要介绍了 C 语言最基本的算术类型。通过本节讲解,读者应该掌握类型的基本分类、长度及取值范围,这是学习后续章节的基础。

关于"int"的故事

C 语言的 int 类型的长度似乎一直是"悬而未决的"。在 C89 标准制定前,有些 C 编译器的 int 是 1 个字节的,有些则是 2 个字节的,这完全取决于编译器设计者的灵感。更可怕的是 int 类型还常被视作是 C 语言的一个标准类型,例如双目运算类型提升以及枚举类型的长度都是以 int 为标准的。这种情形一直持续到了 C89 标准诞生。

不过,C89 及 C99 标准都没有明确指出 int 类型的长度(事实上,所有类型的长度都没有明确说明),只是提出了一个"最小取值范围"的概念。要求 int 类型的最小取值范围为 $-32767 \sim 32767$,也就是说,遵守 ISO 标准的 C 编译器的 int 类型的长度至少是 2 个字节。随着越来越多的 32 位机的普及,有些编译器将 int 类型定义为 4 字节。

因此,为了便于程序移植,建议用户最好不要依赖某些编译器的 int 类型可以表示 $-32767 \sim 32767$ 范围之外整数的特性。如果这个范围无法满足需求,可以改用 long 类型。

3.1.2 变量声明

变量声明是对变量的各种属性加以说明,包括名字、类型、作用域等。为了与 C 语言标准原文的提法"declaration"保持一致,本书将沿用"变量声明"一词。而有些国内书籍可能更愿意使用"变量定义",其实两者没有明显差异。

根据 C 语言规定,变量在引用前必须声明,以便编译器识别与处理。变量声明中,名字、类型需要显式说明,而作用域、生存期等属性则是由声明的位置决定。变量声明的基本形式如下:

变量声明→ 类型 变量名 初始化列表$_{opt}$

C 语言声明是一个复杂的话题,甚至有观点认为:C 语言的声明形式更有利于编译器处理,但却是程序员的障碍。对此,Kernighan 和 Ritchie 也曾承认:C 语言声明的语法有时会带来严重的问题。在介绍 EBNF 文法之前,没有更好的方法可以帮助读者全面认识 C 语言的声明。下面,通过实例说明变量声明的几种常见形式,如程序 3-1 所示。

程序 3-1

```
1    int i,j;            //声明两个 int 类型的全局变量 i,j
2    p;                  //声明一个 int 类型的全局变量 p
3    void main()
4    {
5        float k;        //声明一个 float 类型的局部变量 k
```

```
6              int g = 10;          //声明一个 int 类型的局部变量 g,并将 g 初始化为 10
7          }
```

　　程序 3-1 第 5 行是最基本的变量声明形式,该变量名为 k,其类型为 float。如果几个变量具有相同的类型,可以把它们的声明合并,如程序 3-1 第 1 行所示。在 C 语言中,变量声明中还可以包括初始化,如程序 3-1 第 6 行所示。关于变量初始化,将在 3.1.3 节中详述。

　　变量的作用域及生存期是由变量声明的位置决定。在程序 3-1 中,第 1 行的变量声明在函数体外,表示这两个变量是全局变量,即它们是整个程序有效的。而第 5、6 行的变量声明放在 main 函数内,则表示这两个变量是 main 函数的局部变量,它们的生存期仅限于 main 函数内部。局部变量存储空间的分配是在函数入口处完成的。当函数执行完成后,隶属于该函数的局部变量将被释放。

　　根据 C 语言规定,每个变量声明必须包括类型说明,两者之间的绑定关系是在编译过程中完成的。变量的类型一经声明,不允许任何形式的改变,即变量类型在程序编译过程中确定的。通常,将支持这种类型机制程序语言方式称为**静态类型语言**(statically typed programming language)。

　　另外,C 语言还有个“奇怪”的约定:允许全局变量声明省略类型描述,其缺省类型即为 int。如程序 3-1 第 2 行所示,该声明的实际语义与“int p”形式相同。但出于代码可读性与可移植性考虑,不推荐读者使用这种声明形式,尽管它本身是合法的。

静态类型与动态类型

　　程序设计语言的类型是一个非常复杂的概念,不同的语言对类型的支持也不尽相同。在 C 语言中,用户声明一个变量时,需要明确指定变量的类型,而该类型在程序执行过程中不允许动态改变。通常,这种类型机制被称为“静态类型”,常见的语言如 C、Pascal、C++、Java 等。与之对应的概念是“动态类型”,即变量的类型可以在程序执行过程中动态改变,常见的语言如 Python、Ruby、JavaScript 等。

　　在程序设计语言领域,关于“静态类型”与“动态类型”孰优孰劣,至今仍争论不休。甚至一些“动态类型”语言的支持者早在 20 世纪 90 年代就预言未来必定属于“动态类型”语言。对此,笔者的观点:“动态类型”语言的确是“天赐的礼物”,但试图完全替代“静态类型”语言似乎只能是一个美好的愿望而已。因为早在 20 世纪 60 年代关于函数式语言就有过类似的预言,但现实却正如大多数人所看到的那样。

3.1.3　变量初始化

　　当程序启动时,变量的初始值很大程度上是依赖于存储器的当前状态。由于存储器物理特性所限,其初始状态通常是随机的。从数据访问安全性来说,引用某一变量前必须保证已对该变量进行初始化,而不能依赖于存储器的随机状态,否则程序的执行逻辑可能是未知的。初始化可以在变量声明时进行,如程序 3－1 第 6 行所示,也可以通过赋值表达式实现,只要保证在使用该变量前已完成初始化操作即可。在声明时进行初始化是较常见,例如:

```
float g = 10.23 + 12;
float n = 132.4e－3;
int m = －12;
```

在初始化中,C 语言标准将等号后部的表达式被称为**初始化式**(initializer),或**初始化值**。初始化式既可以是一个简单的常数,也可以是一个表达式。在上例声明中,g 的初始化式是表达式 10.23＋12 的求值结果。

除了显式初始化的情况,有些读者可能会对隐式初始化感兴趣,也就是语言或编译器默认进行的变量初始化工作。C 语言规定全局变量的初始值是 0,而局部变量的初始化依赖于编译器的处理。有些编译器将局部变量的所有存储区统一初始化为 0xCC,如 MS C/C++,更多编译器则置之不理。由于 HR7P 系列单片机的特殊应用需求,HRCC 并不会对全局变量和局部变量进行隐式初始化。

最好不要将变量初始化工作交由编译器完成,因为这种"未知"带来的麻烦将远胜于显式初始化。

特别注意,根据 C 语言规定,变量声明中的初始化式只属于其等号前的那个变量,并不具有传递性,例如:

```
int i,j,k = 10;
```

在这种情况下,初始化式 10 只对 k 有效,i 与 j 的初始值仍然是未知的。

3.2　标识符

在 C 语言中,**标识符**(identifier)是由字母、数字和下划线组成的字符序列,并且首字符必须是字母或下划线。标识符主要用于对变量、函数、宏等实体对象进行命名,本节将详细讨论这一话题。以下标识符都是合法的:

```
sys_info, backup3, _2int, symbol
```

而以下的标识符都是非法的:

```
3times      //原因:首字符不是字母或下划线
start－up    //原因:减号不是标识符的合法字符
```

注意,C 语言是区分大小写的,因此大小写相异的标识符是完全不同的,例如,Start 与 start 将被视作是两个不同的标识符。

在 C 语言中,有一类标识符是有特殊含义的,通常被称为**关键字**(keyword)。关键字是一种特殊的标识符,因此关键字的命名规则与标识符是一致的。C 语言的关键字是系统保留的,即关键字不能作为普通标识符使用,故也被称为 **保留字**。不过,有些语言的关键字是不保留的,它被允许作为普通变量、函数名字使用,由编译器根据其所在的上下文判定,Fortran 就是经典代表之一。不同的编译器可能对 C 语言标准的关键字都有一定的扩展,尤其是一些针对嵌入式开发的 C 编译器。结合 HR7P 系列单片机的特性,HRCC 的关键字如表 3-3 所列,其中标注"∗"的关键字是由 HRCC 定义的。

表 3-3 HRCC 的关键字

单词	单词	单词
float	sizeof	return
double	auto	signed
char	break	static
short	case	switch
int	continue	typedef
unsigned	default	while
void	do	∗ interrupt
struct	else	∗ interrupt_low
union	extern	∗ interrupt_high
enum	for	∗ sbit
long	goto	∗ sectionXX
const	if	∗ remain
volatile	register	∗ __asm/__Asm

在 HRCC 中,有一个比较特殊的关键字 sectionXX。sectionXX 是否为关键字是根据用户选择 HR 单片机规格决定的。如果单片机仅有两个 section,那么,section0 和 section1 是关键字,而 section3 就是普通标识符。

3.3 常 量

在 C 语言中,**常量**(constant)包括 4 个种类型:整数、浮点数、字符、字符串。实际上,将这些常量称为 **字面常量**(literal constant)或者 **字面值**(literals)更准确,它们与其他语言中的常量对象是不同。**常量对象**(constant object)是一种特殊的数据对象,仅允许在声明时对其进行初始化,一经初始化后常量对象不允许被再次修改。与字面常量不同,常量对象需要占用存储空间。在 C 语言中,常量对象的实现就是使用 const 限定符修饰的变量对象,相关内容将在后续章节中详述。

3.3.1 整数常量

在 HRCC 中,整数常量可以用二进制、十进制、八进制、十六进制记法来描述,如表 3-4 所列。其中,二进制记法是 HRCC 自定义的,C 语言标准并不支持。

表 3-4 整数常量的各种进制记法

记法	书写规则	示 例	说 明
二进制	0b 二进制数 0B 二进制数	0b00101100 0B10100110	二进制数有效字符为 0 和 1
八进制	0 八进制数	0177、-0177	八进制数有效字符为 0~7
十进制	十进制数	125、-100	十进制数有效字符为 0~9
十六进制	0x 十六进制数 0X 十六进制数	0x7b 0XC1	十六进制数有效字符为 0~9,a~f,A~F

通常,整数常量的类型是由编译器根据实际取值与语言标准评估得到的。不过,C 语言支持以后缀形式(U、L)为整数常量显式指定类型。根据 C89 标准,HRCC 支持 U、L 两种后缀,L 表示该常量是长整数类型,U 表示该常量是无符号类型。例如,22388L、0x5efb2L、40000U 等。C 语言的后缀不区分大小写,因此 25u 与 25U 是完全一样的。

37

3.3.2 浮点数常量

浮点数常量由整数和小数两部分构成,中间以小数点分隔,如 123.3、-23.98。为了便于描述,C 语言还支持科学计数法或指数方法表示,如 1.234E-30、2.47E21。

浮点数常量的类型默认评估为 double。不过,C 语言支持以后缀形式(F)将浮点数常量显式指定为 float,例如,22.34F、19.34f 等。float 的有效数据位是 6 位十进制数。

C89 标准的浮点数常量只支持十进制记法。目前,绝大多数 C 编译器都是如此,而 C99 标准支持十六进制记法表示浮点数常量。

定点表示

在讨论浮点数的二进制表示之前,读者应该了解小数的定点表示形式。所谓“定点表示”,就是约定所有数据的小数点位置是固定的,该位置在计算机设计时隐含规定的。这只是人为约定,不需要专门硬件设备表示。常见的两个定点位置是数据的起始与结束位置,如图 3-1 所示。

定点表示方式约定:小数点左侧的数据位权重为 2^k,而右侧的数据位权重为 $2^{-(7-k)}$,其中 k 表示数据位序。因此,当小数点位于数据最低位右侧,则该值是整数。而小数点位于数据最高位左侧,则该值为纯小数($0 < V < 1$)。

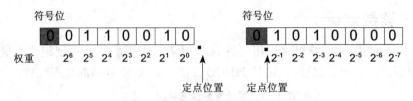

$$V_1 = 0 \times 2^6 + 1 \times 2^5 + 1 \times 2^4 + 0 \times 2^3 + 0 \times 2^2 + 1 \times 2^1 + 0 \times 2^0 = 50$$
$$V_2 = 1 \times 2^{-1} + 0 \times 2^{-2} + 1 \times 2^{-3} + 0 \times 2^{-4} + 0 \times 2^{-5} + 0 \times 2^{-6} + 0 \times 2^{-7} = 0.5 + 0.125 = 0.625$$

图 3 - 1 数据定点表示

值得注意,计算机中的小数表示形式是可能存在**精度误差**的。以图 3 - 1 右侧小数表示为例,假设表示 0.9999,则至少将 7 位有效二进制数据位都置 1,但该小数值为 0.9921875,计算过程如下:

$$V = 1 \times 2^{-1} + 1 \times 2^{-2} + 1 \times 2^{-3} + 1 \times 2^{-4} + 1 \times 2^{-5} + 1 \times 2^{-6} + 1 \times 2^{-7}$$
$$= 0.5 + 0.25 + 0.125 + 0.0625 + 0.03125 + 0.015625 + 0.0078125 = 0.9921875$$

不难发现,实际二进制表示结果为 0.9921875,与预期小数值 0.9999 之间存在误差,当然,通过扩大存储数据的位数,两者之间的误差可以减小。

IEEE754 标准

在早期计算机系统中,浮点数的表示形式及运算细节通常是由计算机制造商自行确定的,因此它们的精度与运算速度也是差距悬殊。直到 1985 年左右,IEEE754 标准的出现才改变了这种现状,该标准是由电气和电子工程师协会(IEEE)制订的。目前,所有计算机设计都严格遵守 IEEE754 标准,它已经成为浮点数表示形式的唯一国际标准。

根据 IEEE754 标准,一个浮点数可以表示为:

$$F = (-1)^S \times M \times 2^E$$

(1) 符号位(S):S 表示该浮点数的正负性,$S = 0$ 表示正数,而 $S = 1$ 表示负数;

(2) 尾数(M):M 是一个二进制形式表示的小数;

(3) 阶码(E):E 是对浮点数的加权,其权重是 2^E。

而浮点数的存储形式就是将以上三个字段按一定规则进行编码存储,主要涉及两项工作:存储布局、编码形式。

存储布局,即各字段在定长存储空间中所占的数据位数。显然,使用 1 位表示 S 是合理的,关键在于 M 与 E 的存储位数,它们对浮点数的取值范围及精度有直接影响。最常见的两种浮点数表示为:单精度浮点数(32 位)、双精度浮点数(64 位),其存储布局如图 3 - 2 所示。

编码形式,即每个字段的数据存储形式。根据人们研究发现,采用类似于整数的二进制表示形式描述 M 与 E 并不合适。IEEE754 标准规定如下:

使用移码表示阶码 E,即 $E = e - \text{Bias}$,其中 Bias 为 $2^{k-1} - 1$(k 为 E 占用的数据

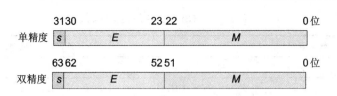

图 3 - 2　IEEE754 标准的浮点数存储布局

位数,单精度的 Bias 为 $2^{8-1}-1=127$,双精度则为 1023),通常将其称为**偏置**。而 e 是个无符号数,也就是 E 的移码,它是被计算机实际存储的数值。

使用规格化的二进制小数表示尾数 M,即 $M=1+m$,其中 $0 \leqslant m < 1$,m 是个纯小数,其二进制形式即为实际存储的数值。那么,如何保证尾数是个形如"$1.mm,,,mm$"的小数,这通过调整阶码 E 就可以实现。IEEE754 标准将这种形式称为规格化的值。

以上讨论了"规格化"的概念,但有四个特殊值无法规格化表示:± 0.0、$\pm \infty$。

根据 IEEE754 标准约定,$+0.0$ 表示为 $S=0$、$E=0$、$M=0$,-0.0 则表示为 $S=1$、$E=0$、$M=0$,两者无限接近于 0.0,但它们并不是同一个数值。

根据 IEEE754 标准约定,阶码字段的数据位全为 1,尾数字段的数据位全为 0,则表示 ∞,S 则确定其正负性。如果浮点数为无穷大,其结果值表示为"NaN"(Not a Number 的缩写)。尽管无穷大不是一个实际的数,但却是合法的浮点值,在某些特殊应用中,它们是有价值的。

最后,简单介绍下 HRCC 浮点数据的存储形式,如表 3 - 5 所列。

表 3 - 5　HRCC 的 float、double 类型存储形式

浮点数类型	S	P	M	表示公式	偏置
float	1 位	8 位	15 位	$(-1)S * 2(P-127) * 1.M$	127
double	1 位	8 位	23 位	$(-1)S * 2(P-127) * 1.M$	127

3.3.3　字符常量

字符常量表示为一对单引号内的一个或多个字符。通常,单引号内只是一个字符,仅当使用转义机制时,单引号内可能出现多个字符。例如,'a'、'9'、'\v' 等。注意,'9' 与 9 是不同的,前者表示是字符'9',后者表示是数值 9。字符'9'在存储器中的实际数值是其 ASCII 编码 57。而数值 9 在存储器中的实际数值就是 9。ASCII 编码是西文字符集最早的国际通用编码规范,它用 1 个字节的整数数值对 26 个英文字母的大小写、0~9 数字及一些常用符号进行了编码,详细参见附录 B。

除了普通的描述形式之外,C 语言还支持转义机制。转义机制的作用就是描述那些不方便或无法在源程序中直接输入的字符值或数值。转义字符使用反斜杠后面跟一个字符或一个八进制或十六进制数表示,HRCC 支持的转义字符如表 3 - 6 所列。

东软载波单片机应用 C 程序设计

40

表 3-6　HRCC 支持的转义字符

转义字符	含义	ASCII 值码(十进制)
\n	换行(LF)	010
\r	回车(CR)	013
\t	水平制表符(HT)	009
\v	垂直制表符(VT)	011
\b	退格符(BS)	008
\f	换页符(FF)	012
\\	反斜杠字符"\"	092
\?	问号字符?	063
\'	单引号字符	039
\"	双引号字符	034
\0	空字符(NULL)	
\ddd	任意字符三位八进制表示	
\xhh	任意字符两位十六进制表示	

　　使用转义字符\ddd 或者\xhh 可以方便地表示任意字符。\ddd 在反斜杠后跟三位八进制数,该八进制数的值为对应的八进制 ASCII 码值,例如,'\101' 代表 ASCII 码为 65(十进制数)的字符 'A'。使用转义字符需要注意:转义字符中只能使用小写字母,每个转义字符只能看作一个字符。

3.3.4　字符串常量

　　字符串常量是位于一对双引号内部的字符序列(可以为空),例如,"abc"、"123"等。字符串中同样支持转义字符。C89 标准还支持宽字符串常量,但 HRCC 不支持。

　　含有 n 个字符的字符串常量在存储器中将占用 $n+1$ 个字节。其中,前 n 个字节是该字符串中字符的 ASCII 码值,最后一个字符是 NULL 字符(\0),用于表示字符串的结束。因此,"a"与 'a' 是不同的,前者是单个字符的字符串,占用 2 个字节,而后者是字符只占用 1 个字节。

3.4　表达式

　　表达式(expression)是程序的最基本组成单元,其作用是借助于一系列运算操作来描述计算过程。通常,表达式由运算符与运算对象两部分组成。在 C 语言中,**运算对象**可以是变量、常量及其他表达式的求值结果,也被称为**操作数**。**运算符**是构建表达式计算功能的基本工具,C 语言支持的运算符号比较丰富,包括算术运算、关

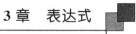

系运算、逻辑运算、按位运算等。除此之外,C 语言还提供了许多与聚合类型相关的特殊运算,如指针运算、成员运算等。本节将主要关注于基本运算,而更多的复杂运算将在后续章节中介绍。

3.4.1 运算符的优先级

与数学的运算优先级类似,表达式的运算符也有优先级差异。在表达式求值中,运算符的优先级规则(precedence rule)定义了不同优先级运算符的运算顺序。命令式语言的运算符优先级基本都是源于数学上的相关规则,例如,乘、除运算的优先级高于加、减等,因此并不存在明显差异。

C 语言的运算符共分 16 个优先级,如表 3 - 7 所列。其中,按照优先级从高到低的顺序排列,同时列出了它们的结合性,以便读者进行学习总结。

表 3 - 7　C 语言运算符的优先级

标记	说明	类型	优先级	结合性
名称、字面值	简单标记	基本	16	无
a[k]	下标	后缀	16	从左到右
f(…)	函数调用	后缀	16	从左到右
.	直接成员选择	后缀	16	从左到右
->	间接成员选择	后缀	16	从左到右
++ ——	增值、减值	后缀	16	从左到右
++ ——	增值、减值	前缀	15	从右到左
sizeof	长度	单目	15	从右到左
~	位非	单目	15	从右到左
!	逻辑非	单目	15	从右到左
- +	算术负、正	单目	15	从右到左
&	取地址	单目	15	从右到左
*	间接访问	单目	15	从右到左
(类型名)	转换类型	单目	14	从右到左
* / %	乘、除、取余	双目	13	从左到右
+ -	加、减	双目	12	从左到右
<< >>	左移、右移	双目	11	从左到右
< > <= >=	关系	双目	10	从左到右
== !=	相等/不相等	双目	9	从左到右
&	位与	双目	8	从左到右
^	位异或	双目	7	从左到右
		位或	双目	6	从左到右

续表 3－7

标记	说明	类型	优先级	结合性
&&	逻辑与	双目	5	从左到右
||	逻辑或	双目	4	从左到右
?:	条件	三目	3	从右到左
＝＋＝－＝＊＝/＝<<＝>>＝&＝^＝|＝	赋值	双目	2	从右到左
,	逗号	双目	1	从右到左

C语言的运算符具有两个属性:优先级(precedence)与结合性(associate)。如果表达式没有使用括号对运算符的操作数进行明确分组,那么,操作数就根据运算符的优先级进行分组。如果两个运算符具有相同的优先级,则运算对象根据运算符的结合性组合到左边或右边运算符。具有相同优先级的运算符总是具有相同的结合性。优先级和结合性规则决定了表达式的含义,但并没有指定大型表达式或语句的子表达式的求值顺序。

另外,在表3－7中,还提到了"单目"、"双目"、"三目",通俗地讲,这里的"目"就是指操作数的个数,**单目**(unary)即表示该运算符只允许有一个操作数。而**双目**(binary)即表示该运算符只允许有两个操作数。

其实,并不需要熟记表3－7。因为依赖于运算符优先级远没有使用括号可靠,尤其是当你正为描述某个复杂算法而烦恼时。

3.4.2 算术表达式

算术表达式(arithmetic expression),即由算术运算符与相关操作数组成的表达式。C语言的算术运算符主要分为两类:单目算术运算符、双目算术运算符,如表3－8所列。

表 3－8 算术运算符

	运算符	实例	名称	功能说明
单目运算	++	i++	增值	对操作数的值自增1
	－－	i－－	减值	对操作数的值自减1
	－	－i	算术负	对操作数取负
	＋	＋i	算术正	无任何实际操作
双目运算	＊	i＊3	乘法	乘法运算
	/	i/8	除法	除法运算
	％	i％6	取余	取余运算
	＋	i＋19	加法	加法运算
	－	i－20	减法	减法运算

在单目运算符中,算术正号运算是无任何实际操作的。早期的传统 C 编译器不支持正号运算,这是 C89 标准补充的。而算术负号运算与数学中的负号意义一致。

在双目运算符中,％运算的作用是取余操作,i ％ j 的运算结果即为 i 除以 j 的余数。取余运算的操作数类型必须是整数类型,如果用户试图对表达式 i ％ 2.3 求值是非法的。不过,对于取余运算的操作数是负值时,C 语言标准并没有严格规定运算结果的正负性,允许由编译器定义,即"由实现定义"。

> ### 所谓的"由实现定义"
>
> 在 C 语言标准中,有一个术语的出现频率很高,那就是"由实现定义"(imple-mentation—defined)。简单地说,"由实现定义"就是指允许由编译器设计者定义某些标准未定义的语言特性,例如先前提到的关于 int 类型长度定义。
>
> 关于"由实现定义",一直存在两种截然不同的观点。有些程序语言专家认为这种未定义的部分使 C 语言标准看起来有点奇怪,并且是非常危险的。当然,也有观点认为这样的做法正是符合了 C 语言的设计理念——效率优先,这经常意味着软件需要与硬件行为相匹配。例如 −9％6 的运算结果很大程度上是依赖于目标机器的定义,一些机器的运算结果可能是 3,而一些机器的运算结果可能是 −3。为了便于编译器实现,C 语言标准将这种情况定义为"由实现定义"。
>
> 不过,这种"由实现定义"有时会给用户程序带来麻烦,最好就是避免涉及"由实现定义"相关行为的程序,如果不可避免时,起码要仔细查阅编译器的用户手册。

除了取余运算符之外,其他运算符支持所有算术类型操作数。值得注意的是,算术运算的结果类型是依赖于操作数类型的,例如,1＋8 的结果是整数类型,而 1＋8.0 的结果则是浮点数类型。那么,算术表达式的操作数类型与运算结果类型之间到底存在什么联系呢? 到目前为止,读者可以相信这个结论:在算术表达式中,如果任意操作数类型为浮点数类型,则运算结果也为浮点数类型,否则结果为整数类型。尽管从 C 语言标准的角度来看,这个结论比较"粗糙",但其正确性不可否认。关于这个话题的详细定义,可参见 C89 第 6.2 节或 C99 第 6.3 节。

整数除法与实数除法

在 C 语言中,除法运算有两种不同的语义:整数除法、实数除法。如果运算的两个操作数都是整数类型,则该除法运算的行为是整数除法,若存在余数将被舍弃,其运算结果为整数类型。如果运算中存在浮点类型的操作数,则该除法运算的行为是实数除法,其运算结果为浮点类型。注意,整数除法与实数除法的语义仅由运算的操作数决定,不依赖于被赋值变量的类型,如程序 3 - 2 所示。

程序 3 - 2

```
1       float r1,r2;
2       int s;
3       void main()
4       {
5           s = 50;
6           r1 = s/6;                //整数除法运算,r1 = 8.0
7           r2 = s/6.0;              //实数除法运算,r2 = 8.333333
8       }
```

3.4.3　赋值表达式

赋值操作的功能是改变变量或者存储单元的值,而命令式语言的本质就在于通过这种随程序执行的存储数据改变实现对计算机的操纵。C 语言专门提供了一种运算以支持这种存储操作,即赋值运算。C 语言的赋值运算分为两种:简单赋值、复合赋值,例如,a＝2＋b、b＝34＊2＋a 等。注意,这里的"＝"读作"赋值号",不是数学意义上的等于号。

左　值

在讨论赋值运算之前,必须明确一个重要的概念——左值。**左值**(lvalue)是一种表达式,可以读取或修改它所引用的对象。在大多数命令语言中,由于赋值运算的左部操作数是被赋值的对象,因此习惯将其称之为"左值",不属于左值的表达式则被统称为**右值**(rvalue)。而左值的概念就是限定了哪些表达式形式可以作为赋值运算的左部操作数,例如,3＝6＋5、b＋1＝4＋a 都是非法的,因为 3 与 b＋1 都不是左值表达式。那么,哪些表达式是合法的左值呢? 到目前为止,读者需要记住只有独立变量名才是左值,例如,a、b。至于表达式的运算结果,绝大部分都不是左值,例如,a＋1、b＋a 等。至于哪些运算的结果是左值,将在后续章节中详述。

简单赋值

简单赋值(simple assignment)就是将赋值号右部表达式的运算结果存储到左部操作数指定的存储区中。在 C 语言中,使用单个赋值号"＝"表示简单赋值,例如 a＝2＋4,即表示将 6 存储到 a 变量中,或称将 6 赋给变量 a。简单赋值适用于所有算术类型。

如果赋值号的左部与右部表达式的类型不同,则赋值过程中就会进行类型转换,也就是将右部表达式的值转换为左值对象的类型,如程序 3 - 3 所示。

程序 3 - 3

```
1       int i;
2       float f;
```

```
3        void main()
4        {
5            i = 64.73;           //i 的值为 64
6            f = 136;             //f 的值为 136.0
7        }
```

根据 C 语言规定,在浮点类型数据转换为整数类型过程中,小数部分将被取弃,而不是采用"四舍五入"方式,如程序 3-3 第 5 行所示。

与其他运算类似,C 语言的赋值表达式本身也具有运算结果,这与某些语言的赋值语句是完全不同的。从语言的角度来说,语句往往是没有运算结果的,而表达式的一个重要特性就是它可以用一个值来表示其运算结果,例如,算术表达式。针对类似于赋值的运算,由于缺乏相关数学概念的支持,其运算结果就由语言设计者定义。C 语言约定赋值表达式的运算结果就是执行完赋值操作后的左值对象中的数据,结果类型与左值表达式的类型一致,但运算结果不再是左值。

程序 3-4

```
1        int i,j;
2        float f;
3        void main()
4        {
5            i = j = 64;          //i 与 j 的值为 64
6            f = i = 23.5;        //f 的值为 23.0,i 的值为 23
7        }
```

在程序 3-4 中,由于赋值运算是从右向左结合的,因此,i=j=64 等价于 i=(j=64),而表达式(j=64)的运算结果就是 64,故第 5 行程序执行完后,i、j 的值都是 64。而在第 6 行中,由于表达式 i=23.5 需要类型转换,因此该表达式的运算结果是 23 而不是 23.5。

最后,简单讨论"副作用"的概念。在程序设计语言中,表达式的执行通常并不会影响操作数的值,例如,i+3、a-b 等,这种思想与数学上的运算是统一的。C 语言的大多数运算是遵守这一性质的,但也有一些是例外的。通常,将那些可能影响操作数值的操作称为有**副作用**(side effect)的运算。赋值运算就是一个典型的有副作用的运算,它会对左值对象的值进行修改。

复合赋值

在程序设计中,将某一个变量修改后直接赋给该变量本身的情况并不罕见,例如,i=i+2 等。C 语言为这种应用提供了一类特殊的运算符称为**复合赋值**(compound assignment)。使用复合赋值运算符可以将"i=i+2"简写为"i+=2",两者的执行结果是一样的。C 语言一共支持 10 种复合赋值运算符,如表 3-9 所列。

表3-9 复合赋值运算符

运算符	实例	功能说明
＋＝	v＋＝e	表示v加上e,结果存储在v中
－＝	v－＝e	表示v减去e,结果存储在v中
*＝	v*＝e	表示v乘以e,结果存储在v中
/＝	v/＝e	表示v除以e,结果存储在v中
<<＝	v<<＝e	表示v左移e位,结果存储在v中
>>＝	v>>＝e	表示v右移e位,结果存储在v中
%＝	v%＝e	表示v除以e取余数,结果存储在v中
&＝	v&＝e	表示v位与e,结果存储在v中
^＝	v^＝e	表示v位异或e,结果存储在v中
|＝	v|＝e	表示v位或e,结果存储在v中

值得注意的是,v＋＝e与v＝v＋e并不是完全等价的,仅当v表达式是无副作用时,这种等价关系才是成立的。如果v表达式有副作用时,v表达式将只求值1次。

复合赋值运算符的形式

在早期C语言中,复合赋值运算符是以相反顺序书写的。例如,"＋＝"被写成了"＝＋",即赋值号出现在操作之前。而这种形式的问题在于可能会造成歧义,例如,i＝－1的语义是"i＝i－1"还是"i＝－1"?为了消除这类歧义,编译器设计者规定,如果用户试图描述"i＝－1"之类的语义时,赋值号与减号之间必须存在空格。许多早期非标准的C编译器都支持这个约定。直到C89标准通过改变书写顺序,才真正解决了这个问题。

计算圆柱体表面积

问题描述:输入圆柱体的半径与高,计算圆柱体表面积。

程序3-5

```
1    const double pi = 3.1415926;//圆周率
2    /*******************************************
3    输入参数:
4        r 半径
5        h 高
6    返回值:圆柱体表面积
```

```
7          **********************************************/
8          double calc(double r,double h)
9          {
10             return pi * r * r *2                //底面积 * 2
11                   +2 * pi * r * h;             //侧面积
12         }
```

程序 3-5 是一个简单的圆柱体表面积计算函数,该函数有两个输入参数,即半径 r 与圆柱体高 h。圆柱体表面积计算如下:

$$表面积＝底面积×2＋侧面积＝\pi r^2×2＋2\pi rh$$

3.4.4 逗号表达式

逗号表达式(comma expression),即由两个用逗号运算符分隔的表达式组成。逗号运算符是从左向右结合的。逗号表达式首先对左操作数进行完全求值,该值将被丢弃。如果左操作是有副作用的,副作用则是有效的。然后,再对右操作数进行求值。整个逗号表达式运算结果与类型即为右操作数完全一致。逗号表达式的运算结果不再是左值。例如,a=1,b=2,c=3。由于逗号运算符是左结合的,因此该表达式可以结合为 (a=1,b=2),c=3,而整个表达式的运算结果同 c=3 的结果。

在 C 语言的运算符优先级中,逗号运算符的优先级是最低的。因此,如果试图将一个逗号表达式作为其他运算的操作数时,必须使用括号。

另外,由于逗号表达式的左操作数求值是被丢弃的,因此,左操作数通常是有副作用的,否则使用逗号表达式是没有实际意义的。

3.4.5 关系表达式

关系表达式(relational expression),即由关系运算符连接两个操作数组成的表达式。C 语言支持的关系运算符包括:＜＝(小等于)、＜(小于)、＞＝(大等于)、＞(大于)。关系表达式的左、右操作数类型可以是任意算术类型。关系表达式的运算结果只能是 0(假值)或 1(真值)。例如,20＜21 的结果即为 1,10＜8 的结果即为 0。

在程序语言中,通常将这种只有真、假两种取值的数据类型称为**布尔类型**(boolean type)。与有些语言不同,C 语言并不支持布尔类型,而是借用 1 字节的整数类型来实现。在 C99 之前,C 语言将整数 0 定义为"假值",将所有非 0 值定义为"真值",其中整数 1 是最规范的"真值",这就是 C 语言中的布尔值。虽然 C99 支持了_Bool 类型,但其实质仍然是整数类型。

虽然关系运算符的基本功能与其数学意义类似,但表达式 4＜x＜9 却与其相应的数学记法的含义是完全不同。在 C 语言中,表达式 4＜x＜9 的实际语义是(4＜x)＜9,由于 4＜x 的结果只能是 0 或 1,因此整个表达式的值总是 1,不依赖于 x 的取值。由于此类记法也是合法,C 编译器并不会进行警告或报错。

3.4.6 判等表达式

判等表达式(equality expression),即由判等运算符连接两个操作数组成的表达式。C语言支持的判等运算符包括:==(相等)、!=(不相等)。到目前为止,判等表达式的左、右操作数类型主要就是任意算术类型,在后续章节中,判等运算符还可以应用于指针类型。判等表达式的运算结果只能是规范的布尔值,例如,20==21的结果即为0,10==10的结果即为1。与关系运算符类似,类似于4==4==4的表达式的实际语义是(4==4)==4,其运算结果总是0。

特别注意,针对浮点类型操作数,尽量慎用判等运算。正如之前之述,由于计算机浮点数表示可能存在一定误差,因此其运算结果未必与预期一致。通常,浮点类型数据的判等是通过关系表达式实现的,例如,可以将 var==0.3248 写成 fabs(var−0.3248) < FL_MIN,其中 FL_MIN 是一个近似于0的极小正浮点数值,而 fabs 则表示浮点类型的绝对值函数。

3.4.7 逻辑表达式

逻辑表达式(logical expression),描述与、或、非三种逻辑关系的表达式。C语言支持的逻辑运算符包括:&&(逻辑与)、||(逻辑或)、!(逻辑非)。逻辑表达式的运算结果是规范的布尔值,其类型为 int 类型,运算结果不是左值对象。

逻辑非是单目运算,其操作数可以是任何标量类型,运算结果是 int 类型。如果操作数为0(以及 NULL 指针或浮点数0.0),其结果为1。如果操作数不为0(或NULL、0.0),其结果为0。

逻辑与、逻辑或都是双目运算,其操作数可以是任何标量类型,运算结果是 int 类型,运算结果的取值为0或1。值得注意的是,逻辑与、逻辑或是两种特殊的不完全求值运算,这与其他双目运算是完全不同的。

短路求值

逻辑与运算首先对左操作数进行完全求值。如果左操作数的值为0,运算结果将不依赖于右操作数的值,直接得出结果0。在这种情况下,C语言规定不再对右操作数进行求值。如果左操作数的值不为0,则运算结果将依赖于右操作数的值。在这种情况下,将再对右操作数进行求值,如果右操作数的值为0,则运算结果为0,否则为1。例如,(i>0)&&(i=1)是个逻辑与表达式,如果 i>0 为假时,根据逻辑与的不完全求值规则,右操作数的赋值表达式(i=1)将不被计算,整个表达式的运算结果即为0。

逻辑或运算首先对左操作数进行完全求值。如果左操作数的值不为0,运算结果将不依赖于右操作数的值,直接得出结果1。在这种情况下,C语言规定不再对右操作数进行求值。如果左操作数的值为0,则运算结果将依赖于右操作数的值。在

这种情况下,将再对右操作数进行求值,如果右操作数的值为 0,则运算结果为 0,否则为 1。例如,(i==0)||(i=1)是一个逻辑或表达式,如果 i==0 为真时,根据逻辑或的不完全求值规则,右操作数的赋值表达式(i=1)将不被计算,整个表达式的运算结果即为 1。

在程序设计语言中,将表达式运算结果不是在分析了所有操作数和运算符之后得出的求值方式称为**短路求值**。C 语言将该策略仅应用于逻辑表达式求值。但并不表示短路求值仅限于逻辑表达式。例如,在算术表达式(16 ＊ a)＊(15－b)中,如果 a 为 0,则(16＊a)的值为 0,故整个表达式的结果也为 0,而右部操作数(15－b)对最终结果没有影响。理论上,右部操作数可以被"短路",只是由于算术表达式的短路求值不容易检测,因此很少有语言支持对算术表达式进行短路求值。支持逻辑表达式短路求值的语言包括 C、C++、Ruby、Perl、Java 等,而 Ada 语言更堪称最佳设计,对所有运算都实现了短路求值。

直观看来,除了对程序执行效率稍有提高之外,短路求值似乎并没有太多其他优势。其实,在某些情况下,短路求值可以有效地简化程序,请思考如下表达式:

(i != 0) && (j/i>10)

如果 i 的取值为 0,则逻辑与的左操作数的求值结果为 0,根据短路求值特性,右操作数将不被求值。不过,对于不支持短路求值的语言而言,尽管左操作数的求值结果为 0,右操作数将仍然被求值,但由于除数 i 为 0,将导致程序执行异常。在这种情况下,用户不得不将该表达式拆分为两个表达式,进行分别判断。

3.4.8　条件表达式

条件表达式(conditional expression),由? 和:运算符及三个操作数组成的表达式,是 C 语言中唯一的三目表达式。条件表达式的基本形式如下:

条件表达式→　操作数 1？操作数 2：操作数 3

条件表达式的操作数 1 类型必须是标量类型。操作数 2 与操作数 3 的类型不限,但两者类型必须兼容,关于类型兼容的概念,可参见 3.6 节。条件表达式的结果类型是依据操作数 2、操作数 3 计算得到的。

条件表达式的求值过程大致为:先对操作数 1 进行完全求值,如果求值结果不为 0,则对操作数 2 完全求值,它的运算结果被转换为条件表达式的结果类型,转换后的结果值即为条件表达式的结果,而操作数 3 将不被求值。如果求值结果为 0,则对操作数 3 完全求值,它的运算结果被转换为条件表达式的结果类型,转换后的结果即为条件表达式的结果,而操作数 2 将不被求值。

关于优先级的"错误"

表达式"i>10？i＝2：i＝4"的语义是什么？似乎答案是显而易见的,条件表达式的操作数 2 就是 i＝2,而操作数 3 就是 i＝4。事实上,这却是错误的。在 C 语言中,由于条件运算符的优先级比赋值运算符高,根据结合规则,正确的结合方式是(i>10？i＝2：i)＝4。由于条件表达式的运算结果不再是左值,所以这种结合方式的结果就是编译失败。当然,试图调整条件运算符与赋值运算符的优先级会使问题更糟。为此,C 语言标准明确规定条件表达式的操作数 3 不能是赋值表达式。但这种妥协却很难被广泛接受,人们更愿意将 i＝4 作为操作数 3。这个问题在 C++得到了彻底解决,编译器会进行智能回溯分析,而不仅仅依赖于语言优先级的定义。根据默认优先级分析失败时,编译器将自动尝试对操作数 3 以赋值表达式的语法识别。

3.4.9 按位表达式

按位表达式(bitwise expression),即由按位运算符与操作数组成的表达式。C 语言的按位运算符包括:&(位与)、|(位或)、^(位异或)、~(位非)。按位运算的操作数类型必须为整数类型,而运算结果类型也为整数类型。与一些高级语言不同,C 语言在底层操作方面更显优势,其中按位运算就是一个重要的特性。

位非是单目运算符,其行为是将操作数的二进制形式作为位向量,并对该位向量进行按位取反,就是将位向量中所有的 0 转为 1,而将其中所有的 1 转为 0,运算得到的位向量即为运算结果的二进制形式。

位与、位或、位异或都是双目运算符,其行为是对两个操作数位向量的对应数据位分别执行相应的逻辑运算,如位与的对应逻辑运算为与,位或对应的逻辑运算为或,位异或对应的逻辑运算为异或,运算得到的位向量即为运算结果的二进制形式。例如,已知 $i=0x98(10011000_b)$、$j=0x56(01010110_b)$,则双目按位运算的求值过程如图 3-3 所示。

```
    10011000           10011000           10011000
  & 01010110         | 01010110        ^ 01010110
    --------           --------           --------
    00010000           11011110           11001110

  i & j = 0x10       i | j = 0xAE       i ^ j = 0xCE
```

图 3-3 双目按位运算求值

特别注意,较逻辑与、逻辑或不同,按位运算是完全求值的,而不是采用"短路求值"策略。也就是说,无论左操作数是何值,右操作数都将被求值。因此,双目按位运算是满足交换律的。

置位与清位

　　置位操作就是将变量的某一个或几个数据位置 1,其余数据位保持不变。而清位操作则是将变量的某一个或几个数据位清 0,其余数据位保持不变。在 C 语言中,实现这一需求是比较简单的。根据按位与、按位或运算特性,任意二进制位与 0 按位与运算的结果必定为 0,而任意二进制位与 1 进行按位与其结果保持不变。同理,任意二进制位与 1 按位或运算的结果必定为 1,而任意二进制位与 0 进行按位或其结果保持不变。因此只需将一个变量与某个特殊常数进行按位运算,即可实现置位与清位操作。例如:

```
i = i | 0x03;        //表示对变量 i 的最低两个数据位置位操作,其余数据位保持不变;
i = i & 0x3F;        //表示对变量 i 的最高两个数据位清位操作,其余数据位保持不变;
```

　　除了置位、清位之外,按位运算还有一些其他特性,譬如,将变量两次按位异或同一个数据,其结果不变。由于具有这些面向“底层”的特性,按位运算在图像处理、信息安全、编译技术、操作系统等领域都有广泛应用。

3.4.10　移位表达式

　　移位表达式(shift expression),即由移位运算符与操作数组成的表达式。C 语言的移位运算符包括:<<(左移)、>>(右移)。移位运算都是双目运算,其中操作数 1 表示被移位的对象,操作数 2 指定了对操作数 1 进行移位的位数。移位操作的方向是由实际所使用的移位操作符决定的。移位运算的两个操作数必须为整数类型,其结果类型也为整数类型。该运算的结果不是左值。

　　左移(shift to the left)表示将操作数 1 向左移指定位数,左边被移出的数据位将被丢弃,右边空出来的位则用 0 填充,如图 3-4 所示。

图 3-4　移位运算示意

　　右移(shift to the right)表示将操作数 1 向右移指定位数,右边被移出的数据位将被丢弃,左边空出来的位所填充的值取决于操作数 1 的类型。如果操作数 1 是无符号类型,则左边空出来的位用 0 填充。如果操作数 1 是有符号类型,则由“实现定义”来决定是用 0 填充还是用操作数 1 的符号位(即最高位)填充左边空出的位。因此,当操作数 1 为有符号的负值,且操作数 2 不为零时,右移运算的求值结果是不可移植的,如图 3-4 所示。

3.4.11 增值、减值运算

增值(increment)、减值(decrement)是两种比较特殊的运算,它们都是单目运算,其操作数必须是左值,该运算的作用是对操作数对象的值自增或自减 1,运算结果不再是左值。

根据运算符所处位置不同,可以将它们分为前缀增值、减值运算与后缀增值、减值运算两类。两者的主要区别在于表达式的结果求值不同。

前缀(prefix)增值、减值运算,即运算符出现在操作数的左边,如 ++i、--k 等,分别用于将它们的操作数的值增加 1 或减少 1,并将操作数修改后的值作为结果。前缀增值、减值运算是从右向左结合的。如果对有符号数进行运算后的结果发生了溢出,则该操作的结果是不可预测的。

后缀(postfix)增值、减值运算,即运算符出现在操作数的右边,如 i++、k-- 等,分别用于将它们的操作数的值增加 1 或减少 1,并将操作数的原值作为结果。后缀增值、减值运算是从左向右结合的。如果对有符号数进行运算后的结果发生了溢出,则该操作的结果是不可预测的。

程序 3 - 6

```
1       unsigned char i,j,k;
2       void main()
3       {
4           i = 0x98;                //i的值为 0x98
5           j = i++;                 //j的值为 0x98,i的值为 0x99
6           k = ++i;                 //k的值为 0x9A,i的值为 0x9A
7       }
```

如程序 3 - 6 第 5 行所示,表达式 i++ 的运算结果是 i 的原值 0x98,因此 j 的值为 0x98。在第 6 行中,表达式 ++i 的运算结果是 i 自增 1 后的值 0x9A,因此 k 的值为 0x9A。

特别注意,在 C 语言中,增值、减值运算是除赋值运算、函数调用之外唯一有副作用的操作,所以用户在使用增值、减值运算时,必须充分考虑其副作用的特性。

到目前为止,似乎没有对产生增值、减值运算副作用的时刻有非常明确的定义,这通常并不令人满意的。例如,当 i 初始值为 6 时,表达式 "i++ * i" 的运算结果是多少?答案是 42 还是 36 呢?似乎答案是呼之欲出的,但事实却并非如此。

在大多数情况下,后缀增值、减值运算的副作用产生的时刻就是所处完整表达式结束的位置。尽管这种说法"粗鲁"且不准确,但对初学者还是有一定价值的。如果试图真正解释这个问题,就必须引入一个重要的概念——序列点。

序列点 *

序列点(sequence point),就是在程序执行序列中的某个点,此时程序执行的以

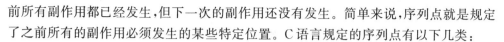

前所有副作用都已经发生,但下一次的副作用还没有发生。简单来说,序列点就是规定了之前所有的副作用必须发生的某些特定位置。C 语言规定的序列点有以下几类:

(1) 在一个完整表达式的尾部;

(2) &&、||、?;或逗号运算符的第 1 个操作数之后;

(3) 在函数调用中实参和函数表达式的求值之后。

如果一个对象在连续的序列点之间被修改的次数超过 1 次,C 语言规定其结果是未定义的。根据这个规定,表达式"i++ * i++"及"++i * ++i"的运算结果都是未定义的。

至此,C 语言对增值、减值运算的副作用发生时刻有了明确的界定,也就是说,副作用必须在增值、减值表达式所处的两个序列点之间发生。但其副作用发生的明确时刻却是一个"由实现定义"的问题,参见 C89 第 6.3.2.4 节或 C99 第 6.5.2.4 节。

不过,对于后缀增值、减值运算副作用的发生时刻,却没有统一的定义。大多数编译器将其定义在增值、减值表达式向后最近的序列点处。而有些编译器则将其定义在前缀增值、减值表达式求值的时刻。

3.4.12 类型转换表达式

类型转换表达式(cast expression),就是将操作数的类型强制转换为指定类型的表达式,运算结果不是左值,基本形式如下:

类型转换表达式→ （类型）操作数

例如,(int)a,类型可以是标量类型名称,也可以是用户自定义的类型别名。任何标量类型之间的转换都是合法的,但 C 语言并不保证转换是绝对安全的。

程序 3 - 7

```
1       unsigned char i;
2       float j;
3       int k;
4       void main()
5       {
6           i = (unsigned char)0x1619;      //i 的值为 0x19,高字节 0x16 将被截去
7           j = (float)3498;                //j 的值为 3498.0
8           k = (int)98;                    //k 的值为 98
9           k = (int)1239.43;               //k 的值为 1239,小数部分将被截去
10          i = (unsigned char)1239.43;     //i 的值为 215
11      }
```

程序 3 - 7 描述了最常见的几种类型转换运算。

浮点型数据向整数类型转换时,小数部分将丢失,如第 9 行所示。

整数类型之间的转换规则比较复杂,这里只讨论两种最简单的情况。如果长度

较大的无符号整型数据向长度较小的无符号整型转换,则高字节数据将被截去,如第6行所示。如果长度较小的无符号整型数据向长度较大的无符号整型转换,则高字节以0填充。关于类型转换的详细规则,请参见第3.6、3.7节。

整数类型向浮点型转换时,虽然浮点类型的描述范围远大于整数类型,但对于一些有效位较多的整数数据,因精度产生的误差也可能较大。

3.5　sizeof 表达式

sizeof 表达式(sizeof expression),就是用于获取指定类型或数据对象所需存储空间的大小的表达式,该运算结果是一个整数常量值,即表示操作数的类型长度(单位:字节),其基本形式如下:

sizeof 表达式→sizeof　(类型)

　　　　　　　│ sizeof　单目表达式

sizeof 表达式的操作数可以为类型或单目表达式。当操作数为类型时,必须使用一对小括号将其括起。当操作数为单目表达式时,则没有强制限定。例如:

```
sizeof(double);     //求值结果即为 double 类型的长度。在 HRCC 中,其求值结果为 4。
sizeof 35;          //求值结果即为常数 35 的类型的长度。在 HRCC 中,其求值结果为 2。
```

当 sizeof 运算符作用于类型时,该类型必须是长度已知的类型,且该类型是以字节为单位存储数据的,例如,void 类型、sbit 类型、函数、不完整声明的类型等都是非法的操作数。特别注意,由于 C 语言是静态类型语言,sizeof 表达式的求值行为都是在编译时刻发生,而不会生成实际的可执行代码。

当 sizeof 运算符作用于表达式时,该表达式只允许为单目表达式,否则必须使用括号将其括起。例如,sizeof 35+6 将被解释为 sizeof(35)+6,而不是 sizeof(35+6)。

3.6　类型转换:表示形式转换 *

类型转换是 C 语言相对比较复杂的概念,关于该规则的详细描述通常在一些 C 编译器设计的书籍中出现,很少见于普通 C 语言教材。绝大多数情况下,普通用户并不需要深入了解 C 语言的类型转换。由于本书力求为读者深入解析 C 语言那些"细枝末节"的概念,因此类型转换是必须涉及的话题之一。特别说明,在阐述类型转换过程中,将不仅限于标量类型,初学者可以在完成后续章节学习后再阅读本节。

宏观上,C 语言支持两种类型转换:显式类型转换、隐式类型转换。显式类型转换即通过类型转换表达式把一个值显式地转换为另一种类型的值。隐式类型转换则

54

注:*标注的章节有一定难度,供读者选学。

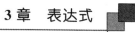

是由语言或编译器在表达式求值过程中自动完成的类型转换操作。

　　C 语言设计者对类型转换规则有详细的定义,而本节将重点关注于类型表示形式改变及类型转换合法性的相关规则描述,这些规则是显式类型转换、隐式类型转换都必须严格遵循的。

3.6.1　表示形式改变

　　表示形式即为值在计算机内部的存储形式。通常,整型值是以二进制补码形式表示,浮点值是依据 IEEE754 标准表示。数组、结构等聚合类型则是依据 C 语言标准的约定表示。从操作执行效果来说,C 语言的类型转换操作实质对数据的改变就是在表示形式上,因为 C 语言的类型是静态属性,实际程序运行时刻是没有类型属性的。例如,将 int 类型值转换为 char 类型值,其表示形式的改变规则是需要 C 语言设计者定义的。在类型转换过程中,通常,表示形式改变出现在两种场合:

　　第一,类型存储长度不同。例如,2 字节 int 类型值转换为 1 字节 char 类型值。尽管两者都是以二进制补码形式表示,但由于两个类型长度不同,其值的表示形式必定改变。

　　第二,类型表示形式本身的差异。例如,4 字节的 double 类型值转换为 4 字节 long 类型值。尽管两者的存储长度相同,但由于两个类型遵循的表示规则不同,其值的表示形式也必定改变。

3.6.2　整型之间转换

　　C 语言规定:所有标量类型值都可以转换为整型值,其他类型值转换为整型值都是非法的。在转换规则定义中,C 语言通常遵守转换结果的数学值应尽可能与原始的数学值相等的原则。例如,将无符号整型值 28 转换为有符号整型,其值仍然是 28。

目标类型可以完全表示原类型所有值

　　就是指原类型值的集合是目标类型值的集合的子集。在这种情况下,原类型值可直接无损转换为目标类型值。例如,原类型为 unsigned char,目标类型为 unsigned int。

　　原类型长度小于目标类型长度,则目标类型高位使用原类型的符号位填充扩展,以保证原值与目标值的补码表示结果一致。

　　原类型长度等于目标类型长度,则原类型值直接即为目标类型值。

　　原类型长度大于目标类型长度,目标类型则必定无法表示原类型所有值。

目标类型不能完全表示原类型所有值

　　在这种情况下,原类型值转换为目标类型值可能是有损的。例如,原类型为 unsigned int,目标类型为 unsigned char。

原类型长度小于目标类型长度,则只有唯一可能是原类型为有符号类型,而目标类型为无符号类型,其转换行为是先将原类型转换为相等长度的无符号类型,再将该无符号类型值转换为目标类型。

原类型长度大于目标类型长度,C 语言采用"丢弃规则",即转换结果就是简单地截去原值的高位。这种行为产生的结果必定是有损的,但经一些语言设计者评估认为这是几种处理手段中相对较理想的。

原类型长度等于目标类型长度,但目标类型却不能完全表示原类型所有值,则只有唯一可能是原类型与目标类型的符号属性不同。例如,原类型为 signed char,目标类型为 unsigned char。这可分为两种情况:原类型为有符号类型而目标类型为无符号类型、原类型为无符号类型而目标类型为有符号类型。C 语言规定,前者的转换结果是确定的,必须等于同余模数 2^n 减去原值(其中 n 表示结果类型所使用的位数)。而后者的转换结果被认为是溢出的,其操作行为是未定义的。**因此,在有符号值采用补码表示时,大多数 C 编译器在处理相同长度的有符号类型与无符号类型之间的转换时,其操作行为都是直接将原值表示形式作为目标值表示形式。但如果目标机将有符号值采用原码或反码表示时,这种情况是需要改变表示形式的。**

3.6.3　其他标量类型转换为整型

浮点类型转换为整型

这两种类型值的集合之间不存在包含关系,该转换遵循的原则是尽可能保证结果值与原值相等。可以细分为两种情况:

目标整型可以表示浮点值的整数部分,则舍弃小数部分,结果值即等于原值的整数部分。注意,其"舍弃小数"的行为即直接丢弃小数部分,并不是"四舍五入"近似。

目标整型无法表示浮点值的整数部分,即浮点值的整数值太大或太小超过了目标整型的表示范围,则其转换行为是由编译器定义,即由实现定义。

指针类型转换为整型

在 C 语言中,该转换行为将指针类型视为相同长度的无符号整型处理,因此其操作定义可参见第 3.6.2 小节。

3.6.4　转换为浮点类型

C 语言只允许算术类型转换为浮点类型,其他类型转换为浮点类型都是非法的。

两种浮点类型之间的转换

即 float 与 double 类型值之间的转换。将 float 转换成 double 时,通常 double 是可以表示 float 的所有值,因此该转换行为是确定的,结果值必定是最接近原值的

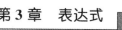

浮点表示之一。将 double 转换为 float 时，如果原值整数部分可以用 float 表示，则小数部分截舍处理是由编译器定义的。如果原值整数部分无法用 float 表示，则其行为是未知的。

整型转换为浮点类型

从表示范围来说，浮点类型的表示范围远大于整数类型，但浮点类型并不能精确表示每个整数值，两种类型的值集合并不存在包含关系。因此，整型转换为浮点类型时，将采用最接近原值的浮点数作为结果值。

3.6.5　转换为结构/联合类型

在 C 语言中，不同结构或联合类型之间的转换是非法。其他类型也不允许转换为联合或联合类型。

3.6.6　转换为枚举类型

在 C 语言的类型转换中，枚举类型可以被视为整数类型。因此，所有标量类型都可以转换为枚举类型。当然，浮点类型或指针类型与枚举类型之间的类型转换并不是良好的编程风格。

3.6.7　转换为数组/函数类型

在 C 语言中，将其他类型转换为数组/函数类型都是非法。

3.6.8　转换为指针

指针与整数类型之间的类型转换是合法的。将数组或函数转换为指针也是合法的。任何类型的 NULL 指针都可以转换为其他类型指针，通常其值仍然为 NULL，但 C 语言并非强制限定其表示形式，可根据目标机器特性确定。

指针类型之间转换

C 语言允许指向 T1 类型转换为指向 T2 类型转换，但 T1、T2 都不允许是指向函数的指针。也就是说，将指向函数的指针转换为其他任意类型指针都是非法的，反之亦然。但这种转换行为的结果可能依赖于目标机器及编译器特性，并不限定其表示形式必须一致。

指针与整型之间转换

整数 0 与其他指针类型之间的转换都是合法的，但其转换行为不限定结果表示形式与整数 0 一致。非 0 整数与指针类型之间的转换也是合法的，但这种转换是不可移植的。通常，在指针与整型之间转换时，将指针视为相同长度的无符号整型处理，例如，HRCC 将指针视为 unsigned int 类型。

数组转换为指针

将 T 类型数组转换为指向 T 类型指针是合法，详见第 8 章。

3.7　类型转换：寻常转换 *

上一节主要介绍了类型转换对类型表示形式的改变作用，以及各类型之间转换的合法性定义。本节将讲解 C 语言在表达式求值过程中的隐式转换规则。隐式转换主要出现在以下几种情况：

(1) 在算术或逻辑运算求值过程中，操作数的值可以隐式转换为其他类型；

(2) 在赋值运算中，右值对象类型与左值对象类型不一致时，必须隐式转换；

(3) 在函数调用时，实际参数与形式参数类型不一致时，必须隐式转换；

(4) 在函数返回时，实际返回值类型与函数返回类型不一致时，必须隐式转换。

特别注意，隐式转换只有在原类型向目标类型转换是合法的条件下进行，是由编译器强制进行的。对于原类型不允许被转换为目标类型的情况，隐式转换行为将导致编译错误。

在 C 语言的表达式求值中，隐式转换的复杂主要体现在各种整型之间的类型转换。在很多时候，由于某些 C 语言的隐式转换规则，可能导致表达式的实际求值结果与预期不同。在 C99 标准之前，隐式转换规则并没有形成规范化文档，主要是被 C 编译器设计者所熟知。对于大多数用户而言，这些规则相对都是模糊的。C99 标准正式提出了"寻常转换"概念，对 C 语言的隐式转换"细节"进行了详尽描述。

赋值运算的类型转换

如果赋值运算的左、右操作数的类型不同，则编译器必须将右值对象的类型隐式转换为左值对象类型。由于赋值表达式对其左值对象类型是有限制的，因此其合法的类型转换规则如表 3 - 10 所列。需要注意以下两点：

(1) 对于某些不支持结构/联合赋值的旧式 C 编译器，规则 2 是不被允许的；

(2) 对于传统 C 编译器，并不严格检查原、目标指针指向类型是否兼容，它们通常允许任何指针类型对象之间的赋值。

表 3 - 10　赋值运算的类型转换

规则序号	左值类型	右值类型
1	算术类型	任意算术类型
2	结构/联合类型	与左值相同的结构/联合类型
3		任意指向对象类型的指针类型（T ＊）
4	指向 void 的指针类型（void ＊）	NULL 值
5		void 指针类型（void ＊）

规则序号	左值类型	右值类型
6	指向对象的指针类型(T_d *)	任意指向对象类型的指针类型(T_s *)，T_d 与 T_s 兼容
7		NULL 值
8		void 指针类型(void *)
9	指向函数的指针类型(T *)	指向函数的指针类型(T *)
10		NULL 值
11		void 指针类型(void *)

类型的转换级别

由于隐式转换的复杂主要集中于整型之间的转换，为了便于描述，C99 标准为各种整型定义了"转换级别"属性。转换级别对 C 语言的各种整型进行数值编码，如表 3 - 11 所列。

表 3 - 11　C99 标准的类型转换级别

类型	级别
long long int、unsigned long long int	60
long int、unsigned long int	50
int、unsigned int	40
short、unsigned short	30
char、unsigned char	20
_Bool	10

特别注意，long long int、unsigned long long int、_Bool 等都是 C99 标准的类型，对于遵守 C89 标准的编译器可以忽略。在 HRCC 中，sbit 类型的转换级别与 _Bool 相同，且不支持 short、unsigned short 类型。

寻常转换的基本概念

根据 C 语言表达式的语法特性，C99 标准将寻常转换分为两个步骤：寻常单目转换、寻常双目转换。在表达式求值时，编译器首先会对操作数单独执行寻常单目转换，再根据运算特性（即是否为双目运算表达式），确定是否应用寻常双目转换。

特别注意，这是寻常转换的两个步骤，并不是分别针对单目、双目运算的两种寻常转换，读者千万不要产生寻常单目转换只是作用于单目运算的误解。

寻常单目转换

表 3 - 12 是标准 C 的寻常单目转换规则。在执行寻常单目转换时，编译器根据

原操作数类型的实际情况确定转换的结果类型,当原操作数类型同时符合多条转换规则时,尽可能选择优先级较高(即优先值较小)的规则执行。值得注意,规则2与规则3在某些情况下是被禁用的,稍后详述。

表3-12 标准C的寻常单目转换规则

优先	原操作数类型	寻常单目转换结果类型
1	float	不转换
2	T类型数组	指向T类型的指针
3	返回T类型的函数	指向返回T类型函数的指针
4	转换级别大于或等于int的类型	不转换
5	转换级别小于int的有符号类型	int
6	转换级别小于int的无符号类型,其值可以用int类型表示。	int
7	转换级别小于int的无符号类型,其值无法用int类型表示。	unsigned int

通常,将寻常单目转换中那些关于整型的规则称为**类型提升**。例如,a是signed char类型变量,则表达式(~a)的类型是int。根据类型提升规则,由于a变量是signed char类型,其转换级别小于int类型,首先将其提升为int类型,然后再基于int类型进行按位非运算求值。

与标准C相比,传统C的规则稍有差异,如表3-13所列。在传统C中,规则1的转换结果类型为double。由于float向double转换是无损的,为了减少浮点运算的库函数个数,传统C将float类型操作数在寻常单目转换中提升为double。其实,该规则在某些标准C编译器中仍有沿用,但由于该规则仅仅影响了求值过程,几乎不影响求值结果,因此对普通用户是不可见的。而规则6只是强制将所有转换级别小于int的无符号类型提升为unsigned int。

表3-13 传统C的寻常单目转换规则

优先	原操作数类型	寻常单目转换结果类型
1	float	double
2	T类型数组	指向T类型的指针
3	返回T类型的函数	指向返回T类型函数的指针
4	转换级别大于或等于int的类型	不转换
5	转换级别小于int的有符号类型	int
6	转换级别小于int的无符号类型,其值可以用int类型表示	unsigned int
7	转换级别小于int的无符号类型,其值无法用int类型表示	unsigned int

在原操作数类型为数组时,根据寻常单目转换规则,编译器会将T类型数组转换为指向T类型的指针,但需要注意以下两种特殊情况:

(1) 在sizeof运算中,如果操作数类型为数组,该寻常单目转换规则禁用;

（2）在使用字符串常量初始化字符数组时，该寻常单目转换规则禁用。

程序 3 - 8

```
1    char a[] = "hello";     //"hello"是字符数组类型，而不是指向字符的指针类型
2    int i = sizeof(a);      //sizeof 运算结果为 6，而不是指针类型长度
```

在原操作数类型为函数时，根据寻常单目转换规则，编译器会将函数类型转换为指向该函数类型的指针，但需要注意以下两种特殊情况：

（1）在 sizeof 运算中，如果操作数类型为函数，该寻常单目转换规则禁用；

（2）在取地址运算时，如果操作数类型为函数，该寻常单目转换规则禁用。

程序 3 - 9

```
1    extern void foo(int);
2    typedef void ( * fp)(int);
3
4    fp ptr = NULL;     //定义函数指针 ptr，初始化为 NULL
5    ptr = foo;         //寻常单目转换将函数 foo 转换为函数指针类型
6    ptr = &foo;        //取地址运算时，寻常单目转换禁用，&foo 仍为函数指针类型
7    sizeof(ptr);       //对函数指针进行 sizeof 运算是合法的
8    sizeof(foo);       //sizeof 运算时，寻常单目转换禁用，对函数进行 sizeof 运算是非法的
```

寻常双目转换

对于双目运算，编译器会根据寻常双目转换规则将它们统一为一种公用类型再进行表达式求值。对于条件表达式，寻常双目转换主要作用于第 2、3 操作数。

编译器执行寻常双目转换之前，先独立对两个源操作数进行寻常单目转换，如果两个结果类型是相同算术类型或任意一个不是算术类型，则不再执行寻常双目转换。否则，将其转换结果再作为寻常双目转换的源操作数。寻常双目转换规则如表 3-14 所列，这里不考虑 C99 标准的复数类型。

表 3 - 14 标准 C 的寻常双目转换规则

优先	一个操作数类型	另一操作数类型	寻常双目转换结果类型
1	long double(C99 类型)	任意实数类型	long double
2	double	任意实数类型	double
3	float	任意实数类型	float(传统 C 为 double)
4	任意无符号类型 T_1	任意无符号类型 T_2	更高转换级别的无符号类型
5	任意有符号类型 T_1	任意有符号类型 T_2	更高转换级别的有符号类型
6	任意无符号类型 T_1	转换级别相同或较低的有符号类型 T_2	无符号类型 T_1

优先	一个操作数类型	另一操作数类型	寻常双目转换结果类型
7	任意无符号类型 T_1	转换级别更高的有符号类型 T_2，并且可以表示无符号类型 T_1 的所有值	有符号类型 T_2（传统 C 为有符号类型 T_2 对应的无符号版本）
8		转换级别更高的有符号类型 T_2，并且不可以表示无符号类型 T_1 的所有值	有符号类型 T_2 对应的无符号版本
9	任意其他类型	任意其他类型	不转换

有符号类型的无符号版本即该有符号类型对应的相同转换级别的无符号类型，例如,long 类型的无符号版本即为 unsigned long 类型。另外,寻常双目转换也是尽可能选择优先级高(即优先值较小)的规则执行。

程序 3 – 10

```
1    int a,b;
2    long c;
3    main()
4    {
5        a = 678;
6        b = 769;
7        c = a * b;        //c 的执行结果为 – 2906
8    }
```

程序 3 - 10 的执行结果与实际预期结果不符,而这个错误就是源于对寻常转换规则的理解不深刻。毫无疑问,问题的关键就在于第 7 行表达式。显然,由于 HRCC 的 int 类型的长度是 2 字节,而 678 * 769 的乘积已经超过了 int 类型的表示范围了。但用户所疑惑的是,由于赋值运算左值 c 的类型是 long,为什么编译器没有把 a、b 操作数直接转换为 long 类型进行运算呢？在 C 语言中,赋值运算与乘法运算是两个不同的双目运算,其操作行为是将 a * b 的运算结果赋值给左值 c,它们是完全独立进行的。首先,编译器对乘法运算的两个操作数分别进行寻常单目转换。由于 a、b 两个操作数都是 int 类型,因此施加于它们的寻常单目转换没有作用。然后,似乎应该根据寻常双目转换规则(规则 5)将 a * b 提升为更高转换级别的有符号类型。但必须注意,由于 a、b 是相同算术类型,所以寻常双目转换不再进行,因此并没有进行类型提升,故乘法运算的结果类型仍然是 int。在完成 int 类型乘法运算后,再依据赋值运算的转换规则将乘法运算结果向 long 类型转换,其转换规则即为"高位填充符号位"。

程序 3 - 11

```
1       signed int a = - 1;
2       unsigned int b = 0;
3       char rslt = 0;
4       main()
5       {
6           if (a>b)
7               rslt = 0;        //rslt 的执行结果为 0
8           else
9               rslt = 1;
10      }
```

程序 3-11 也是一个关于寻常双目转换的经典例程,为什么第 6 行的条件表达式求值结果为真呢? 其原因也源于寻常双目转换。首先,编译器分别施加于 a、b 两个操作数的寻常单目转换是没作用的,因为 a、b 的类型转换级别都与 int 类型相等。但由于 a、b 不是相同的算术类型,根据寻常双目转换规则,编译器将选择表 3 - 14 标准 C 的寻常双目转换规则的第 6 条规则执行,因此其转换结果类型为 unsigned int。问题就在于将变量 a 转换为 unsigned int 类型时,其转换方式是直接将原值作为目标值。由于 a 的原值是补码表示,故转换得到的 unsigned int 类型的目标值是一个非常大的正整数,这就使 a>b 的条件判定求值结果为真。

第 4 章

语 句

在命令式语言中,运算是通过对表达式求值以及变量赋值完成的。事实上,只有极少的程序是完全由这类"纯粹"计算组成的,更多的程序则倾向于描述算法逻辑。在 20 世纪 50 年代,Fortran 语言中出现了控制结构,尽管其描述形式非常"朴素",程序中充斥大量的 goto 语句,看起来更像是汇编语言,但仍然被许多人所接受。在此后的近 20 年中,大量的研究都热衷于关注程序设计语言描述算法逻辑的问题。直到 1966 年,Böhm 与 Jacopini 提出一个关于控制语句的重要观点:所有能够被流程图描述的算法,都能够在程序设计语言中使用两种控制语句(即选择语句、循环语句)来编码实现。这个观点奠定了程序语言设计的基本框架,对后续程序设计方法学的研究与发展具有里程碑意义。

4.1 表达式语句

表达式语句(expression statement),由一个完整的表达式与其后的一个分号构成,其基本形式如下:

表达式语句 → 表达式;

表达式语句的执行行为是对表达式进行求值,然后丢弃它所产生的结果。因此,只有当表达式的求值是具有副作用时,表达式语句才是有意义的,例如:

```
a = a + 1;
count ++ ;
```

否则,表达式语句的执行是未定义的。C 语言并没有严格规定那些无副作用的表达式语句是否必须被求值或怎样求值。也就是说,对于无副作用的表达式语句,编译器可以不进行求值,或只进行部分求值。注意,编译器采用"保守"原则判定表达式语句的"副作用",也就是说,对于那些可能存在副作用的表达式语句,将被认定为具有副作用的。这个原则主要适用于处理表达式中存在函数调用的情况。

4.2 复合语句

复合语句（compound statement），由一对大括号所括起的零个或多个声明和语句列表所组成，其基本形式如下：

复合语句　　　　　　→｛ 声明或语句列表_opt ｝

声明或语句列表　　　→　声明或语句列表_opt　　声明或语句

声明或语句　　　　　→　声明

　　　　　　　　　　｜　语句

程序 4 - 1

```
1        void main()
2        {
3            ...
4            {
5                int a;
6                a = a + 10;
7                float k;
8            }
9            ...
10       }
```

如程序 4 - 1 所示，第 4～8 行是一个复合语句，其中包含了 2 个变量声明与 1 个表达式语句。

曾经有些观点认为：早期 Fortran 语言正是缺乏了这种结构，才使其控制语句看起来更像汇编指令。从目前看来，这个观点是完全正确的。

一般来说，复合语言只是用于将一组语句抽象为一条语句。不过，C、C＋＋等语言支持将数据声明附于复合语句中，使其成为一个相对独立的程序块（block）。在 C99 标准及 HRCC 中，声明与语句的顺序是任意的，故程序 4 - 1 是合法的。但 C89 标准及有些旧式 C 编译器规定：复合语句中所有的声明都必须出现在其第一个语句之前。在这种情况下，由于第 7 行声明在表达式语句之后出现，因此该程序则是非法的。

4.2.1 作用域

作用域是变量的重要属性之一。如果一条语句中一个变量可以被引用，则称该变量在这条语句中是可见的。而变量的作用域就是指由所有可见该变量的语句组成的范围。

程序 4 - 2

```
1       int a;
2       void main()
3       {
4           {
5               float b;
6               b = 2;                  //合法引用
7           }
8           b = 1;                      //非法引用
9           a = 2;                      //合法引用
10      }
```

程序 4-2 由两个变量声明与三个表达式语句组成,但该程序是无法正常编译的。试图解释这个问题,就必须引入 C 语言作用域的规则。实际上,C 语言的作用域不仅局限于变量,而且适用于所有标识符,如表 4-1 所列。

表 4 - 1 标识符的作用域

类型	声明的可见性
顶层标识符	从它的声明位置扩展到源程序文件的末尾
代码块中的标识符	从它在代码块中的声明位置扩展到代码块的末尾
函数定义中的形式参数	从它的声明位置扩展到函数体的末尾
函数原型中的形式参数	从它的声明位置扩展到原型的末尾
语句标签	包括它所在的整个函数体
预处理器宏	从声明它的＃define 命令扩展到源程序文件的末尾,或者遇到取消它定义的第 1 个＃undef 命令

这里,读者只需要理解第 1、2 行的作用域描述即可,其他的部分将在后续章节中详述。对于全局变量 a 来说,其标识符属于顶层标识符,故其作用域就是从该变量的声明位置扩展到源程序文件的末尾,即第 1～10 行。对于复合语句内定义的变量 b,其标识符隶属于代码块,故作用域就是从该变量的声明位置扩展到所属代码块的末尾,即第 5～7 行。根据这个规则,就不难理解程序 4-2 的错误原因了。

到目前为止,笔者似乎回避了一个问题,那就是程序的变量是否可以重名。根据 C 语言规定,在同一代码块或顶层中,出现变量重名是非法的。换句话说,在不同"区域"之间,出现变量重名是合法的。

程序 4 - 3

```
1       int a;
2       void main()
```

```
3          {
4              float a;              //合法声明
5              {
6                  char a;           //合法声明
7                  int a;            //非法声明
8              }
9              a = 1;
10         }
```

如程序 4 - 3 所示，由于第 7 行与第 6 行的声明隶属于同一个代码块（即第 5～8 行），因此重名是非法的。关于重名问题将在"名字重载"章节中详细讨论。

4.2.2　可见性

通常，变量声明在其作用域内是可见的，但由于隶属于不同"区域"的变量重名是合法的，不可避免地出现不同"区域"重名变量的作用域是重叠的，因此变量声明可能会被作用域和可见性与自己重叠的其他声明所隐藏。

在 C 语言中，如果 a 声明试图隐藏 b 声明，则必须满足如下条件：

（1）a、b 声明的标识符必须相同；

（2）a、b 声明的标识符必须属于相同的重载分类，将在"名字重载"章节中详述；

（3）a、b 声明的作用域是不同的，且 a 声明的作用域是完全嵌套在 b 声明的作用域的内部。

程序 4 - 4

```
1          int a;
2          void main()
3          {
4              float a;
5              a = 1;
6          }
```

根据 C 语言的声明隐藏规则，在程序 4 - 4 中，第 4 行的声明将隐藏第 1 行的声明，因此对第 5 行语句来说，只有第 4 行的声明是可见的。

4.2.3　重复可见性

许多初学者对作用域的理解都存在一个误区，认为变量的作用域就是所属代码块或整个源程序文件的范围。当然，其中有很多是源于某些市面上书籍的误导。下面，将通过一个极端的例程说明这个问题，如程序 4 - 5 所示。

程序 4 - 5

```
1       int a = 10;
2       void main()
3       {
4           int b = a;
5           float a = 2.3;
6       }
```

在程序 4 - 5 中,第 4 行的初始化引用了变量 a,问题在于此处的 a 将被绑定到哪个实际声明呢?

错误的观点认为:如果根据变量的作用域覆盖整个所属代码块范围的规则,第 5 行的声明将覆盖第 3~6 行的代码块。同时,由于声明隐藏的原则,第 1 行的声明将被隐藏,因此第 4 行的引用将被绑定到第 5 行的声明。这个结论看起来似乎比较奇怪。

事实上,大多数程序员更愿意接受将第 4 行的引用绑定到第 1 行的声明,这也是 C 语言设计者的初衷。为了解决这类引用歧义,C 语言标准对作用域的开始点作了更精确的表述:作用域是从声明处开始。注意,C 语言标准对此有非常明确的表述,参见 C89 第 6.1.2.1 节或 C99 第 6.2.1 节。

4.3　选择语句

选择语句(selection statement),实现在两个或多个执行路径之间进行选择执行的途径。这种语句是所有命令式程序设计语言的基本部分,正如 Böhm 与 Jacopini 曾经证明的。C 语言支持两种选择语句:if 语句、switch 语句。

4.3.1　if 语句

C 语言支持两种形式的 if 语句,主要差异在于是否使用 else 分句,其基本形式如下:

if 语句→　if(表达式)语句

if 语句的语义为:首先对括号内表达式进行求值,如果求值结果不为 0(即 true 值),则执行括号后的语句,否则不执行该语句,执行流程如图 4 - 1 所示。

if-else 语句→　if(表达式)语句 else 语句

if-else 语句的语义为:首先对括号内表达式进行求值,如果求值结果不为 0(即 true 值),则执行括号后的语句。如果表达式值是 0,则执行关键字 else 后的语句,执行流程如图 4 - 2 所示。

东软载波单片机应用 C 程序设计

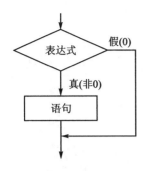
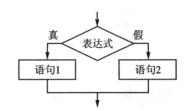

图 4 - 1　if 语句的执行流程　　　图 4 - 2　if-else 语句的执行流程

程序 4 - 6

```
1       int max(int a,int b,int c)
2       {
3           if (b>c)
4           {
5               if (a>b)
6                   return a;
7               else
8                   return b;
9           }
10          else
11          {
12              if (a>c)
13                  return a;
14              else
15                  return c;
16          }
17      }
```

　　对给定的数据进行排序、查找、求最大(小)值等是最常见的数据处理方式,程序 4 - 6 通过 if 语句实现了计算三个变量最大值的求值函数,这种实现易于理解,尽管它不是最佳的解决方案。

多路 if 语句

　　多路 if 语句并不是一种崭新的 if 语句形式,而是由一系列的 if - else 语句组成的,其中每条 if 语句的 else 分句中有另一条 if - else 语句,如程序 4 - 7 所示。

程序 4 - 7

```
1       int a,b;
2       void main()
3       {
```

```
4           if (a == 10)
5               b = 11;
6           else if (a == 20)
7               b = 22;
8           else if (a == 30)
9               b = 33;
10          else if (a == 40)
11              b = 44;
12          else if (a == 50)
13              b = 55;
14      }
```

悬而未决的 else

这可能是程序设计语言中最著名的话题之一。简单来说,问题描述的就是由于 if-else 语句中嵌套 if-else 结构可能导致的歧义,如程序 4-8 所示。

程序 4-8

```
1       int a,b;
2       void main()
3       {
4           if (a > 10)
5               if (a == 20)
6                   b = 10;
7           else
8               b = 20;
9       }
```

在程序 4-8 中,对于编译器设计者或程序设计人员来说,第 7 行的 else 分句到底是与第 4 行的 if 相匹配还是与第 5 行的 if 相匹配是一个必须明确的问题。从 C 语言的语法结构而言,两种结合方式似乎都是合理的,但这种语言描述的歧义却是致命的。与自然语言不同,程序设计语言是人工语言,它必须保证将用户意图准确地传达到计算机,因此任何可能存在的"歧义"都是不可接受的。C 语言强制约定:else 分句总是属于它前面最内层的那条 if 语句。根据这个规定,程序 4-8 的 else 分句只有与第 5 行的 if 匹配才是合法的。

实际上,在许多命令式程序设计语言中都存在这个歧义问题,只不过解决方案可能有所差异。相比较而言,C 语言的这种约定并不算是最佳方案。

Algol 60 强制规定 if 语句的真分支中不能直接嵌套子 if 语句,除非将子 if 语句放置在复合语句中。显然,这种做法更为"霸道",并没有得到广泛的支持。

当然,更好的是 Fortran 及 Ada 语言中采用的关键字方案。简单来说,就是使用一个关键字(如 end if、endf、endif 等)来标记 if 语句的终结。假设在程序 4-8 的基础上使用 endif 来标记 if 语句的终结,如程序 4-9 所示。当然,它已经不是合法的 C

语言程序了。由于第 7 行的 endif 表明了第 5 行 if 的终结,因此第 8 行的 else 分句只能与第 4 行的 if 相匹配。这种方案不仅完美地解决了 else 语句的歧义问题,也增加了程序的可读性。

程序 4 - 9

```
1        int a,b;
2        void main()
3        {
4            if (a>10)
5                if (a==20)
6                    b=10;
7                endif
8            else
9                b=20;
10           endif
11       }
```

受保护的命令

为了更好地支持程序设计方法学的某些观点,荷兰著名计算机科学家 Edsger Dijkstra 于 1975 年提出一些选择结构和循环结构的改进形式——受保护命令。试图通过这种改进,将程序验证前置至开发过程中,而不是完全依赖于后期测试,使整个程序设计过程更可靠。一般形式如下所示:

if <布尔表达式 1> -> <语句 1>

[] <布尔表达式 2> -> <语句 2>

[] …

[] <布尔表达式 n> -> <语句 n>

fi

这种选择结构具有多路选择的外观,但它们的语义却是截然不同的。其执行行为大致如下:

(1) 计算选择结构中的每个布尔表达式;

(2) 如果只有一个布尔表达式为真,则确定执行该真分支的语句;

(3) 如果有多于一个布尔表达式为真,将随机选择任意一个真分支的语句执行,是不确定的;

(4) 如果所有布尔表达式都为假,则产生程序运行时刻错误,迫使程序员考虑所有的可能性。

这种结构对并发程序设计也是极具价值的。例如,在一些中断服务程序中,就需要以随机方式响应一些并发中断,这是传统选择结构无法实现的。

由于实现的复杂性,受保护命令并没有被真正实现。不过,这种设计却成了 Ada 语言处理并发程序设计机制的基础。

4.3.2 switch 语句

在实际编程中,对一系列条件进行比较、判断的问题并不罕见,如程序 4 - 7 所示。显然,多路 if 语句会使程序的结构显得臃肿,并且这种结构的执行效率也偏低。因此,C 语言支持一种高效的多路分支结构——switch 语句。相对于多路 if 语句来说,switch 语句的可读性更强。但试图使用"简洁"或"易用"来修饰 switch 语句,那可能稍显牵强。为了便于读者学习,笔者先介绍 switch 语句的常见形式。switch 语句的常见形式:

```
switch (控制表达式)
{
        case 整数常量表达式 1            :语句列表 1_opt;
        case 整数常量表达式 2            :语句列表 2_opt;
        ...
        case 整数常量表达式 n-1          :语句列表 n-1_opt;
        case 整数常量表达式 n            :语句列表 n_opt;
        default_opt                     :语句列表 n+1_opt;
}
```

switch 语句的执行过程大致如下:

(1) 对控制表达式进行完全求值;

(2) 如果控制表达式的求值结果与该 switch 语句的某个 case 标签的常量表达式的值相同,则程序跳转到该 case 标签所指示的位置执行;

(3) 如果控制表达式的求值结果与所有的 case 标签的常量表达式的值都不相等,但该 switch 语句存在 default 标签,则程序跳转到 default 标签所指示的位置执行,否则程序将跳转到该 switch 语句之后的位置执行。

程序 4 - 10

```
1      int a,b,c;
2      void main()
3      {
4          a = 1;
5          switch (a + 1)
6          {
7          case 1:
8              b = 10;
9              c = 10;
10         case 2:
```

东软载波单片机应用 C 程序设计

```
11                    b = 20;
12                    c = 20;
13               case 3:
14                    b = 30;
15                    c = 30;
16               }
17          }
```

在程序 4 - 10 中,由于 a+1 的值为 2,程序跳转到 case 2 标签所指示的位置执行,即从第 11 行语句开始执行。但执行完第 12 行语句之后,程序并不会跳出 switch 语句,而是继续执行后续的第 14 行的语句,直至将 switch 结构中其后所有语句执行完成。因此,执行完 switch 语句后,变量 b 与 c 的值都为 30。

case 标签

case 标签(case label),由关键字 case 与一个整数常量表达式组成。在 C 语言中,使用 case 标签需要注意如下几点:

（1）case 标签必须与 switch 语句一起使用,否则将被认为是语法错误;

（2）C 语言没有明确规定 switch 语句必须存在 case 标签;

（3）case 标签的顺序并不依赖于其常量表达式的值,可以根据实际需要排列;

（4）常量表达式的值必须是整数类型,否则将被认为是语法错误;

（5）在一个 switch 语句中,不允许存在常量表达式值相同的 case 标签;

（6）case 标签只是程序位置的特殊标记,并不会生成实际执行代码。

default 标签

default 标签(default label),由关键字 default 构成,用于标识 switch 语句的默认跳转目标。在 C 语言中,使用 default 标签需要注意如下几点:

（1）default 标签必须与 switch 语句一起使用,否则将被认为是语法错误;

（2）C 语言没有规定 switch 语句必须存在 default 标签;

（3）C 语言没有规定 default 标签必须放在所有 case 标签之后。换句话说,default 标签与 case 标签的顺序是完全由程序员定义的;

（4）在一个 switch 语句中,最多只允许存在一个 default 标签;

（5）default 标签只是程序位置的特殊标记,并不会生成实际执行代码。

语句列表

在 switch 语句中,语句列表并不是必要的,省略任何语句列表都是合法,如程序 4 - 11 所示。当表达式 a+2 的求值结果为 1、2 或 3 时,程序都将执行第 9 行语句。

程序 4 - 11

```
1      int a,b;
2      void main()
3      {
4          ……
5          switch (a + 2)
6          {
7          case 1：            //省略语句列表
8          case 3：            //省略语句列表
9          case 2： b = 10;
10         }
11     }
```

控制表达式

在 C 语言中,尽管控制表达式的结果类型允许是任何整数类型,但为追求目标代码的效率,许多旧式 C 编译器并不允许 switch 语句的控制表达式类型是 unsigned long 或者 long。因此,为了提高程序的兼容性,建议程序员避免在 switch 语句中使用 unsigned long、long 类型的控制表达式。

一般形式 *

正如之前所述,常见的 switch 语句体都是由一条复合语句构造,复合语句内部存在一些 case 标签、default 标签及语句列表,本书将其简称为"常见形式"。从形式上来说,似乎这是非常合理的,与许多语言的多路选择语句类似。不过,这只是 switch 语句最常见的形式。下面,笔者深入介绍 switch 语句的一般形式:

switch 语句→　switch（控制表达式）　语句

以上是 switch 语句在 C 语言标准中的形式,形式之简洁可能令无数读者为之惊讶。在一般形式中,小括号之后只有一条语句,当然它可以是任何语句,如图 4 - 3 所示。

```
switch (counter)        switch (counter)        switch (counter)
   counter++;           case 1: counter = 2;    case 1:
                                                    switch (temp)
                                                    case 2: temp = 1;

       (a)                     (b)                     (c)
```

图 4 - 3 "奇怪"的 switch 语句

在图 4-3 中,虽然这些 switch 语句看起来比较奇怪,但它们却是合法的。虽然这种"奇怪"程序并不值得推崇,但它却是诠释 switch 语句的理想教具。这里,读者必须理解以下两个要点:

第一,case 标签并不是语句,否则许多问题将无法解释。

第二,明确 case 标签与 switch 语句的匹配关系。例如,(c)图的程序中包括两个 case 标签、两个 switch 语句,而它们之间的匹配关系似乎不太清晰。对此,C 语言有明确规定,即 case 标签、default 标签是属于包含它的最内层 switch 语句。因此,第 1 个 case 标签属于第 1 个 switch 语句,而第 2 个 case 标签属于第 2 个 switch 语句,这是完全没有歧义的。

笔者已经详细介绍了 switch 语句的"一般形式"与"常见形式"。至此,面对任何"奇怪"的 switch 结构,相信读者都能无所畏惧,并逐一剖析。

关于"唯一入口"的争论

20 世纪 60 年代,不少计算机科学家认为:良好的控制结构应该只拥有唯一的入口,而出口的个数并不受限。这个观点在程序语言设计中得到普遍认同。不过,C、C++、ALGOL 60 却是例外。人们的质疑正是源于"奇怪"的 switch 语句。

```
switch (counter)
{
case 0:
    if (temp == 1)
case 1:    linenum = 1;
    else
case 2:    linenum = 2;
}
```

这个程序看起来非常别扭,但不可否认它是合法。当 counter 为 1 时,程序将直接进行 if 语句的真分支执行,并不需要理会表达式"temp==1"的运算结果。理想情况下,完整的 if 语句的入口应该是唯一的,就是从表达式"temp==1"的求值开始。不过,由于 switch 语句的存在,任何控制结构的"唯一入口"原则都被破坏。与 Pascal、Ada 语言的规范 case 语句相比,switch 语句更像是 Fortran 语言的"computed goto"语句,这是相对原始的设计,一度被认为是语言设计的倒退。

面对众多质疑,C 语言支持者似乎也无力反驳,除了所谓的"更灵活"之外,他们没有更多的证据表明 C 语言的 switch 结构比 Pascal 的 case 更优越。

4.4 循环语句

循环语句(loop statement)是重复执行某些其他语句(循环体)的一种控制结果。在循环过程中,程序通过对控制表达式的求值,确定循环是否继续进行。在命令式语言中,循环通常可以细分为:逻辑控制循环、计数器控制循环、无控制循环。

C 语言提供了三个循环语句:while 语句、do 语句、for 语句。其中 while、do 语句属于逻辑控制循环,而 for 语句属于计数器控制循环,C 语言不支持无控制循环。

4.4.1 while 语句

在 C 语言中,while 语句是最简单的循环语句,相对于其他循环语句而言,while 却是一种非常高效的结构,一般形式如下:

while 语句→ while (表达式) 语句

在 while 语句中,小括号内的表达式用于控制循环是否继续进行的重要元素,也称为**循环控制表达式**。小括号后边的语句则是循环体。while 语句的执行流程如图 4-4 所示,该过程描述大致如下:

(1) 对循环控制表达式进行求值;

(2) 如果求值结果不为 0(即真值),则执行循环体。否则终止循环,跳转到该循环语句之后的位置执行;

(3) 当循环体执行完后,再次转步骤 1。

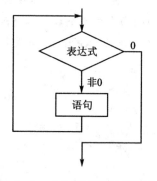

图 4-4　while 语句的执行流程

程序 4-12

```
1      int count;
2      int sum;
3      void main()
4      {
5          sum = 0;                 //初始化为 0
6          count = 1;               //循环控制变量 count 初始化为 1
7          while (count <= 10)      //循环终止条件为 count 大于 10
8          {
9              sum = sum + count;
10             count ++ ;            //循环控制变量 count 自增 1
11         }
12     }
```

程序 4-12 的功能是计算 1~10 的和,运算结果存储在变量 sum 中。值得注意的是,在 while 语句中,循环体只能是一个语句。如果循环体需要书写多个语句,则必须将它们放在一个复合语句中,如程序 4-12 所示。后续将使用不同的控制语句对这个例程进行反复改写,以便读者对比学习。

无限循环

如果循环控制表达式的求值结果始终为非零值,则 while 语句将无法终止,通常将这种情况称为**无限循环**,俗称**死循环**。当然,用户还可以通过 break 或者 goto 语句来退出 while 结构,稍后详述。最常见的无限循环形式如下:

```
while (1)
    语句
```

4.4.2　do 语句

do 语句与 while 语句类似,都是根据循环控制表达式的求值结果确定是否继续执行循环体的控制结构,但两者的不同在于:do 语句至少执行 1 次循环体,即使循环控制表达式的首次求值结果为 0;对于 while 语句而言,如果循环控制表达式的首次求值结果为 0,则不会执行循环体。do 语句的一般形式如下:

```
do 语句→   do   语句   while  (表达式)
```

do 语句的执行流程如图 4-5 所示,其过程描述大致如下:

（1）执行 do 语句的循环体;

（2）对循环控制表达式进行求值。如果求值结果不为 0(即真值),转步骤 1,否则终止循环,跳转到该循环语句之后的位置执行。

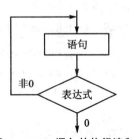

图 4-5　do 语句的执行流程

程序 4-13

```
1       int count;
2       int sum;
3       void main()
4       {
5           sum = 0;                //初始化为 0
6           count = 1;              //循环控制变量 count 初始化为 1
7           do
8           {
9               sum = sum + count;
10              count ++ ;          //循环控制变量 count 自增 1
```

```
11              }
12              while (count <= 10);        //循环终止条件为 count 大于 10
13      }
```

如程序 4-13 所示,使用 do 语句对程序 4-12 进行了改写。值得注意的是,在 C 语言中,do 语句的循环体仍然只能是一条语句,并不会因为 do 语句结构的结尾处存在 while 子句而改变。

对于某些熟悉 Pascal 等语言的读者,必须特别注意:C 语言的 do 语句功能上与 Pascal 语言的 repeat-until 语句类似,但不同之处在于 do 语句的循环终止条件是表达式值为 0,而 Pascal 的 repeat-until 的循环终止条件是表达式值为 true。

4.4.3 for 语句

大多数的观点认为:逻辑控制循环是最一般化的循环结构,计数器控制循环只是逻辑控制循环的一种特例。不过,在 C 语言中,这个观点并不太适用。C 语言的 for 语句是一种非常强大且灵活的循环结构。从功能上来说,C 语言的 for 语句足以覆盖 while、do 语句的任何应用需求。for 语句的一般形式如下:

for 语句→   for (表达式 1_{opt} ; 表达式 2_{opt} ; 表达式 3_{opt}) 语句

在 for 语句中,表达式 1 用于初始化循环变量,表达式 2 用于控制循环是否终止,表达式 3 用于更新循环变量。注意,小括号内的分号是分隔符,而不是表达式语句的结束符。for 语句的三个表达式都是可以任意省略的,但分号作为分隔符是必须存在的。以下的 for 语句都是合法的:

```
for (; counter < 10;) …        //省略表达式 1、表达式 3
for (;; counter ++) …          //省略表达式 1、表达式 2
for (counter = 1;;) …          //省略表达式 2、表达式 3
for (;;) …                     //省略表达式 1、表达式 2、表达式 3
```

for 语句的执行流程如图 4-6 所示,其过程描述大致如下:

(1) 如果表达式 1 存在,则对表达式 1 进行求值,求值结果将被丢弃。通常表达式 1 是有副作用的。

(2) 如果表达式 2 存在,则对表达式 2 进行求值,如果运算结果为 0,终止循环执行,跳转到该循环语句之后的位置执行,否则进入步骤(3)。如果表达式 2 不存在,则直接进入步骤(3)。

(3) 执行 for 语句的循环体。

(4) 如果表达式 3 存在,则对表达式 3 进行求值,其值被丢弃。通常表达式 3 也是有副作用的。

(5) 返回步骤(2)。

程序 4 - 14

```
1      int count;
2      int sum;
3      void main()
4      {
5          //表达式 1 是一个逗号表达式
6          for (sum = 0,count = 1; count <= 10; count ++)
7          {
8              sum = sum + count;
9          }
10     }
```

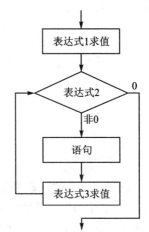

图 4 - 6 for 语句的执行流程

如程序 4 - 14 所示,使用 for 语句对程序 4 - 12 进行了改写。在本例中,使用逗号表达式对多个变量进行了初始化,尽管该逗号表达式的最终求值结果将被丢弃,但不会影响其本身的副作用行为。

4.4.4 程序实例

在实际开发中,循环结构最常见的应用是“穷举法”,简单来说,就是利用了计算机的高速运算特性通过穷尽所有可能的试探方式解决与验证某些实际问题。本节将通过一些程序实例,为读者讲述循环结构在程序设计中的应用。

实例:判断素数

问题描述:试编写程序统计 1～100 中素数的个数。

程序 4 - 15

```
1      int is_prime(int n)
2      {
3          int i;
4          if (n <= 1)
5              return 0;
6          for (i = 2; i <= n/2; i ++)
7          {
8              if (n % i == 0)
9                  return 0;
10         }
11         return 1;
12     }
13     int count = 0;     //用于存储素数的个数
```

东软载波单片机应用 C 程序设计

```
14      void main()
15      {
16          int  i;
17          for (i = 1; i < = 100; i + +)
18          {
19              if (is_prime(i))
20                  count + + ;
21          }
22      }
```

程序 4 - 15 的功能是统计 1~100 中的素数个数。其中,包括 2 个函数:main、is_prime。is_prime 函数用于判断参数 n 是否为素数,而 main 函数中的循环则用于统计 1~100 之间素数的个数。判断 n 是否为素数的方法很多,这里给出了一种最简单的实现:如果 n 可以被 2~n/2 之间任意数整除,则 n 不是素数,否则 n 是素数。

其实,素数问题远比大多数人想象的要复杂得多,其理论研究是数论学科的重要组成。自公钥密码学诞生以来,关于素数的研究更是进入了黄金时期,因为该密码系统的可行性是假设大素数测试是非常高效的,而其安全性则建立在大素数的乘积难以分解的基础上。

实例:角谷猜想

问题描述:日本一位中学生发现了一个关于奇偶数的奇妙定理,请角谷教授证明,但教授无能为力,最终只能作为猜想提出,故称为"角谷猜想"。猜想描述如下:任意给一个自然数,若为偶数则除以 2,若为奇数则乘 3 加 1,得到一个新的自然数,再将新得到的自然数按照上面的计算方法演算,若干次后得到的结果必然是 1。该定理也称为"3n+1 定理"或"奇偶归一定理"。

程序 4 - 16

```
1       int new_data(int n)
2       {
3           if (n % 2 = = 0)
4               return n/2;
5           else
6               return 3 * n + 1;
7       }
8       void main()
9       {
10          int  i,temp;
11          for (i = 1; i < = 10000; i + +)
12          {
```

```
13          temp = i;
14          do
15          {
16              temp = new_data(temp);
17              //这里可以输出每次计算结果
18          }while (temp != 1)
19      }
20  }
```

程序 4-16 并没有证明"角谷猜想",只是使用 1~10000 自然数测试"角谷猜想"是否成立,如果程序能够正常执行完毕,则猜想成立。

实例:哥德巴赫猜想

问题描述:1742 年,哥德巴赫提出了一个猜想,即任意一个大于 2 的偶数都可写成两个素数之和,但他无法证明。于是他写信请教当时的大数学家欧拉,可惜直到欧拉去世,都无法证明。后来,数学界将这个命题称为"哥德巴赫猜想"。本例将通过程序验证 10000 以内大于 2 的偶数都满足哥德巴赫猜想。

程序 4-17

```
1   /* 判断 n 是否为素数 */
2   int is_prime(int n)
3   {
4       int i;
5       if (n <= 1)
6           return 0;
7       for (i = 2; i * i <= n; i++)
8       {
9           if (n % i == 0)
10              return 0;            //不是素数
11      }
12      return 1;                    //是素数
13  }
14  /* 验证 4~max 是否满足哥德巴赫猜想 */
15  int guess(int max)
16  {
17      int i;
18      int n;
19      //循环测试 4~max 的每个数据是否满足哥德巴赫猜想
20      for (i = 4,j = 0; i <= max; i += 2)
```

```
21          {
22                  //循环测试 i 是否可以表示为 2 个素数之和
23                  for (n = 2; n < i; n++)
24                  {
25                      if (is_prime(n) && is_prime(i - n))
26                          break;
27                  }
28                  if (n == i)
29                      return 0;                    //i 不满足哥德巴赫猜想
30          }
31          return 1;                            //4～max 的数据都满足哥德巴赫猜想
32      }
33      /* 主函数 */
34      void main()
35      {
36          guess(10000);
37      }
```

如程序 4-17 所示,该程序逻辑并不复杂,即循环测试 4～10000 之间每个数据是否满足哥德巴赫猜想,如果某次测试结果不满足,则表明该猜想不成立。但值得注意的是,即使 4～10000 之间的每个数据都满足猜想的命题,并不表示该猜想是成立的。其实,不论将 max 设为何值,都无法满足原始猜想中的"任意"一词。

实例:圆周率的近似计算

问题描述:在数学中,关于 π 的近似计算方法很多,本例将采用级数展开的方式求值,计算公式如下所示:

$$\frac{\pi}{4} = 1 - \frac{1}{3} + \frac{1}{5} - \frac{1}{7} + \cdots + e(|e| < 10^{10})$$

程序 4-18

```
1       double pi;
2       /* 通过级数展开式计算 pi 的近似值函数 */
3       double calc()
4       {
5           double sum = 0;
6           int i;
7           for (i = 0;; i++)
8           {
9               double term = 1.0/(i * 2 + 1);
```

东软载波单片机应用 C 程序设计

```
10              //控制 term 的正负符号
11              if ( i % 2 == 0 )
12                  sum += term;
13              else
14                  sum -= term;
15              //当 term 小于 10^-10 时,退出计算
16              if ( term < 1e-10 )
17                  break;
18          }
19          return sum * 4;
20      }
21      void main()
22      {
23          pi = calc();
24      }
```

在数学、物理等自然科学研究中,通过"穷举试探"的策略并不能代替定理的理论证明,因为在大多数情况下定理是具有一般化特性的,但穷举法却无法解决那些无限集合的问题。

更多情况下,穷举法被应用于寻找命题的反例,显然,计算机的效率远胜于手工验算。

实例:牛顿迭代法解方程

问题描述:已知方程为 $ax^3+bx^2+cx+d=0$,其中 a、b、c、d 为外部确定的系统,利用牛顿迭代法求 x 在 1.5 附近的一个实根。

程序 4-19

```
1       /* 求 f 的绝对值函数 */
2       float fabs(float f)
3       {
4           if (f < 0)
5               return -f;
6           else
7               return f;
8       }
9       /* 求 ax^3 + bx^2 + cx + d = 0 的根 */
10      float equation(float a,float b,float c,float d)
11      {
12          float x = 1,x0,f,f1;
```

```
13          do
14          {
15              x0 = x;
16              //计算 f(x0)
17              f = ((a * x0 + b) * x0 + c) * x0 + d;
18              //计算 f'(x0)
19              f1 = (3 * a * x0 + 2 * b) * x0 + c;
20              x = x0 - f/f1;
21          }while (fabs(x - x0) >= 1e-5);
22          return x;
23      }
```

牛顿迭代法又称牛顿切线法(见图 4 - 7),它的求根过程为:先任意设定一个与真实的根接近的值 x_0 作为第一次近似根,由 x_0 求出 $f(x_0)$,过 $(x_0, f(x_0))$ 点作 $f(x)$ 的切线,交 x 轴于 x_1,把 x_1 作为第二次近似根;再由 x_1 求出 $f(x_1)$,过 $(x_1, f(x_1))$ 点作 $f(x)$ 的切线,交 x 轴于 x_2……依此类推,直到无限接近于真正的根 x_n,因此得出牛顿迭代公式如下:

$$x_{n+1} = x_n - \frac{f(x_n)}{f'(x_n)}$$

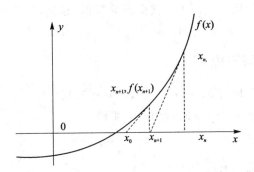

图 4 - 7 牛顿切线法示意

穷举法是最简单的算法设计思想,符合人类解决问题的基本策略。相对于手工验算试探,计算机的求值效率要高很多,但仍然无法应对那些具有相当规模的问题。其主要原因在于,每次穷举迭代完成后,其迭代范围只是线性减少,这种收敛速显然是无法令人非常满意的。

良好的算法设计策略应该在客观条件允许的情况下尽可能加快迭代范围的收敛速度,以得到更高效的执行效果。

在本书后续章节中,笔者将介绍一些更有效的算法设计策略,如回溯法、贪婪法及动态规划法等。

4.5 无条件转移语句

自 20 世纪 60 年代以来，随着选择、循环控制结构的大肆流行，自荷兰著名计算机科学家 Edsger.Dijkstra 提出了"goto 语句有危害"的观点之后，关于无条件转移语句的质疑就从未消失。在否认无条件转移语句存在价值的同时，人们又不愿放弃其灵活性给编程带来的极大便利。曾经，这个选择令许多语言设计者苦恼不堪。

其实，与许多现实问题类似，任何"极致"行为的结果通常是令人遗憾的，这同样适用于程序设计方法。实践证明，那些竭力推崇"纯面向对象"、"纯函数式"的语言设计，似乎都很难真正达到预期的理想目标。因为世界上就是存在一些事物或行为是不能或不适合使用"对象"、"函数"进行抽象的，即使勉强为之，其结果必定比较糟糕。

相比那些持激进观点者来说，大多数语言设计者显得更理性。他们的观点是，从语言层次促进更规范地使用无条件转移语句。一方面，大多数语言都保留了goto 语句，但尽量削弱其实际开发中的地位，而不像之前 Fortran 语言那样依赖于goto 语句。另一方面，设计一些功能受限制的无条件转移语句，如 C 语言的 break、continue 等。这里提到的"受限制"就是指在语言层次上对无条件转移语言允许出现范围及跳转目标进行严格限制，以减小因滥用无条件转移语句而造成致命错误的可能性。

4.5.1 break 与 continue 语句

在人们对 goto 语句提出强烈质疑时，一个更现实的问题出现了。从理论上来说，任何算法都可以通过选择、循环结构进行描述。不过，过度依赖于这两种结构的代价就是不得不使用大量的标志来控制执行流程，这可能会使程序看起来很奇怪，并不像人们最初所设想的那样。正如之前所说的，良好的控制结构应该只拥有唯一的入口，而出口的个数并不受限。事实上，实践表明，多出口的结构更容易控制，但却不会给程序理解带来太多的障碍。为了满足这一实际需求，C 语言提供了两种受限制的无条件跳转语句：break 与 continue。

break 语句

break 是一种受限制的无条件转移语句。使用 break 语句可以实现与 goto 语句相同的功能，只不过使用 break 语句的程序结构看起来仍然是优美的。break 语句的一般形式如下：

break 语句 → break ;

在 C 语言中，break 语句只允许出现在 while、do、for、switch 语句的语句体中，其功能是终止执行 break 语句所属的最内层的 while、do、for、switch 语句,程序将跳转到被终止语句之后的位置执行。如果 break 语句不是出现在任何 while、do、for、switch 语句的语句体内部,则将出现编译错误。在实际编程中,break 语句主要有以下两个重要应用:

(1) 终止 switch 语句的一个特定 case 的处理;

(2) 永久终止一个循环。

虽然 break 语句是一种有效的终止循环的方法,但并不表示推荐程序员大量使用 break 语句,而放弃设置循环控制表达式。

程序 4 - 20

```
1        int count;
2        int sum;
3        void main()
4        {
5            sum = 0;                //初始化为 0
6            count = 1;              //循环控制变量 count 初始化为 1
7            while (1)               //这是一个无限循环
8            {
9                sum = sum + count;
10               count ++ ;          //循环控制变量 count 自增 1
11               if (count>10)
12                   break;          //当 count 大于 10 时,退出循环体。
13           }
14       }
```

continue 语句

与 break 类似,continue 也是一种受限制的无条件转移语句,只不过 continue 语句的跳转目标是循环语句体的起始处。continue 语句的一般形式如下:

continue 语句 →   continue   ;

在 C 语言中,continue 语句只允许出现在 while、do、for 语句的语句体中,其功能是使程序立即转移到其所属的最内层循环的语句体的最后继续执行,如图 4 - 8 所示,虚线箭头指示的位置就是 continue 语句的转移目标。值得注意的是,在 for 语句中,continue 的转移目标是位于循环体之后,表达式 3 求值之前。如果 continue 不是出现在任何循环语句的语句体内部,则将出现编译错误。

读者不难发现,正如之前所讨论的,C 语言对使用 break、continue 语句的上下文环境与其跳转目标都做了明确的限定,这将有效提高无条件转移的安全性。

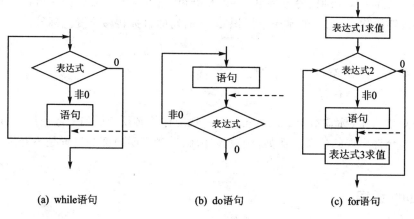

(a) while语句   (b) do语句   (c) for语句

图 4 - 8   continue 语句的转移目标

程序 4 - 21

```
1       int count;
2       int sum;
3       void main()
4       {
5           for (sum = 0,count = -10; count <= 10; count++)
6           {
7               if (count <= 0)
8                   continue;        //如果 count 为负数或 0 时,不进行累加运算。
9               sum = sum + count;
10          }
11      }
```

4.5.2   goto 语句

在早期的 BASIC、Fortran 语言中,goto 无疑是控制程序流程的必备手段。不过,随着结构化程序设计观点的提出,许多主流语言更推崇通过选择、循环结构控制程序流程,而 goto 语句早已没有了昔日的风采,只是作为一种辅助语句而存在。事实上,除了一些特殊的应用之外,现在大多数程序已经难觅 goto 语句的踪迹了。

goto 语句是一种不受限制的无条件转移语句。在 C 语言中,goto 语句的功能是使程序执行转移到函数中的任何位置。

标 签

标签(label),也被称为标号,主要用于标记函数体内某一语句位置。C 语言的标签共分为 3 类:命名标签、case 标签、default 标签。case 标签、default 标签主要应用于 switch 结构中,详细内容可参见"switch 语句"相关章节。命名标签可以出现在任何允许放置语句的位置,通常用于标识 goto 语句的目标转移位置。标签的一般形式如下:

标签→ 标签名
标签名→ 标识符

在 C 语言中,标签本身不是语句。C89 规定标签必须和语句一起使用,这严格限制了标签允许出现的位置。例如,函数体外部、变量声明内部等位置是不允许出现标签的。

使用 goto 语句

为了保证函数结构内聚,C 语言规定 goto 语句只能转移到函数中的某一位置,并不能转移到其他函数中。

goto 语句的一般形式如下:

goto 语句→ goto 标签名 ;

goto 关键字之后的标识符必须是一个存在于当前函数中的命名标签名。goto 语句的功能是使程序的控制立即转移到函数中该标签所指定的位置执行。

程序 4 - 22

```
1       int count;
2       int sum;
3       void main()
4       {
5           sum = 0;              //初始化为 0
6           count = 1;           //循环控制变量 count 初始化为 1
7       loop:
8           if (count>10)        //如果 count 大于 10,则转移到出口
9               goto exit;
10          sum = sum + count;   //循环控制变量 count 自增 1
11          count ++ ;
12          goto loop;
13      exit:;
14      }
```

程序 4 - 22 实现的功能与程序 4 - 12 相同,只不过使用了 goto 语句改写了 while 循环。

值得注意的是,根据 C 语言规定标签必须与语句一起用,因此第 13 行的"exit"标签后设置了一个空语句。

最著名的"危害"

在程序语言发展历程中,关于无条件转移语句(主要就是指 goto 语句)的争论无疑是最炙热的,尤其是在 20 世纪 60 年代后期。

高级语言诞生初期,goto 语句以强大的功能和极佳的灵活性,一度被认为是控制程序执行流程的最有效手段。实践表明,if 语句与 goto 语句的组合可以解决一切程序设计的问题。不过,goto 语句并不像人们所想象的那样容易驾驭。对于某些设计不太严谨的程序,goto 语句可能导致致命的错误。而且更令人恐惧的是这类错误通常是不易测试与排查的。

当然,人们并非完全没有意识到 goto 语句的危害。早在 1965 年的 IFIP 会议上,荷兰著名计算机科学家 Edsger Dijkstra 曾提出"goto 语句可以从高级语言中取消"、"一个程序的质量与程序中所含的 goto 语句的数量成反比"等观点。不过,由于 Fortran 是当时最流行的语言,而 goto 语句又是 Fortran 语言的重要组成,因此 Dijkstra 的言论并没有引起太多的关注。

1968 年,Dijkstra 给 ACM 写了一篇短文《A Case against the GO TO Statement》,后来该短文以信件形式发表,其标题为《Go-to statement considered harmful》。Dijkstra 的观点认为:goto 语句太容易把程序弄乱,高级语言应将其抛弃。

该信件公开之后,引发了激烈的争论。人们意识到,这并不是关于 goto 语句的简单问题,而是对传统程序设计理念、方法的颠覆。目前来看,Dijkstra 的观点对计算机科学的发展是具有极其重要的意义。

不过,对 Dijkstra 观点的质疑也是异常强烈。其中,美国著名计算机科学家 DonaldKnuth(《计算机程序设计艺术》的作者)坚持认为有时 goto 语句的效率超过了它对可读性的损害。而理性的质疑者支持对 goto 语句进行一定的限制,而非完全废除。

事实上,除了少数几个语言之外,大多数主流程序语言还是支持 goto 语句的,只不过 goto 已经不是语言的主角元素了。尽管"C 语言之父"Ritchie 赞同不应滥用 goto 语句的观点,但 C 语言仍然保留了 goto 语句。

4.6 名字重载 *

C 语言允许一个标识符同时与多个实体对象绑定,程序则是根据标识符被引用处的上下文确定其与哪个实体对象绑定,C 语言将这种情况称为名字重载(overloading of names)。注意,"名字重载"与"重复可见性"是完全不同的概念。简单来说,前者是指程序中的某一特定位置处同一个标识符可能允许与多个实体对象绑定。而后者是指由于作用域的不同,同一个标识符与实体对象的绑定可能发生变化,但在程序的某一确定位置处该标识符允许绑定的实体对象仍然只有一个。根据

上下文语义,C 语言将标识符的名字分为 5 种重载分类,也称为名字空间(name space):

(1) 语句标签;

(2) 预处理器宏名;

(3) 结构、联合和枚举标签;

(4) 成分名称;

(5) 其他名称(包括变量、函数、typedef 名称、枚举常量)。

从上下文语义的角度来说,隶属于不同名字空间的名字是不存在引用歧义的。例如,goto 语句之后只能出现标签名,不能是变量名或其函数名。同样,在表达式中是不可能出现标签的。根据 C 语言规定,隶属于不同名字空间的名字是不存在重名冲突的。

程序 4 - 23

```
1        void main()
2        {
3            int count = 0;
4        count:
5            count ++ ;
6            if (count < 10)
7                goto count;
8        }
```

在程序 4 - 23 中,根据 C 语言名字空间的规则,虽然第 4 行的标签与第 3 行的局部变量位于同一作用域内且重名,但由于隶属于不同的名字空间的,因此重名是合法的。第 5、6 行引用的是变量 count,而第 7 行引用的则是标签 count。根据上下文语义环境,这些引用是不存在歧义的。尽管 C 语言的名字空间规则保证了程序 4 - 23 是合法的,但这并不值推崇,它将给不太理解"名字空间"的程序员带来阅读障碍。

第5章

数　组

标量类型是程序设计语言最基本的类型，即"原子类型"，也是语言必不可少的组成元素。一般来说，标量类型与程序的目标机硬件结构是密切相关的，例如，C 语言的 int 类型长度通常是依据目标机字长而定的。早期，计算机的最主要应用就是数值计算，与汇编语言、机器语言相比，拥有标量类型及相关运算的高级语言足以满足应用需求。很多早期语言只支持标量类型或更基本的数值类型。不过，随着计算机应用的发展，数值计算早已不是现代计算机应用的主角了。更多丰富的信息资源，如文本、表格、图像、音频、视频等，都需要计算机进行存储、加工。为了满足现代程序设计的需要，程序语言设计者提出了"聚合类型"的概念，也就是将各种标量类型进行有机组合，形成聚合形式的数据类型，并针对这种数据类型提供一些有别于标量类型的特殊运算，以便适用于更复杂的应用。本章将介绍 C 语言的一种重要聚合类型——数组。

5.1　数组概述

数组（array）是数据类型相同的数据元素的聚合形式，程序可以根据数据元素在数组内的位置对其进行访问。特别注意的是，数组中所有元素的数据类型必须相同，这一限制不仅适用于静态类型语言，同样适用于动态类型语言。

图 5-1 描述的是一个数组的基本形式，该数组名为"aa"，拥有 10 个元素，详细数据元素如图所示，数组元素的起始位置为 0。C 语言允许程序可以通过下标访问数组元素，例如，aa[3]表示引用 aa 数组中的第 3 个元素。

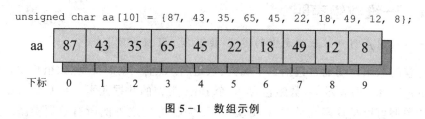

```
unsigned char aa[10] = {87, 43, 35, 65, 45, 22, 18, 49, 12, 8};
```

图 5-1　数组示例

程序 5 - 1

```
1       int aa[10];
2       void main()
3       {
4           int i;
5           for (i = 0; i < 10; i + + )
6               aa[i] = i * 10;
7       }
```

程序 5 - 1 是一个简单的数组应用实例。通过 for 循环对数组的元素进行了初始化,程序执行完成后,aa 数组存储的数据为 {0,10,20,30,40,50,60,70,80,90}。

程序 5 - 2

```
1       int aa[10] = {23,45,65,23,53,41,99,12,124,22};
2       int sum = 0;
3       void main()
4       {
5           int i;
6           for (i = 0; i < 10; i + + )
7               sum + = aa[i];
8       }
```

程序 5 - 2 的功能是计算 aa 数组中所有元素之和。从以上例子不难发现,数组元素通过下标实现动态引用与访问。而之前的标量类型对象只能通过名字静态引用,因为 C 语言中名字与对象的绑定是发生在编译时刻的,在程序执行过程中,这种绑定关系无法动态改变。

5.2　一维数组

一维数组是最简单的数组,一维数组中的元素是依次排列,以元素的位置作为下标访问其中的特定元素。图 5 - 1 所示的数组形式就是典型的一维数组。

5.2.1　一维数组声明

一维数组声明→　数组元素的类型 数组名 [数组长度]

完整的数组声明通常包括三个属性:数组名、数组元素的类型、数组长度。例如,float pp[20];　即表示 pp 数组包含 20 个 float 类型的数据元素。在 C 语言中,数组元素的类型可以是除函数类型、void 类型、不完整类型之外的所有数据类型。注意,这是 C 语言标准的精确描述。到目前为止,本书所介绍的数据类型都可以作为数组元素的类型,后续涉及相关类型时,笔者将重点说明。

数组长度用于描述该数组包含的元素的总数。习惯上,数组长度是常量形式表示的。当然,根据 C 语言标准,使用常量表达式说明数组长度也是合法的。常量表达式,就是指该表达式中的运算对象都是常量,编译过程中对该表达式可以即时求值。例如,

```
double my_data[10 + 32/3];        //合法声明
int money[12 * 3];                //合法声明
int step[a + 32];                 //非法声明
```

在前两个数组声明中,数组长度都是使用常量表达式描述的,尽管它们是合法的,但不推荐读者使用这种声明方式。而最后一个数组声明是非法的,由于数组长度说明中包含了变量 a,其实际数值在编译时刻无法确定,因此该声明是非法的。

5.2.2 数组下标

在 C 语言中,下标是一个双目运算符。在数组访问中,下标表达式的常见形式为 $e_1[e_2]$,e_1 为数组名,e_2 为整型表达式,该表达式的求值结果即表示对 e_1 数组的第 e_2 个元素的引用。其中,如果 e_2 是一个常量表达式,则该下标引用是静态的,否则该引用是动态的。值得特别注意的是,本节所讨论的下标运算仅限于数组访问中的应用,后续章节中还将针对该运算符进行深入研究。

C 语言规定,数组元素的下标始终从 0 开始,所以长度为 n 的数组的下标取值范围为 $[0, n-1]$。下标表达式引用的数组元素是左值,通过对该左值对象进行赋值,可以实现改变元素数据值的目的。例如,

```
money[3] = 100;
my_data[10] = 98.2;
```

在实际应用中,将数组与循环结构相结合实现对数组元素的批量处理是比较常见的,这是程序设计语言支持数组类型的原始初衷。

5.2.3 程序实例

实例:逆置数组

问题描述:编写程序将一个长度为 100 的数组 data 逆置。简单来说,就是将 data[0] 与 data[99] 的数据交换,data[1] 与 data[98] 的数据交换,依次类推,进行 50 次操作即可完成。

程序 5-3

```
1        int data[100];
2        void main()
3        {
```

```
4          int i;
5          int temp;
6          //初始化 data 数组的数据
7          for (i = 0; i < 100; i ++ )
8              data[i] = i;
9          //逆置 data 数组的数据
10         for (i = 0; i < 100/2; i ++ )
11         {
12             temp = data[i];
13             data[i] = data[99 - i];
14             data[99 - i] = temp;
15         }
16     }
```

程序 5 - 3 是一个简单的数组应用实例，其中包括了一段两个数据交换的程序片段。借助于一个临时变量 temp 实现两个数据交换是最典型、最安全的方式，虽然它比"原地交换"多耗费一个临时变量，但几乎没有任何出错的机会。

实例：判断回文数

问题描述：如果一个整数从左向右看和从右向左看的结果相同，则将该数称为回文数，例如，28782、18981 等。编写程序判断整数 n 是否为回文数。

程序 5 - 4

```
1      int temp[10];          //用于临时存储整数每 1 位数字的一维数组。
2      int n = 32423;         //给定整数，可以通过赋初值或者外部输入读取。
3      int result = 1;        //用于记录判定结果。
4      void main()
5      {
6          int i = 0;
7          int j = 0;
8          //将整数的每 1 位数字保存到一维数组中。
9          do
10         {
11             temp[i ++ ] = n % 10;
12             n = n/10;
13         }while (n != 0);
14         //根据一维数组的数据，判断是否为回文数。使用 result 变量记录判定结果。
15         for (j = 0; j < = (i - 1)/2; j ++ )
16         {
17             if (temp[j] != temp[i - 1 - j])
18             {
```

```
19              result = 0;
20              break;
21          }
22      }
23  }
```

程序 5-4 所描述的回文数判断方法比较容易理解,但并不高效。本例旨在是通过实例展示一维数组的相关操作技巧,其实一维数组 temp 是完全可以省略的,有兴趣的读者可以尝试实现。

巴拿马回文

回文是指一种特殊的单词或句子形式,其顺序与逆序阅读都是一样的(忽略空格及标点)。例如,拿破仑最后的悔恨之言"Able was I,ere I saw Elba."。其实,回文是一种几个人进行的文字游戏,每个人尽量拼凑出更长的回文句子,当然,要求这些句子至少有点含义,而不仅仅是单词的堆积。

"A man,a plan,a canal —— panama!"可能是史上最经典的回文,主要是描述关于巴拿马运河开凿的英雄事迹,被称为"巴拿马回文"。1983 年,卡耐基——梅隆大学的计算机科学系研究生 Jim 无意间公开了一句巴拿马回文的扩展文本:

A man,a plan,a cat,a canal —— panama!

令人意外的是,一场回文竞赛的序幕由此拉开了,得到了许多闲暇学生的积极响应。在几个星期之内,巴拿马回文已被扩展为:

A man,a plan,a cat,a ham,a yak,a hat,a canal —— panama!

直到今天,人们还对巴拿马回文产生着浓厚的兴趣。不久前,一位名叫 Dan Hoey 的学生通过一个计算机程序,搜索生成了一个奇观:

A man,a plan,a caret,a ban,a myriad,a sum,a lac,a liar,a hoop,a pint,a catalpa,a gas,an oil,a bird,a yell,a vat,a caw,a pax,a wag,a tax,... x,a tag,a wax,a paw,a cat,a valley,a drib,a lion,a saga,aplat,a catnip,a pooh a rail,a calamus,a dairyman,a bater,a canal —— panama! (完整的文本有 20 行)

当然,Dan Hoey 通过计算机产生的回文中存在着许多不着边际的短语,如"a how,a running,a would..."等,显然,他并没有严格划分单词词性,只是通过有限状态机判定回文。

如果读者有兴趣可以试试才华,尝试编写程序产生一个巨型回文,将它发到 rec.arts.startrek 上,你可能因此而扬名。

95

实例:开灯问题

问题描述:已知有 m 盏灯,分别由 m 个开关控制,编号为 1~m,初始都是关闭状态。每按一次灯的开关,其状态取反,也就是说,如果灯是关的状态,按一次开关则打开,再按一次开关则关闭。现有 n 个人进行开灯,位序分别为 1~n,每个人将按一次所有编号整除自己位序的灯开关。例如,第 3 个人将按一次所有编号整除 3 的灯开关。通过程序求解最终有几盏灯是开着的。(假设:n<=m<1000。)

程序 5 - 5

```
1       int state[1000];//记录所有灯的状态,0:表示关闭,1:表示打开
2       int light(int n,int m)
3       {
4           int i;
5           int j;
6           int count = 0;//用于统计开着的灯的数量
7           //初始化所有灯的状态
8           for (i = 1; i <= m; i++)
9           {
10              state[j] = 0;
11          }
12          //模拟 n 个人控制 m 盏灯的过程
13          for (i = 1; i <= n; i++)
14          {
15              for (j = 1; j <= m; j++)
16              {
17                  if (j % i == 0)//如果灯编号整除自身的位序号,则按动该灯开关。
18                      state[j] != state[j];
19              }
20          }
21          //统计开着的灯的数量
22          for (i = 1; i <= m; i++)
23          {
24              if (state[i] == 1)
25                  count++;
26          }
27          return count;
28      }
```

5.3 多维数组

一维数组是一个线性的序列,但试图使用一维数组解决所有相同类型数据元素聚合的问题并不适合。例如,尝试使用一维数组描述矩阵就比较复杂了。当然,这并不是"不可能",只是没有人会去做这样的尝试而已,因为 C 语言提供了一种更优雅的语法机制——多维数组。

5.3.1 二维数组声明

多维数组中最简单的就是二维数组,本节将以此为切入点,阐述多维数组的相关内容。实际上,C 语言的二维数组与数据表格的形式类似,初学者可以结合数据表格理解二维数组的访问,如图 5 - 2 所示。

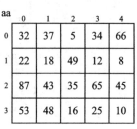

从形式上来说,二维数组与表格、矩阵等类似,可以通过行、列下标引用数组中的特定元素,例如,a[1][2]就是引用第 1 行第 2 列的元素 49,a[0][1]就是引用第 0 行第 1 列的元素 37。必须再次提醒,C语言每个维度的下标都是从 0 开始的。

图 5 - 2 二维数组示例 1

二维数组声明的一般形式:

二维数组声明→ 数组元素的类型 数组名 [第 1 维长度][第 2 维长度]

二维数组的声明与一维数组类似,只是需要说明两个维度的长度信息。借助于表格的“行、列”概念理解二维数组并不是一个好习惯,因为很难找到一个多维数组的对应实体帮助理解。实际上,二维数组与一维数组是类似的,只是第 1 维的每个元素是一个一维数组,该一维数组的长度就是第 2 维的长度,如图 5 - 3 所示。

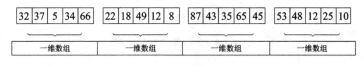

图 5 - 3 二维数组示例 2

图 5 - 3 是将图 5 - 2 的二维数组的线性描述方式。在学习数组时,深入理解数组线性描述方式是非常必要的,因为任何聚合类型的数据在计算机存储器中的表示都是线性的。建立了二维数组与一维数组的联系之后,将其推广到多维数组就比较容易了。

5.3.2 程序实例

实例:单位矩阵

问题描述:产生一个 5 阶的单位矩阵。在数学中,单位矩阵就是指对角线元素为 1,其余元素都是 0 的方阵。

程序 5 - 6

```
1        int matrix[5][5];
2        void main()
```

东软载波单片机应用 C 程序设计

```
3            {
4                int row = 0;
5                int col = 0;
6                for (row = 0; row < 5; row ++)
7                    for (col = 0; col < 5; col ++)
8                    {
9                        if (row == col) //对角线的元素即行、列相同的元素
10                           matrix[row][col] = 1;
11                       else
12                           matrix[row][col] = 0;
13                   }
14           }
```

实例：螺旋矩阵

问题描述：产生一个 5 阶的螺旋矩阵，如图 5 - 4 所示。

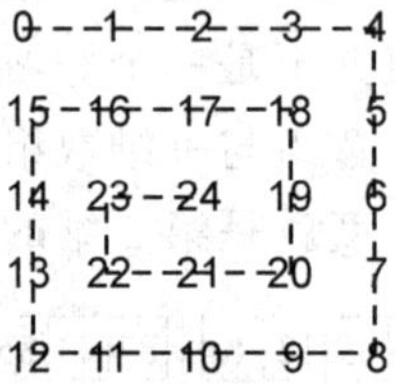

```
 0 -- 1 -- 2 -- 3 -- 4
15 - 16 - 17 - 18    5
14   23 - 24   19    6
13   22 -- 21 - 20   7
12 - 11 - 10 -- 9 -- 8
```

图 5 - 4　5 阶螺旋矩阵示例

程序 5 - 7

```
1        int matrix[5][5];
2        void main()
3        {
4            int count = 0;          //计数器
5            int pos = 0;            //每圈填数的起始顶点位置
6            int x = 0;              //行下标
7            int y = 0;              //列下标
8            //将 matrix 的所有元素初始化为 - 1,便于后续确定填写数据的边界。
9            for (x = 0; x < 5; x ++)
10           {
11               for (y = 0; y < 5; y ++)
12                   matrix[x][y] = - 1;
13           }
14           while (count < 5 * 5)
15           {
16               x = y = pos;
17               //从左向右填写数据
```

```
18          while ((y + 1 < 5 - pos) && (matrix[x][y] == - 1))
19              matrix[x][y ++ ] = count ++ ;
20          //从上向下填写数据
21          while ((x + 1 < 5 - pos) && (matrix[x][y] == - 1))
22              matrix[x ++ ][y] = count ++ ;
23          //  从右向左填写数据
24          while ((y - 1 > = 0) && (matrix[x][y] == - 1))
25              matrix[x][y -- ] = count ++ ;
26          //从下向上填写数据
27          while ((x - 1 > = 0) && (matrix[x][y] == - 1))
28              matrix[x -- ][y] = count ++ ;
29          //每次循环填数的起始顶点的 x、y 下标各加 1
30          pos ++ ;
31      }
32  }
```

程序 5 - 7 实现了螺旋矩阵的生成。最外层的 while 循环用于顺时针填写 1 圈数据,该循环体内包括 4 个 while 循环,分别用于生成四条边的数据。由于四条边是首尾相接的,也就是说,每条边的最末位置与下一条边的起始位置其实是重叠的。因此,读者需要特别注意这 4 个 while 循环的控制条件,它们的限定是比较巧妙的。在本例中,为了便于实现,每条边生成过程中将其最后一个数据位置留出,作为下一条边的起始位置,该数据值由下一条边的生成者负责填写。

在二维数组的应用中,生成螺旋矩阵是相对比较复杂的,尤其是下标与循环条件的控制,初学者需要仔细揣想。有兴趣的读者可以尝试生成以下几种螺旋矩阵,它们的实现可能大相径庭,如图 5 - 5 所示。

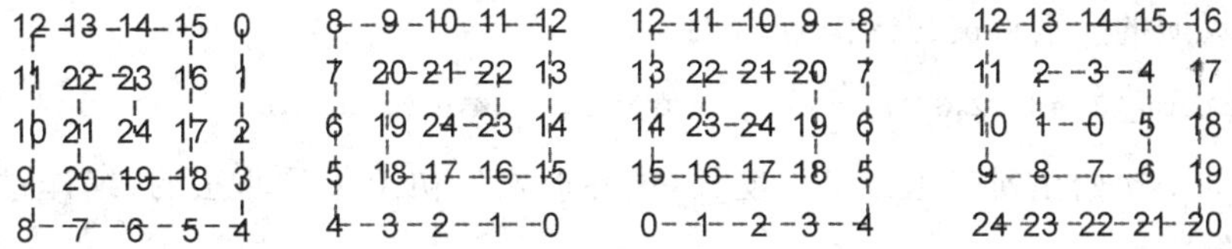

图 5 - 5　其他 5 阶螺旋矩阵示例

5.3.3　多维数组声明

下面,将把二维数组的概念推广到多维数组中。注意,不要试图找到一个实体对象能与多维数组对应,当然,试图在平面上绘制相应的示例图也是比较困难的,因此,读者需要更多的抽象思维。

多维数组声明的形式:

数组元素的类型 数组名 [第 1 维长度] ... [第 n-1 维长度][第 n 维长度]

例如,float data[4][5][6][10] 即表示声明一个 float 类型的 4 维数组。C 语言

没有限定数组的维数,只要内存允许,任何维度的多维数组都是合法的。关于数组存储空间的计算,稍后详述。

与二维数组类似,对于 n 维的多维数组来说,当 k < n 时,第 k(k>0)维元素的类型是(n−k)维数组。当 k=n 时,第 k 维元素的类型才是数组元素的类型。以一个 4 维数组为例,第 2 维元素的类型是 2 维数组。

与二维数组的广泛应用不同,C 语言的多维数组并不是程序设计的真正主角,因为 C 语言提供了更优雅的存储结构——指针数组。

5.4　数组初始化

与标量类型变量类似,C 语言允许数组在声明时进行初始化,但数组初始化的形式比较灵活。建议初学者按部就班,尽量避免出错。

5.4.1　一维数组初始化

一维数组初始化的一般形式:

一维数组初始化　→　数组声明={ 表达式列表 }

一维数组初始化主要是通过一个表达式列表说明,该列表必须用大括号括起,列表内部表达式之间使用逗号分隔。如果初始化对象是一个全局数组变量,则列表中的表达式必须为常量表达式,否则允许为任意表达式,例如,

```
int data[10]={1,2,3,4,5,6,7,8,9,10};
```

如果初始化列表比数组长度短,则称为**不完整初始化**,对于那些未在初始化列表中显式说明的元素将被初始化为 0,例如,

```
int data[10]={1,2,3,4};    //初始值为:1,2,3,4,0,0,0,0,0,0
```

但如果初始化列表比数组长度长,这种形式的初始化是非法的,编译过程将报错,例如,

```
int data[10]={1,2,3,4,5,6,7,8,9,10,11,12};    //非法
```

对于有初始化列表的声明,C 语言允许数组声明时省略数组长度说明,数组长度默认为初始化列表的长度,例如,

```
int data[ ]={1,2,3,4,5};
```

特别注意,数组初始化中表达式列表不允许为空,例如,int a[10]={ }是非法的。

5.4.2　二维数组初始化

二维数组初始化的一般形式:

二维数组初始化 → 数组声明 = { E_0 , E_1 ,... , E_{n-1} }

根据之前讨论关于二维数组与一维数组的联系,可以将二维数组视为是一个包含 n 个一维数组元素的数组,如果 E_j 是第 j 个一维数组的初始化列表,那么,{ E_0 , E_1 ,... , E_{n-1} }就是该二维数组的初始化列表,例如,

```
int data[3][5] = { {10,12,33,54,25}
                  ,{63,74,28,49,10}
                  ,{11,12,13,14,15}};
```

这是二维数组最通用的初始化形式。为了便于读者理解,笔者分行书写了 3 个一维数组的初始化列表,其实 C 语言对此没有严格限制。与一维数组类似,任何初始化列表比数组长的情况都是非法。例如,

```
int data[3][5] = { {10,12,33,54,25}
                  ,{63,74,28,49,10}
                  ,{11,12,13,14,15}
                  ,{13,22,23,24,25}};    //非法初始化
```

这是非法的初始化,在数组声明中,第 1 维声明了 3 个元素,但初始化给了 4 个一维数组的初始化列表。同理,每个一维数组初始化列表的长度是都受限于数组的第 2 维长度。

与一维数组类似,二维数组声明的不完整初始化也是合法的。除了空列表之外,二维数组初始化可以省略第 1 维的初始化列表,也可以省略第 2 维列表中的初始化元素,例如:

```
int data[3][5] = { {10,12,33,54},{63,74,28}};
```

这是一个不完整的二维数组初始化列表,数组中所有缺省初始化的数据元素赋值为 0。对于有初始化列表的声明,C 语言允许数组声明时省略第 1 维长度说明,第 1 维长度由编译器根据初始化列表自动计算,例如:

```
int data[ ][5] = { {10,12,33,54,25}
                  ,{63,74,28,49,10}};
```

这里,第 1 维长度默认为 2。值得注意的是,无论声明中是否包括初始化列表,除第 1 维之外,C 语言不允许声明缺省其他维度的长度说明。

最后,C 语言还支持一种特殊形式的二维数组初始化形式,即逐一列举二维数组中每个元素的初始值,省略初始化列表中除最外层大括号之外的其余大括号,例如,

```
int data[3][3]={1,2,3,4,5,6,7,8,9};
```

这种形式的初始化顺序是根据数组中每个元素的线性排列位置而定。关于多维数组的数据元素的线性排列顺序,稍后详述。

5.4.3 多维数组初始化

多维数组初始化的一般形式：

多维数组初始化 →数组声明＝ { E_0 , E_1 , ⋯ , E_{n-1} }

与二维数组类似,可以将 k 维数组视为是一个包含 n 个 k−1 维数组元素的数组,如果 E_j 是第 j 个 k−1 维数组的初始化列表,那么,{ E_0 , E_1 , ⋯ , E_{n-1} }就是该 k 维数组的初始化列表,例如,

```
int arr[4][2][3] = { {{10,12,14},{16,18,20}}
                    ,{{11,13,15},{17,19,21}}
                    ,{{22,24,26},{28,30,32}}
                    ,{{23,25,27},{29,31,33}}};
```

关于多维数组初始化的其他规则可参考二维数组初始化。例如,多维数组也支持不完整初始化列表,相关限制与二维数组一致。对于有初始化列表的声明,多维数组也支持缺省说明第 1 维的长度,同样不允许缺省其他维度的长度说明。

5.5 数组存储

众所周知,计算机内存空间是线性编址的,如何将复杂的数组结构映射到线性存储空间是值得思考的问题。通常,这些问题是由程序语言或者编译器设计人员所关注的,普通用户很少涉及。不过,C 语言作为一门面向系统软件开发的程序语言,深入理解其内核对实际编程是有意义的。

5.5.1 存储映射

一维数组的逻辑结构就是线性的,将其映射到线性物理存储空间并不困难。数组中每个元素按其在数组中的位序从数组的物理首地址开始依次存放。

二维数组的逻辑结构与表格类似,将其映射到线性物理存储空间就稍复杂,至少可以有两种合理的方案,如图 5−6 所示。

图 5−6 给出了两种映射方式,即俗称的"行优先"映射与"列优先"映射。行优先就是优先存储编号较小的数据行,同一行内数据元素依据列号自小到大顺序存储,这是 C 语言所采用的方式。在本例中,"行优先"的顺序为 aa[0][0]、aa[0][1]、aa[0][2]、aa[1][0]、aa[1][1]、aa[1][2]。从更专业的角度来说,C 语言的二维数组的映射应该是采用低维度优先方式。针对具体下标描述形式,就是第 1 维的下标变化最慢,最右边的下标变化最快。

同理,列优先就是优先存储编号较小的数据列,同一列内数据元素依据行号自小到大顺序存储。

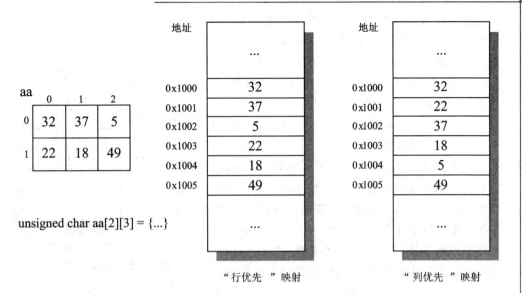

图 5 - 6 二维数组的不同内存映射示意

将二维数组的映射方式推广到多维数组就比较容易了,多维数组同样是采用低维度优先方式。以三维数组 aa[2][2][2] 为例,其映射顺序为:aa[0][0][0]、aa[0][0][1]、aa[0][1][0]、aa[0][1][1]、aa[1][0][0]、aa[1][0][1]、aa[1][1][0]、aa[1][1][1]。

5.5.2 选择器

在程序设计语言中,聚合类型数据的特定元素是通过一种包含两个属性的语法机制来引用的,即聚合类型数据的名称、选择器。与变量名称类似,程序可以通过名称引用相应的数组。但比标量类型变量复杂的是,除了数组本身之外,程序更多关注的是对数组中特定元素的引用,这就需要选择器的支持。**选择器**(selector)是用于选择聚合类型数据元素的语法机制的总称,并不是数组访问特有的。这里,需要读者理解一个重要的概念:数组的选择器是关于数组下标的函数映射,但不等同于数组的下标,因为一个数组的选择器通常是由一项或多项下标组成的。简单来说,对于一个 n 维数组而言,通过下标方式引用其中某一数据元素的选择器将由 n 个用于描述下标的表达式组成。值得注意的是,笔者特别强调"通过下标方式引用",因为后续还有其他引用数组元素的方式。

首先,仍然从一维数组开始讨论。设有一维数组 int arr[5],其元素选择器由 1 个用于描述下标的表达式 S_1 组成,则可得到如下公式:

arr[S1] 元素的物理地址 = arr 的首地址 + S1 × int 类型的长度

特别注意,这里需要考虑每个数据元素占用的空间,即数据元素类型的长度。假设机器字长为 4 字节,则 int 类型的长度即为 4 字节,则该数组的物理存储形式如图 5 - 7 所示。

将问题推广到二维数组。设有二维数组 T arr[D_1][D_2],其元素选择器由 2 个用于描述下标的表达式表达式 S_1、S_2 组成,则可得到如下公式:

$$LOC(S_1, S_2) = \begin{cases} LOC(0,0) + (S_1 * D_2 + S_2) * TS & \text{(其他)} \\ \text{数组首地址} & (S_1 = 0 \text{ 并且 } S_2 = 0) \end{cases}$$

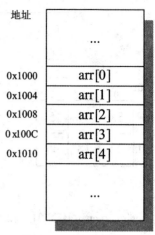

其中,LOC 表示基于选择器计算元素物理地址的函数,LOC(0,0) 即表示数组的首地址,TS 表示数组元素的类型长度。二维数组的相关计算公式应该不难理解。由于第 1 维的每个元素都是长度为 D_2 的一维数组,因此 S_1 需要乘以第 1 维的每个元素的长度(即 D_2)。对于三维数组 T arr[D_1][D_2][D_3],也可以得到类似的公式:

图 5 - 7 int arr[5]
的内存映射示意

$$LOC(S_1, S_2, S_3) = \begin{cases} LOC(0,0,0) + (S_1 * D_2 * D_3 + S_2 * D_3 + S_3) * TS & \text{(其他)} \\ \text{数组首地址} & (S_1 = 0 \text{ 且 } S_2 = 0 \text{ 且 } S_3 = 0) \end{cases}$$

同理,对于 n 维数组而言,假设 LOC(0,0,…,0) 表示数组首地址,也可以推导得到基于选择器计算元素物理地址的公式(当 S_1、S_2、…、S_n 不同时为 0 时):

$$LOC(S_1, S_2, \cdots, S_n) = LOC(0,0,\cdots,0)$$

$$+ \left(\left(\prod_{i=2}^{n} D_i \right) S_1 + \left(\prod_{i=3}^{n} D_i \right) S_2 + \cdots + \left(\prod_{i=n}^{n} D_i \right) S_{n-1} + S_n \right) * TS$$

$$= LOC(0,0,\cdots,0) + \left(\left(\sum_{k=1}^{n-1} \left(\prod_{i=k+1}^{n} D_i \right) * S_k \right) + S_n \right) * TS$$

如果选择器的所有下标都是常量表达式,则称为**静态选择器**(static selector),否则称为**动态选择器**(dynamic selector)。如果数组首地址(即 LOC(0,0,…,0))可以在编译时刻确定,且使用静态选择器访问数组元素,则 $LOC(S_1, S_2, \cdots, S_n)$ 将是常量,编译器将采用直接寻址方式访问数组元素。除此之外,编译器都将采用间接寻址方式访问。

5.5.3 边界检查

通常,数组元素是采用间接寻址方式访问,也就是说,元素的物理地址是在程序执行过程中动态计算得到的。理论上,动态计算得到地址的取值范围是整个物理存储空间地址,但这并不是人们所期望的。

假设 arr 是一个长度为 10 的 unsigned char 类型数组,在程序执行过程中,数组首地址被分配在 0x100,那么 arr[12] 的地址是多少?根据计算公式,同样可以得到 LOC(12) = 0x10C。显然,LOC(12) 已经超出了数组 arr 的合法地址空间范围 [0x100,0x109]。但 C 语言并不会将 arr[12] 判定为是非法的数据引用,而由此引发的运行时刻错误也将是非常严重的。C 语言规定,类似于 arr[12]的越界访问所引用的内存单元是未定义的,可能是程序中其他变量的内存单元,也可能是系统数据占用的内存单元。因此,越界访问很可能导致一些不易排查的程序异常。

虽然用户可能寄希望于编译器完成数组越界访问的检查,但事实却不尽如人意。由于动态选择器的越界检查需要在用户目标程序中嵌入相应的检查代码,可能导致性能损耗,大多数语言都不进行数组访问越界检查。

C 语言不但没有提供动态选择器的检查,即使是静态选择器也不受关注。因此,对于同一数组而言,$LOC(S_1, S_2, \cdots, S_n)$ 与 $LOC(P_1, P_2, \cdots, P_n)$ 相等并不能得到两个选择器相等的结论。例如,已知数组声明为 int arr[3][4],LOC(0,5)与 LOC(1,1)相等,选择器显然不同。通过 arr[0][5]引用 arr[1][1]元素是合法且安全的,但并不推荐读者使用。

5.6 排序与查找 *

在计算机应用中,排序与查找是两种最基本的数据处理方式。关于排序与查找的理论与技术,最权威的著作就是《The Art of Computer Programming》第三卷,Donald.E.Knuth 教授耗费整卷书的篇幅详尽阐述了各种优美且高效的排序与查找算法,为数据结构与算法学科的发展奠定重要的理论基础。作为一本 C 语言程序设计领域的书籍,本书只涉及一些最基本的排序与查找算法,有兴趣的读者可参考数据结构的相关资料。

5.6.1 排 序

排序(sorting)是将已知序列按键码递增或递减的次序重新排列。而**键码**(key)则是用于标识序列中每个数据元素的特殊成员。以学生信息表为例,每条学生记录通常包括学号、姓名、出生日期、院系等信息,而排序过程是针对某一个或某几个成员进行的,比如,按工号排序或按姓名排序。在这种情况下,就将学号、姓名称为键码。根据排序需求不同,其键码的选择也是不同的。为了便于讲解,本节只讨论基于整型数组的排序,其键码就是数组元素本身,如图 5-8 所示。

| 32 | 12 | 67 | 33 | 2 | 98 | 16 | 5 | 17 | 9 | 排序 → | 2 | 5 | 9 | 12 | 16 | 17 | 32 | 33 | 67 | 98 |

图 5-8 排序示意

排序功能的需求是比较明确且简单的,其实,试图通过程序解决这个问题应该也并不困难,但其关键在于算法的性能。Knuth 教授在《The Art of Computer Programming》一书中深入讨论的是关于各种排序、查找算法的设计与性能,而不局限于关注排序功能的简单实现。本节只介绍其中三种最基本的排序算法:选择排序、气泡排序、插入排序。尽管它们的性能并不能令人满意,但仍然是工程应用领域可以接受的。

选择排序

选择排序(selection sort),就是每次从原序列中选择最小(大)的元素将其移入有序序列中,经过多次选择直到原序列为空。当然,在排序过程中,由于元素个数并没有增加,只是在两个序列中移动,因此算法并不需要真正开辟一块新的空间暂存有序序列,只需要设法在原序列中划分出一部分空间即可。选择排序的算法实现如程序 5 - 8 所示。

程序 5 - 8

```
1     # define MAX 10
2     int data[MAX] = {32,12,67,33,2,98,16,5,17,9};
3     /* 以 s 为起始位置,选择数组中的最小元素,并返回该元素下标 */
4     int select_min(int s)
5     {
6         int i;
7         int min = s;
8         for (i = s + 1; i < MAX; i++)
9         {
10            if (data[i] < data[min])
11                min = i;
12        }
13        return min;
14    }
15    /* 选择排序 */
16    void select_sort()
17    {
18        int i,j;
19        int temp;//   在两个数据交换中,用于暂存数据。
20        for (i = 0; i < MAX - 1; i++)
21        {
22            //选择 data[i]~data[MAX-1]中的最小元素,返回最小元素的下标。
23            j = select_min(i);
24            //如果当前元素不是最小元素,则交换两个元素
25            if (i != j)
26            {
27                temp = data[i];
28                data[i] = data[j];
29                data[j] = temp;
30            }
```

```
31              }
32          }
```

选择排序的基本思想:n 个元素序列的排序需要进行 n−1 次选择。如果当前为第 k 次选择(0<k<n),则序列中前 k−1 个元素是有序序列,而后 n−k+1 个元素是无序序列。算法从后 n−k+1 个元素中选出其中的最小(大)元素,将其移入有序序列。经过 n−1 次选择后,排序过程即完成。以程序 5−8 为例,其排序过程示意如图 5−9 所示。

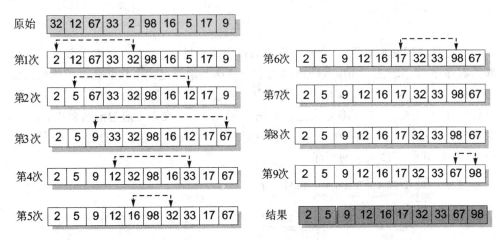

图 5 − 9 选择排序过程示意

气泡排序

气泡排序(bubble sort)是一种基于"交换"进行的排序方法,n 个元素的序列需要进行 n−1 次起泡排序,每次起泡过程就是通过相邻元素的依次比较与交换实现较小(大)元素稀出。在一次起泡过程中,由于较小(大)的元素的逐渐稀出,好像是气泡在水中向上飘浮的过程,故称为气泡排序。气泡排序的算法实现如程序 5−9 所示。

程序 5 − 9

```
1      #define MAX 10
2      int data[MAX] = {32,12,67,33,2,98,16,5,17,9};
3      /* 气泡排序 */
4      void bubble_sort()
5      {
6          int i,j;
7          int temp;//  在两个数据交换中,用于暂存数据。
8          for (i = 0; i < MAX − 1; i++)
9          {
10             for (j = 0; j < MAX − 1 − i; j++)
```

```
11                  {
12                      if (data[j]>data[j+1])
13                      {
14                          temp = data[j];
15                          data[j] = data[j+1];
16                          data[j+1] = temp;
17                      }
18                  }
19              }
20          }
```

气泡排序的基本思想:n 个元素序列的排序需要进行 n−1 次起泡。假设序列尾部为有序序列,未经排序前,有序序列为空。每次起泡通过两个相邻元素的依次比较与交换实现较小(大)元素移至有序序列中。经过 n−1 次选择后,排序过程即完成。以程序 5−9 为例,其第 1 遍起泡过程如图 5−10 所示。在第 1 遍起泡过程中,第 2、5 次比较没有进行交换,图中使用灰色箭头标注处。经过第 1 遍起泡过程,最终稀出了最大值 98,并将其移入序列尾部。

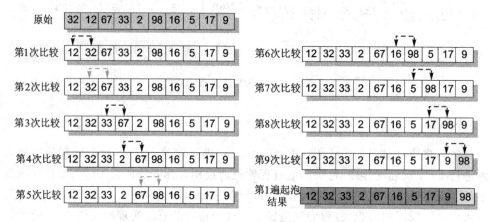

图 5−10　第 1 遍起泡排序过程示意

插入排序

插入排序(insert sort)就是每次将原序列中的一个元素插入到一个有序序列。排序前,该有序序列仅有一个元素(第 1 个元素),经过多次插入后,直至将原序列所有元素移至有序序列中。与选择排序类似,插入排序过程中的有序序列也是从原序列中划分出来的,而不需要开辟新存储区域。插入排序的算法实现如程序 5−10 所示。

程序 5 - 10

```
1      # define MAX 10
2      int data[MAX] = {32,12,67,33,2,98,16,5,17,9};
3      /* 插入排序 */
4      void insert_sort()
5      {
6          int i,j;
7          for (i = 1; i < MAX; i++)
8          {
9              int temp = data[i];
10             for (j = i; j>0 && data[j - 1]>temp; j--)
11             {
12                 data[j] = data[j - 1];
13             }
14             data[j] = temp;
15         }
16     }
```

插入排序的基本思想:n 个元素序列的排序需要进行 n-1 次插入。假设序列首部为有序序列,未经排序前,有序序列仅有第 1 个元素。如果当前是第 i 次插入,则序列中前 i-1 个元素是有序序列,从有序序列尾部开始,依次将有序序列中的数据元素与第 i 个元素比较,查找到合适的插入位置,并将第 i 个元素插入。以程序 5 - 10 为例,其第 7 次插入过程如图 5 - 11 所示。

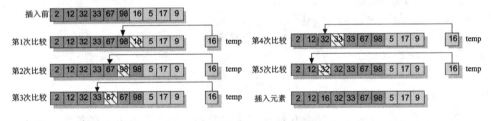

图 5 - 11   第 7 遍插入排序过程示意

从图 5 - 11 不难发现,在第 i 遍中,先将第 i 个元素暂存于 temp 中。然后,在比较过程中,借用空余的第 i 个位置的存储单元,将有序序列中所有大于(小于)temp 中的元素逐次后移一个位置。最后,将 temp 中的值存储到的合适位置。

5.6.2 查 找

查找(searching)就是在序列中根据某种确定的标记检索出特定数据的过程。其实,早在计算机诞生之前,人们对信息检索的问题已经进行了研究与探索,例如,字典、图书目录、三角函数表等,借助于各种不同形式,其唯一目的就是实现高效、便捷的检索。而计算机的海量信息存储能力更突现出信息检索技术的重要地位。无论是早期卡片、磁带存储,还是今天分布、网络存储,人们对快速检索的极致追求从未改变。

与排序类似,查找同样是基于键码进行的,其过程就是在序列中找出键码与待查找值相同的数据记录。例如,在学生信息号中,检索姓名为"张华"的学生记录,就是以姓名为键码,以"张华"为待查找值,进行查找操作。为了便于讲解,本节只讨论基于整型数组的查找,其键码就是数组元素本身。

顺序查找

顺序查找(linear search)的基本思想:从给定序列起始位置开始依次顺序检索,如果序列中键码的值与待查找值匹配,则表示查找成功。如果直到序列结束位置仍无法检索到与待查找值匹配的元素,则表示查找失败。顺序查找与人工检索过程完全一致,算法实现也比较简单,如程序 5 - 11 所示。

程序 5 - 11

```
1      #define MAX 10
2      int data[MAX];
3      int search(int val)
4      {
5          int i;
6          for (i = 0; i < MAX; i++)
7          {
8              if (data[i] == val)
9                  return 1;              //查找成功
10         }
11         return 0;                      //查找失败
12     }
```

顺序查找算法对给定序列没有特殊要求,但它的查找效率也是最低的。如果试图验证这个结论,就需要使用数据结构课程中"平均查找长度"的概念及其估算方法,有兴趣的读者可参考相关资料,本书不再详述。

二分查找

二分查找(binary search)是一种基于有序序列的查找算法,其基本思想是先确定待查记录所在的范围,然后逐步缩小范围直到检索成功或失败。例如,已知有序序列为{12,23,52,66,77,79,81,85,90,98},假设需要在该有序序列中查找 85,其二分查找过程如图 5 - 12 所示。

根据二分查找的基本思想,需要借助于几个变量确定待查记录所在的范围,也就

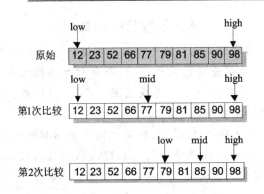

图 5 - 12　二分查找过程示意

是图 5 - 12 中的 low 与 high,分别用于标识待查范围的起始与结束。在初始情况下,low、high 标识范围就是整个待查找序列。由于待查序列是有序的,因此通过与待查范围内中间位置的数据进行比较,可以迅速缩小待查范围。例如,在第 1 次比较中,待查范围的中间位置为 $[(low+high)/2]=4$,算法将第 4 个元素 77 与 85 比较。由于中间位置的值 77 比 85 小,且待查序列为有序序列,其左侧区域内的所有值都必定小于 85,因此待查范围即可缩小一半。依次类推,经过 2 次比较,即可查找成功。但如果采用顺序查找算法,必须经过 8 次比较方可查找成功。显然,二分查找算法的效率有显著提高。二分查找的算法实现并不复杂,如程序 5 - 12 所示。

程序 5 - 12

```
1        #define MAX 10
2        int data[MAX];
3        int binary_search(int val)
4        {
5            int low = 0;                    //设置待查范围的起始位置
6            int high = MAX - 1;             //设置待查范围的结束位置
7            int mid;
8            while (low < = high)
9            {
10               mid = (low + high)/2;       //计算中间位置
11               if (data[mid] == val)       //中间位置的数据与待查找值相等,则查找成功
12                   return 1;
13               else if (data[mid] < val)
14                   low = mid + 1;          //小于待查找值,则待查范围缩小至右侧区域
15               else
16                   high = mid - 1;         //大于待查找值,则待查范围缩小至左侧区域
17           }
18           return 0;                       //查找失败
19       }
```

高效的查找——散列

在查找问题中,由于数据元素的存储位置与键码之间不存在明确的对应关系,因此算法都是基于一系列查找比较进行的,而各种算法的主要差异就在于研究如何在一次查找比较后更有效地缩小查找范围。显然,顺序查找在缩小查找范围方面是做得最差的,因此其效率也是最低的。

不过,假设数据元素的存储位置与键码之间存在明确的对应关系,情况则发生了变化。例如,11 个元素的键码分别为 $\{36,15,52,13,21,17,33,20,1,27,29\}$,而键码与元素位置之间的关系满足如下函数:

$$\varphi(key) = key \% 11$$

其中,key 表示元素的键码,而函数 $\varphi(key)$ 则表示相应元素的位置。根据该函数则得到查找表如下:

下标:0

33	1	13	36	15	27	17	29	52	20	21

基于上表的查找过程就比较容易了,只需将待查找值代入 $\varphi(key)$ 函数,即可得到相应元素下标位置,若该位置的元素与待查找值相等,则查找成功。

在查找算法中,将这种选取某个函数,并依据该函数映射键码与元素存储位置关系的查找方法称为**散列**(hash),也称为**哈希**或**杂凑**。在这种方法中,散列函数的选择是至关重要的,良好的散列函数应该能够将键码均匀且集中地映射到存储空间内,以减少空间浪费。其次,散列函数的计算效率也是值得关注的。关于散列函数的设计,这是数论研究的课题,有兴趣的读者可参考相关资料。

显然,散列方法的优点是非常明显的,理想情况下,它只需要一次比较就可以完成查找。但事实上,这种期待往往不容易实现,例如,将上例的键码 36 换成 37,则 37 与 15 经过 $\varphi(key)$ 函数计算后映射于同一个元素位置。在散列方法中,将这种现象称为**冲突**。在实际情况中,冲突是不可避免的,散列方法通常借助于特殊设计解决冲突,常见的方法包括:**开放定址法**、**拉链法**,其核心思想是一致的。在理想状态下,散列将一次比较后的查找范围缩小为 0,当发生冲突时,可以将一次比较后的查找范围缩小为一个区域,再基于该区域进行后续查找。不过,大量的冲突会严重影响散列方法的效率,以致它的优势荡然无存。

第 **6** 章

结　构

在实际程序设计中,经常需要描述一些具有关联的数据元素的集合,例如,员工信息,它通常需要包括工号、姓名、年龄、性别、工龄等。由于这些数据属性之间是有一定联系的,为了便于抽象与处理,希望采用一种聚合形式加以描述,而不是离散地存储在一组变量中。显然,面对这些类型各异的数据属性,数组并不是最佳选择。

20 世纪 60 年代初,第一个面向商务应用的高级语言 COBOL 诞生了,与传统面向科学计算的高级语言追求高效性能的目的不同,支持强大的数据定义、描述与处理功能是 COBOL 语言的设计初衷。更重要的是,COBOL 语言提出了一些新的理念对现代程序语言的发展起到了重要的推进作用。其中,最令后世所瞩目的就是实现了一种特殊的聚合类型——**记录**(record),用于描述一组可能类型不同的数据元素的集合。自此之后,记录几乎成了所有主流程序设计语言必不可少的部分。无论是 C 语言的结构,还是 C++、Java 的类,都可视为是"记录"概念的提升与发展。

6.1　结构概述

结构(structure)是一种封装了相关的数据元素的聚合类型。在 C 语言中,将结构中的数据元素称为**成员**(member),有时也称为**字段**或**域**(field)。与数组不同,结构中的成员必须用标识符来命名,即**成员名**(member name),程序则通过成员名引用结构中相应的成员。

6.1.1　引　例

由于 C 语言的结构功能丰富,声明形式相对比较复杂,笔者将通过一个简单的实例讲解最基本结构声明形式,如程序 6 - 1 所示。

程序 6 - 1

```
1    struct
2    {
3        unsigned int id;          //学号
4        char name[8];             //姓名
5        int age;                  //年龄
```

```
6          float score[3];              //课程成绩
7      } s1;
8      void main()
9      {
10         s1.id = 1;
11         s1.age = 16;
12         s1.score[0] = 86.5;
13         s1.score[1] = 92.0;
14         s1.score[2] = 81.5;
15     }
```

程序 6-1 是一个学生信息描述实例。第 1～7 行是结构变量 s1 的声明,而 s1 的类型是一个结构。结构声明通常以关键字 struct 开头,其后的一对大括号内包括了该结构成员的声明。成员的声明形式与变量类似,主要包括两部分属性:类型及成员名称。在本例中,结构共有 4 个成员,即 id、name、age、score。注意,关于 name 成员的赋值暂不涉及,将在后续章节中讨论。

不难发现,与标量类型不同,在结构变量声明中,必须明确说明结构详细的类型信息,包括成员声明等。如果结构的类型信息比较复杂,用户恐怕很难接受像使用"int"类型那样声明结构变量。显然,C 语言设计者并不会犯这样严重的错误。

6.1.2　结构标签

如果能够为结构类型提供一个名字,通过名字标识引用相应的结构类型,这看起来是一个不错的想法。我们所想到的,C 语言设计者同样考虑到了。在 C 语言中,将这种命名结构类型的标识符称为**结构标签**(structure tag),有时也称为结构标记,如程序 6-2 所示。

程序 6-2

```
1      struct   Student
2      {
3          unsigned int id;             //学号
4          char name[8];                //姓名
5          int age;                     //年龄
6          float score[3];              //课程成绩
7      };
8      struct   Student s1;
9      void main()
10     {
11         s1.id = 1;
12         s1.age = 16;
13         s1.score[0] = 86.5;
14         s1.score[1] = 92.0;
```

```
15        s1.score[2] = 81.5;
16    }
```

结构标签是用于说明结构类型的名字的标识符，必须位于关键字 struct 之后，左大括号之前，如程序 6-2 第 1 行所示。后续可以通过关键字 struct 及结构标签的形式引用结构类型，如程序 6-2 第 8 行所示。特别注意，根据 C 语言规定，在使用结构标签引用结构类型时，关键字 struct 不可以省略，否则编译出错。但 C++语言对此却没有严格规则。结构标签缺省为空。

如果读者还记得第 4 章中"名字重载"的概念，那么应该对 C 语言的 5 种名字重载分类（名字空间）并不陌生。在本章之前，我们只涉及其中两种重载分类：语句标签、其他名称。这里，笔者将介绍另两种重载分类：结构（联合、枚举）标签及成分名称。其中，结构（联合、枚举）标签就是本节所讨论的主题，而成分名称指的就是结构（联合）的成员名。由于结构标签与变量名、函数名属于不同的名字空间，因此两者之间不存在重名冲突。

大括号的风格

在编程风格中，关于 C 语言大括号的风格似乎是很多人愿意津津乐道的。这里将为读者展现 4 类主流的大括号风格。

Allman 风格：它是由 Eric Allman(sendmail 和许多著名 UNIX 工具的作者)提出的。这种风格将每个大括号都单独成行，便于检查匹配。这是目前最常见的大括号风格。

Whitesmiths 风格：这是由于 Whitesmiths C 编译器而普及的一种风格。在这种风格中，大括号单独成行，但采用缩进格式，与大括号内的源程序行对齐。

K&R 风格：它是 Kernighan 与 Ritchie 在《The C Programming Language》一书中所使用的，即左大括号出现在行的末尾。这种风格使程序看起来更紧凑。鉴于其提倡者的权威性，得到了 C 崇拜者的广泛支持。

GNU 风格：这是由自由软件基金会提出的，它对大括号采用缩进格式，而大括号内的源程序则进一步缩进。这种风格在 Linux 相关程序中得到广泛应用。

```
if (a == 1)          if (a == 1)          if (a == 1){          if (a == 1)
{                        {                    i = i + 9;                  {
    i = i + 9;           i = i + 9;       }                         i = i + 9;
}                        }                                          }

(a) Allman 风格    (b) Whitesmiths 风格   (c) K&R 风格           (d) GNU 风格
```

客观地说，没有任何证据表明哪种风格有明显的优势或者缺陷。实际上，与始终如一地坚持使用某种风格相比，选择哪种风格并不是最重要的。

目前，关于括号风格的争议已经逐渐退化为一个网络话题，充斥在各种 C 语言技术论坛中，但仍有不少人坚持认为 K&R 风格是唯一正确的。

6.1.3 结构初始化

与标量类型变量声明类似,C 语言也支持在结构变量声明中对其进行初始化。结构变量初始化的形式与一维数组类似,使用大括号将一组初始化值的表达式括起来。如果为全局结构变量初始化,则初始化值必须是常量表达式。初始化的顺序与成员的声明顺序对应,如程序 6-3 所示。

程序 6-3

```
1       struct tm
2       {
3           int tm_sec;              //分钟之后的秒数 -[0,59]
4           int tm_min;              //小时之后的分钟数 -[0,59]
5           int tm_hour;             //午夜以来的小时数 -[0,23]
6           int tm_mday;             //当月的第几天 -[1,31]
7           int tm_mon;              //自 1 月以来的月份 -[1,12]
8           int tm_year;             //自 1900 年以来的年份
9           int tm_wday;             //从星期天以来的天数 -[0,6]
10          int tm_yday;             //从 1 月 1 日以来的天数 -[0,365]
11          int tm_isdst;            //夏令时标志
12      };
13      struct tm dd = {12,50,21,9,11,1982};
```

在程序 6-3 中,tm 是 C 语言提供的一个预定义的结构类型,专用于描述时间形式的数据,可从 time.h 文件找到其声明。第 13 行的结构变量声明中包含了初始化列表,根据 C 语言的规定,结构成员初始化的顺序与成员声明的顺序对应,故初始化顺序依次为:

dd.tm_sec = 12;

dd.tm_min = 50;

dd.tm_hour = 21;

dd.tm_mday = 9;

dd.tm_mon = 11;

dd.tm_year = 1982。

与数组初始化类似,C 语言也支持对结构变量进行不完整初始化。在程序 6-3 中,结构变量 dd 的初始化表达式个数比结构成员的个数少,对于这类未显式初始化的成员缺省为 0。本例中 dd.tm_wday、dd.yday、tm_isdst 成员就是采用缺省初始值。

6.1.4 结构成员选择

在结构应用中,成员选择无疑是最常用的操作。与数组元素通过下标的引用方式不同,结构成员的选择主要是通过成员名称完成的。C 语言支持两种成员选择运算符:直接成员选择运算符、间接成员选择运算符。直接成员选择运算符为"."(英语句号,读作"直接成员选择")。而直接成员选择表达式则是由直接成员选择运算符连接两个操作数组成,左操作数类型必须为结构,右操作数是该结构中某一成员名字,如程序 6-4 第 15～19 行所示。关于间接成员选择运算符的相关话题,将在"指针"章节中详述。

程序 6-4

```
1      struct ComplexExpr              //表达式结构类型
2      {
3          struct Complex              //复数结构类型
4          {
5              float real;             //实部
6              float j;                //虚部
7          };
8          unsigned char op;           //运算符
9          struct Complex opd1;        //操作数 1
10         struct Complex opd2;        //操作数 2
11     };
12     struct ComplexExpr expr;
13     void main()
14     {
15         expr.op = ' + ';
16         expr.opd1.real = 3;
17         expr.opd1.j = 7;
18         expr.opd2.real = 6;
19         expr.opd2.j = 5;
20     }
```

程序 6-4 描述了用于存储复数表达式的结构变量。通常,一个复数表达式包括运算符及两个复数操作数,而每个复数操作数又包含了实部、虚部两部分。值得注意的是,成员选择运算符的左操作数必须为结构类型数据对象,但不限于结构变量,可以是结果类型为结构的表达式。如程序 6-4 第 16 行所示,第 2 个成员选择运算符的左操作数并不是一个结构变量,而是一个成员选择表达式,该表达式的结果类型为Complex 结构。

6.2 结构存储

在大多数情况下,结构成员是通过名字访问的,C 语言设计者似乎也不太希望用户了解更多的细节。尤其对于初学者而言,通过名字选择成员的方式已经足够强大,了解更多,则意味着有更多出错的机会。但是,对于一位有经验的开发人员而言,深入学习结构的存储布局是有意义的。

与数组类似,存储布局的话题就是讨论如何将结构映射到线性存储空间上。不过,由于结构的成员类型比较"丰富",因此这种映射关系也相对复杂。

6.2.1 存储布局

与数组不同,除了声明的先后顺序之外,结构成员之间并不存在非常严格的线性关系。但人们仍然习惯于将结构成员声明顺序认定为存储分配的次序,这通常是可以接受的。C 语言标准规定,编译器必须以严格的顺序按照递增的内存地址为结构成员分配空间,第 1 个成员从结构的起始地址开始,如图 6-1 所示。

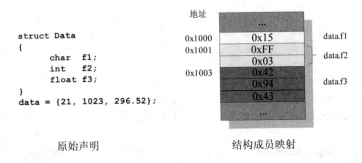

图 6-1 存储布局示意

特别注意,在"表达式"相关章节中,笔者已经详述了 HRCC 标量类型的长度,其中,int 类型长度为 2 字节,float 类型长度为 3 字节,这与 C 语言标准是有差异的。在图 6-1 中,假设 data 结构变量的起始地址为 0x1000,依据 C 语言标准,编译器按照成员声明的先后顺序,将成员依次映射到内存空间中。例如,data.f1 成员占用 1 个字节,则被映射到地址为 0x1000 的存储空间内。data.f2 成员占用 2 个字节,则被映射到地址为 0x1001~0x1002 的两个存储空间内,由于 HRCC 采用"小端存储"模式,故 0x1001 单元存储 data.f2 的低字节数据,0x1002 单元存储 data.f2 的高字节数据。同理,data.f3 成员被分配到地址为 0x1002~0x1004 的存储空间内。注意,float 类型数据在物理存储空间中的表示形式是参考 IEEE754 标准的,296.52 即表示为 0x439442。

6.2.2 内存对齐 *

基于 8 位目标机讨论内存对齐意义不大,HRCC 应用也不会涉及相关技术。但作为结构(记录)类型存储布局的核心话题,笔者认为值得每位读者深入学习理解。

从图 6-1 来看,似乎结构的成员是依次紧密地映射到内存空间,本书将其简称为紧密映射。也就是说,除第 1 个成员之外,每个成员的首地址都是前一个成员的尾地址递增 1。不过,这恐怕只是编译器设计者的一厢情愿。

众所周知,高级语言支持的目标机体系架构纷繁复杂。对于不少目标机来说,在某些特殊地址处取特定类型的数据的限制并不罕见,例如,有些目标机只允许存取 2 字节数据的指令访问起始地址能够整除 2 的存储空间。在这种情况下,简单地采用 "紧密映射"的存储分配方式可能不再适合,以本节的 data 结构声明为例,如图 6 - 2 所示。

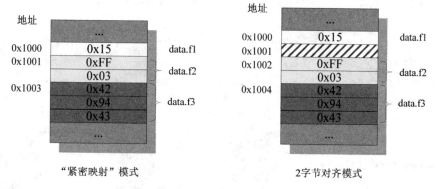

图 6 - 2 内存对齐示意

在图 6 - 2 中,假设目标机不允许存储 2 字节数据的指令访问起始地址不能整除 2 的存储空间。那么,本例中"紧密映射"模式可能不再适合。因为 data.f2 成员是一个 2 字节数据,而它被映射在起始地址为 0x1001 的存储区域中,但由于地址 0x1001 不能整除 2,故 data.f2 的两个字节数据无法通过一条指令存取。当然,这并不意味束手无策,只是需要付出更大的实现代价而已。编译器完全可以使用存储 1 字节数据的指令分别存取 data.f2 的高、低字节数据,再进行相应的数据处理。不过,这种方式效率较低,通常很难令人满意。

针对这一问题,编译器设计者提出一种"以空间换效率"的方案,即**内存对齐** (memory alignment)。简言之,就是在结构的布局中,两个连续成员之间或者最后一个成员之后可以填充"空洞",以实现成员的正确对齐。如图 6 - 2 所示,右侧存储布局中就在 data.f1 与 data.f2 之间加入了一个字节的"空洞",以保证 data.f2 的起始地址整除 2。在结构布局中,"空洞"唯一目的就是占据适当的地址空间,不作为实际存储空间使用,而它本身存储什么数据也不需要关注。以上只是结合实例讲解了相关的"历史故事",并没有从原理上详细剖析。下面,笔者将阐述内存对齐的通用规则。

内存对齐中有个重要的系数,即**对齐系数**,也称为**对齐模数**。通常,对齐系数就是目标机的字长。当然,有些编译器支持通过"♯pragma pack"预处理指令设置对齐系数。内存对齐主要涉及两个方面:成员对齐、结构整体对齐,详细规则如下:

(1) **成员对齐规则**:第 1 个数据成员的映射地址即为结构变量的首地址,后续每个数据成员的对齐长度为成员基本类型的长度和对齐系数之间的较小值;

(2) **结构整体对齐规则**:在完成成员对齐之后,结构变量本身也需要对齐,对齐长度为结构中最大数据成员基本类型的长度和对齐系数之间的较小值。

注意,如果成员为数组时,成员基本类型即为数组元素的类型。在其他情况下,成员基本类型即为成员类型。

图6-3是一个典型的内存对齐实例,在不同的对齐系数的影响下,结构变量data的存储布局都不尽相同。这里,笔者只针对2字节对齐的布局进行详解,其他对齐系数的布局依此类推。当对齐系数为2时,各成员偏移计算如表6-1所列。

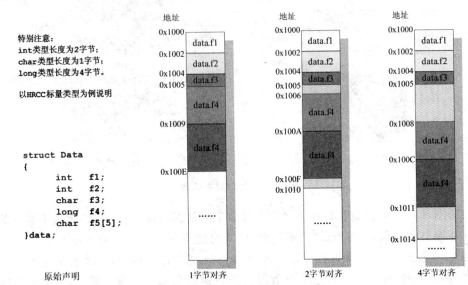

特别注意:
int类型长度为2字节;
char类型长度为1字节;
long类型长度为4字节。

以HRCC标量类型为例说明

```
struct Data
{
    int   f1;
    int   f2;
    char  f3;
    long  f4;
    char  f5[5];
}data;
```

原始声明

1字节对齐　　　2字节对齐　　　4字节对齐

图6-3　内存对齐实例

表6-1　对齐系数为2的成员偏移地址计算

成员名	类型长度	对齐系数	对齐长度	偏移地址	存储区域
f1	2	2	min(2,2)=2	0x1000 整除 2	[0x1000,0x1001]
f2	2	2	min(2,2)=2	0x1002 整除 2	[0x1002,0x1003]
f3	1	2	min(1,2)=1	0x1004 整除 1	[0x1004,0x1004]
f4	4	2	min(4,2)=2	0x1006 整除 2	[0x1006,0x1009]
f5	1	2	min(1,2)=1	0x100A 整除 1	[0x100A,0x100F]

特殊注意,由于0x1005地址不能整除2,因此不能作为data.f4偏移地址,只能留为"空洞"。data.f4的存储空间必须从0x1006开始。

接下来,需要完成结构整体对齐。根据结构整体对齐规则,结构成员中最大数据成员的基本类型为long,其类型长度为4,大于对齐系数2,故整体对齐长度为2。结构变量data原始的占用空间大小为15,注意,成员布局之间留出的"空洞"区域也需要计算在内。而整体对齐后的结构变量的大小必须整除对齐长度2,故还需要在结构变量末尾留出一个"空洞"。

从图 6-3 不难发现,由于结构的成员声明顺序不合理,存储布局中"空洞"耗费是比较严重的。以图中 4 字节对齐为例,"空洞"与有效空间的比值为 6/14,这将导致大量存储空间浪费。如果合理调整成员声明顺序,例如,将声明顺序调整为 f1、f2、f5、f3、f4,则"空洞"情况将有较大改善。

鉴于"空洞"耗费与成员映射顺序有关,有些高级语言明确指出,结构(记录)成员的映射顺序完全由编译器决定,并不依赖于声明顺序,编译器可以根据对齐系数等因素计算求得一个最优的映射顺序,以减少"空洞"填充。在这种情况下,成员名称是选择结构成员的唯一途径。

在高级语言中,将结构存储布局的控制权部分开放给用户的做法并不多见,因为这种策略是非常危险的。通过本节讲解,目的是让读者理解相关技术,便于后续调试、分析实际程序。特别提醒,如果试图借助于"存储布局"卖弄编程技巧,那可能导致不可预期的结果。

6.3 结构赋值

"结构赋值"可能是 C 语言赐予的一份特别惊喜。根据 C 语言规定,赋值操作可以在两个类型完全相同的结构对象之间进行,其行为定义为按字节将右操作数的数据复制到左操作数。由于结构类型不能与除本身之外的其他类型兼容,因此赋值行为不涉及任何隐式类型转换。

在讨论数组时,笔者没有涉及关于数组赋值的话题。因为 C 语言的数组名并不是可修改的左值,禁止单独作为赋值表达式的左操作数,因此进行整个数组之间的赋值操作是非法的。不过,将数组嵌入结构内,则可以借助于结构赋值实现,如程序 6-5 所示。

程序 6-5

```
1       struct Stru
2       {
3           unsigned char arr[10];
4       };
5       struct Stru p,q;
6       void main()
7       {
8           int i;
9           for(i = 0; i < 10; i ++ )
10              p.arr[i] = i;
11          q = p;
12      }
```

东软载波单片机应用 C 程序设计

121

在C语言中,关于结构类型兼容是非常严格的判断,并不仅仅依赖于结构的内部存储布局是否相同。C语言规定,在每个结构类型定义中,它的类型标签引入了一种新的结构类型,该类型与同一源文件中其他任何类型不兼容。当对象声明通过结构标签引用某个结构类型时,则其类型只与通过相同结构标签引入的类型兼容。也就是说,两个结构类型是否兼容可以通过其类型标签判定,C语言假设每个匿名结构标签都是不同的。例如,下面a与d的类型兼容,b与c的类型不兼容。

```
struct Stru {int p,q;} a;
struct {int p,q} b;
struct {int p,q} c;
struct Stru d;
```

6.4 程序实例

实例:多项式加法

问题描述:在数学、物理等自然科学中,多项式的运算是一种极其常见操作,例如:

$$P = p_0 + p_1 x + p_2 x^2 + p_3 x^3 + \cdots + p_n x^n$$

$$Q = q_0 + q_1 x + q_2 x^2 + q_3 x^3 + \cdots + q_n x^n$$

$$P + Q = (p_0 + q_0) + (p_1 + q_1) x + (p_2 + q_2) x^2 + (p_3 + q_3) x^3 + \cdots + (p_n + q_n) x^n$$

试编写程序实现一元多项式的加法运算。

程序 6-6

```
1    struct Term                      //描述多项式的项的结构类型
2    {
3        float coef;                  //系数
4        int expn;                    //指数
5    };
6    struct Polyn                     //描述多项式的结构类型
7    {
8        int length;                  //多项式长度
9        struct Term terms[10];       //多项式的项
10   };
11   //p = 12x^5 + ( - 2.5)x^3 + 6.9x
12   struct Polyn p = {3,{{12,5},{ - 2.5,3},{6.9,1}}};
13   //q = 10.3x^8 + 12x^5 + ( - 9)x^3 + ( - 4)x + ( - 9)
14   struct Polyn q = {5,{{10.3,8},{12,5},{ - 9,3},{ - 4,1},{ - 9,0}}};
```

```
15        //用于存储 p + q 的结果
16        struct Polyn r;
17        //一元多项式加法函数
18        void add_polyn()
19        {
20            int i = 0;
21            int j = 0;
22            r.length = 0;
23            //依次遍历两个多项式的每一项
24            while (i < p.length && j < q.length)
25            {
26                //如果 p,q 的当前项的指数相同,则系数相加。
27                if (p.terms[i].expn == q.terms[j].expn)
28                {
29                    r.terms[r.length].expn = p.terms[i].expn;
30                    r.terms[r.length ++].coef = p.terms[i].coef
31                                             + q.terms[j].coef;
32                    i ++ ;
33                    j ++ ;
34                }
35                //如果 p 的当前项的指数大于 q,则直接将 p 的当前项记入 r。
36                else if (p.terms[i].expn>q.terms[j].expn)
37                    r.terms[r.length ++] = p.terms[i ++];
38                //如果 q 的当前项的指数大于 q,则直接将 q 的当前项记入 r。
39                else
40                    r.terms[r.length ++] = q.terms[j ++];
41            }
42            //将 p 的余项直接记入 r
43            for (; i < p.length; i ++)
44                r.terms[r.length ++] = p.terms[i];
45            //将 q 的余项直接记入 r
46            for (; j < q.length; j ++)
47                r.terms[r.length ++] = q.terms[j];
48        }
```

在多项式相关问题中,关键需要解决的是多项式的表示形式。程序 6 - 6 则通过将数组与结构的结合形式表示一元多项式。一般来说,采用顺序结构表示多项式有几种比较常见的方式:

一维数组表示,即借助于一个浮点类型的一维数组记录每个项的系数,而项的指数则由数组元素的下标确定。以 $12x^5 + (-2.5)x^3 + 6.9x$ 为例,其一维数组表示形

东软载波单片机应用C程序设计

式如图 6-4 所示。例如,下标为 3 的元素中存储的就是指数为 3 的项的系数,而多项式中未出现的项,则其系数缺省为 0。但这种表示形式的主要缺点是,如果多项式的指数分布比较稀疏,则将浪费较多空间,例如,$12\,x^5 + 87\,x^{187}$ 的表示则至少开辟一个近 200 个元素的一维数组。

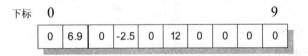

下标 0   9

| 0 | 6.9 | 0 | -2.5 | 0 | 12 | 0 | 0 | 0 | 0 |

图 6-4　多项式的一维数组表示形式

数组与结构的结合表示,就是使用一个结构类型表示一个项,该结构类型包括两个成员:系数、指数,并借助于该结构类型的一维数组将各个项聚合成一个多项式的表示形式,如图 6-5 所示。在这种表示形式中,需要特别注意,多项式的项应该按指数进行有序存储,否则将给算法实现带来极大不便。

下标 0

| 系数 | 12 | -2.5 | 6.9 |
| 指数 | 5 | 3 | 1 |

图 6-5　多项式的数组与结构相结合的表示形式

在程序 6-6 中,假设多项式是按指数递减次序存储的,否则必须先进行排序。在理解了多项式的表示形式之后,实现其加法运算应该并不困难。

实例:大整数处理

问题描述:众所周知,表示范围是高级语言数据类型的重要属性之一,8~16 字节的整数类型可能是目前大多数语言支持的极限,2^{128} 可表示的数据范围大约为 38 位十进制数字。在科学计算、信息安全等领域,经常需要涉及超大数值的数据处理,它们也许可以表示数百位的十进制数字,显然,这是语言预定义的标量类型无法满足的。本例将介绍一种更"自由"的整数描述机制——大整数处理。

在程序设计中,大整数的通用表示形式是多字节数组。换言之,就是借助于数组的顺序存储特性,定义一种更长的数据类型,以满足实际需求。本例采用小端模式存储,即下标较小的单元用于存储权值较小的数据。数组的第 0 个单元用于存储符号位,0 表示正数,1 表示负数。其余单元用于存储数据位,每个字节表示 2 位十六进制数值是相对比较合理的,相对于 BCD 编码,这种形式更节省存储空间。例如,0x985435657676565 可表示为{0,65,65,67,57,56,43,85,09}。在 C 语言中,大整数的类型声明如下所示:

```
typedef struct LongType
{
    unsigned char d[MAX_LEN];
} LongType;
```

声明中 typedef 用于说明类型别名,也就是为 struct LongType 结构类型指定别名 LongType,便于后续用户程序对类型引用,更多关于 typedef 的描述详见后续章节。除了表示形式之外,基于大整数的运算处理是人们更关注的。常见的运算包括关系运算、判等运算、整数算术运算等。

程序 6 - 7

```
1      //比较 opd1,opd2 两个大整数
2      //返回值:0 表示两数相等,正数表示 opd1 较大,负数表示 opd2 较小。
3      int long_type_cmp(LongType opd1,LongType opd2)
4      {
5          int temp = 0,i;
6          //如果符号位不同,则正数必然大于负数。
7          if (opd1.d[0] != opd2.d[0])
8              return opd1.d[0] == 0 ? 1 : 0;
9          //逆序比较数组对应位置数值
10         for (i = MAX_LEN - 1; i >= 0; i--)
11         {
12             //如果某个位置数值不同,将差值作为比较结果。
13             if (opd1.d[i] != opd2.d[i])
14             {
15                 temp = opd1.d[i] - opd2.d[i];
16                 break;
17             }
18         }
19         //如果符号位为负,则将比较结果取负。
20         if (opd1.d[0] == 1)
21             return - temp;
22         else
23             return temp;
24     }
```

如程序 6 - 7 所示,关系运算的实现相对比较容易,只需从高位到低位依次比较两个大整数即可。另外,需要注意符号位的作用。相对而言,算术运算则稍显复杂。下面,先来看看大整数加法运算的实现,如程序 6 - 8 所示。

程序 6 – 8

```
1      //两个大整数加法:opd1 + opd2
2      LongType long_type_add(LongType opd1,LongType opd2)
3      {
4          int i,c = 0;
5          LongType rslt;                        //暂存运算结果
6          //初始化 rslt 变量
7          for (i = 0; i < MAX_LEN; i++)
8              rslt.d[i] = 0;
9          //如果两个源操作数符号位不一致,则转换为减法运算
10         if (opd1.d[0] != opd2.d[0])
11         {
12             if (opd1.d[0] == 1)
13             {
14                 opd1.d[0] = 0;
15                 return long_type_sub(opd2,opd1);
16             }
17             else
18             {
19                 opd2.d[0] = 0;
20                 return long_type_sub(opd1,opd2);
21             }
22         }
23         //从低到高逐字节相加,需要考虑进位
24         for (i = 1; i < MAX_LEN - 1; i++)
25         {
26             int temp = opd1.d[i] + opd2.d[i] + c;
27             rslt.d[i] = temp % 256;
28             c = temp/256;
29         }
30         return rslt;
31     }
```

加法运算的实现比较简单,只需注意两点:符号位与进位。如果源操作的符号位不同,加法运算需要转换为相应的减法运算。另外,数据是按字节存储的,计算中逢 256 产生进位。减法运算与加法非常类似,读者可以尝试实现。下面,再看看乘法运算。其实,大整数的乘法与普通十进制乘法是类似的,结合图 6 - 6 所示的运算过程,应该不难理解程序 6 - 9 的实现。其中,rslt 用于存储最终的乘积,而 temp 则是用于暂存 b 中一个字节与 a 各字节相乘的结果。

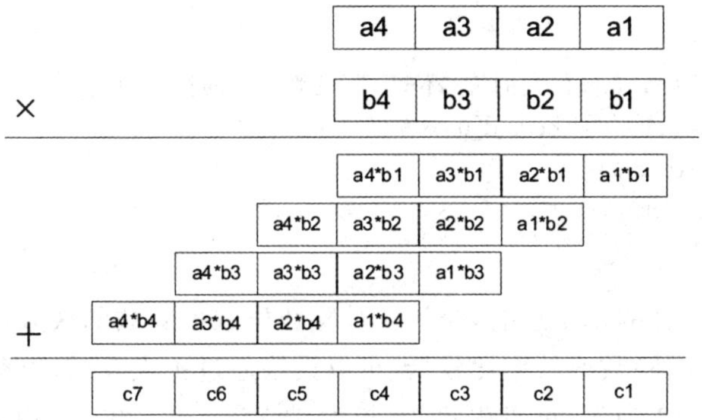

	a4	a3	a2	a1
×	b4	b3	b2	b1

				a4*b1	a3*b1	a2*b1	a1*b1
			a4*b2	a3*b2	a2*b2	a1*b2	
		a4*b3	a3*b3	a2*b3	a1*b3		
+	a4*b4	a3*b4	a2*b4	a1*b4			

c7	c6	c5	c4	c3	c2	c1

图 6-6 大整数乘法示意:c=a*b

程序 6-9

```
1       //两个大整数乘法:opd1 * opd2
2       LongType long_type_mul(LongType opd1,LongType opd2)
3       {
4           LongType temp;
5           LongType rslt;              //暂存运算结果
6           //初始化 rslt 变量
7           for (int i = 0; i < MAX_LEN; i++)
8           {
9               temp.d[i] = 0;
10              rslt.d[i] = 0;
11          }
12          for (int i = 0; i < MAX_LEN; i++)
13          {
14              int c = 0;               //用于记录进位
15              //计算 opd1 的第 i 个数据与 opd2 的各字节相乘,结果暂存于 temp
16              for (int j = 0; j < MAX_LEN; j++)
17              {
18                  unsigned int pp = opd1.d[i] * opd2.d[j] + c;
19                  temp.d[j] = pp % 256;
20                  c = pp/256;
21              }
22              c = 0;
23              //根据乘法运算性质,将 temp 与 rslt 相加
24              for (int k = i; k < MAX_LEN; k++)
25              {
26                  unsigned int pp = temp.d[k - i] + rslt.d[k] + c;
27                  rslt.d[k] = pp % 256;
28                  c = pp/256;
```

```
29                  }
30              }
31          //如果两个源操作数的符号位不同,运算结果的符号为负
32          if (opd1.d[0] != opd2.d[0])
33              rslt.d[0] = 1;
34          return rslt;
35      }
```

大整数除法运算的基本思想:统计从被除数里减去除数的次数,即为除法运算的商。不过,逐次相减除数的效率比较低,可以设法通过扩大除数,以获得更高的效率。

以 8995 除以 12 为例,可以先将 12 扩大 100 倍(即 1200)。通过减法实现 8995 除以 1200,效率将有显著提高,商为 7,余数为 595。由于除数扩大了 100 倍,故商也需要扩大相同倍数,即为 700。依此类推,再计算 595 除以 12……最终,将所有的商累加即可。在十六进制表示中,为了便于运算,除数扩大的倍数应该尽可能选择 256^n,可以省去等比例扩大运算结果(商)时产生的额外乘法运算。关于大整数除法运算的具体实现,读者可参考以上思路实现,本书不再详述。

特别注意,在以上函数实现中,都是使用结构类型作为函数形参,这是非常低效的。建议读者在学习完"指针"之后,尝试应用指针技术进行改写,以获得更优的执行效果。

6.5　位　域

6.5.1　位域概述

在系统软件开发中,存储资源相对比较稀缺。如何更有效地利用有限的存储资源是每位开发人员必须关注的。显然,以字节为单位的存储分配机制通常很难满足系统软件开发的要求。

在计算机应用中,日期、时间等信息的存储形式通常是非常有趣的话题。例如,在操作系统中,文件的创建、修改、访问的日期、时间等信息通常需要记录保存。以 FAT32 文件系统中关于日期信息的存储形式为例,如图 6-7 所示。

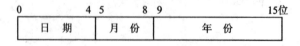

0	4 5	8 9	15位
日　期	月　份	年　份	

图 6-7　FAT32 文件系统中日期信息的存储格式

在 FAT32 文件系统中,日期数据使用 2 个字节(即 16 位)的空间存储。其中,日期的取值范围为 1～31,只需要 5 位二进制数即可表示。而月份的取值范围为 1～12,需要 4 位二进制数表示。剩下的 7 位二进制位用于表示年份,根据 FAT32 约定,

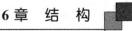

年份起始于 1980,而 7 位二进制位的表示范围 0~127,故年份的取值范围为 1980~2107。从存储格式而言,使用任何 C 语言的标量类型似乎都不合适。在传统高级语言中,借助于按位运算解决该问题可能是开发人员唯一的选择,如程序 6 - 10 所示。

程序 6 - 10

```
1      unsigned int date;
2      unsigned char s_year;
3      unsigned char s_month;
4      unsigned char s_day;
5      unsigned char d_year;
6      unsigned char d_month;
7      unsigned char d_day;
8      void main()
9      {
10         //原始日期为 1982.11.9
11         s_year = 2;
12         s_month = 11;
13         s_day = 9;
14         //将原始日期存储到 date 变量中
15         date = (s_year & 0x7F) << 9 | (s_month & 0x0F) << 5 | (s_day & 0x1F);
16         //从 date 获取日期数据
17         d_year = (date >> 9) &0x7F;
18         d_month = (date >> 5) & 0x0F;
19         d_day = date & 0x1F;
20      }
```

正如读者所了解的,根据按位运算的特性,按位与 0 具有清位作用,按位或 1 则具有置位作用。因此,利用一些特殊常数与变量按位运算,可以实现对变量某些数据位的操作。不过,这种近似于汇编语言的处理方式并不是开发人员所期待的。开发人员更希望像访问标量类型变量一样操作字节内部的数据位,除了声明描述之外,不需要特别关注相关操作的实现细节。为了解决便捷与效率之间的矛盾,C 语言提出了**位域**(bits field)的概念,也被称为**位段**或**位字段**。当然,严格意上来说,C 语言对位域机制仍然有一定语言层次的限制,并不能真正意义上等同于标量类型,但这已足以令大多数用户满意。

实际上,位域是结构(联合)的一种特殊成员形式,它允许将整数成员存储在比编译器正常所允许的更小的空间中。如果以位域方式重写程序 6 - 10,那么代码将优雅得多,如程序 6 - 11 所示。

程序 6 - 11

```
1       struct Date
2       {
3           unsigned int day : 5;        //表示该成员占用 5 位,即第 0~4 位
4           unsigned int month : 4;      //表示该成员占用 4 位,即第 5~8 位
5           unsigned int year : 7;       //表示该成员占用 7 位,即第 9~16 位
6       }date;
7       unsigned char s_year;
8       unsigned char s_month;
9       unsigned char s_day;
10      unsigned char d_year;
11      unsigned char d_month;
12      unsigned char d_day;
13      void main()
14      {
15          //原始日期为 1982.11.9
16          date.year = 2;
17          date.month = 11;
18          date.day = 9;
19          //从 date 获取日期数据
20          d_year = date.year;
21          d_month = date.month;
22          d_day = date.day;
23      }
```

首先,从存储空间的角度来说,在大多数目标机上,程序 6 - 11 中结构变量 date 与程序 6 - 10 的 date 变量占用的存储空间是相同的,用户程序不需要为位域形式付出任何额外的代价。其次,从应用便捷的角度来说,显而易见,访问位域与普通标量类型的结构成员是完全一样的,比按位运算方式便捷不少。最后,从目标程序处理的角度来说,如果目标机支持按位存储数据的指令,那么位域方式通常更有利。否则,位域存取数据的方式仍然是通过按位操作指令完成的,当然,这些是编译器设计者需要考虑的,不再需要用户关注。

值得注意的是,位域并不是数据类型,而是对整数类型数据的一种特殊打包形式。位域声明中需要说明位域的类型,如程序 6 - 11 第 3 行所示,成员 day 是 unsigned int 类型的位域。

6.5.2 位域声明

位域声明的一般形式如下:

整数类型位域名称$_{opt}$: 常量表达式

在 C 语言中,位域是整数类型数据的一种包装形式,因此在位域声明中必须包括相应整数类型信息。C 语言标准规定,位域的类型可以是 signed int、unsigned int、int 三种整数类型,但不同的编译器实现可能稍有差异。由于目标机架构所限,HRCC 只支持 unsigned char 类型的位域,任何在位域声明中显式出现的其他整数类型信息都将被忽略。

在位域声明中,冒号后面的常量表达式用于说明位域的宽度,其单位为 bit,位域的宽度即表示该位域所占据的位数。位域的宽度不允许大于位域类型的长度,例如,unsigned char 类型的位域宽度不允许超过 8 位。

6.5.3 位域布局

正如之前所述,结构存储布局的精确行为与目标机架构有密切的联系,但针对具体目标机而言,这种行为通常是可预测的。与普通标量类型相比,位域存储布局的行为则更依赖于目标机。早期,某些较保守观点认为:应用位域的 C 程序是不具有可移植性的。但随着计算机架构设计的规范化,这个观点正在逐渐过时。

根据结构成员分配规则,编译器将按位域的声明顺序依次映射到存储单元。如果当前待映射的存储单元的空间足够存放待分配的位域,则可将位域映射到该存储空间中,并尽可能低位对齐,即位域的第 0 位尽量与存储单元的较低位对齐。如果当前待映射的存储单元的空间不足以存放待分配的位域,则将该位域映射到下一个存储单元中,当前单元的剩余空间不再使用。

如图 6-8 所示,data.f2 从存储单元 0x1001 的第 0 位开始映射,占用了第 0~1 位。由于当前待映射存储单元剩余空间为 6 位,data.f3 也被映射到存储单元

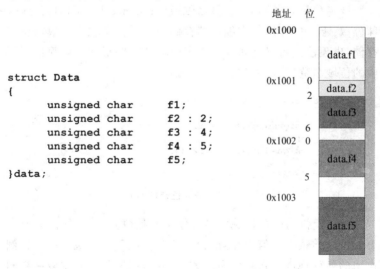

```
struct Data
{
        unsigned char      f1;
        unsigned char      f2 : 2;
        unsigned char      f3 : 4;
        unsigned char      f4 : 5;
        unsigned char      f5;
}data;
```

图 6-8 位域的存储布局示意

0x1001中,依据"低位对齐"原则,尽可能将data.f3的第0位与存储单元中较低位对齐(即第2位),因此data.f3占用了存储单元0x1001的第2～5位。完成data.f2、data.f3的映射后,存储单元0x1001仅剩余1位,已经无法满足data.f4的映射需要,只能从下一个存储单元0x1002开始分配。data.f4占用于存储单元0x1002的第0～4位。完成data.f4的分配后,存储单元0x1002剩余的3位空间显然无法满足字节类型成员data.f5的需要,故只能将data.f5映射到存储单元0x1003。至此,结构data的存储分配完成,其中,存储单元0x1001的第6～7位及存储单元0x1002的第5～7位舍弃不用。

这里,笔者介绍了一种最通用的位域存储布局的方案,也是绝大多数C编译器所采用的。不过,由于C语言标准并没有对位域存储布局作了非常严格的限制,更多地使用了"实现定义"的描述,例如:

(1)当待映射的存储单元不足时,是将待分配的位域映射到下一单元,还是在当前单元中重叠一部分位是由编译器的实现定义;

(2)位域在存储单元中的映射次序也是由编译器的实现定义。

6.5.4 匿名位域

在实际应用中,除了用于描述一些整数类型的数据之外,位域还有一个重要功能就是填充。由于位域声明中只包含了位域的宽度,而位域的起始位信息更多依赖于编译器的分配策略,这通常会给某些特殊应用带来不便。例如,在网络通信中,因为安全可靠等特殊原因,在通信协议中包含一些"空洞"并不罕见,这些"空洞"只是占据了字节中的某些数据位,并不具备任何存储数据的功能。为此,C语言提供了一种特殊的位域——匿名位域。顾名思义,**匿名位域**(unnamed bit field)就是一些没有成员名称的特殊位域,唯一的作用是在编译器存储分配时占据相应的数据位,它们既不能用作数据存储,也无法进行寻址访问。匿名位域的声明形式比较简单,就是省略普通位域声明中的位域名称即可,例如:

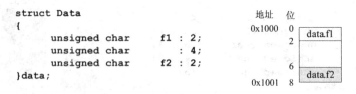

图6-9 匿名位域的示意

从图6-9不难看出,匿名位域的唯一作用就是填充占位,保证data.f2可以从存储单元的第6位开始映射。值得注意的是,匿名位域只是位域的一种特例,其声明受限于位域声明的各种规则。在存储布局方面,匿名位域与普通位域一视同仁,遵循同样的分配策略。

类型理论初探

20世纪初，类型理论最早起源于数学，后又在逻辑学及哲学中得到了广泛的应用。直到60～70年代左右，类型理论被引入了计算机科学，主要应用于对程序设计语言的数理分析，即通过类型化的 lambda 演算框架研究程序语言的各种概念。1972年，Hoare 和 Dijkstra 在《Structured Programming》中提出了关于结构化类型最早期的系统定义。可惜，任何关于类型理论的泛谈，如 lambda 演算、高阶多态性、类型推理、类型适应性等，都远超出了本书主题范围。在此，笔者只打算通过最浅显的表述方式对程序语言类型的基本数学形式体系作简要说明。

首先，原子数据类型其实就是一个数值的集合。例如：

$$char = \{a \mid a \geqslant -128 \wedge a \leqslant 127\}$$

其次，函数则是从一个集合，即论域集（discourse domain），到另一个集合的有限映射。尽管有些语言并没有把函数作为数据类型，但这种映射关系却是客观存在的。在程序语言中，关于函数行为的描述通常是由形式语义完成的，它能够准确无歧义地定义每个运算，如整数加减、逻辑与或等。这是计算机科学中另一个完备的学科体系，本书不详细展开。

以上两个概念是程序语言及类型理论研究的基础。关于结构化数据类型构造，则是通过类型标识符，或者是有集合操作的构造函数来定义的。下面，针对几种最典型的聚合类型作简单介绍。

数组类型被定义以映射函数的方式指向数组中的元素。例如，传统的整型数组的映射关系即为整型数据被映射到数组元素的地址，这种映射通常是由支持散列的函数定义。

结构类型的定义则是依赖于集合的笛卡儿积运算。已知 A、B 为集合，A 和 B 的笛卡儿积则表示为 A×B，其运算结果是所有序偶 (a,b) 的集合，其中 a∈A 且 b∈B。

$$A \times B = \{(a,b) \mid a \in A \wedge b \in B\}$$

在数学上，笛卡儿积定义了多元组的概念，其最精确的实现形式应该是 Python、Haskell 等语言的元组。当然，大多数程序语言的研究也将笛卡儿积作为记录或结构的模型。尽管这种描述并不够准确，因为笛卡儿积的元素是匿名的，而结构成员则是有名字的。不过，类型理论并不关注这些细节。

联合类型的模型定义则是集合的并集。例如：

$$A \cup B = \{x \mid x \in A \vee x \in B\}$$

至此，笔者通过最简单朴实的方式阐述了常用类型的数学形式，旨在揭示那些藏匿于程序语言背后的完备理论体系，期待从另一个视角为读者展现程序设计语言的魅力。

6.6 结构声明 *

之前,笔者主要通过引例的形式为读者展示了结构声明的基本形式,而本节将从更规范的角度讨论结构声明的一般形式。在 C 语言标准中,结构声明的一般形式如下:

结构类型定义	→	struct 结构标签$_{opt}$ 〔字段列表〕
结构标签	→	标识符
字段列表	→	成员声明
	|	字段列表 成员声明
成员声明	→	类型指定符 成员声明器列表;
成员声明器列表	→	成员声明器
	|	成员声明器列表,成员声明器
成员声明器	→	简单成员
	|	位段
简单成员	→	声明器
位段	→	声明器$_{opt}$:宽度
宽度	→	常量表达式

声明器是 C 语言标准中一个非常重要的非终结符,主要作用是推导出成员声明,其形式与普通变量的声明类似。由于声明器的一般形式比较复杂,本书将在第 11 章详述。

结构标签是一个合法的 C 语言标识符,主要用于标记该结构类型。结构标签与联合、枚举标签属于同一个名字空间,它是独立于其他名字空间存在的。通过结构标签引用结构类型,则需要加在该标签之前加关键字 struct。另外,C 语言规定,结构标签是判定两个结构类型兼容的主要依据。

程序 6 - 12

```
1   struct
2   {
3       unsigned int day : 5;        //表示该成员占用 5 位,即第 0～4 位;
4       unsigned int month : 4;      //表示该成员占用 4 位,即第 5～8 位;
5       unsigned int year : 7;       //表示该成员占用 7 位,即第 9～15 位;
6   };
```

一般来说,类似于程序 6 - 12 的结构类型声明是没有意义的,因为它既省略了结构标签,也没有直接用于声明变量对象,后续程序更无法通过任何方式引用该结构类型。为了便于讲解,本书将这种特殊的声明形式称为"匿名结构"。

其实,匿名结构并非一无是处。根据 C 语言规定,当匿名结构出现在另一个结构类型内部时,匿名结构内部的成员将被提升到其外层结构,直接作为其外层结构的成员,如程序 6 - 13 所示。

程序 6 - 13

```
1     struct    Student
2     {
3         unsigned int id;                //学号
4         char name[8];                   //姓名
5         struct                          //出生日期
6         {
7             unsigned int day : 5;       //表示该成员占用 5 位,即第 0~4 位;
8             unsigned int month : 4;     //表示该成员占用 4 位,即第 5~8 位;
9             unsigned int year : 7;      //表示该成员占用 7 位,即第 9~15 位;
10        };
11        float score[3];                 //课程成绩
12    }s;
13    void main()
14    {
15        s.day = 21;
16    }
```

在程序 6 - 13 中,第 5~10 行的匿名结构是不能被忽略的,其内部的三个成员将被提升到 Student 结构内,因此,实际语义与程序 6 - 14 是一致的。

程序 6 - 14

```
1     struct    Student
2     {
3         unsigned int id;                //学号
4         char name[8];                   //姓名
5         unsigned int day : 5;           //表示该成员占用 5 位,即第 0~4 位;
6         unsigned int month : 4;         //表示该成员占用 4 位,即第 5~8 位;
7         unsigned int year : 7;          //表示该成员占用 7 位,即第 9~15 位;
8         float score[3];                 //课程成绩
9     }s;
```

值得注意的是,任何匿名结构内部的位域不会由于成员提升导致与外层位域"紧凑映射"在一个存储单元中,而将从下一个存储单元开始映射,如程序 6 - 15 所示。

程序 6 - 15

```
1     struct              //占用 3 个字节的存储空间
2     {
```

```
3        unsigned char f1 : 3;
4        struct
5        {
6            unsigned char f2 : 3;
7        };
8        unsigned char f3 : 2;
9    }a;
10   struct              //占用1个字节的存储空间
11   {
12       unsigned char f1 : 3;
13       unsigned char f2 : 3;
14       unsigned char f3 : 2;
15   }b;
```

第 **7** 章

联合与枚举

类型是程序设计语言研究的永恒话题,它对高级语言的推广与发展起到了至关重要的作用。C 语言是静态类型语言,变量类型都是在编译时确定,无法在程序运行期间动态改变。静态类型最主要的优点在于不消耗运行时刻的资源,这一特性对于早期语言设计者具有相当的吸引力。不过,随着高级语言被广泛应用,人们已经不仅仅满足于静态类型机制了,他们期待拥有一种数据类型可以在程序不同的执行时期存储不同类型的值。从专业的角度理解,这种机制似乎更像是"动态类型"。在 20 世纪 60、70 年代,鉴于硬件环境等因素限制,动态类型始终只能活跃于学术领域,并没有被大多数高级语言所接受。但为了满足这一特殊的需求,许多结构化程序设计语言引入了一种变通机制——联合。相对于数组、结构而言,联合的应用并不算广泛,但在系统软件及嵌入式领域中,联合的某些特性确有独到之处,这将是本章重点关注的。

另外,本章还将涉及枚举的概念,它既没有精深的理论支持,也没有复杂的语言规范限制,但总是可以帮助用户解决最实际的问题。

7.1 联 合

联合(union)是一种在程序执行的不同时期可以存储不同类型值的数据类型。虽然联合的设计初衷是为了实现"动态类型",但事实上这是非常困难的。从更专业的角度来看,联合其实只是利用结构成员类型可以不同的特性,提出了一种类似于结构的类型。在 C 语言中,联合通常包括了一组数据类型可能不同的成员,但它们共享同一块存储空间并彼此覆盖,改变其中一个成员的值就可能影响其他成员的数据。从存储布局来说,联合中每个成员所分配的存储空间都是从该联合的起始地址开始映射,而整个联合对象所需的存储空间则是由其内部最大成员所占用存储空间大小确定。

7.1.1 联合概述

在 C 语言中,联合的声明形式与结构非常类似,只是联合使用关键字 union 声明而已。

程序 7 - 1

```
1       union Data
2       {
3           float f;
4           int si;
5           char sc;
6       }data;
7       char temp;
8       void main()
9       {
10          data.f = 23.453;
11          temp = data.sc;
12      }
```

程序 7 - 1 并没有特殊的功能，仅用于介绍联合的基本应用。在程序 7 - 1 中，联合声明以关键字 union 开头，其后的一对大括号内包括了该联合的成员声明，联合成员的声明形式与结构完全相同，不再详述。与结构类似，联合成员的访问也是通过成员选择运算符完成的，只不过该运算得到的成员相对于联合起始地址的偏移永远是 0。

值得注意的是，由于联合成员是共享同一块存储空间，因此第 10 行的赋值将影响 data 变量中其他成员的值。并且这种影响直接依赖于数据的底层表示形式，而不是存在于语言层次的。简单来说，尽管联合内部各成员是共享存储的，但语言假设它们之间不存在逻辑关系，因此成员访问的行为只依赖于当前成员的类型，并不会关注原始数据的来源及表示形式，更不会实施额外的隐式类型转换。在本例中，完成第 10 行的赋值后，实际内存中的数据则是以 IEEE754 标准表示的浮点数形式存储，而第 11 行的 data.sc 取值行为却只依赖于其本身的类型 char，故仍将以整数表示形式读取。由于这两种表示形式存在巨大差异，而编译器又不会进行隐式类型转换，因此第 11 行的成员取值结果并不是预期的 23，而是一个非常"奇怪"的数据。尽管取值结果不是预期的，但以整数表示形式读取其他存储形式数据仍然是安全的。反之，如果以 IEEE754 表示形式读取任意整数存储形式的数据则可能出现运行时刻错误，因为并不是任意 4 个字节的数据都是合法的 IEEE754 表示形式。

联合初始化

C89 标准支持在声明时对联合对象进行初始化，但只允许对第 1 个成员初始化。与结构初始化类似，联合的初始化数据也必须使用大括号括起来，如程序 7 - 2 所示。

程序 7 - 2

```
1        struct Point                                //点
2        {
3            int x;                                  //x 坐标
4            int y;                                  //y 坐标
5        };
6        union Shape
7        {
8            struct
9            {
10               struct Point centre;                //圆心
11               int radius;                         //半径
12           } circle;                               //圆形
13           struct
14           {
15               struct Point vertex[3];             //三个顶点
16           } triangle;                             //三角形
17           struct
18           {
19               struct Point vertex;                //一个顶点
20               int width;                          //长
21               int length;                         //宽
22           } rectangle;                            //矩形
23       } my_shape = {{{12,54},65}};
```

在程序 7 - 2 中,由于各种形状拥有不同的属性,而隶属于不同形状的属性之间通常不存在关系,因此使用联合类型描述可以有效地节省存储空间。在本例中,初始化列表共有三层大括号,分别作用于 my_shape、my_shape.circle 及 my_shape.circle. centre 三个结构(联合)对象的初始化,不可随意省略。

特别注意,不同版本的 C 语言对联合初始化的支持可能存在差异,传统 C 及非标准 C 都不支持联合初始化,C89 标准只支持对联合的第 1 个成员进行初始化,而 C99 标准则支持在初始化列表中显式说明需要初始化的成员。

联合标签

为了便于用户程序通过名字标识引用相应的联合类型,与结构标签类似,联合也支持显式说明标签,即**联合标签**(union tag)。根据 C 语言规定,联合标签与结构标签属于同一名字空间,两者之间可能存在重名冲突。

东软载波单片机应用 C 程序设计

标识符的长度限制

大多数现代 C 编译器的标识符已经没有长度限制了。不过,这是一个非常有趣的话题。在 C 语言发展历程中,它曾经引起了许多纠结。

在 C89 标准诞生前,大多数 C 编译器将标识符的有效长度限制在 8 个字符之内。在这种情况下,counter_a 与 counter_b 将被视作是两个相同的标识符。

C89 标准要求编译器至少能够区分标识符的前 31 个字符,参见 C89 第 6.1.2 节。而 C99 标准将这个要求提高到了 63 个字符,参见 C99 第 6.4.2 节。在此过程中,曾经还有编译器设计者为"字符"与"字节"有过争论,例如多字节字符如何认定。为此,C 语言标准还明确强调是"字符"而不是"字节"。

实际上,关于标识符长度限制的争论,主要有两方面原因:编译效率、外部链接规范。受限于早期计算机硬件,字符串的查找一直是个效率较低的操作。为了追求编译效率,编译器设计者试图通过限制标识符的长度来减少编译过程中因字符串查找带来过多的时间消耗。其次,早期的外部链接规范标识符只有前 6 个字符有效,且不区分大小写。

7.1.2　联合存储

相对于结构而言,联合的存储形式比较简单,其内部的所有成员的存储空间都是从该联合的起始地址开始映射的,如图 7-1 所示。

```
union Data
{
        char    f1;
        int     f2;
        long    f3;
        char    f4[6];
}data;
```

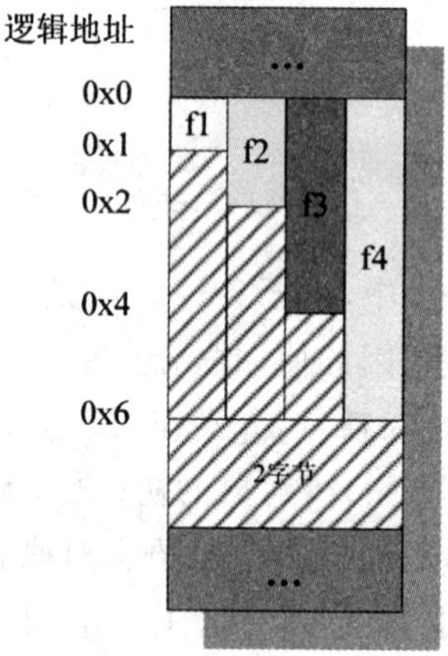

图 7-1　联合成员映射示意图

另外,"内存对齐"也是存储布局经常涉及的话题。与结构不同,联合内部成员的起始地址是统一的,彼此之间不存在先后顺序,因此不涉及"成员对齐",但联合对象的"整体对齐"仍然需要考虑。联合对象的长度则是其内部最大成员所需的存储空间及尾部为满足整体对齐而必须存在的"空洞"之和。

联合的"整体对齐"规则与结构的相同,对齐长度为联合中最大数据成员基本类型的长度和对齐系数之间的较小值。以图 7-1 为例,最大数据成员基本类型 long 的长度为 4,假设对齐系数为 4,对齐长度即为 4,而未实施对齐前的联合对象长度为6,因此尾部需要填充 2 个字节的"空洞"。

7.1.3　联合赋值

C 语言的赋值运算可以在两个类型完全相同的联合对象之间进行,其行为定义为按字节将右操作的数据复制到左操作数。由于联合类型不能与除自身之外的其他类型兼容,因此赋值行为不涉及隐式类型转换。

不过,需要特别说明关于联合内部成员之间的赋值行为。根据 C 语言规定,赋值运算假设左操作数与右操作数的存储空间是不重叠的,否则操作行为是未定义的,但完全重叠的情况除外,例如,a=a。注意,这里的"重叠"是指时空都存在交错的情况,而不是单纯的空间重叠。例如,存储空间的回收与重新分配就是不属于"重叠"的范畴。理论上,隶属于不同作用域的变量的存储空间可能存在覆盖的,但由于它们的生存周期并未交错,因此,在语言定义范围内,它们不可能"重叠"。

值得注意的是,联合内部的成员是 C 语言定义中合法的"重叠"情形,因此同一联合对象内部成员之间的赋值操作就可能意外闯入"禁地",如程序 7-3 所示。

程序 7-3

```
1      union
2      {
3          unsigned int f1;
4          struct
5          {
6              unsigned char f2;
7              unsigned int f3;
8          };
9      }data;
10     void main()
11     {
12         data.f3 = data.f1;      //两个成员的存储空间部分重叠,因此执行结果未定义
13     }
```

7.1.4 联合应用

便捷的按位访问

由于很多目标计算机架构不支持按位访问内存中数据,因此大多数高级语言并不善于描述位类型数据及其操作。即使有些语言支持布尔类型,但通常情况下,它们仍然采用字节形式存储布尔值。标准 C 支持两种形式的位操作:按位运算、位域。其中,按位运算是最常用的按位访问途径,也是大多数语言与目标机架构所支持的方式。理论上,这种方式可以实现任何相关需求,但它并不是理想的选择。本节将通过一组功能相同的实例讲解 C 语言中常见的按位访问方式,其中程序 7-4 是以按位运算实现的,而程序 7-5 及程序 7-6 则是两种改进方案。

程序 7-4

```
1    unsigned char data;
2    void main()
3    {
4        ...
5        if ((data & (0x1 << 3) != 0)
6            && (data & (0x1 << 4) != 0)
7            && (data & (0x1 << 5) != 0))
8        {
9            data = data & ~(0x1 << 3);
10           data = data & ~(0x1 << 4);
11           data = data & ~(0x1 << 5);
12       }
13       else
14       {
15           data = data | (0x1 << 3);
16           data = data | (0x1 << 4);
17           data = data | (0x1 << 5);
18       }
19   }
```

如程序 7-4 所示,这种基于按位运算的实现方式相对比较繁复。当类似代码"散落"于整个程序中时,检索与分析工作将是令人厌烦的。下面,介绍一种基于联合的实现方式,如程序 7-5 所示。

程序 7-5

```
1    union
2    {
```

```
3          unsigned char byte;                //按字节访问的成员
4          struct
5          {
6              unsigned char f0:1;
7              unsigned char f1:1;
8              unsigned char f2:1;
9              unsigned char f3:1;
10             unsigned char f4:1;
11             unsigned char f5:1;
12             unsigned char f6:1;
13             unsigned char f7:1;
14         };                                 //按位访问的成员
15     }data;
16     void main()
17     {
18         ...
19         if (data.f3 == 1
20             && data.f4 == 1
21             && data.f5 == 1)
22         {
23             data.f3 = 0;
24             data.f4 = 0;
25             data.f5 = 0;
26         }
27         else
28         {
29             data.f3 = 1;
30             data.f4 = 1;
31             data.f5 = 1;
32         }
33     }
```

　　程序 7-5 利用了联合共享存储空间的特性,通过匿名结构成员中的位域按位访问 byte 成员。当然,也可以为该结构成员指定名字及结构标签。在本例中,联合类型包含两个成员,其中 byte 表示按字节或字方式访问的成员,而另一个匿名结构成员中则包含了若干位域,用于按位访问 byte 的值。在类似声明中,用户通常需要保证这两个成员的存储空间是完全覆盖的,否则可能无法得到预期的执行结果。本例中使用的位域的宽度都是 1,通常,这种实现方式的可移植性是最佳的。当然,在实际编程中,结构中位域的布局应该是由用户根据目标机特性定义的。针对本例而言,使用宽度为 3 的位域描述显然更为合理,如程序 7-6 所示。

东软载波单片机应用 C 程序设计

程序 7 - 6

```
1       union
2       {
3           unsigned char byte;              //按字节访问的成员
4           struct
5           {
6               unsigned char :3;
7               unsigned char f3_5:3;
8               unsigned char :2;
9           };                               //按位访问的成员
10      }data;
11      void main()
12      {
13          ...
14          if (data.f3_5 == 0x7)
15          {
16              data.f3_5 = 0x0;
17          }
18          else
19          {
20              data.f3_5 = 0x7;
21          }
22      }
```

144

　　相对程序 7 - 5 而言,程序 7 - 6 的可移植性稍差,由于结构中使用了宽度大于 1 的位域,很大程度上依赖于目标机架构及编译器的分配机制,尽管这两种实现方式都是遵守 C 语言标准的,并不存在未定义的"违规"应用。

联合的"判别式"

　　在语义层次上,C 语言并没有对联合成员访问进行任何类型与值的检查,假设用户足够智慧且不会犯错,但这种实现通常是不安全的。理论上,联合访问必须严格遵守取值与最后一次赋值是作用于同一个成员,否则其操作行为都可能存在安全风险。事实上,无论用户主观是否接受这个观点,客观上通常都是难以实现的。由于 C 编译器没有对最后改变的成员进行特殊标记,因此仅从数据值是无法判定其具体属于哪个成员。以程序 7 - 2 为例,无论是用户程序还是 C 编译器都无法仅依据 my_shape 中存储的数据判定它们所描述的形状。

　　事实上,C 语言中并不存在针对这个问题的完美解决方案。这里,笔者介绍一种相对有效的解决办法,即引入一个"标记"成员,用于跟踪记录联合中当前有效的成员,有些更专业书籍将其称为判别式,如程序 7 - 7 所示。

程序 7 - 7

```
1      struct Point                              //点
2      {
3          int x;                                //x 坐标
4          int y;                                //y 坐标
5      };
6      struct Shape                              //形状
7      {
8          unsigned char kind;                   //0 表示圆形,1 表示三角形,2 表示矩形
9          union
10         {
11             struct
12             {
13                 struct Point centre;          //圆心
14                 int radius;                   //半径
15             } circle;                         //圆形
16             struct
17             {
18                 struct Point vertex[3];       //三个顶点
19             } triangle;                       //三角形
20             struct
21             {
22                 struct Point vertex;          //一个顶点
23                 int width;                    //长
24                 int length;                   //宽
25             } rectangle;                      //矩形
26         } shape;
27     };
28     ...
29     //计算两点之间的距离
30     float distance(struct Point p1,struct Point p2)
31     {
32         return sqrt((p1.x - p2.x) * (p1.x - p2.x)
33                 + (p1.y - p2.y) * (p1.y - p2.y));
34     }
35     //计算给定形状的周长
36     float circum(struct Shape temp)
37     {
38         if (temp.kind == 0)                   //圆形的周长:半径 * 2 * 3.1415926
```

```
39            {
40                    return temp.shape.circle.radius * 2 * 3.1415926;
41            }
42            else if (temp.kind == 1)                    //三角形的周长:根据各顶点间的距离计算
43            {
44                    float sum = 0.0;
45                    sum = distance(temp.shape.triangle.vertex[0]
46                            ,temp.shape.triangle.vertex[1]);
47                    sum += distance(temp.shape.triangle.vertex[1]
48                            ,temp.shape.triangle.vertex[2]);
49                    sum += distance(temp.shape.triangle.vertex[2]
50                            ,temp.shape.triangle.vertex[0]);
51                    return sum;
52            }
53            else if (temp.kind == 2)                    //矩形的周长:宽度 * 长度 * 2
54            {
55                    return (temp.shape.rectangle.width
56                            + temp.shape.rectangle.length) * 2;
57            }
58    }
```

　　在程序 7 - 7 中,将之前的 Shape 联合类型"打包"到结构内,并在该结构内增加了一个 kind 成员作为"标记",专用于跟踪联合 shape 中当前有效的成员,0 表示 circle 有效,1 表示 triangle 有效,2 表示 rectangle 有效。其实,整型数据作为"标记"并不是最佳选择,因为不得不需要专门注释说明,而本章后续介绍的"枚举类型"才是联合"标记"的不二之选。

　　最后,简单讨论关于"可移植性"的问题。尽管高级语言已经竭力将目标机底层实现包装在语言层次中,但联合可视为是一种例外。理论上,联合访问通常应该严格遵守取值与最后一次赋值是作用于同一个成员,否则程序是不可移植的。显然,大多数用户并不满足于这种"按部就班"的操作方式,他们期待利用一些系统底层的"空子"更快捷地解决问题,不惜以可移植性为代价。据不完全统计,约有 40% 左右的 C 程序的移植性问题都源自于不规范的联合应用。当然,一些以"安全性"及"跨平台"著称的语言,如 C#、Java 等,正在对这种"不良"的程序设计技巧加以限制,因为它们企图抛弃一切与目标机底层相关的因素。

"自由式联合"与"判别式联合"

在程序设计语言中,自由式联合、判别式联合是最常见的联合机制。

自由式联合,就是指语言及编译器并不会对联合成员的访问行为进行类型检查的实现方式。这种方式的优点在于不需要额外的动态类型检查代码及存储单元的耗费,其运行时刻代价也较小。而缺点则是其无法保证成员读取与写入的数据类型是否兼容。从安全性角度来说,这种缺陷是"致命"的,尽管许多 Fortran、C、C++ 支持者将其善意地理解为"灵活性"。

判别式联合,最早是由 Algol 68(是基于 Algol60 的一次具有挑战性的重大升级)语言提出的,其主要思想就是在联合变量中存储一个类型值,专门用于跟踪联合对象的最近一次赋值。目前,最主要的判别式联合的支持者是 Ada 语言。下面,通过一个简单的 Ada 语言程序声明为读者介绍判别式联合的基本特点,声明形式如下:

```
type Shape is (Circle, Rectangle);
type Figure (Form: Shape) is
        record
            case Form is
                when Circle = >
                    Diameter : Float;
                when Rectangle = >
                    Side1 : Integer;
                    Side2 : Integer;
            end case ;
        end record ;
```

147

该联合类型包括三个字段:Diameter、Side1、Side2。根据 Ada 语言规定,Diameter 成员仅当 Form 为 Circle 时有效,而 Side1、Side2 成员仅当 Form 为 Rectangle 时有效。与程序 7-7 不同,语言级别的判别式联合是完全意义上的动态类型检查,也就是说,当程序企图访问 Diameter 成员时,运行时系统将检查其 Form 标签是否为 Circle,如果不是,则引发运行时刻的类型错误。这是 C 语言等自由式联合机制无法模拟实现的。

7.2　枚　举

枚举(enumeration)是一种特殊的整数类型,其类型声明中必须显式说明所有可能的值,并将每个值与一个被称为**枚举常量**(enumeration constant)的特定名字绑定。简单来说,枚举常量更像是给一些特殊的整数值赋予了名字,程序则通过这个具有特定含义的名字引用常数。

7.2.1　枚举声明

枚举声明一般形式如下:

枚举类型定义	→	enum	枚举标签$_{opt}$	{枚举定义列表}
		enum	枚举标签$_{opt}$	{枚举定义列表,}
枚举标签	→	标识符		
枚举定义列表	→	枚举常量定义		
		枚举定义列表,枚举常量定义		
枚举常量定义	→	枚举常量		
		枚举常量=表达式		
枚举常量	→	标识符		

C 语言支持两种枚举声明形式,其唯一差异在于枚举定义列表最后是否添加逗号。后者是由 C99 标准提出的,但大多数较新的声称遵守 C89 的编译器仍然予以支持,因为这是一种非常有效的语法改进形式。

在枚举常量定义中,枚举常量必须是一个合法有效的标识符,它与变量、函数的名字属于同一名字空间。C 语言允许用户为枚举常量显式指定对应的整数类型常量值,也可以由编译器自动分配,如程序 7 - 8 所示。

148

程序 7 - 8

```
1     enum Week
2     {
3         Sunday = 0,        //星期天:0
4         Monday,            //星期一:1
5         Tuesday,           //星期二:2
6         Wednesday,         //星期三:3
7         Thursday,          //星期四:4
8         Friday,            //星期五:5
9         Saturday           //星期六:6
10    };
11    enum Month
12    {
13        January = 1,       //1 月:1
14        February,          //2 月:2
15        March,             //3 月:3
16        April,             //4 月:4
17        May,               //5 月:5
18        June,              //6 月:6
19        July,              //7 月:7
20        August,            //8 月:8
```

```
21          September,           //9 月：9
22          October,             //10 月：10
23          November,            //11 月：11
24          December,            //12 月：12
25      };
```

　　星期、月份可能是最需要使用枚举类型描述的信息，它们通常都具有特定含义，整数形式描述显然不是最佳的选择。注意，枚举常量是特定整数常量的一种替代形式，并不是字符串常量，它不需要额外消耗运行时刻的资源。在程序 7－8 中，该枚举类型声明只显式给出了第 1 个枚举常量对应的整数值，其余的则是由编译器自动分配。

　　这里，简单说明关于枚举常量与整数值绑定的规则。首先，如果枚举常量定义中显式指定了对应的整数值，则将该数值与枚举常量绑定，否则依据以下规则处理：

　　（1）如果枚举常量是枚举定义列表中的第 1 个元素，则将整型数值 0 与该枚举常量绑定；

　　（2）如果枚举常量不是枚举定义列表中的第 1 个元素，则将上一个枚举常量所绑定的数值加 1 的结果与该枚举常量绑定。

　　依据以上规则，编译器为程序 7－8 枚举类型声明自动分配的数值与预期结果是完全一致的，并不会对程序执行产生任何影响。

　　枚举常量一经声明立即有效，并不需要延迟到枚举类型声明分析完成。因此，在枚举类型声明中，前部说明的枚举常量可以直接作为后续枚举常量声明中整型常量表达式的操作数，这主要应用于说明那些不连续的枚举常量列表，如程序 7－9 所示。

程序 7－9

```
1       enum Nation
2       {
3           //亚洲
4           Asia = 0,
5           China,
6           Korea,
7           Thailand,
8           Malaysia,
9           ...
10          //欧洲
11          Europe = Asia + 100,
12          France,
13          Germany,
14          Italy,
15          Switzerland,
16          Britain,
```

```
17          …
18          //北美洲
19          North_America = Europe + 100,
20          America,
21          Canada,
22          …
23      };
```

程序 7 - 9 是一个典型的例子。假设需要为国家或者地区进行编码,这通常是严肃而神圣的。在大多数情况下,这种编码一经确定是不允许更改的。出于可维护性考虑,习惯将属于同一大洲的国家连续编码。但问题在于,软件设计初期是无法预测未来世界格局的变化,唯一可行的办法就是为每个大洲预留一片充足的编码空间,便于后续扩展。在这种情况下,直接引用前面已声明的枚举常量描述后续的常量表达式是一种非常有效的方式。

最后,需要特别说明的是,由于 C 语言标准允许同一类型内若干枚举常量对应相同的整数值,因此编译器只负责检查该数据值是否与 int 类型兼容,并不关注枚举常量的定义是否存在"重叠"取值。不过,良好的编程风格提倡枚举常量应该是有实际含义的标识符,并且同一枚举类型中不应该存在多个枚举常量的取值相同的情况。

7.2.2　枚举运算

在 C 语言中,枚举类型与整数类型并不存在明显差异,编译器内部都将其实现为 int 类型,但结合嵌入式应用需求,HRCC 将枚举类型实现为 unsigned char 类型。理论上,所有 int 类型数据允许的上下文环境都适用于枚举常量及枚举类型的值,并不需要额外的显式类型转换。尽管如此,但从实际应用的角度来说,枚举类型的合理运算只有两类:赋值运算、判等运算,如程序 7 - 10 所示。

程序 7 - 10

```
1       enum Color
2       {
3           red,
4           green,
5           blue,
6           yellow,
7           white,
8       };
9       enum Color apple;
10      void main()
11      {
12          if (apple != red)
13          {
```

```
14              apple = red;
15          }
16      }
```

在某些特殊应用中,对枚举类型值或对象实施关系运算也可能是合理的,如程序 7 - 11 所示。

程序 7 - 11

```
1       enum Nation mm;                        //枚举类型 Nation 详见程序 7 - 9
2       ...
3       if(mm > = Asia && mm < Europe)         //判断 mm 是否为亚洲国家
```

除了以上几种运算之外,读者应该杜绝其他运算直接作用于枚举类型值或对象,例如,算术运算、逻辑运算等。虽然枚举常量的内部表示是有序的整数,但基于枚举类型进行算术运算显然是不合适的。假设存在充分的理由,必须对枚举类型数据实施那些不合适的运算,强烈建议显式转换为 int 类型后进行,尽管标准 C 对此并没有严格要求。

第 **8** 章

指 针

在汇编语言盛行的年代,用户对计算机的物理存储空间有绝对的控制权,CPU提供的丰富寻址方式几乎可以满足任何独特的需求。但随着程序设计方法学的发展,这种"控制权"正在悄然发生变化。结构化程序设计并不提倡让用户直接管理内存空间,而是将该"管理权"授予了高级语言及编译器,以保证用户程序安全可靠。许多高级语言使用"变量"的概念对物理存储单元进行包装。虽然这种包装并不算是一种非常完美的逻辑概念,因为它并没有真正意义上屏蔽"存与取"两种操作,但至少将"地址"的概念淡化了。

正当结构化程序设计思想不断发展之际,人们似乎发现自己与物理存储空间渐行渐远并非如理想中的那样完美,原本那些极其便利的操作变得繁复且效率低下。在安全与效率之间,人们不得不探索一种更合适的方案,这就是"指针类型"的起源。最先引入指针类型的高级语言是 PL/I,PL/I 的指针与 C 语言非常类似,允许指针指向程序中任何变量及堆上动态创建的对象。这种非常灵活的指针操作一度令初学者难以驾驭,关于指针安全性的争议也由此产生。不过,无论争议与否,必须承认,"指针类型"将"存储空间地址"的概念包装到数据类型中的设计理念对现代程序设计语言的发展是具有里程碑意义的。

8.1 指针概述

8.1.1 指针概念

指针(pointer)是一种用于描述存储空间地址的数据类型。指针类型变量的取值范围是由有效的存储空间地址和一个特殊的空值(NULL)组成。在 C 语言中,指针类型属于标量类型,适用于标量类型的运算,也适用于指针类型。

有效存储空间,完全是由程序语言或编译器设计者定义的,并不是泛指有效的物理存储空间。通过定义"有效存储空间"的概念,可以一定程度上限制指针的"权力",以获得更安全可靠的表现。例如,在 C 语言中,右值对象同样需要存储在物理内存中,但 C 语言标准并不允许指针指向右值对象。因此,指针的有效存储空间通常是实际物理存储空间的子集。

空值，C语言使用"NULL"表示空值，它不一定是真正意义上的数值0，而是一种用于标识指针未指向任何存储单元的状态标记。通常，C语言标准将空值定义数值0，故也称为**零值**。

值得注意的是，不要认为"指针"与"地址"是相同的概念，甚至有些书籍中也有类似描述，但这是一种误区。从程序语言设计的角度来说，虽然指针变量内部存储的实际数据通常就是地址，但作为一种数据类型，高级语言赋予了指针一些特殊的运算或操作，对指针变量内部存储数据的解释则完全依赖于不同操作的实现。相比之下，汇编语言是一种无类型的低级语言，内存地址与普通数值本质并没有太多差异，关于地址的特殊运算操作更无从谈起。从实际应用的角度来说，指针变量存储的数据（地址）几乎很少被问津，用户更多关注的是该指针所引用的对象。为了便于读者理解，本书将使用箭头描述指针变量及其引用对象的联系，而不只是简单地描述其内部存储的地址数据，如图8-1所示。ptr是一个指针变量，其引用的对象是变量k。

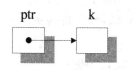

图8-1 指针变量引用示意

8.1.2 指针声明

指针变量声明：

引用类型 ＊ 类型限定符列表$_{opt}$ 指针变量名

引用类型（referenced type），就是指针指向对象的数据类型。通常，引用类型是指示编译器如何解释、应用被引用对象的关键信息。例如，int ＊ ptr；即表示声明了一个指向int类型对象的指针变量ptr，通过ptr引用的对象默认就是int类型。在C语言中，任何合法的数据类型都可以作为指针的引用类型，包括指针类型、数组类型在内。

在指针变量声明中，星号之前（包含星号）的部分称为**指针类型声明**，主要用于描述指针引用类型的。而**类型限定符列表及指针变量名**则作用于描述指针变量的。关于"类型限定符"的话题，将在后续章节中详解。这里，读者只需要了解星号之后的类型限定符是作用于指针变量而不是指针引用类型的即可。

8.1.3 基本运算

C语言指针的两种最常用的运算：取地址运算、间接访问运算。前者用于创建一个指针值，后者是对指针进行解除引用（也被简称为"解引用"），以访问它所指向的左值对象。这两种运算是互逆操作。实际上，除了这两种基本运算之外，指针还支持赋值、加法、减法、增值、减值、关系、判等、逻辑与、逻辑或等运算，笔者将本章后续小节中详述。

取地址运算

取地址运算符(address operator)是一个单目运算符,其求值结果为指向操作数对象的指针值。**取地址表达式**(address expression)则是由取地址运算符与一个左值表达式组成,其一般形式如下:

&. 表达式

取地址运算的操作数必须是函数指示符或某一左值对象。如果运算的操作数类型为 T,则运算的结果类型为指向 T 的指针类型,但运算结果不再是左值。

如图 8 - 2 所示,将变量 j 的地址赋给指针 ptr,即表示指针 ptr 的引用对象为 j。注意,对变量 j 进行取地址运算并不影响变量 j 本身的数据,只是将绑定两者的引用关系。

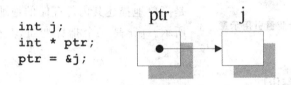

```
int j;
int * ptr;
ptr = &j;
```

图 8 - 2 取地址运算示意

间接访问运算

间接访问运算符(indirection operator)是一个单目运算符,其求值结果为指针所引用对象的左值。**间接访问表达式**(indirection expression)则是由间接访问运算符与一个指针类型表达式组成,其一般形式如下:

* 表达式

间接访问运算的操作数必须是指针。如果运算的操作数类型为指向 T 的指针类型,则运算的结果类型为 T,其运算结果为左值。间接访问运算与取地址运算为互逆操作,表达式 * &p 结果与 p 是相同的。

如图 8 - 3 所示,由于 ptr 与 j 缔结了引用关系,故 * ptr 即为 j 的别名,* ptr 不仅拥有和 j 同样的取值,而且对 * ptr 的赋值也会影响 j。

值得注意的是,如果试图对一个未初始化或者取值为"空值"的指针变量进行间接访问,其运算结果是未知的,严重的情况可能导致程序崩溃。

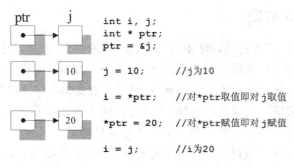

图 8-3　间接访问运算示意

8.1.4　通用指针

　　引用类型是指针有别于地址的一个重要标志,也是编译器处理指针访问的重要依据。理论上,不同引用类型的指针具有完全独立的语义,彼此没有联系,基于它们的运算行为也是各异的。事实上,这并不是绝对的,在某些特殊应用中,不同引用类型指针之间的类型转换是必要的。不过,由于不同引用类型指针的内部数据表示形式可能是不同的,因此指针之间的类型转换并不一定是安全的。为了解决这一问题,C 语言提出了"通用指针"的概念,假设任何引用类型的指针与通用指针之间的转换都是安全的。

　　早期 C 语言并没有真正意义的通用指针,而是使用 char ＊ 类型替代。但使用char ＊ 类型作为通用指针并不是最佳方案,由于编译器无法区分通用指针与真正的char ＊ 类型,故无法针对通用指针进行更多的有效检查。

　　标准 C 引入了 void ＊ 类型,用于表示通用指针。在 C 语言中,void 是一种特殊的数据类型,尽管它不包含任何值或操作,却经常用于描述一些特殊事物属性。与其他数据类型不同,void 类型不能作为有效的变量类型,但 void 类型可以作为指针的引用类型,即 void ＊ 类型。为了与传统 C 语言兼容,虽然 void ＊ 类型的表示形式与char ＊ 相同,但对于编译器而言,它们却是完全不同的概念。通常,void ＊ 类型的指针只能用作类型转换,不能进行间接访问或者下标访问。同样,void ＊ 的指针参与算术运算、关系运算也是非法的。

8.2　指针与数组

　　到目前为止,可能很少有读者会将"指针"与"数组"这两个差异明显的概念联系起来,但在 C 语言中一切皆有可能。如果说指针是 C 语言的精髓,那么本小节所涉及的内容将是指针的精髓。

8.2.1 现象与本质

在数组章节中,笔者已经详细阐述了"选择器"的概念,并且讨论了基于选择器计算数组元素物理地址的问题。对于数组下标访问形式而言,无论选择器的取值如何,最终都可以求值得到相应元素的物理地址,只不过有些是在编译时刻完成,有些则是需要在运行时刻完成。提及物理地址,读者是否联想到其在 C 语言中的另一种表现形式——指针。至少当年 C 语言设计者应该是这样想的。

数组与指针是高级语言中两种常用的语法机制,如果能够在语言层次上实现统一,将是令人兴奋的。与许多高级语言不同,C 语言给出了一个相对完美的方案,就是使用指针作为数组选择器的内部实现。也就是说,无论数组选择器的描述形式如何,编译器都将其统一实现为指针的运算。因此,理解指针和数组之间的关联对于熟练掌握 C 语言是非常关键的。深刻理解了事物的本质之后,一切表象似乎都不再重要。理论上,任何形式的数组选择器都可以用等价的指针表达式描述,并且不会因此而造成效率损失。

8.2.2 指针的算术运算

当指针指向了某个数组元素时,由于数组元素本身是存在位置关系的,基于数组讨论指针的算术运算都变得比较合理了。

如图 8-4 所示,初始时,指针变量 ptr 指向数组 aa 的第 3 个元素,注意,取地址运算符 & 比下标运算符的优先级低,因此 &aa[3] 即表示取数组 aa 第 3 个元素的地址。然后,ptr=ptr+4 即表示将 ptr 指针后移 4 个单元,即指向 aa[7] 元素。令指针指向的某一数组元素并无特殊之处,但将指针与算术运算结合演化出另一种数组元素的选择器是非常"奇妙"的。

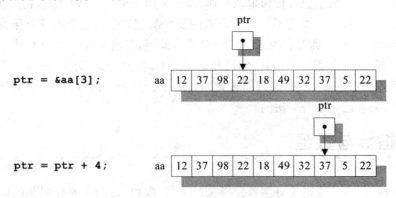

图 8-4 指针算术运算示意

C 语言支持 3 种基于指针的算术运算:指针与整数相加、指针与整数相减、指针与指针相减。

指针与整数相加

当指针 p 与整数 k 相加时,假设 p 所指向的对象位于一个数组内,或是数组最后一个对象之后的那个位置,则 p+k 的运算结果是一个与 p 类型相同的指针,该指针引用的是 p 所指向对象向后 k 个位置的对象。例如,p+1 的运算结果是引用 p 所指向对象之后的那个对象。同理,当 k 为负整数时,p+k 的运算结果则是引用 p 所指向对象向前(−k)个位置对象的指针。

如图 8−5 所示,假设数组 aa 的起始物理地址为 0x1000,该程序段执行完后,指针 p1 指向 aa[2]元素,aa[2]元素的物理地址为 0x1004。而表达式 p1+3 的结果是 0x1004+3 * sizeof(int),即为 0x100A。因此,指针 p2 内部实际存储数据为 0x100A,即表示引用 aa[5]元素。

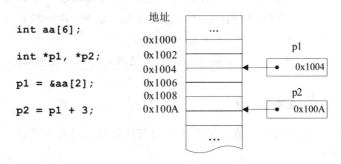

图 8−5 指针与整数相加实例

指针与整数相减

当指针 p 与整数 k 相减时,假设 p 所指向的对象位于一个数组内,或是数组最后一个对象之后的那个位置,则 p−k 的运算结果是一个与 p 类型相同的指针,该指针引用的是 p 所指向对象向前 k 个位置的对象。例如,p−1 的运算结果是引用 p 所指向对象之前的那个对象。同理,当 k 为负整数时,p−k 的运算结果则是引用 p 所指向对象向后(−k)个位置对象的指针。

指针与指针相减

如果指针 p 与 q 都引用同一个数组内的对象,则 p−q 的运算结果 k 表示两个所引用对象之间的位置差。也就是说,k 是 p、q 两个指针所引用对象的下标之差。q+k 的结果必须为 p。

如图 8−6 所示,假设数组 aa 的起始物理地址为 0x1000,指针 p1 指向 aa[1]元素,指针 p2 指向 aa[4]元素,则 p1−p2 的运算结果为(0x1003−0x100B)/sizeof(float)=−3。注意,HRCC 的 float 类型的长度为 3。

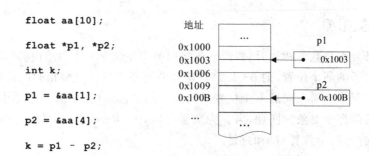

图 8-6 指针与指针相减实例

特别注意

在 C 语言的算术运算中,作为操作数的指针只有指向数组中的某一元素或者数组最后一个元素之后的那个位置才是有意义的。否则,基于指针进行的算术运算行为是未定义的,但 C 编译器并不会报告错误。

另外,将函数指针及 void * 类型作为算术运算的操作数是非法的。

8.2.3 指针的其他运算

除了算术运算之外,基于数组讨论指针的其他运算也是有意义,例如,关系运算、判等运算、逻辑运算等。

指针关系运算

如果指针 p、q 指向同一数组时,基于 p、q 的关系运算结果依赖于 p、q 所引用对象的相对位置关系。也就是说,p、q 的关系运算实际上就是 p、q 所引用对象位置的关系运算。C 语言支持的关系运算包括:<=(小等于)、<(小于)、>=(大等于)、>(大于)。关系运算规定两个操作数同为指向同一数组的指针。在这种情况下,"大于"则意味着"在数组中具有更后的索引位置"。

注意,不要将"指针的关系运算"简单理解为指针内部存储数据的关系比较。虽然,在大多数情况下,它们运算结果相同,但这并不是绝对的。

指针判等运算

C 语言支持的判等运算包括:==(相等)、!=(不相等),这两种运算也可以应用于指针。与关系运算不同,指针判等运算并不严格要求指针操作数必须指向数组的某一元素或者数组最后一个元素之后的位置。根据 C 语言规定,判等运算允许的操作数类别包括:

(1)两个操作数可以都是算术类型;

(2)两个操作数可以是指向兼容类型的指针,任何类型的指针与 void * 类型兼容；

（3）一个操作数是指针，另一个操作数是"空值"（NULL）常量。

如果两个操作数都是指针，那么，当满足如下条件时，可判定为它们是相等的：

（1）两个指针指向同一个对象或函数；

（2）两个指针都是"空值"指针；

（3）两个指针都是指向同一个数组对象的最后一个元素之后的那个位置。

注意，以上是判定两个指针操作数相等的充分条件，但并不是必要条件。实际上，由于指针判等运算对操作数类别的限制较弱，除了规范的应用之外，还有部分的操作行为是由编译器定义的。通常，对于大多数编译器设计者而言，处理那些需要由"实现定义"的指针判等行为的最简单方案就是判定指针内部存储的数据是否相等。因此，在某些特殊情景下，指针内部存储的数据是相等的并不表示它们就是指向同一个对象或函数。

指针增值、减值运算

由于指针类型属于标量类型，增值、减值运算也适用于指针类型操作数。对于指针来说，增值、减值运算就是将指针从当前所指向的对象前进或后退一步。从指向数组元素的角度理解，"前进一步"就是把指针移动到数组中的下一个元素的位置，"后退一步"就是把指针移动到数组中的前一个元素的位置。

增值、减值运算的结果不是左值，但并不影响基于该运算结果进行间接访问操作，例如：

如图 8 - 7 所示，这是比较常见的表达式。注意，后缀增值（减值）运算的优先级高于间接访问（单目运算），故该表达式中的增值运算是针对 ptr，而不是 ptr 所引用对象内的值（即 * ptr）。

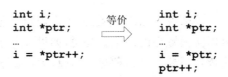

图 8 - 7　增值运算示例

如果是前缀增值（减值）运算，则运算过程与表达式形式有关。例如，* ＋＋ptr 与 ＋＋ * ptr 的运算结果是不同的。由于前缀增值运算与间接访问都属于单目运算，C 语言规定单目运算是从右向左结合，即更接近于操作数的运算符优先级更高，故前者的增值运算是作用于指针 ptr，而后者的增值运算是作用于 * ptr。为了帮助读者更深刻地理解增值运算与间接访问运算相结合的含义，笔者再列举一些实例，如表 8 - 1 所列。

表 8-1 增值运算与间接访问运算相结合的实例

表达式	含 义
＊ptr＋＋或 ＊(ptr＋＋)	表达式的求值结果为 ＊ptr,然后再完成 ptr 自增 1
(＊ptr)＋＋	表达式的求值结果为 ＊ptr,然后再完成 ＊ptr 自增 1
＊＋＋ptr 或 ＊(＋＋ptr)	先完成 ptr 自增 1,然后再完成表达式的求值,求值结果为 ＊ptr
＋＋＊ptr 或＋＋(＊ptr)	先完成 ＊ptr 自增 1,然后再完成表达式的求值,求值结果为 ＊ptr

最后,再来看看关于"有副作用的左值表达式"的话题。在本章之前,读者所涉及的有副作用的表达式都不是左值,但"指针"改变了这一切。例如,＊ptr＋＋就是一个有副作用的左值表达式。通常情况下,左值表达式是否有副作用并不是非常重要,但在某些特殊场合,可能会产生歧义。例如,在"复合赋值"相关章节中,笔者曾经强调 v＋＝e 与 v＝v＋e 并不是完全等价的,原因在于如果 v 表达式是有副作用的左值表达式,v 表达式只求值 1 次。例如,＊ptr＋＋＋＝2 计算完成后,指针 ptr 只后移一步,而不是后移两步。当然,良好的编程风格应该尽量避免这种"模糊"的描述。

指针下标运算

当指针 p 指向一个数组时,C 语言支持通过 p 的下标运算实现对数组元素的访问。根据 C 语言的定义,下标运算的表达式 $e_1[e_2]$ 将被转换为 $*((e_1)+(e_2))$,其运算结果是左值。由于间接访问的操作数必须是一个指针,因此,其中的加法操作是指针算术运算,也就是 e_1、e_2 必须满足一个是指针操作数,另一个是整数操作数。习惯上,e_1 是一个指针,而 e_2 是一个整数操作数。例如,p[3]将被转换为 ＊(p＋3)。与数组下标运算类似,编译器不会对指针下标运算进行边界检查,越界访问的风险依然存在。

注意,对于表达式 $e_1[e_2]$来说,C 语言并没有严格规定 e_1 必须是指针,而 e_2 必须是整数操作数,两者是可以交换顺序的。也就是说,如果 p 是指针,则 p[2]与 2[p]是等价的。不过,强烈建议读者不要尝试这种写法,它将大大影响程序的可读性。

指针其他运算

由于指针是标量类型,因此所有适用于标量类型的运算都适用于指针,例如,逻辑运算、条件运算等。在相关表达式中,当指针作为标量类型操作数参与运算时,其操作数的求值结果就是指针内部存储的数据值,也就是所引用对象的地址或空值。

理解"引用"机制

在程序语言领域,关于"指针安全性"的争议由来已久,其影响力完全可以与goto语句媲美。如果说goto语句拓宽了可以被执行的下一条语句的范围,那么指针则是拓宽了一个变量可以引用存储空间的范围,它们对结构化程序设计的破坏力几乎是相等的。1973年,Hoare提出了关于指针最严厉的批评:将指针加入高级语言是人类无法挽回的退步。

为了解决传统指针的安全性问题,C#、Java等语言引入了"引用"机制。但不知出于何种原因,有些书籍将引用类型变量描述为是变量的别名,并强调其本身并不占用任何存储空间。殊不知,这个观点存在严重误导。

事实上,引用的本质就是一种受限的指针,只不过是程序语言对其进行了适当包装,使其语法看起来与传统指针类型大相径庭。根据之前所述,尽管指针与地址存在本质差异,但指针类型的原始设计似乎并没有完全摆脱内存地址属性的束缚。从那些高级语言基于指针施加的运算来看,应该不难得出这个结果。因为它们大多数最终仍然是以内存地址属性为基础的,例如,指针的关系运算、算术运算等。

与指针不同,引用机制则期待从语言层次上彻底隐藏了内存地址的概念,其主要特性包括:

(1)引用变量只允许与内存中实际的对象与值进行绑定;

(2)引用变量与实际对象之间仅允许存在一次绑定,且绑定关系确立后不允许改变;

(3)所有施加于引用变量的运算将直接作用于其绑定的实际对象;

(4)语言不支持基于引用类型本身的运算;

(5)不允许用户借助于引用机制直接参与堆区管理,例如,存储块的分配与回收等;

(6)引用的解除绑定操作通常是由语言隐式完成的。

从目前来说,引用的确是一种非常有效的语言特性,它既可以为用户提供便利的间接数据访问方式,又有效地解决了传统指针的安全性问题。

8.2.4 指针访问数组

由于数组元素选择器的内部实现就是指针,因此通过指针直接访问数组元素是完全可行的。通常,将指针指向数组的某一元素,结合指针的算术运算实现前后移动,再通过间接访问运算处理数组中元素,如程序8-1所示。

程序8-1

```
1       int aa[10] = {88,43,54,65,76,3,34,11,56,99};
2       int sum = 0;
```

```
3        void main()
4        {
5            int * ptr = &aa[0];           //令 ptr 指向数组 aa 的第 0 个元素
6            //当 ptr 指向数组 aa 的最后一个元素之后的位置时,循环结束
7            while (ptr != &aa[10])
8                sum += * ptr ++ ;
9        }
```

注意,指针 ptr 的起始位置与结束位置。在下标运算中,试图使用 aa[10]访问数组元素是绝对错误的,但仅用于获取 aa 数组的最后一个元素之后的位置(地址)是允许的,也是安全的。

数组名的特殊功能

从之前例子可知,对于一维数组来说,通过对数组第 0 个元素取地址以获取指向该数组首地址的方式是可行的。由于"T 类型的数组"与"指向 T 类型的指针"之间存在密切的联系,为了方便应用,C 语言赋予数组名一个"特殊"的功用。如果标识符 p 是 T 类型数组的名字,则当 p 出现在表达式中时,其值即被转换为一个类型为 T * 的指针值,该指针值指向数组的第 0 个元素。特别注意,p 是一个指针值,而不是指针变量。例如,将上例中 ptr=&aa[0] 改为 ptr=aa 是合法的。

仔细思考下标运算的概念后,不难发现,数组下标运算与指针下标运算在此得到了统一。从下标运算的特性可知,由于下标运算是指针算术运算与间接访问的结合,如果指针操作数类型为 T *,则运算结果的类型应该为 T。例如,已知数组定义为 int p[10],根据数组名的特性,则 p 的类型为 int *,而 p[2] 的结果类型为 int。

再来看看二维数组的情况。例如,已知二维数组定义为 int p[3][4],那么,标识符 p 所表示的指针值的类型是什么呢? 可能会理所当然认为就是 int *,但事实并非如此。在二维数组中,一般需要通过二次下标运算才能选取一个数组元素,例如 p[n][m]。如果 p 的类型是 int *,则进行一次下标运算后的结果类型即为 int,而 int 类型是标量类型,无法对其施加第二次下标运算,在这种情况下,表达式 p[n][m] 将是非法的。由此可知,p 的类型必定不是 int *。

考虑二维数组与一维数组的关系,可以将二维数组 p 的类型理解为两个一维数组类型的复合,即 p 是一个类型为 T 的一维数组,其长度为 3。而类型 T 则表示一个类型为 int 的一维数组类型,其长度为 4。那么,依据一维数组名的特性,数组名 p 是一个类型为 T * 的指针值,而 T 则表示 int 的一维数组类型。习惯上,将 p 的类型记作"int (*)[4]"。

由此可知,数组名 p 对应的指针值所引用对象是 T 类型的一维数组的第 0 个元素,该元素应该是由 p[0][0]、p[0][1]、p[0][3]组成的一维数组,可以记作"p[0]数组"。虽然 p[0]数组的首地址与 p[0][0]元素的首地址相同,但它们却不是一个概念。

指针与数组的关系

严格来说,C语言并没有针对数组的特定运算,而是将数组名视为一个特殊的指针值,相关运算则统一由指针实现。这里,将讨论如何从指针的角度理解数组元素的选择器。

已知二维数组定义 T P[M][N],其中 M、N 为整型常数,P 作为指针值,其类型为 T $(*)$[N],则下标运算 P[S_1][S_2]可转换为等价的指针运算 $*(*(P+S_1)+S_2)$,如图 8-8 所示。

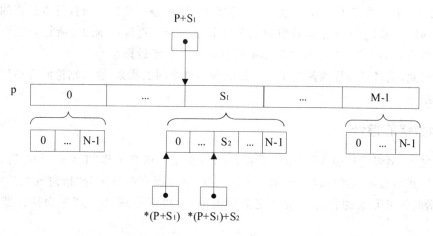

图 8-8 二维数组与指针的关系

在图 8-8 中,关键需要理解的就是 $*(P+S_1)$ 的含义。已知 p 的类型为 T $(*)$[N],则 $P+S_1$ 指针指向的是 P[S_1]数组,那么 $*(P+S_1)$ 表示选取 P[S_1]数组。注意,$P+S_1$ 与 $*(P+S_1)$ 的实际内部存储数值是相同的,但两者的类型是不同的,前者的类型是 T $(*)$[N],后者的类型是 T[N]。然后,再进行 $*(P+S_1)+S_2$ 的求值。根据数组的特性,由于 $*(P+S_1)$ 是数组 T[N],在算术运算中,其类型可转换为 T $*$。最后基于 T $*$ 类型进行算术运算,即获得一个 T $*$ 类型的指针。

值得注意的是,在某些情况下,虽然 T[N]类型的数组可以转换为 T $*$ 的指针进行运算,但必须严格遵守 C 语言标准,因为这种转换并非都是正确的。

由于存在 T[N]数组与 T $*$ 指针的联系,某些读者可能会联想到 T[M][N]数组与 T $* *$ 指针是否也存在类似联系。答案是否定的,如程序 8-2 所示。

程序 8-2

```
1       int aa[2][3] = {1,2,3,4,5,6};
2       int sum = 0;
3       void main()
4       {
```

```
5          int * * ptr = aa;
6          int i,j;
7          for (i = 0; i < 2; i ++)
8              for(j = 0; j < 3;j ++)
9                  sum += ptr[i][j];
10     }
```

程序 8-2 的预期是通过 ptr 指针依次访问二维数组 aa 中的所有元素,但实际运行可能出现异常,其主要原因在于混淆了 T（*）[N]类型与 T * * 类型的差异。假设 P1、P2 分别为 T（*）[N]及 T * * 类型的指针,基于它们的指针算术运算的结果是不同的。因为 P1 所指向数组的元素大小为 sizeof(T[N]),而 P2 所指向数组的元素大小为 sizeof(T*),这将直接影响后续的指针算术运算。

至此,笔者已经详细阐述了二维数组与指针之间的联系,这些结论同样适用于多维数组。

指向数组的指针

之前,笔者已经引入了"指向数组的指针类型",通常记作"T（*）[N]"。本节将介绍指向数组的指针及其应用。注意,有些书籍没有严格区分"指向数组的指针"与"指向数组元素的指针",这是完全错误的,不可以使用"简称"作为掩饰错误的理由。

指向数组的指针声明:

数组元素的类型 （* 指针变量名）[数组长度]

例如,float（*p）[5] 表示声明一个指向 float[5]类型的数组的指针变量 p。同理,int（*p）[3][5] 表示声明一个指向 int[3][5]类型的数组的指针变量 p。关于指向数组的指针的应用,如程序 8-3 所示。

程序 8-3

```
1      int aa[2][3] = {1,2,3,4,5,6};
2      int sum = 0;
3      void main()
4      {
5          int （* ptr）[3] = aa;
6          int i,j;
7          for (i = 0; i < 2; i ++)
8              for(j = 0; j < 3;j ++)
9                  sum += ptr[i][j];
10     }
```

8.2.5 程序实例

当 C 语言设计者将"指针"与"数组"联系在一起时,很多"奇妙"的事情发生了,原本清晰的概念变得模糊,面对那些熟悉而陌生的程序,一声惊叹可能是唯一的选择。对于初学者来说,如果尚未完理解本节所讲述内容,导读建议如下:

(1) 深刻掌握指针及其引用类型的概念;

(2) 理解各种运算的类型变化,这是本节的核心;

(3) 理解数组名与指针的联系;

(4) 通过指针访问数组的方式。

实例:合并有序数组

问题描述:已知两个有序数组 a 和 b,试编写程序将其合并为一个有序数组。例如,数组 a 为{1 ,3,8,12,55},数组 b 为{2,7,18,22,35},则合并后的数组 c 为{1,2,3,7,8,12,18,22,35,55}。

程序 8 - 4

```
1      int a[5] = {1 ,3,8,12,55};           //源有序数组 1
2      int b[5] = {2,7,18,22,35};           //源有序数组 2
3      int c[10];                           //合并结果数组
4      void combine()
5      {
6          int * p = a;                      //指向 a 数组首元素
7          int * q = b;                      //指向 b 数组首元素
8          int * r = c;                      //指向 c 数组首元素
9          //遍历 a、b 数组
10         for (; p < a + 5 && q < b + 5;)
11         {
12             //选择较小的数据存储到 c 数组中
13             if ( * p < * q)
14                 * r ++ = * p ++ ;
15             else
16                 * r ++ = * q ++ ;
17         }
18         //如果 a 数组尚有元素未处理,则将其直接写入 c 数组
19         while (p < a + 5)
20             * r ++ = * p ++ ;
21         //如果 b 数组尚有元素未处理,则将其直接写入 c 数组
22         while (q < b + 5)
23             * r ++ = * q ++ ;
```

东软载波单片机应用 C 程序设计

```
24          }
```

如程序 8-4 所示,有序数组的合并是相对比较容易的,与之前"多项式加法"的实现原理基本相同,不再详述。

实例:删除多余的重复元素

问题描述:已知存在一个有序数组序列,其中存在若干重复元素,试编写程序删除数组中的多余元素,并返回删除完成后序列中剩余元素的个数。例如,原始数组为 {1,2,5,5,6,10,15,22,22,22,56},则删除重复元素后的数组为 {1,2,5,6,10,15,22,26}。

程序 8-5

```
1       int data[20] = {1,2,5,5,6,10,15,22,22,22,56};
2       /* 删除有序数组中多余的重复元素,返回值为删除完成后序列中剩余元素的个数 */
3       int remove_elements()
4       {
5           int * p, * q, * r;
6           int c;                      //统计相同元素个数
7           int n = 11;                 //有效元素为 11 个
8           //遍历数组 data 中的每个元素
9           for (p = data; p < data + n; p++)
10          {
11              q = p + 1;
12              c = 0;
13              //由于 data 为有序序列,因此相同元素必定相邻。
14              while ( * q == * p && q < data + n)
15              {
16                  q++ ,c++ ;
17              }
18              if (q <= data + n)
19              {
20                  //删除 c 个元素
21                  for (r = p + 1; q < data + n; r++ ,q++ )
22                  {
23                      * r = * q;
24                  }
25                  n -= c;             //元素总数减少 c 个
26              }
27          }
28          return n;
29      }
```

程序 8-5 主要涉及顺序线性序列的遍历与删除操作的实现,这是数组与指针的最基本应用。注意,顺序线性序列的元素删除操作,其实就是将后续元素覆盖待删除的元素或区域,完成后并修改序列的有效数据长度即可。

实例:幻方生成 *

问题描述:幻方(magic square)是一种流传已久关于数字排列的趣题,就是把若干连续数字放置到正方形格子中,使每行、列和对角线上的数字之和都相等。在古代,幻方作为一种数字游戏,广为流传于宫廷、官府与学堂,亦被称为九宫格、纵横图等。宋代数学家杨辉关于构造 3 阶幻方的问题就早有论述:九子斜排,上下对易,左右相更,四维挺出,载九履一,左三右七,二四为肩,六八为足。3 阶幻方就是指将数字 1~9 放置到 3×3 的正方形格子中,使所有行、列、对角线上数字之和都等于 15,如图 8-9 所示。试编写程序实现 n 阶(n≤50)幻方的生成。

图 8-9 3 阶幻方

算法实现:根据组合数学研究,n 阶幻方的构造问题可分为三种情况考虑:n 为奇数、n 整除 4、n 为不能整除 4 的偶数。

当 n 为奇数时,构造过程如下:

(1) 把数字 1 放在正中间格的下方格子;

(2) 把数字 2 放在数字 1 的斜行右下格(行数、列数均加 1),依此类推。即把数字 i 放在数字 i-1 的斜行右下格;

(3) 当数字 i-1 能整除 n 时,则将数字 i 放在数字 i-1 所在格子的正下方的第 2 格(行数增 2,列数不变);

(4) 根据以上步骤,如果行或列超出 n 时,则将该值对 n 取模。

详细的算法实现如程序 8-6 所示。

程序 8-6

```
1       /* 当 n 为奇数,构造 n 阶幻方 */
2       void odd(int n, int (*ptr)[MAXSIZE])
3       {
4           int x, y, i;
5           //设置起始格的行列下标:x,y
6           x = (n + 1)/2 + 1;              //待填数格的行号
7           y = (n + 1)/2;                  //待填数格的列号
8           //分别将 n*n 个数字填入 n 阶幻方
9           for (i = 1; i <= n * n; i++)
10          {
11              ptr[x][y] = i;
12              //如果 i 能整除 n,则下次填数格的行号增加 2
```

```
13              if ( i % n == 0)
14                  x = x + 2;
15              else
16              {
17                  //如果 i 不能整除 n,则下次填数格为当前格子的斜行右下格
18                  x ++ ;
19                  y ++ ;
20              }
21              //如果行列号超过 n,则对 n 取模
22              if ( x > n)
23                  x = x % n;
24              if ( y > n)
25                  y = y % n;
26          }
27      }
```

当 n 整除 4 时,构造过程如下:

(1) 将所有待填的数字以降序排列,并按照行从上到下、列从左至右的顺序分别填入幻方;

(2) 把完整幻方中所有 4×4 的子方阵的两条对角线位置上的数字固定;

(3) 其他未固定的数字关于幻方中心进行对称交换,就是把元素 aa(x,y)与元素 aa(n+1-x,n+1-y)的值交换。

图 8 - 10 是 4 阶幻方的构造过程,最终结果的行、列、对角线上数字的和都为 34。详细的算法实现如程序 8 - 7 所示。

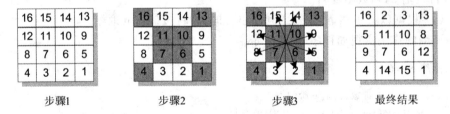

步骤1   步骤2   步骤3   最终结果

图 8 - 10　4 阶幻方的构造过程

程序 8 - 7

```
1       /* 当 n 为 4 的倍数,构造 n 阶幻方 */
2       void even1(int n,int ( * ptr)[MAXSIZE])
3       {
4           int c = n * n;          //待填数字
5           int x,y;                //待填格的行列号
6           //循环填写数字
7           for (x = 1; x < = n; x ++ )
```

```
8              for (y = 1; y <= n; y++)
9              {
10                     //判断待填写的格子是否位于对角线上
11                     if ((x - y) % 4 == 0
12                         || (x + y - 1) % 4 == 0)
13                     {
14                            //填写对角线上的数字
15                            ptr[x][y] = c;
16                     }
17                     else
18                     {
19                            //不是对角线上的格子,则填写 n*n+1-c
20                            ptr[x][y] = n * n + 1 - c;
21                     }
22                     c--;
23              }
24      }
```

为了提高程序的执行效率,程序 8－7 将步骤 2、3 合并在一起完成。从图 8－10 不难看出,步骤 3 交换的结果其实与按升序次序填入该格子的数字是一致的。例如,在升序次序填入(1,2)格的数字就是 2,而填入(3,4)格的数字就是 12。依此规律,对于非对角线上的格子,填入的数字应该为 n＊n+1－c。

当 n 为不能整除 4 的偶数时,构造过程如下:

(1) 由于 n 是不能整除 4 的偶数,必定可表示为 4m＋2 形式,其中,m＝[n/4]。将 4m＋2 阶幻方分解为 4 个奇数阶的子幻方,即 4 个 2m＋1 阶幻方。

(2) 将数字 $1 \sim n^2$ 等分为 4 部分,每部分拥有 $n^2/4$ 个数字。依据方法 1 分别为每个子幻方填数。设 $v = n^2/4$,左上方的子幻方填入数字为 $1 \sim v$,右下方的子幻方填入数字为 $v+1 \sim 2v$,右上方的子幻方填入数字为 $2v+1 \sim 3v$,左下方的子幻方填入数字为 $3v+1 \sim 4v$。

(3) 设 p＝n/2,q＝(n+2)/4,依据以下规则交换元素:

(a) 将 aa(i,j) 与 aa(i+p,j) 交换(j<q 或 j>n−q+2,1≤i≤p);

(b) 将 aa(q,1) 与 aa(p+q,1) 交换;

(c) 将 aa(q,q) 与 aa(p+q,q) 交换。

如图 8－11 所示,这是一个 6 阶幻方的构造过程。

程序 8－8

```
1       /* 当偶数 n 不为 4 的倍数,构造 n 阶幻方 */
2       void even2(int n, int (*ptr)[MAXSIZE])
3       {
4              int m = n/2;                        //n = 2m + 2;
```

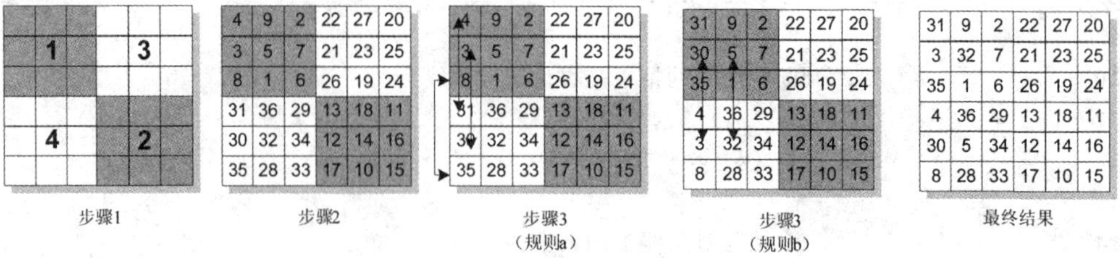

步骤1　　　　步骤2　　　　步骤3　　　　步骤3　　　　最终结果
　　　　　　　　　　　　（规则a）　　　（规则b）

图 8-11　6 阶幻方的构造过程

```
5           int v = m * m;                    //每个子幻方需要填写的数字个数
6           int i,j;                          //循环变量
7           int y = (m + 1)/2;                //待填写的格子的列下标
8           int x = y + 1;                    //待填写的格子的行下标
9           int p = n/2;
10          int q = (n + 2)/4;
11          int temp;
12          //循环填写数字,生成规则与n为奇数的情况类似
13          for (i = 1; i < = v; i + + )
14          {
15              ptr[x][y] = i;                //填写第1个子幻方
16              ptr[x + m][y + m] = i + v;    //填写第2个子幻方
17              ptr[x][y + m] = i + 2 * v;    //填写第3个子幻方
18              ptr[x + m][y] = i + 3 * v;    //填写第4个子幻方
19              if (i % m == 0)
20                  x = x + 2;
21              else
22              {
23                  x + + ;
24                  y + + ;
25              }
26              if (x>m)
27                  x = x % m;
28              if (y>m)
29                  y = y % m;
30          }
31          //根据步骤3(a)交换数据
32          for (i = 1; i < = m; i + + )
33          {
34              for (j = 1; j < = n; j + + )
35              {
36                  if (j < q || j>n - q + 2)
37                  {
```

```
38                temp = ptr[i][j];
39                ptr[i][j] = ptr[i + p][j];
40                ptr[i + p][j] = temp;
41            }
42          }
43        }
44        //根据步骤 3(b)交换数据
45        temp = ptr[q][1];
46        ptr[q][1] = ptr[p + q][1];
47        ptr[p + q][1] = temp;
48        //根据步骤 3(c)交换数据
49        temp = ptr[q][q];
50        ptr[q][q] = ptr[p + q][q];
51        ptr[p + q][q] = temp;
52    }
```

尽管幻方源自于一种数字排列游戏,但"幻方问题"却早已成为了数学的研究课题。13 世纪,南宋数学家杨辉最早开始对幻方进行系统研究。流传到欧洲之后,幻方问题更引起了欧拉、费尔玛等著名数学家的浓厚兴趣。1977 年,4 阶幻方还被作为人类的特殊语言由旅行者号飞船载入太空。目前,关于幻方的理论研究主要集中于组合数学,有兴趣的读者可以参考相关书籍。

8.3　指针与结构

与数组名字不同,结构变量的名字并没有"特殊"的功能,仅用于引用变量对象,因此指针与结构的关系相对比较简单。不过,这丝毫不影响本节的重要性。在实际程序设计中,将结构与指针完美结合,设计出优雅而高效的数据结构,可以大大提升软件的品质。

程序 8－9

```
1     struct Complex             //复数结构类型
2     {
3         float real;            //实部
4         float j;               //虚部
5     };
6     struct Complex opd1,opd2;
7     struct Complex * ptr;
8     void main()
9     {
10        ptr = &opd1;
```

```
11          ( * ptr).real = 12.3;
12          ( * ptr).j = 3.3;
13
14          ptr = &opd2;
15          ptr - ＞real = 26.2;
16          ptr - ＞j = 2.9;
17      }
```

从程序 8 - 9 不难发现,与其他引用类型的指针类似,使用间接引用运算可以引用指针所指向的结构对象,再通过直接成员选择访问对象中的成员,如程序 8 - 9 第 11～12 行所示。注意,由于直接成员选择运算是后缀运算,其优先级比间接引用运算高,因此必须添加括号提升间接引用运算优先级。显然,当结构类型比较复杂时,不得不书写更多的括号与星号。为了简化表达式描述,C 语言引入了一种新的运算符——**间接成员选择**,记作"－＞"。间接成员选择属于后缀运算,使用方法与直接成员访问类似,只不过其左操作数类型必须是指向结构或联合的指针,如程序 8 - 9 第 15～16 行所示。按照 C 语言的定义,表达式 s—＞name 与(* s).name 的行为是精确等价的,其运算结果的类型与直接成员选择完全一致。

不完整类型

理论上,结构成员可以是任何数据类型,但有一种情况例外,如下所示:

```
struct StruV1
{
    float i;
    struct StruV1 j;
};
```

以上声明是非法的,因为成员 j 引用了自身所属的 StruV1 结构类型,包括 C 语言在内的绝大多数高级语言都不支持这种声明。

从编译器实现的角度理解,C 编译器是自上向下对源程序文本进行逐行分析,因此变量、类型、函数等都必须遵循"先声明,后使用"的原则。对于变量声明来说,编译器分析完一个变量声明后,必须准确获得其所需的存储空间大小,并将相关信息记录到符号表中,以便后续进行存储分配及代码生成。除了 C99 的"灵活数组成员"等特殊语法之外,如果针对一个具体变量声明,从源程序开始到该变量声明处为止,尚无法准确获得其所需存储空间大小,则该声明将被视为非法的。同理,该规定也适用于结构的成员。如果善用这种方式解读 C 语言的一些"奇怪"声明,可能就不必困惑于那些难以描述与记忆的语言规则。例如,读者不妨思考,为什么 C 语言只允许包含初始化列表的多维数组声明的第 1 维可以省略长度说明。(提示:可以从多维数组与一维数组的关系思考)

不过,在实际程序设计中,结构成员引用自身类型的实例却是比较常见的应用,但实现上又受限于C语言的语法机制,解决该矛盾的最佳方案就是指针。原因比较简单,对于高级语言来说,指针类型的对象所占据的存储空间是固定的,通常是依赖于目标机的字长,有时也依赖于语言标准,但不依赖于其引用类型。因此,C语言规定结构可以包含指向自身的实例的指针为成员,例如:

```
struct StruV2
{
    float i;
    struct StruV2 * j;
};
```

在StruV2结构类型声明中,j成员是指向自身所属的StruV2结构的指针,这是合法的C语言声明。在C语言指针声明中,允许指针类型通过名字引用当前还未定义或者还未完整定义的类型,通常称为**不完整类型引用**。对于这类指针来说,在涉及引用类型信息的访问操作前,所引用的类型必须定义完整,如程序8-10所示。

程序8-10

```
1       struct Complex * ptr;
2       void main()
3       {
4           ...
5           ptr - >real = 23.3;
6           ptr - >j = 3.2;
7           ...
8       }
9       struct Complex          //复数结构类型
10      {
11          float real;         //实部
12          float j             //虚部
13      };
```

程序8-10第1行的指针声明是合法的,但第5~6行对指针的引用是非法的,因为在此之前并没有出现Complex结构的完整声明。对于编译器处理来说,由于在分析第5行代码之前无法准确获悉Complex结构的成员信息,故无法进行后续语义检查与代码生成。

同样,指针也可以指向联合,其访问方式与结构类似,不再详述。仅从语言的角度来说,指针与结构似乎是两个孤立的语言机制,读者可能很难想象它们的完美结合将对程序设计的发展产生深远的影响。

东软载波单片机应用C程序设计

东软载波单片机应用C程序设计

8.4 动态存储分配

简言之,**存储分配**(memory allocation)就是管理、维护物理存储空间的一种软件机制,其目标是借助某些策略及算法尽可能高效地利用存储资源。在汇编语言时代,如何合理、灵活地使用有限的存储资源是每位开发人员必须面对的问题。当然,随着各种高级语言的诞生与发展,现实正在发生变化,一些曾经不可或缺的面向硬件的处理行为都被完美地包装成高级语言的逻辑概念,"存储分配"就是一个经典的实例。在高级语言编程中,很少有用户会深入了解变量的分配、回收策略,更多接触的是"变量生存期"的概念,因为其内部实现是编译器设计者才需要关注的。

根据分配时刻不同,存储分配可分为两类:静态存储分配、动态存储分配。

在 C 语言中,静态存储分配主要包括全局变量的存储区域、局部变量的分配与回收、函数代码段的存储区域等。这些工作都是由 C 编译器完成的,除特殊情况之外,不需要也不允许用户参与。

动态存储分配是由用户程序在执行过程中完成的,其分配、维护、回收等行为都是由用户程序显式调用 C 语言标准库函数实现的。

8.4.1 运行时环境

在编译技术中,将程序执行过程中的物理存储布局称为**运行时环境**(runtime environment)。在高级语言中,一个完整的程序运行时环境包括:代码区、静态数据区、栈区、堆区,如图 8 - 12 所示。

代码区(code section)是用于存放程序可执行代码的存储空间。

静态数据区(static data section)是用于分配全局、静态数据对象的存储空间。

栈区(stack section)是用于分配局部数据对象的存储空间。

堆区(heap section)是属于动态分配的存储空间。

代码区、静态数据区、栈区的布局分配是在编译过程中由编译器完成的。其中,代码区与静态数据区的存储布局是编译时确定的。而栈区的存储布局将随着程序执行而发生变化,其分配与回收不需要用户关注。

图 8 - 12 运行时环境

堆区的情况则稍有不同。在程序加载时,将向系统申请一段物理存储空间用于映射堆区。用户程序则通过运行时支持库提供的系统调用请求、释放堆区内的资源。在程序执行期间,所有申请得到的存储资源都必须由用户程序显式释放,系统不会自动回收。直到程序执行结束后,堆区的物理存储空间才被统一释放。

8.4.2　动态分配与释放

在实际编程中,许多处理都需要动态行为的支持,例如,人员信息表等。与早期语言不同,动态存储分配机制已经成为现代程序设计语言必不可少的语言元素。C语言支持的动态分配机制是结构化程序语言时代最常见的方式,与操作系统堆区管理的模式基本一致。对于拥有操作系统支持的平台,只是将操作系统的 API 调用封装到标准库函数中提供给用户程序使用即可。例如,在 Windows 平台上,可调用操作系统提供的 HeapAlloc、HeapFree 等 API,C 编译器或运行时支持库不再需要进行额外的管理与维护。对于没有操作系统的平台,则需要运行时支持库模拟实现堆区管理的相关库函数即可。C 语言标准支持 4 个动态存储分配的库函数,如表 8 - 2所列。

表 8 - 2　动态存储分配相关库函数

函数声明	描述
void * malloc(size_t size);	分配内存块,但是不初始化
void * calloc(size_t eit_count, size_t eit_size);	分配内存块,并进行清除
void * realloc(void * ptr, size_t size);	调整先前分配的内存块
void free(void * ptr);	释放指定内存块

注意,C 语言标准规定 size_t 必须是一个无符号类型的类型别名,具体类型由编译器根据目标机架构确定,通常定义为 unsigned int。

malloc 函数

函数原型:void * malloc(size_t size);

malloc 函数是最常用的内存块分配函数,用于分配一块指定大小的内存块。输入参数 size 即表示需要申请的内存块大小,返回结果即为指向分配获得内存块的指针,该指针类型是 void * ,也就是 C 语言的通用指针,函数调用者可通过类型转换实现将通用指针转换为实际需要的指针类型。如果由于某些特殊原因导致分配失败,函数将返回空值 NULL。如果申请的内存块大小为 0,标准 C 规定其返回值为NULL 或者一个指向无法访问对象的指针。值得注意的是,malloc 函数不会对分配的内存块进行初始化。对于有存储对齐要求的目标机来说,malloc 函数会为每块分配的内存块进行对齐,函数调用者不需要关注。

calloc 函数

函数原型:void * calloc(size_t eit_count,size_t eit_size);

calloc 函数用于分配一块指定大小的内存块,该内存块足以存储一个元素数量为 eit_count,每个元素的长度为 eit_size 的数组。函数会自动将这块内存区域的数据清为 0。该函数的返回结果即为指向分配获得内存块的指针,返回类型是 void *。如果分配失败或 eit_count、eit_size 为 0,则返回值与 malloc 相同。

realloc 函数

函数原型:void * realloc(void * ptr,size_t size);

realloc 函数用于调整先前分配的一块内存块的大小。输入参数 ptr 即指向先前分配的内存块,注意,ptr 指向的内存块必须从标准存储分配函数获得的,也就是说,该内存块必须位于堆区内。参数 size 表示调整的目标大小。这个函数是在保留原始内存块数据的情况下更改其大小。函数优先考虑对先前分配的内存块向后扩展,如果扩展失败,可能会重新分配一个内存块,并将原始数据复制到新的存储区域。在分配完成后,函数返回指向该内存块(可能是重新分配的内存块)的指针,其返回类型是 void *。如果分配失败,返回结果为 NULL,原始内存区域不会改变。如果 ptr 为 NULL,则该函数的行为与 malloc 一致。C 语言没有规定参数 size 必须大于原始内存块的大小,如果前者小于后者,则原始内存块的尾部截去。如果前者大于后者,函数不会为新增空间初始化。如果函数返回结果与输入参数 ptr 不一致,说明函数为该请求重新分配了一个内存块,C 语言假定原始内存块已释放,用户不应该继续使用 ptr 指针。

free 函数

函数原型:void free(void * ptr);

free 函数用于释放以前由标准存储分配函数所分配的内存块。输入参数 ptr 即指向待释放的内存块。如果 ptr 为 NULL,则调用 free 函数的行为不会产生任何影响。当调用 free 函数释放了 ptr 指向的内存块后,即表示该指针所引用的对象已不存在。习惯上,将这种引用对象已不存在的指针称为“悬空指针”,也称为“野指针”。试图通过“悬空指针”引用对象是非法的,其行为结果未知。

8.4.3　堆区管理

在嵌入式开发应用中,堆区的管理工作可能稍显复杂。由于存储资源有限,某些嵌入式系统并不具备真正意义的操作系统或者只包括了简单的实时控制系统,堆区管理工作更多时候需要由运行时支持库或用户程序实现。通常,堆区管理主要包括:物理存储区映射、存储块的分配与回收。

物理存储区映射

简言之,就是收集与分配堆区的物理存储区映射。在支持操作系统的运行环境中,物理存储区的映射通常是由操作系统完成的。如图 8 - 12 所示,在程序运行时,栈区、堆区都是动态变化的,增长的极限直到将空闲区域耗尽。但在某些嵌入式系统中,这种情况则可能稍有差异。由于存储资源及目标机架构所限,HRCC 的存储分配是静态完成的,堆的映射亦是如此,支持通过 set_heap 函数指定堆区的物理存储区,其函数原型如下:

函数原型:unsigned char set_heap(void * ptr,size_t size)

在 set_heap 函数中,输入参数 ptr 即为指向堆区的物理存储区的指针,参数 size 则为该存储区的大小。在 HRCC 中,通常使用一个或多个全局数组作为堆区的存储区域。函数返回值则是标识堆区的物理存储区映射状态,0 表示未映射,1 表示已映射。如果 ptr 为 NULL,则该函数返回的是堆区当前的物理存储区映射状态。根据 HRCC 规定,在进行动态存储分配操作之前,必须保证堆区的物理存储区映射已完成,否则相关操作都将失败。HRCC 允许在用户程序中为堆区进行多次映射,其结果则是以最新一次映射操作为准,如程序 8 - 11 所示。

程序 8 - 11

```
1        #include "memory.h"
2        unsigned char heap[100];
3        int * ptr;
4        void main()
5        {
6            ...
7            set_heap(heap);          //堆区的物理存储区映射
8            ptr = malloc(10);        //申请内存块
9            ...
10       }
```

存储块的分配与回收

关于存储块的分配与回收,在操作系统学科中有专门的研究,常见的策略包括:固定分区、动态分区、伙伴系统等。这些话题都超出了本书主题范围,有兴趣的读者可参考相关文献及资源。HRCC 的存储块分配与回收工作是由运行时库完成的,其算法主要采用了动态分区策略,并结合 HR7P 系列单片机作了适当改进。

墓碑法

悬空指针与内存泄漏是动态存储分配中两个最恶名昭著的错误。人们在享受动态分配机制灵活与便利的同时,显然不愿意为其安全性买单。因此,在过去几十年中,人们不断探索寻求有效的解决方案,其中最主要研究成果包括:墓碑法、垃圾回收等。

墓碑法(tombstone)是现存关于悬空指针问题的推荐解决方法,其主要思想是在每个堆区的动态变量中加入一个特殊的"墓碑"单元,用于在用户指针与实际动态变量之间建立一条中间访问通道。简言之,就是用户指针指向墓碑,而墓碑才是一个指向实际动态变量的指针,如下所示:

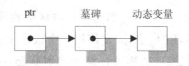

当动态变量被释放时,墓碑保留但其指针值被置为空,即表示动态变量已经释放。这种方法可以有效解决悬空指针问题,但其实现代价也是相当可观的。首先,由于墓碑本身不会被释放,因此其所占内存也无法被回收。其次,额外增加的一次间接寻址访问将对系统运行效率产生影响。鉴于以上原因,墓碑法主要停留于算法理论研究阶段,并没有被真正广泛应用于程序语言中。

当然,解决悬空指针最好的方法就是不让用户负责动态变量的释放。这也就是C#、Java等引入"引用机制"的主要动机。

8.4.4 悬空指针

悬空指针是引用了已被释放的动态对象的指针。由于堆内的存储空间是循环利用的,也就是说,一旦某个内存块被释放,则它将作为空闲块重新参与分配,因此悬空指针引用的存储空间可能是未定义。从安全性的角度来说,引用悬空指针将可能产生以下危害:

(1)悬空指针指向的内存空间参与重新分配后,其可能引用了重新创建的对象或其中一部分。由于类型检查等原因,这种引用可能导致程序异常;

(2)悬空指针访问重新创建的对象的行为是不受控的,既违背了程序的逻辑,更可能导致数据异常修改。

为了有效地解决悬空指针的问题,及时使用"解除"操作是比较合理的,即对悬空指针显式赋值NULL,解除其与原始对象的引用关系。不过,实际情况却比较复杂,有时,悬空指针相关的错误并不是那样显而易见的,如程序8-12所示。

程序 8 - 12

```
1       int * p1, * p2;
2       void main()
3       {
4           ...
5           p1 = malloc(10);            //申请内存块
6           p2 = p1;
7           ...
8           free(p1);                   //释放内存块
9           p1 = NULL;                  //解除 p1,但造成了 p2 成为悬空指针
10      }
```

从程序 8 - 12 不难发现,由于赋值运算等操作,可能导致多个指针引用同一块动态内存,当通过其中一个指针释放空间后,即使对其进行显式解除,但仍无法保证程序中其他指针是安全的。在大型软件开发中,这情景将变得异常复杂,很多时候开发人员根本无法察觉。

8.4.5　内存泄漏

由于用户程序没有释放某些不再被访问的动态分配的存储空间,可能导致它们在失去使用价值后仍然有效,无法参与重新分配,以至于存储资源丢失。习惯上,将这类对象或存储空间称为"垃圾"。在实际编程中,有一种情况经常发生,如程序 8 - 13 所示。

程序 8 - 13

```
1       int * p1;
2       void main()
3       {
4           ...
5           p1 = malloc(10);
6           p1 = malloc(20);
7           ...
8       }
```

在程序 8 - 13 中,由于 p1 在指向第二次动态分配获得的存储区域时,没有及时释放本身指向的存储区域,以至于第一次分配得到的存储区域既不能访问,也不能释放,这种情况通常被称为**内存泄漏**。

与悬空指针的情况相反,偶尔发生的内存泄漏并不会造成数据访问异常,也不会对程序逻辑造成恶劣影响,但严重的内存泄漏将导致存储资源耗尽,甚至于程序崩溃。

垃圾回收

垃圾回收(garbage collection)是目前最有效的内存泄漏问题的解决方案,其基本思想是通过计算每个动态分配对象的可达性,确定哪些内存块已经"死亡",并由系统自动回收。垃圾回收最早出现在 1958 年的 Lisp 语言中,后来被广泛应用于 Java、C♯、Perl、ML、Smalltalk 等。这里,介绍一种最简单的实现机制——引用计数垃圾回收器,简言之,就是为每个动态对象设置一个引用计数器,并在程序执行过程动态维护,其策略大致如下:

(1) 对象分配:新对象的引用计数值为 1;

(2) 参数传递:被传递给一个函数的每个对象的引用计数值自增 1;

(3) 引用赋值:对于 u=v 的情况,u 指向对象的计数值自减 1,v 指向对象的计数值自增 1;

(4) 函数返回:该函数所有的局部指针变量指向的对象的引用计数值自减 1;

(5) 对象死亡处理:当一个对象的引用计数变成 0 时,必须将该对象中各个指针所指向对象的引用计数值都自减 1。

引用计数器机制是一种积极的垃圾回收策略,当一个对象的引用计数变成 0 时,则表示该对象已经不可达,系统即可将其回收。不过,引用计数策略并不如预期的那样完善,其主要缺点在于它无法回收不可达的循环引用的数据结构,就是指该对象中存在直接或间接对自身的引用。在这种情况下,即使对象本身已经"死亡",由于其引用计数永远无法变成 0,将失去被系统回收的机会。在现代编译技术中,垃圾回收已经成为了重要的研究方向之一,不乏相关理论及技术的资源。当然,除了实现策略之外,回收效率也是相关研究所关注的。

8.5 字符串

字符串常量是置于一对引号内的一串字符或符号。根据 C 语言规定,一对双引号之间的任何内容都将被解析为字符串常量的数据,包括特殊字符、嵌入的空格以及转义字符。例如,

"C programming language"

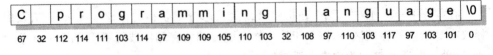

C		p	r	o	g	r	a	m	m	i	n	g		l	a	n	g	u	a	g	e	\0
67	32	112	114	111	103	114	97	109	109	105	110	103	32	108	97	110	103	117	97	103	101	0

图 8-13 字符串常量示意

字符串常量中的每个字符在计算机中的表示都是 **ASCII 编码**。例如,空格的 ASCII 编码即为 32。ASCII 编码是字符在计算机中的存储编码,标准的 ASCII 编码

集收录 127 个常用字符,包括 26 个英语字母的大小写形式、10 个数字、若干不可打印的控制字符以及一些可打印特殊字符,参见附件 B。在图 8-13 中,每个字符下方的十进制数值即为该数据的 ASCII 编码,也是该字符在字符串常量中的实际存储数值。在 C 语言中,在字符串中表示不可见字符的主要方式就是使用转义字符,读者可参见"表达式"章节的相关内容。

在早期 C 语言中,所有字符数据都是以 ASCII 编码形式存储的。但随着计算机应用全球化,ASCII 编码已经无法满足多国语言文字表示的需求了,在过去的几十年中,人们在字符编码领域的研究可谓"硕果累累",提出了不胜枚举的字符编码集,例如,BIG5、GB2312、GBK、Unicode 等等。不过,令人遗憾的是,至今仍然没有形成一个真正意义的全球化的字符编码集。尽管 C89 标准引入了宽字符和宽字符串的概念,也就是使用多个字节存储一个字符的编码。一个宽字符占用 2 个字节,所采用的字符集称为扩展字符集(extended character set)。但由于种种原因,并非所有支持 C89 标准的编译器厂商都实现了宽字符,尤其是对于英语国家来说,它们大多不需扩展字符集的支持。同样,对于嵌入式应用来说,几乎很难涉及多国文字处理,因此 HRCC 并不支持宽字符和宽字符串类型。

8.5.1 字符串存储

在绝大多数程序语言中,字符串都是以特定的字符编码存储于一块顺序存储空间内。其存储形式与普通的数组比较类似,但又有所不同。不同之处在于,字符串还有一个重要的属性需要描述,即字符串长度。对于这个属性,各种语言的设计不尽相同。例如,有些语言借用第 1 个存储空间记录字符串长度,而另外某些语言则是通过设置结束符标识。

在 C 语言中,字符串通常是以 ASCII 编码形式存储于一块顺序存储空间内,并且在字符串末尾使用字符'\0'作为结束符,通常将该字符称为"字符串结束符",如图 8-13所示。特别注意,字符'\0'与字符'0'有本质区别,前者表示 ASCII 编码为 0 的字符,而后者的 ASCII 编码则为 48。换言之,长度为 n(n≥0)的字符串至少需要 n+1 个字符类型的数组元素存储。通常,不包含任何字符的字符串,即长度为 0 的字符串称为"空字符串"。在 C 语言中,空字符串仍然需要占用一个字节的存储空间用于存储字符串结束符。

在字符串处理中,有个非常重要的概念必须解释,即字符串长度。**字符串长度**(string length)是指不包括字符串结束符的有效字符个数,并不关注每个字符编码需要占用的存储空间。例如,以宽字符编码存储字符串"c programming language",该字符串长度仍然是 22,并不因为其中每个字符需占用 2 个字节的存储空间而改变。注意,字符串常量中空格都是有效字符。

8.5.2　字符串变量

与许多语言提供专门的字符串类型(即 string 类型)不同,C 语言并没有真正意义上的字符串类型,而是借助于字符类型的一维数组进行变通处理。因此,其声明形式与字符类型的一维数组是完全一致的,一般形式如下:

char 变量名[长度$_{opt}$];

注意,声明中的数组长度是指该字符串类型变量的容量,换言之,就是该字符串变量允许存储的字符串的最大长度加 1,因为字符串长度是不包括字符串结束符的。例如,char str[10];,则表示 str 变量允许存储的最长字符串为 9 个字符。字符串变量的容量只是用于限制允许存储的字符串的最大长度,对于字符串变量的操作而言,更多则是以字符串结束符辨识实际存储字符串的长度。

8.5.3　字符串的基本操作

客观地说,借助于字符类型的一维数组进行字符串处理对于 C 语言及编译器的设计比较简单,但对于开发人员则比较复杂。首先,辨别字符串的长度以及处理字符串结束符等都是极易出错的操作。其次,开发人员还需要关注字符串相关存储空间的维护。甚至还包括字符串与其他数据类型的转换。反正 C 语言将本应由语言或编译器设计者关心的绝大多数问题都向用户开放了。对于有经验的开发人员,或许可以利用这些内核实现,设计出高效的个性化操作。但对于普通用户而言,无疑增加了应用难度。为了便于读者了解字符串处理的相关技巧,下面,将介绍一些最基本操作的实现。

字符串初始化

一般形式如下:

char 变量名[长度$_{opt}$]=字符串常量;

从一般形式不难发现,字符串变量的初始化其实就是字符类型一维数组初始化的一种变体,只不过其初始化值是字符串常量。与一维数组初始化类似,字符串变量声明中包括初始化值时,可以省略数组长度说明。但两者不同之处在于,用于存储字符串的数组的长度是字符串常量的长度加 1,因为在字符串末尾需要添加一个字符串结束符。例如,

```
char str[] = "hello,world.";
char str[] = {'h','e','l','l','o',',','w','o','r','l','d','.','\0'};
```

以上两个声明的语义是完整等价的,只是前者看起来更直观而已。

字符串长度

　　字符串长度就是指字符串中不包括字符串结束符的有效字符个数。正如之前所述,在 C 语言中,计算字符串长度的唯一依据就是字符串结束符,换言之,就是从字符串起始位置开始,逐一判定并统计有效字符个数,直至字符串结束符为止,如程序 8 - 14 所示。

　　程序 8 - 14

```
1        unsigned int strlen(char * s)
2        {
3            char * cp;
4            cp = s;
5            while( * cp ++ )
6                continue;
7            return cp - s - 1;
8        }
```

字符串复制

　　在 C 语言中,由于字符串的内核实现形式就是数组,试图使用赋值运算实现简单形式的字符串赋值是不可能的。例如,

```
str1 = "hello,world.";
str1 = str2;
```

　　如果 str1 与 str2 都是字符串变量,则以上两种赋值都是非法的。在 C 语言中,通常借助于函数实现字符串复制操作,如程序 8 - 15 所示。

　　程序 8 - 15

```
1        char * strcpy(char * s1,const char * s2)
2        {
3            char * cp;
4            cp = s1;
5            while( * s2)
6                * cp ++ = * s2 ++ ;
7            * cp = '\0';
8            return s1;
9        }
```

　　strcpy 函数有两个形式参数,s1 为目标字符串变量,s2 为源字符串变量,该函数的功能就是将 s2 复制到 s1 中,而返回值为 s1。注意,该函数不考虑 s1 字符串变量的容量是否可以容纳 s2 中所存储的字符串,这需要由"使用者"保证。

字符串比较

简言之,字符串比较就是确定两个字符串的大小关系。其实,讨论字符串的"大小关系"并不算是非常奇怪的,因为现实生活中的字符串的确是存在大小关系的,这是符合人们预期的。例如,英语单词在字典中的排列顺序。

在大多数情况下,人们将字符串的比较定义为基于它们字符编码的比较,简言之,就是从第 1 个字符开始依次比较字符串中对应位置的字符的编码值,以确定两个字符串的大小关系。如果两个字符串的每个对应位置的字符编码值都相等,且它们的长度也相同,则可判定它们是相等的。否则,根据第 1 对不相等的字符关系,确定两个字符串的大小关系。将第 1 对不相等的字符的编码值相减,如果差值为负数,则表示第 2 个字符串较大;如果差值为正数,则表示第 1 个字符串较大。例如,"abcd"与"abed"相比较,第 1 个不相等的字符对为 'c' 与 'e',根据 ASCII 字符集,由于 'c' 的编码值小于 'e',因此两个字符串将被判定为小于关系。

显然,直接基于字符串变量使用关系(判等)运算实现字符串比较是不可行的,由于它们都将被转换为相应的指针关系(判等)运算,并没有涉及字符串变量内部数据的比较,因此并不是用户所期待的。字符串比较函数的实现如程序 8-16 所示。

程序 8-16

```
1      int strcmp(char * s1,char * s2)
2      {
3          signed char r;
4          while(! (r = (unsigned char) * s1 - (unsigned char) * s2 ++) && * s1 ++)
5              continue;
6          return r;
7      }
```

这是最常见的字符串比较方式。不过,这种方式存在一个弊端,就是可能导致同一字符串因为大小写形式不同而影响大小关系。由于字母大小写的形式在 ASCII 字符集中的编码值是不同的,大写字母的编码值从 65 开始,而小写字母的编码值从 97 开始,如果严格按照编码值比较的规则,同样的字符串则可能因为大小写形式而影响排列次序,例如,"china"与"China"。在英语词典中,为了保证拼写相同的单词(大小形式可能不同)尽量集中,通常采用大小写不敏感的字符串比较策略。换言之,就是在逐一比较每个字符时,为了忽略字母大小写差异带来的影响,将它们统一转换为大写字母或小写字母后再进行比较,如程序 8-17 所示。

程序 8-17

```
1      //将字母的 ASCII 编码值转为相应的大写形式
2      char toupper(int c)
```

```
3          {
4              if((char)c < = 'z' && (char)c > = 'a')
5                  c & = ~('a' - 'A') & 0xFF;
6              return (char)c;
7          }
8      int stricmp(char * s1,char * s2)
9          {
10             signed char r;
11
12             while(! (r = toupper( * s1) - toupper( * s2 + + )) && * s1 + + )
13                 continue;
14             return r;
15         }
```

字符串连接

字符串连接就是将两个字符串连接形成一个新字符串。假设有两个字符串变量 s1、s2,字符串连接的功能就是将 s2 字符串的内容追加到 s1 字符串尾部,并将 s1 作为函数返回值。原来用于标识 s1 字符串的结束字符 '\0' 被 s2 的字符所覆盖,并在最后添加一个新的字符串结束符。这个函数假设 s1 字符串变量的容量是足够容纳两个字符串,不考虑需要重新申请存储空间的情况。字符串连接函数的实现如程序 8 - 18 所示。

程序 8 - 18

```
1      char * strcat(char * s1,char * s2)
2          {
3              char * cp = s1;
4              while( * cp)
5                  cp + + ;
6              while( * cp + + = * s2 + + )
7                  continue;
8              return s1;
9          }
```

以上所提及的字符串操作都已经作为 C 语言的标准库函数提供给用户,用户程序只需包含 string.h 文件后,即可调用相关功能的函数,并不需要重新实现。从学习的角度来说,阅读理解库函数的实现对熟悉字符串处理的相关技巧是有非常积极的作用。

第 **9** 章

函 数

　　一般来说,程序设计语言都包含两个基本层次的抽象,即"过程抽象"与"数据抽象",这并不会因为语言范型不同而改变。在程序语言发展历程中,过程抽象一直是程序设计语言的核心概念,这也是本章所讨论的重点。

　　"过程抽象"一词是由现代程序语言所提出的,但这种思想的起源可追溯到 19 世纪 40 年代甚至更早。1833 年,第一台可编程计算机 Analytical Engine(分析引擎)就支持在一个程序中的不同位置重复使用指令卡片序列的功能,这可能是现代"过程"的最早期原型。从程序设计的观点来说,过程抽象不仅可以减少存储空间的耗费,减轻编程工作量,也增强了程序的可读性、可维护性。从学术领域而言,这种通过展示程序基本逻辑结构而隐藏实现细节的设计理念对现代程序设计方法学及程序语言的发展都起到了至关重要的作用。

　　相比之下,"数据抽象"的重要性直到 20 世纪 80 年代才开始真正被人们所关注的,但却被誉为是近 50 年程序设计方法学研究中最具深远意义的核心理念之一。简言之,数据抽象就是将一个特定数据类型的描述与关于该类型的操作封装打包,这也是面向对象程序设计的核心观点之一。在数据抽象中,"操作"仍然是它的核心部分,因此数据抽象与过程抽象并不是完全孤立的,两者的发展是互相作用与影响的。由于"数据抽象"已经超出本书所涉及范围,不再详述,有兴趣的读者可参考面向对象程序设计的相关资料。

9.1 引 例

　　函数(function)就是一个包含若干语句的复合语句块,其他程序可以通过特定方式调用执行该语句块。与 C 语言最原始的定义相比,现代 C 语言中函数的形式与描述都变得越来越复杂。C89、C99 标准对函数的声明定义形式、参数信息、参数传递规则等都做了更合理的定义。不过,更多的"由实现定义"规则完全依赖于编译器设计。在实际程序设计中,某些关于函数定义、调用的细节问题都可能给程序移植带来烦恼。因此,建议读者严格遵守 C 语言相关标准并仔细阅读编译器用户手册,避免使用一些非标准语法。下面,通过一个简单的例子说明函数的基本构成形式,如程序 9-1 所示。

程序 9 - 1

```
1        float average(float x,float y)                //函数定义
2        {
3              return (x + y)/2;
4        }
5        float result = 0.0;
6        void main()
7        {
8              result = average (19.33,30.56);          //函数调用
9        }
```

程序 9 - 1 包含两个函数：main、average。其中，average 函数用于对两个 float 类型数据求平均值。一个完整的函数定义由以下几部分组成：

函数名（function name），是每个函数所拥有的特殊标识，例如，average、main 等。

返回类型（return type），用于描述每次调用该函数后所返回数据的类型，该说明信息位于函数名之前，例如，第 1 行行首的 float 即为 average 函数的返回类型。

形式参数（parameter），简称"形参"，位于函数名之后一对小括号内。形式参数列表用于描述该函数的参数信息。例如，average 函数拥有 2 个形式参数，其名字分别为 x、y，它们的数据类型都是 float。形式参数列表可以为空，即表示该函数不需要外部传递参数，但不允许省略用于包含形式参数列表的小括号。

函数体（body），用于描述函数的执行部分，函数体必须位于一对大括号内。如果一个函数定义没有包含任何实际执行语句，通常被称为**空函数**（empty function）。定义、调用空函数都是合法的，不会引发任何程序异常。不过，值得注意的是，即使是空函数定义，用于标识函数体的大括号也不可省略。

除了函数定义之外，还需引入一个重要的概念——**函数调用**（call），有时亦可称为"激活"。在一次完整的函数调用中，需要提供两部分信息：被调用的函数名、实际参数（argument）列表。如程序 9 - 1 第 8 行所示，该函数调用传入的实际参数分别为 19.35、30.56。

最后，简单讨论下 return 语句的基本用法。return 语句，即函数返回语句。当程序执行到 return 语句处，函数将直接返回，不再执行该函数后续程序。return 语句中的表达式求值的结果将作为该函数的返回值。如程序 9 - 1 第 3 行，表达式 (x + y)/2 的求值结果即为函数的返回值。关于 return 语句的详细内容，稍后详述。

9.2 函数定义

9.2.1 定义位置

在详细讨论函数定义之前,必须明确函数定义的合法位置。C语言规定,函数定义只能出现在C程序源文件或翻译单元的顶层。也就是说,试图把一个函数定义在另一个函数的函数体内或者某个全局符号声明内部都是非法的,如程序9-2所示:

程序 9-2

```
1       float sub(float x,float y)          //函数定义
2       {
3           int add(int p,int q)            //非法定义,add 函数不允许定义在 sub 函数体内部
4           {
5               return p + q;
6           }
7           return x - y;
8       }
```

翻译单元(translation unit),就是编译器一次编译完成的单位。与其他语言编译器不同,C编译器一次只针对项目中的一个C程序源文件进行编译,并生成相应的目标文件(如 *.obj)。经过多次C编译后,再由链接器将项目中所有目标文件链接成一个可执行程序(如 *.exe)。因此C语言的翻译单元通常就是C程序源文件。在现代C编译器设计中,为了追求更高的编译效率,其过程可能稍有不同,但并不影响"翻译单元"的概念。

9.2.2 基本形式

函数定义的通用形式如下:

返回类型$_{opt}$ *函数名*（*形式参数列表*$_{opt}$）
｛
    声明$_{opt}$
    语句$_{opt}$
｝

值得注意的是,这里描述的只是函数定义的一种通用形式,并不是C语言标准中定义的一般形式。关于函数定义的一般形式,请读者参考附录A。

嵌套子程序

形如程序 9-2 的函数定义,通常称为"嵌套函数",其他语言则将其称为"嵌套子程序"。嵌套子程序的概念最早源于 Algol60 语言,其设计动机就是提供一种既有逻辑性又有作用域的过程抽象方式。与变量作用域类似,子程序只允许在定义的作用域范围内被访问与调用,其他形式的访问都是非法的。从某种程度来说,嵌套子程序推进了基于高度结构化方法的子程序授权访问,但并没有得到广泛的支持与认可,普遍的观点认为:这种机制的存在并不会给程序设计带来太多的便利,但却影响了程序编译与执行效率。在此后的很长一段时期内,仅有那些 Algol60 语言的发展者支持嵌套子程序机制,如 Pascal、Ada、Algol68 等。

客观来说,嵌套子程序的动机是先进的,但设计机制却是值得商榷的。直到 1980 年,面向对象程序设计概念的全面发展才从根本上解决了子程序的授权访问。不过,近几年来,这种机制似乎得到了一些动态类型语言的青睐,如 JavaScript、Python、Ruby 等。相比静态编译型语言的实现,它对动态类型语言尤其是解释性语言的影响几乎可以忽略不计。

9.2.3 程序实例

实例:数字黑洞

问题描述:在一次偶然的研究中,前苏联数学家卡布列克(Kaprekar)发现一个有趣的数字现象。任意一个由不同数字组成的四位数都满足如下规律:

(1) 将 4 位数 m 的 4 位数字由大到小排列构成的最大的 4 位数 p;

(2) 将 4 位数 m 的 4 位数字由小到大排列构成的最小的 4 位数 q;

(3) 求最大的 4 位数 p 与最小的 4 位数 q 的差,得到一个新的 4 位数 s(高位零需要保留);

(4) 将新的 4 位数 s 作为 m,再重复以上过程,最后必将得到结果数值为 6174。

6174 是一个神奇的 4 位数,一旦陷入则无法"逃脱",故也被称为"数字黑洞"。后经学者研究发现,这个现象还不仅限于 4 位数,495 则是 3 位数的"数字黑洞"。

程序 9-3

```
1    /*选择排序*/
2    void select_sort(int data[],int len)
3    {
4        int i,j,temp;
5        for(i = 0; i < len; i++)
6        {
7            for(j = i + 1; j < len; j++)
```

```
8                      {
9                          if (data[i]>data[j])
10                         {
11                             temp = data[i];
12                             data[i] = data[j];
13                             data[j] = temp;
14                         }
15                     }
16             }
17     }
18     /* 验证卡布列克数 */
19     int Kaprekar(int num)
20     {
21         while (num != 6174)
22         {
23                 int bits[4] = {0,0,0,0};
24                 int max_num = 0;
25                 int min_num = 0;
26                 int k = 1000;
27                 int i;
28                 //将 num 的 4 个位的数字分别置入 bits 数组
29                 for (i = 0; i < 4; i++)
30                 {
31                     bits[i] = num/k;
32                     num = num % k;
33                     k = k/10;
34                 }
35                 //将 bits 数组中的 4 个数字按递增顺序排序
36                 select_sort(bits,4);
37                 //获得最大的 4 位数与最小的 4 位数
38                 for (i = 0; i < 4; i++)
39                 {
40                     max_num = max_num * 10 + bits[4 - i - 1];
41                     min_num = min_num * 10 + bits[i];
42                 }
43                 //将两个 4 位数的差作为新的 4 位数
44                 num = max_num - min_num;
45         }
46         return 1;
47     }
48     void main()
49     {
```

```
50        int i;
51        for (i = 1000; i < 9999; i++)
52            Kaprekar(i);
53    }
```

程序 9-3 的实现并不复杂,只需严格遵守题意描述即可。这里,需要注意数组类型作为函数形式参数时,函数内部逻辑对形参的修改将影响实际参数,具体原因稍后详述。

实例:约瑟夫环

问题描述:已知有 n 个人,将其编号为 0~n−1,按顺时针顺序围坐一圈,任选一个正整数 m 作为上限值,从第 1 个人开始按顺时针顺序报数,报到 m 的人退出,然后其后一个人重新从 1 开始新一轮报数,以此类推,直至所有人全部出列。试编写程序求解所有人员的出列顺序。

程序 9-4

```
1    //用于标记人员是否已出列,0:表示未出列,1:表示出列。
2    unsigned char flag[20];
3    //按出列顺序记录人员编号
4    unsigned char result[20];
5    /* start:起始报数人员编号,n:人员总数,m:报数上限 */
6    int joseph(int start, int n, int m)
7    {
8        int i = 1;
9        int k = start;
10       while (1)
11       {
12           //跳过已出列人员
13           if (flag[k] != 1)
14           {
15               if (i == m)
16                   return k;          //达到报数上限,则返回人员编号
17               else
18                   i++;
19           }
20           //人员是围坐成环,当到达数组尾时,下标需重新置为 0。
21           k = (k + 1) % n;
22       }
23   }
24   void main()
25   {
```

```
26          int i;
27          int d = - 1;
28          //将所有人员都标记为未出列
29          for ( i = 0; i < 20; i + + )
30              flag[i] = 0;
31          //每次循环得到一位出列人员编号,并将其标记为已出列。
32          for ( i = 0; i < 20; i + + )
33          {
34              d = josef((d + 1) % 20,20,5);        //假设 n 为 20,m 为 5
35              result[i] = d;
36              flag[d] = 1;
37          }
38      }
```

程序 9 - 4 是约瑟夫环问题的数组实现方式,该算法难度较小,读者只需理解如何使用一维数组模拟圆环结构即可,如图 9 - 1 所示。换言之,就是当下标递增超过数组最末位置时,需重新将其置为 0,令其循环至数组首部,如第 21 行所示。其实,约瑟夫环问题的最理想实现是链式循环队列结构,该结构可以完美诠释"顺时针围坐",有兴趣的读者可参考《数据结构》课程相关书籍。

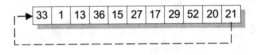

图 9 - 1   数组模拟圆环结构

实例:定积分计算

问题描述:试编写程序计算定积分 $\int_{0}^{5} 1/(1 + x^2)\,dx$ 的值。

程序 9 - 5

```
1       float result;
2       / *  f(x)函数实现  * /
3       float f(float x)
4       {
5           return 1/(1 + x * x);
6       }
7       / * 计算 f(x)在[start,end]区间内的定积分值,step 为递增步长  * /
8       float integral(float start,float end,float step)
9       {
10          float i;
```

```
11          float s = 0.0;
12          for (i = start; i < = end - step; i + = step)
13          {
14              //计算并累加梯形的面积
15              s + = (f(i) + f(i + step))/2 * step;
16          }
17          return s;
18      }
19  void main()
20  {
21      //计算 f(x)在[0,5]区间内的定积分值
22      result = integral(0.0,5.0,0.00001);
23  }
```

程序 9 - 5 是根据定积分定义实现的,即通过计算梯形面积并累加近似求得指定区间内定积分值。本例的递增步长为 0.00001,如果期待更高的精度,只需减小该递增步长值即可。第 12～16 行的循环主要是计算指定区间内各梯形面积,梯形底的值分别为 f(i)与 f(i+step),而梯形的高即为 step,由此即可得到梯形面积。

9.3 参 数

在程序设计中,某些功能独立的计算过程通常被抽象成函数。与数学意义类似,函数参数是一种有效的数据传递途径。通过参数机制,函数调用者可以将与函数处理逻辑相关的部分外部数据环境传递给函数。

在 C 语言中,根据参数出现的位置不同,可将其分为两类:形式参数、实际参数。形式参数是一种提供给函数内部逻辑访问实际参数数据的途径,简称为"形参"。特别注意,这里笔者刻意强调"实际参数数据",而不是"实际参数"。换句话说,试图通过形式参数改变实际参数是不可能的。当然,这个结论并不适用于所有程序设计语言。

9.3.1 参数声明

在 C 语言中,形参声明包括三个属性:类型、存储类别、形参名字。其中,类型是必须存在的,其他部分可以缺省。

形参的类型可以是除 void 之外的任何数据类型,包括数组、结构、指针等,类型直接影响了函数内部逻辑访问形参的行为。

关于"存储类型",将在第 11 章中讨论。这里,读者只需了解,C 语言规定唯一合法的形参存储类别指定符是"register",用于表示该参数是分配在访问最快的存储器中,通常是 CPU 的寄存器。如果形参存储类别缺省,则表示该参数是存储在内存

中。不过,笔者不推荐使用"register"存储类别,具体原因稍后详述。

形参名字是用于标识形参对象的标识符,函数可以通过该名字访问形参。C 语言不允许形参在函数体内被隐藏或重新定义。因此,对于函数体来说,除了形参的初始数据是由调用者传入,形参与函数内部顶层的局部变量的特性类似,它们隶属于相同的作用域及名字空间,如程序 9 - 6 所示。

程序 9 - 6

```
1       float sub(float x,float y)
2       {
3           int x;      //非法声明
4           ...
5       }
```

由于 C 语言标准不允许形参在函数体内被重新定义,因此程序 9 - 6 是非法的。但是,有些非标准的 C 编译器允许这种做法,目的是限制形参在函数体内被访问。

在形参声明中,缺少名字信息是允许,通常被称为匿名形参。匿名形参对实参传递没有影响,因为形参所需的存储空间依然存在,只是函数体内部无法通过名字访问该形参对象而已。当然,在某些特殊场合下,用户程序可以通过其他途径访问匿名形参。

void 关键字在形参列表中的应用

在"指针"章节中,笔者引入了 void 类型及 void * 类型的概念,这是本书第二次涉及 void 关键字。正如之前所述,C 语言不允许形参类型为 void,但允许形参列表中出现"void"关键字,用于显式表示该函数的形参列表为空。在这种情况下,值得注意以下几点:

(1) 形参列表中不允许再包括任何其他形参声明;

(2) 这里的"void"并不是表示 void 类型,也不是形参声明,不允许包含名字、存储类别属性;

(3) 唯一的合法形参列表声明形式是"(void)"。

可变形参列表声明 *

所谓可变形参列表,就是在函数声明中不完全显式描述形参个数的形参列表,其形参个数是由调用者传入的实参列表确定。标准 C 支持可变形参列表声明,声明首先包括所有固定的形参,然后是一个逗号及省略号的组合,即形如",..."。形参列表中至少包括一个固定形参,否则函数体将无法访问可变形参列表,例如:int format (void * str,...);。

由于可变形参列表只是在某些特殊场合应用，并不太适合 HR 单片机环境，故 HRCC 并不支持，这里不再详述。

9.3.2　参数传递

理论上，**参数传递**就是将实参的值复制到被调用函数的形参所占存储区域的过程。在程序设计语言中，按传递方式不同，可以分为：按值传递、按结果传递、按引用传递、按名字传递等。C 语言的参数传递机制是"按值传递"（Pass-by-value），并不会因为形参类型不同而改变，如图 9－2 所示。关于按值传递机制，需要注意以下几点：

（1）参数传递只是将实参的数据值复制给形参，并不是将实参本身传递给形参；

（2）函数体内对形参的访问与修改，并不会影响实参数据；

（3）当实参与形参数据类型不同时，则实参的数据值将被隐式地转换成相应的形参类型。

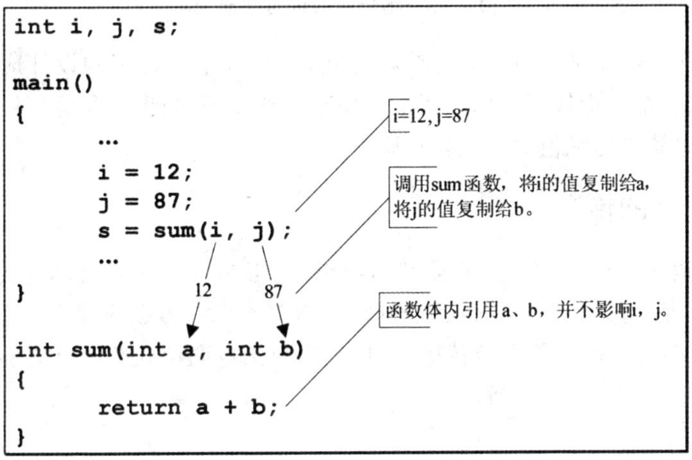

```
int i, j, s;

main()
{
    ...
    i = 12;          i=12,j=87
    j = 87;          调用sum函数，将i的值复制给a，
    s = sum(i, j);   将j的值复制给b。
    ...
}
        12    87     函数体内引用a、b，并不影响i、j。
int sum(int a, int b)
{
    return a + b;
}
```

图 9－2　参数传递示意

指针类型参数的传递

在 C 语言中，指针与不同的语言元素相结合通常都能产生"神奇"的效果。当形参是指针类型时，虽然 C 语言依然遵守按值传递规则，但结果却发生了变化。

正如读者所了解的，指针内部存储的数据是关于某一存储对象的地址或引用关系。根据按值传递的原则，指针参数之间的传递就是将这种引用关系复制。也就是说，完成参数传递后，形参与实参是指向同一存储对象，施加于形参的操作则可能影响其所引用的对象，如图 9－3 所示。

借助于指针传递，可以实现通过形参引用或改变函数外部的数据环境。从实际应用来说，通过指针参数可以将函数的某些结果直接返回给调用者，而不需要利用函数本身的返回值机制。

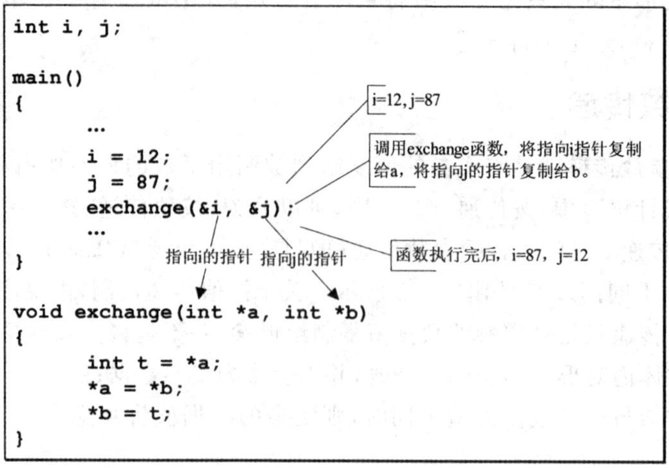

```
int i, j;

main()
{
    ...
    i = 12;
    j = 87;
    exchange(&i, &j);
    ...
}

void exchange(int *a, int *b)
{
    int t = *a;
    *a = *b;
    *b = t;
}
```

i=12,j=87

调用exchange函数，将指向i指针复制给a，将指向j的指针复制给b。

函数执行完后，i=87，j=12

指向i的指针 指向j的指针

图 9 - 3　指针参数的传递示意

这是一种貌似非常高效的数据访问方式，但它并不是良好的设计应该使用的技巧。如果考虑"悬空指针"与"内存泄漏"，由于函数本身可能是"黑盒"的，因此指针参数传递无疑比简单的赋值更复杂且危险。

数组类型参数的传递

根据 C 语言规定，声明为"T 类型的数组"的形参类型将被自动作为"指向 T 类型的指针"处理，而数组的参数传递也将转换为关于指针传参的行为。无论是传统 C 还是标准 C，都会执行相关类型转换，并且它们与函数调用处所执行的参数类型转换是同时进行的，如程序 9 - 7 所示。

程序 9 - 7

```
1    int m = 0;
2    int arr[] = {123,432,523,43,32,87,19,53,11,88};
3    int max(int p[])
4    {
5        int i,tmp = 0;
6        for (i = 0; i < 10; i++)
7        {
8            if (p[i]>tmp)
9                tmp = p[i];
10       }
11       return tmp;
12   }
13   void main()
14   {
```

```
15          m = max(arr);
16      }
```

函数 max 从传入数组中选取最大值并返回。根据 C 语言约定,在处理形参 p 的类型时,会将其自动转换为 int *,因此,只需要保证数组元素类型声明完整即可,编译器并不关注其长度说明存在与否。在大多数情况下,这种隐式转换对于用户是透明的,但有时也可能会产生意外的"错误",如程序 9 - 8 所示。

程序 9 - 8

```
1      int max(int p[10])
2      {
3          int i;
4          for (i = 0; i < sizeof(p)/sizeof(int); i++)
5          {
6              …
7          }
8      }
```

程序 9 - 8 试图通过循环遍历 p 数组,而表达式"sizeof(p)/sizeof(int)"求值的预期结果即为数组 p 的长度,逻辑似乎不存在明显错误。但本例却出现了意外,在编译过程中,由于形参 p 的类型被自动转为 int *,原始声明中的数组长度 10 将被忽略,因此,表达式"sizeof(p)/sizeof(int)"求值的结果并不是预期的数组长度 10。

结构、联合类型参数的传递

与数组不同,结构(联合)类型的参数传递是比较规范的,其行为与赋值运算相同。根据 C 语言规定,不同的结构(联合)类型之间的类型转换是非法的,因此,形参与实参的类型必须兼容,更准确地说,类型必须相同,所占用的存储空间大小也必须一致。

注意,当结构(联合)类型的形参占用存储空间较大时,按值传递机制将导致批量数据复制,可能会影响程序性能。

9.3.3　实参求值顺序

在实际编程中,实参可能是非常复杂的表达式,甚至可能包含函数调用。在进行参数传递前,必须先对本次函数调用所涉及的实参进行求值。对于包含多个参数的函数调用来说,实参求值的顺序可能会影响最终的求值结果,如程序 9 - 9 所示。

程序 9 - 9

```
1      int i;
2      int f(int p1,int p2,int p3)
```

```
3        {
4            ...
5        }
6        int g()
7        {
8            i = i + 2;
9            return i;
10       }
11       void main()
12       {
13           i = 10;
14           f(i, i + 2, g());
15       }
```

程序 9-9 是一个比较极端的例子，通常认为，函数 f 调用的实参列表应该是 f(10,12,12)，但这个结论是基于实参的求值顺序是自左向右的假设得到的。如果实参的求值顺序是自右向左的，则结果可能不同，即为 f(12,14,12)。该问题的核心在于某些实参表达式的求值是有副作用的，而这些副作用又对实参列表中其他表达式的求值有影响，在这种情况下，实参列表的结果就依赖于其求值顺序。

更令人失望的是，C 语言标准并没有严格定义实参的求值顺序，而是采用"由实现定义"的方案。在编译器设计中，两种实现都有广泛的支持，并不存在孰优孰劣之分，HRCC 的实参求值顺序是自左向右的，而 Keil C 编译器则采用自右向左的求值顺序。因此，强烈建议读者尽可能避免编写类似程序，否则必须严格参考编译器的用户手册。

9.3.4　程序实例

在现实世界中，存在一些需要求解最佳方案的问题，即**最优化问题**，如最大最小值、最短路径、最快时间等。在本节中，将结合实例介绍一种关于最优化问题的简单且有效的解决思路——**贪婪法**（greed）。在算法设计中，关于最优化问题的求解过程往往包含一系列步骤，每一步都面临一组选择。而贪婪法的基本思路：就是每一步都选择看起来最优的方案，期待它们组合产生的最终结果也是最优解。换言之，通过追求所有局部的最优，以获得全局的最优。贪婪法对部分优化求解问题是有效的，但并不是全部。关于贪婪法的正确性与适用性，在算法研究中，已经利用了"拟阵"的结构对其进行证明，其理论基础是严谨且可靠的。在计算机科学中，经典的贪婪法应用案例包括：Dijkstra 的最短路径、Chvatal 的集合覆盖、最小生成树等。

实例：最小值问题决策

问题描述：已知有一个 30 位的整数 n = 235...97897，存储在 data[n]数组中，要求删除其中 10 个数字,使得余下的数字按原次序组成的整数最小。针对这个问题,试图通过"穷举法"解决是不可取的,其循环次数将达到 C_{30}^{10},这是大多数计算机难以接受的。

程序 9 – 10

```
1      /* 删除指定数组 arr 的第 k 个元素  */
2      void del_item(unsigned char arr[],unsigned int len,unsigned int k)
3      {
4          //删除第 k 个数字,就是把其后面的数字前移。
5          for (; k < = len; k + +)
6          {
7              arr[k] = arr[k + 1];
8          }
9      }
10     /* src:源数组,rslt:存储输出结果,n:源数组长度,m:需要删除个数 */
11     void del_num(unsigned char src[],unsigned char * rslt,int n,int m)
12     {
13         int i = 0;
14         int x = 0;
15         //判断是否已删除 m 个数字
16         while (m > x)
17         {
18             //出现递减,则删除递减的首个数字。
19             if (src[i] > src[i + 1])
20             {
21                 //删除数组中第 i 个数字
22                 del_item(src,n - x - 2,i);
23                 x + + ;              //统计已删除的数字个数
24                 i = - 1;              //重新从头开始查找递减区间
25             }
26             //已经查找到数组尾,退出循环。
27             if (i = = n - x - 2)
28             {
29                 break;
30             }
31             i + + ;
32         }
33         //src 数组中高 n - m 个数字即为最终结果
34         for (i = 0; i < n - m; i + +)
35         {
36             rslt[i] = src[i];
```

```
37              }
38          }
39      unsigned char n[30] = {    2,3,5,6,5,4,6,7,6,0
40                            ,2,3,4,9,7,8,9,7,7,8
41                            ,7,3,4,1,2,3,4,5,6,0};         //原始数组
42      unsigned char r[20];                                //结果数组
43      void main()
44      {
45          del_num(n,r,30,10);
46      }
```

程序 9 - 10 的算法实现并不复杂,本例的关键是在于问题的求解思想。下面,笔者结合本例介绍贪婪法的基本实现。针对本例,必须承认删除 10 个数字的全局最优解包含了 10 个删除 1 个数字的子问题。根据贪婪法的基本思想,首先应该关注删除 1 个数字的最优解。从一个数字序列中,删除 1 个数字使得结果为最小值,这个问题的求解并不复杂。读者不难总结出如下规律:由高位向低位遍历该数字序列,如果相邻两个数字为降序,则删除左侧较大的数字即可。因为高位数据的权值较大,由右侧较小数字代替左侧原本较大数字占据该数据位置,在权值的作用下,最终的结果值必定是最小的。如果遍历过程中无法查找到相邻两个数字降序的情况,则删除最末的数字。通过以上规律,即可实现删除 1 个数字的最优求解。显然,基于这个删除 1 个数字后的最优解再进行一次操作,其结果仍然是最优的,也就是已经删除了 2 个数字的最优解。依此类推,进行 10 次删除操作,即可得到最终求值结果。这种解决问题的策略就是贪婪法的核心思想。

实例:序列重排

问题描述:已知有长度为 n 的正整数序列,现要求将其按一定次序排列成形成新的正整数,且该正整数是这个正整数序列可以组合产生的最大正整数。例如,已知序列为 {67, 2, 3, 6, 33, 30, 12, 68, 66, 87},则可以得到的最大正整数为 87686766663330212。提示:考虑采用排序策略,但需要注意排序交换的依据。

程序 9 - 11

```
1       / * 计算 2 个正整数的连接值 * /
2       long connect(int i,int j)
3       {
4           int k = 10;
5           //计算得到 j 的最高数据的权值
6           while (j/k != 0)
7               k * = 10;
8           return i * k + j;
```

```
9          }
10         / * 依据相邻两个元素的连接值,进行序列重排 * /
11         void sort(int data[],int num)
12         {
13             int i,j;
14             //采用气泡排序思路
15             for (i = 0; i < num; i ++)
16             {
17                 for (j = i + 1; j < num; j ++)
18                 {
19                     //依据 a + b 与 b + a 的结果,进行元素位序交换。
20                     if (connect(data[i],data[j]) < connect(data[j],data[i]))
21                     {
22                         int temp = data[i];
23                         data[i] = data[j];
24                         data[j] = temp;
25                     }
26                 }
27             }
28         }
29         int test[] = {67,2,3,6,33,30,12,68,66,87};
30         void main()
31         {
32             sort(test,10);
33         }
```

从表面上来看,这个问题并不复杂,大多数人最先想到的解决办法就是对该序列进行排列,然后顺序依次输出。可惜,这个思路并不可行。例如,已知序列为{121,12},它可以形成的最大正整数为12121,也就是按递增次序排列。但对于{123,12},则情况完全不同的,按递增次序排列的结果是12123,但实际的最大正整数为12312。显然,无论采用递增还是递减次序,都无法解决该问题。其实,这个问题的核心仍然是排序,但只是排序的策略稍有不同。

首先,考虑序列仅 2 个数据{a,b}的情况,则最终结果必定为:a + b 或 b + a。注意,这里的加法表示数字连接,即 12 + 123 的结果为 12123。显然,结果应该是取 a + b 与 b + a 的较大数据。如果 b + a 较大,为了便于输出,直接交换 a、b 两个元素。

对于序列为多个数据的情况,借助于气泡排序的思路,每遍浮出一个值,将其加入局部最优序列中,经过多遍处理后,即可得到全局的最优解。

以上举了两个贪婪法最简单的案例,在使用贪婪法解决实际问题时,需要特别注意以下关键点:

问题是否适用于贪婪法求解。简言之,就是局部的最优的解集是否就是全局的最优解,但这个标准似乎并没有给人们带来太多帮助。当然,在算法研究中,人们已经通过"拟阵"的组合结构从理论上证明判定贪婪法可以适用的情况(并不完全覆盖),但这种方法的复杂度远超贪婪算法本身。因此,除了凭借个人分析问题的能力判断,并没有通用的方法。

确定贪婪的标准。对于大多数实际问题,贪婪的标准可能是多样的,但只有正确选择其中一个标准才能保证得到问题的最优解。在选择贪婪的标准前,应该结合实际问题进行验证。如果无法从理论上证明该标准是正确,不妨尽可能试图列举反例将其推倒。以程序 9 - 11 为例,通过一些反例就可以推倒将简单的排序作为贪婪标准。

原地交换

程序 9 - 11 借助于一个临时变量 temp 实现了两数交换,这是最通俗易懂的实现。那么,是否可以不依靠临时变量实现呢? 答案是肯定的,而且人们还赋予了它一个专业名称——原地交换。所谓"原地交换",就是不借助临时变量实现两个变量的数据交换。实际上,关于"原地交换"的实现并不少,这里笔者介绍一种最可靠的方式。假设现有a、b两个变量,可以通过以下程序片段实现数据原地交换。注意,为了便于区分原始变量的值,将两个变量的原始值标记为 a_0、b_0。

```
a = a ^ b;
b = a ^ b;    //执行前:a = a0 ^ b0,b = b0;执行后:a = a0 ^ b0,b = (a0 ^ b0) ^ b0 = a0;
a = a ^ b;    //执行前:a = a0 ^ b0,b = a0;执行后:a = (a0 ^ b0) ^ a0 = b0,b = a0;
```

这里,主要利用了按位异或运算特性:两次按位异或同一个数据后表达式的值不变。同样,还有一种基于加减运算的实现方法,程序片段如下:

```
a = a + b;
b = a - b;
a = a - b;
```

请读者思考下,基于加减运算实现的方法是否有效、可靠?

笔者不推荐使用"原地交换",因为其可读性较差,任何一次编码过程的手误,可能需要花费 1 小时或者更多时间调试 BUG。当然,更不推荐使用"加减运算"的实现,因为它本身就是错的!

9.4 返回值

在数学意义上,函数的输入是参数环境,输出则是返回值。而函数的执行则是基于输入数据环境的一次求值过程,求值的结果即为函数的返回值。不过,在命令式语言中,这个定义不再合适。全局数据环境及赋值机制的存在改变了函数的求值过程

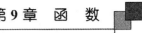

及语义模型,函数本身可以存在副作用,也可以通过参数改变外部数据环境,这是传统意义上的函数所不允许的。但不论程序语言如何发展,不可否认,函数的最"正统"输出仍然是返回值。

9.4.1　return 语句

return 语句用于终止当前函数执行,并可以返回一个值,也就是函数的返回值。

return 语句→return 表达式$_{opt}$;

return 语句的执行过程就是终止当前函数,然后程序跳转到函数的调用点或调用点之后的位置执行,这可能与具体目标机架构有关,C 语言并没有明确定义。

return 语句中的表达式用于描述函数的返回值,也称为**返回值表达式**,该表达式是可选的。如果函数定义的返回类型为 void,即表示该函数显式说明为无返回值,编译器将严格限定该函数中所有 return 语句都不允许存在返回值表达式。如果函数定义的返回类型为其他类型,C89 标准规定 return 语句的返回值表达式是可选的,对于未明确给出返回值表达式的 return 语句,其返回值是未定义的。而 C99 标准的限制比较严格,如果函数的返回类型不为 void,则该函数中所有 return 语句都必须显式存在返回值表达式。

如果返回值表达式求值的结果类型与函数返回类型不兼容,则程序将对求值的结果进行隐式类型转换,否则该 return 语句是非法的。无论函数调用者是否需要函数的返回值,程序都会对 return 语句中的返回值表达式进行求值。通常,将函数调用者不需要该返回值的情况称为**丢弃返回值**,该行为对程序执行结果没有影响。反之,如果函数调用者依赖于一个没有明确返回值表达式的 return 语句所产生的返回值,则该行为是未定义。

当程序执行到达函数结束处时,仍未遇到 return 语句,则控制流将自动返回到函数调用处,与执行一条没有返回值表达式的 return 语句效果相同。

最后,需要特别澄清,return 语句的返回值表达式两边是不需要加小括号的,这与 if、while 语句的条件表达式不同。当然,使用小括号并不会有任何不良影响,因为编译器会将其视作括号运算符处理。

9.4.2　函数返回类型

除了数组类型和函数类型之外,C 语言允许函数返回其他任何类型的值。对于数组或函数类型的返回值,则可通过指向该类型的指针实现。与形参类型不同,C 语言不会对返回类型自动重写或隐式转换。

函数的返回值不是左值,但可以参与函数调用点表达式的求值,这是其他输出形式无法实现的。例如:

```
foo() = 12;          //foo()的返回值不是左值,故赋值非法
```

```
* foo() = 12;          //如果 foo()的返回类型为 int *,则赋值合法
foo().a = 12;          //foo()返回值不是左值,故赋值非法
foo() - >a = 12;       //foo()返回值是指向结构的指针且结构包含成员 a,则赋值合法
```

9.5　函数原型

在 C 语言发展历程中,函数的描述可能是变化最复杂的部分,至少读者所习惯的描述与 C 语言创始者最初提出的形式相差甚远。更令人烦恼的是,C 语言并没有摒弃那些"过时"的语法,而是不断丰富、传承与发展,这无疑给程序理解与编译器实现都带来了较多不便。

为了解决上述困扰,C 语言标准提出了一套更佳的函数声明形式,称为**原型形式**,而将那些不符合原型形式的函数声明称为**非原型形式**或**传统 C 形式**。但原型形式的提出并没有完全改变函数描述的混乱局面。因为非标准的 C 编译器并不接受原型形式,而 C++又严格要求使用原型形式,对于期待程序移植的用户来说,是否使用原型将是艰难的抉择。不过,C99 标准已将非原型形式作为"过时"的语言机制,未来很有可能不再支持。因此,无论从编程风格还是 C 语言发展的角度来说,使用原型形式将是大势所趋。由于 HRCC 不支持非原型形式,除特殊说明之外,本书所涉及内容都是基于原型形式讨论的。

9.5.1　函数原型基础

函数声明是指包含函数名、返回类型、形参列表信息的说明形式,将符合原型语法的函数声明称为**函数原型**(function prototype)。从应用角度来说,函数原型主要是用于描述函数的接口信息并供调用者使用,如程序 9 - 12 所示。

程序 9 - 12

```
1      int i[10];
2      int average( int * ptr,int n);
3      void main( )
4      {
5          …
6          average( i,10);
7          …
8      }
```

程序 9 - 12 第 2 行即为 average 的函数原型,其中只包含了函数调用者所需要的基本信息,并不涉及函数体内部逻辑。如果函数调用之前存在函数原型声明,则编译器将依据原型进行参数类型检查,并生成相应的参数传递代码,但不会关注函数的实际定义。

实际上,现代编程方法中"接口"的概念就是源于函数原型。在大规模程序设计中,很多情况下,编译器只依赖于接口说明生成代码,并不明确函数执行代码的实际位置,例如,动态链接库、COM 组件等。"接口与实现分离"是现代程序设计的核心思想,它既有效地封装了实现细节,又符合模块化设计要求。

9.5.2　函数原型兼容

与其他高级语言不同,C 语言允许同一个函数存在多个原型声明,并且没有严格限制其出现的位置。在具体讨论多个原型声明的问题前,需要引入"函数原型兼容"的概念。

C 语言标准规定,对于同一个函数的两个原型声明,如果这两个函数原型是兼容的,则必须满足以下条件:

(1) 函数的返回类型必须是兼容的;

(2) 形参的数量以及省略号的使用必须一致;

(3) 对应的形参类型必须兼容,但对应形参的名字并不需要一致。

从表面上来看,判定兼容的条件似乎已经比较完备,但由于 C 语言类型兼容的标准相对宽泛,因此该判定条件的作用并不明显。例如:

```
int sum(int,int);
int sum(float,float);
```

根据判定条件,由于 int 与 float 类型兼容,因此以上两个函数原型声明也是兼容的,但这样的判定结果对编译器处理实参传递将产生误导。实际上,在这个问题上,许多编译器(包括 HRCC)采用了更严苛的标准,它们通常要求是"类型相等"而不仅仅是"类型兼容",本书将其简称为**严格原型兼容**。

9.5.3　函数原型一致性

根据原型存在的位置不同,可以分两种情况讨论原型一致性检查的问题,即同一个程序文件中的多个原型声明和不同程序文件中的多个原型声明。

对于同一个程序文件中多个原型声明,C 语言规定所有函数原型声明必须兼容,如果存在函数定义,则原型必须与定义兼容。关于"原型兼容"概念,由于各种编译器的实现可能存在差异,如果考虑移植性、可读性等因素,建议严格遵守"类型相等"的约束,而不仅限于"类型兼容"。

对于不同程序文件中的多个原型声明,C 语言不要求编译器检查同一函数的所有原型是否兼容以及是否与定义匹配。无论 C 语言被如何"神化",都不得不承认这是设计的"漏洞"。试图利用这个"漏洞"编写一些所谓的"高效"程序,后果将非常严重,除非你足够了解该编译器的设计细节。

原型支配

对于仅支持标准 C 的编译器来说,同一程序文件中多个函数原型声明可能是存在差异的。如果一个函数调用处前存在多个原型声明,则编译器必须按照某种规则选择其中一个原型作为类型检查与代码生成的参照,通常将这种行为称为**原型支配**。原型支配的一般规则如下:

(1) 如果函数调用处前存在原型形式的函数定义,则受该原型定义支配;

(2) 如果函数调用处前存在多个原型声明,但没有原型定义,则受第 1 个原型声明支配。

在实际编程中,无论编译器是否支持严格原型兼容,强烈建议读者依据该标准进行编码,尽可能不要依赖于原型支配规则,否则会严重影响程序的可读性、可移植性。

程序 9 - 13

```
1       float i,j;
2       float foo(void);              //第 1 个函数原型声明
3       void p1(void)
4       {
5           i = foo();
6       }
7       int foo(void);                //第 2 个函数原型声明
8       void p2(void)
9       {
10          j = foo();
11      }
12      void main()
13      {
14          p1();
15          p2();
16      }
17      int foo(void)                 //函数原型定义
18      {
19          return 99;
20      }
```

程序 9 - 13 是一个关于原型支配的错误,可以使用 Visual C++ 编译通过。根据该原则,两次 foo 的函数调用都是受第 1 个函数原型声明的支配。然而,由于该声明的返回类型与函数定义的返回类型不同,因此程序执行完成后 i、j 两个变量值都是不正确的。在本例中,虽然第 2 个函数原型声明是正确的,但它却被编译器忽略了。

9.6 函数指针 *

之前,主要介绍了指向各种类型数据的指针,例如,原子类型指针、数组指针、结构(联合)的指针以及指针的指针。这类指针的特点是它们都是指向某种类型的实体对象,故通常将它们称为**指向对象的指针**。C 语言还支持另一类别的指针,即**指向函数的指针**(简称为**函数指针**)。

与普通变量类似,函数是可执行代码,也需要占用存储空间。而函数指针变量中存放的则是其所指向函数所占用存储空间的首地址,即函数的入口地址。不过,与指向对象的指针不同,函数代码占用的存储空间必须是只读的。因此,无论通过何种方式借助于 C 语言指针实现修改代码段数据都是非法的。注意,这里的"只读"不一定是存储器的物理属性。例如,应用程序在 x86 机器上执行时,其代码段与数据段都是被装载到内存中,而内存的物理属性都是可读写的,但操作系统通常会禁止对代码段内存的写操作行为。当然,在嵌入式计算机中,代码区与数据区域通常是分开的,只有在某些特权状态下,才允许改变代码区的数据。

由于 HR 系列单片机架构所限,HRCC 不支持函数指针,但作为 C 语言重要的语言元素之一,本书仍将其纳入讲解范围。

9.6.1 基本形式

函数指针声明:

返回类型$_{opt}$　（ * 函数指针变量名）（形式参数列表$_{opt}$）

在函数指针声明中,需要说明指针指向函数的返回类型及形式参数信息。声明前部即为函数返回类型,而后部的一对小括号内包含的就是形式参数列表。这里的形式参数列表主要是用于说明该函数指针指向的函数类型的原型,编译器并不关注形式参数的具体名字,因此,在绝大多数情况下,函数指针声明中的形式参数名字是被省略的。

程序 9 - 14

```
1        int more_than(int a,int b)
2        {
3            return a - b;
4        }
5        int less_than(int a,int b)
6        {
7            return b - a;
8        }
9        //compare 函数的第 1 个形参为函数指针
```

```
10      int compare(int( * func)(int,int),int data1,int data2)
11      {
12          return func(data1,data2);
13      }
14      void main()
15      {
16          int( * func_ptr)(int a,int b);        //func_ptr 是函数指针变量
17          func_ptr = more_than;                 //func_ptr 指向 more_than 函数
18          compare(func_ptr,12,98);              //将 func_ptr 作为函数调用的实参
19          compare(less_than,11,33);             //函数名为指向该函数类型的函数指针
20      }
```

　　程序 9-14 是一个简单的函数指针应用例程。其中,compare 函数的形参 1 的类型是函数指针,而该函数的实际执行就是调用形参 1 指向的函数,并将形参 2、形参 3 作为该调用的实参传递给被调函数。在 main 函数中,第 18 行使用 more_than 函数作为实参 1 调用 compare 函数。注意,根据 C 语言的单目寻常转换规则,默认将函数名转换为指向该函数类型的函数指针。第 19 行直接使用 less_than 函数名作为实参 1 调用 compare 函数也是合法的。

9.6.2　函数指针的运算

　　由于指向目标对象的特殊性,函数指针的运算主要包括:间接访问运算、判等运算、类型转换。而试图对函数指针进行算术运算是非法。

间接访问运算

　　C 语言允许对函数指针实施间接访问运算(即"*"运算),其运算结果是一个函数名(函数指示符),即函数类型的值。在标准 C 及许多 C 编译器中,如果 ptr 是指向 F 函数类型的指针,则在函数调用时,允许不显式(explicit)使用间接访运算对 ptr 解引用。也就是说,(* ptr)(a,b) 和 ptr(a,b) 的语义是完全一样的。同理,如果 func 是一个函数名,则(* func)(a,b) 和 func(a,b) 的语义也是完全一样的,尽管前者看起来比较奇怪。

　　对函数指针实施间接访问运算后,其运算结果是函数类型。根据寻常单目转换规则,在表达式运算(除 sizeof、取地址运算之外)中,函数类型操作数将被立即转换为指向该函数类型的指针类型进行运算。不过,在 sizeof 及取地址运算中,函数类型将不做转换,因此,对函数类型操作数实施 sizeof 运算是非法的,如程序 9-15 所示。

程序 9-15

```
1       typedef void( * func_ptr)(int,int);      //函数指针类型别名声明
2       void func1(int a,int b);
3       main()
```

```
4        {
5            int s = 0;
6            func_ptr ptr;                    //ptr 是一个函数指针类型的变量
7            ptr = &func1;                    //以下两行的语义相同
8            ptr = func1;
9            s = sizeof(ptr);                 //合法,结果即为函数指针的长度
10           s = sizeof( * ptr);              //非法,sizeof 不允许作用于函数类型
11       }
```

特别注意,对于函数类型操作数实施取地址运算是非常少见的,因为寻常单目转换规则会将函数类型操作数直接转换为函数指针。另外,由于某些旧式编译器不支持对函数类型操作数进行取地址运算,这种写法可能影响程序可移植性。

判等运算

在判等运算中,函数指针与指向对象指针是一视同仁的。理论上,一个函数指针与一个指向对象指针进行判等运算是没有意义的,其运算结果由实现定义。

类型转换

严格意义上,函数指针的类型转换必须遵循表 9 - 1 所列,而其他任何函数指针与指向对象类型指针之间的转换都必须进行显式类型转换,否则标准 C 编译器都将拒绝。但由于传统 C 允许几乎任意类型指针之间的混合赋值或转换,因此绝大多数 C 编译器都未严格限制。

表 9 - 1 函数指针的类型转换

原类型	目标类型
指向 F1 函数的指针	void *
指向 F1 函数的指针	指向 F2 函数的指针,但 F1 与 F2 必须兼容
void *	指向 F1 函数的指针

第 **10** 章

预处理

在程序设计语言中,**预处理**(preprocess)是在程序被编译前对其进行"文本编辑"的过程,也被称为**编译预处理**。预处理只是程序设计语言的"催化剂",除 C 语言族之外,许多主流程序语言并不支持预处理机制,以至于有人误以为预处理就是源自于 C 语言的。其实,预处理的历史至少可以追溯到 20 世纪 60 年代 PL/I 语言所采用的 IBM Preprocessor。

在 C 语言发展历程中,除了"指针"及 goto 语句之外,预处理也是饱受争议的语言机制。更准确地说,应该是预处理的"宏"。由于预处理功能强大,通常是许多编程大师爱不释手的"玩物",他们可以自如地驾驭并构建出梦幻般的代码。但预处理又是导致无数诡异错误的"罪魁祸首",缺乏有效的调试支持,那些所谓的"梦幻"也只能成为初学者的梦魇。

就像生活中其他事物一样,完全排斥与过度依赖通常都会导致比较糟糕的结果。因此,笔者建议适当使用预处理,但拒绝成为狂热的痴迷者。实际上,C/C++标准也正在试图改变预处理机制的现状,包括编程风格的呼吁以及语言层次的限制等。

10.1 预处理概述

101.1 预处理过程

理论上,预处理应该由专门软件完成的,通常将该软件称为**预处理器**(preprocessor),预处理器不隶属于编译器。在早期编译器中,预处理器的输入是原始的 C 程序,而其输出是经过预处理的源程序文件,而该源程序文件才是 C 编译器的真正输入。预处理器与编译器之间的信息交换只依赖于中间生成的源程序文件。不过,在现代编译器设计中,为了追求更高的编译效率,预处理器可能以静态模块的形式被集成到编译器中,而不再是独立的可执行程序。即便如此,逻辑上仍然认为两者是分离的,并且大多数现代编译器也没有放弃支持预处理结果文件的输出。

在 C 语言中,预处理行为是由专门的**预处理命令**(preprocess command)控制,预处理命令是以字符"♯"开始的文本行,通常,将该行称为"预处理命令行"。反之,不是以字符"♯"开始的文本行则称为"源程序文本行"。预处理是从源文件中删除所有的预处理命令行,并基于该源程序文本执行这些预处理命令所指定的文本转换编辑操作。预处理命令相关的语法是独立于 C 语言其他部分的。更准确地说,预处理并不是 C 语言的一部分,而是编译过程中特殊的文本编辑操作,只是该操作复杂到需要使用一种专门语言描述而已。然而,随着 C 语言的标准化,预处理也被规范化并纳入其中。下面,通过一个简单的例子讲解预处理的基本过程。

如图 10 - 1 所示,左侧文本第 1 行是预处理命令 ♯define,该预处理命令的作用是定义一个宏,用于指导预处理器依据规则对源程序文本行中的特定标识符进行替换,本例中就是将标识符 PI 替换为 3.141592。在预处理过程中,预处理器首先将该预处理命令行删除,再根据预处理命令对后续源程序文本行执行相应的替换操作,即得到右侧文本。本例只是 ♯define 的简单应用,相关特性稍后详述。

```
#define PI 3.141592
float r;   //圆半径                  float r;   //圆半径
float s;   //圆面积                  float s;   //圆面积
float c;   //圆周长                  float c;   //圆周长
main()                              main()
{                                   {
    r = 6.2;                            r = 6.2;
    s = PI * r * r;                     s = 3.141592 * r * r;
    c = PI * 2 * r;                     c = 3.141592 * 2 * r;
}                                   }
```

　　　　　预处理前的文本　　　　　　　　　　　　预处理后的文本

图 10 - 1　预处理实例

10.1.2　预处理命令

根据 C 语言标准,可将预处理命令分为 4 类:文件包含、宏定义、条件编译、特殊命令。详细分类如表 10 - 1 所列。

表 10 - 1　标准 C 定义的预处理命令

分类	命令	功能描述
宏定义	♯define	定义一个预处理器宏
	♯undef	取消一个预处理器宏的定义
文件包含	♯include	插入另一个文件的文本

分类	命令	功能描述
条件编译	#if	根据表达式的值,有条件地包含一些文本行
	#ifdef	根据指定宏名是否已被定义,有条件地包含一些文本行
	#ifndef	根据指定宏名是否未被定义,有条件地包含一些文本行
	#else	如果前面的#if、#ifdef、#ifndef、#elif测试失败,则包含一些文本行
	#endif	表示条件文本行结束
	#elif	如果前面的#if、#ifdef、#ifndef、#elif测试失败,则根据指定表达式的值,有条件地包含一些文本行
	defined 运算符	如果指定标识符已被定义为宏,则返回1,否则返回0
特殊命令	# 运算符	用一个包含参数值的字符串常量替换一个宏参数
	# # 运算符	组合两个相邻的单词,创建单个单词
	#pragma	指定某些编译器依赖的信息,并传递给编译器。这是 C99 标准引入的,HRCC 不支持
	#error	用于指定编译器产生一条编译错误
	#line	提供编译器的行号信息

212

10.1.3　预处理词法

　　预处理器不涉及对 C 语言源程序的词法分析,但预处理器仍然需要将源程序文本行分解为**单词**(token),以便进行文本替换与编辑。与 C 语言标准定义的单词不同,预处理并不关注单词的类别、数据值等信息,只涉及其字面字符串描述形式。另外,预处理器不但可以识别合法的 C 语言单词,而且还需要将没有被 C 语言定义为单词的合法 C 字符作为单词,例如,换行符、续行符等。

基本形式

　　预处理命令以字符"#"开头,其后紧接着命令名字,如 define、ifdef 等。标准 C 允许在"#"与命令名字之间存在空格。如果"#"是一行中唯一的非空白字符,编译器将自动忽略该行。但有些传统 C 编译器并不支持这两种形式。

　　预处理命令总是在第一个换行符处结束,而不是分号,除非在行尾处显式出现续行符"\"。C 语言标准允许语句及表达式跨行书写,甚至于其中出现空行也是合法的,只要保证一个单词不跨行即可。但这个约定在预处理命令中不成立,如程序 10 –1所示。

　　程序 10 – 1

```
1        #define INIT_DATA {1,0,0,0,0,\
2                           0,1,0,0,0,\
```

```
3                        0,0,1,0,0,\
4                        0,0,0,1,0,\
5                        0,0,0,0,1  }
6      int matrix[][5] = INIT_DATA;
```

程序 10-1 通过宏定义的方式实现了 5 阶单位矩阵初始化。但需要注意,由于 #define 命令只作用于当前行,也就是说,如果第 1 行行尾没有显式出现续行符"\",则预处理器只认为 INIT_DATA 宏相关联的单词序列为"{ 1,0,0,0,0,"。在处理 matrix 初始化行时,只会将 INIT_DATA 替换成该单词序列,显然这是非法的初始化说明。同理,如果试图将 INIT_DATA 与预期的单词序列关联,则必须在第 1~4 行行尾加上续行符"\"。

续行"错误"

在预处理命令中,为了追求"优雅"的编码风格,使用续行符是比较常见的。但不幸的是,由于 C 语言的"放纵",用户似乎并不善于驾驭续行符。在实际编程中,由于续行不慎导致的错误并不罕见,如程序 10-2 所示。

程序 10-2

```
1      #define INIT_DATA {1,0,0,0,0,\
2                        0,1,0,0,0,\
3                        0,0,1,0,0,\
4
5                        0,0,0,1,0,\
6                        0,0,0,0,1  }
7      int matrix[][5] = INIT_DATA;
```

程序 10-2 只是在程序 10-1 的基础上多加一个空行,这类行为在 C 语言编程中司空见惯,但就本例而言,它却引发了错误。虽然插入的仅仅是一个空行,但空行却包括了一个换行符。根据预处理命令的约定,该换行符将是第 1 行 #define 预处理命令的结束处,显然这与预期结果不符,是存在语法错误的。更令人烦恼的是,在某些特殊场合,尽管预处理后的结果文本与预期的不符,但它仍然是合法的 C 语言程序,编译器也无能为力,该错误将遗留到运行时刻。

实际上,由于续行而导致的错误并不局限于预处理命令,这类错误通常比较"诡异",编译器也无法非常精确地检测到错误位置,如程序 10-3 所示。

程序 10-3

```
1      //\\\\\\\\\\\\\\\\\\\\\\\\\\\\\\\\
2      //name:              init
3      //parameter:         none
4      //return:            int
```

```
5        //description:        system initialization
6        //author:            qiuw
7        //version:           1.0
8        //\\\\\\\\\\\\\\\\\\\\\\\\\\\\\\\\\\\\
9        int init()
10       {
11            ...
12       }
```

程序 10-3 第 1~8 行是开发中常见的关于函数基本信息的注释描述,这是一种良好的编程风格,非常值得提倡。但该程序却是例外,因为 C 编译器将在第 10 行处提示"invalid declaration"类似的错误,而其中原因就在于第 8 行的注释。由于第 8 行的注释是以续行符结束,预处理器会删除该行行尾的续行符与换行符,而将第 9 行的文本直接连接到第 8 行行尾,因此第 9 行的函数声明首部也将被识别为注释并剔除,显然缺少首部声明的函数体是非法的。

本节所列举的出错实例都是来源于开发人员的实际工作,这些错误曾经令他们苦思冥想,却无能为力,因为这一切看起来是如此规范合理。

识别约定

根据 C 语言规定,预处理器只识别被扩展前的预处理命令行,而扩展后产生的预处理命令行形式的文本将当作普通的源程序文本行处理,如图 10-2 所示。

```
#define  aa  #define  bb  10        #define  bb  10
aa                                  main()
main()                              {
{                                        int i = bb;
    int i = bb;                     }
}
```

预处理

预处理前的文本   预处理后的文本

图 10-2 预处理实例

虽然源程序文本行"aa"扩展后是一个合法的预处理命令行的形式,但预处理器只将扩展后的行作为源程序文本行,最终输出到编译器,显然 C 编译器是无法识别"#define"。

注释约定

根据标准 C 规定,删除注释的操作将在预处理之前完成,删除注释的行为是将注释替换为一个空格字符。因此,注释内部的预处理命令是无效的,其内部的换行符也不会结束预处理命令,如程序 10-4 所示。

程序 10 - 4

```
1     / *
2     ＃define aa 10
3     * /
4     ＃define bb     / * XXXXXXXXXXX
5                       XXXXXXXXXXX
6                       XXXXXXXXXXX * / 20
```

程序 10 - 4 第 2 行的预处理命令位于注释内部，该命令是无效的。由于注释内部的换行符不会结束预处理命令，因此第 4 行的预处理命令的结束位置应该是第 6 行行尾的换行符，而不是第 4 行行尾的换行符，第 6 行的文本"20"属于该预处理命令。

关键字约定

对于预处理器而言，C 语言的关键字与其他单词的地位一样，并没有作为"保留字"的功能。理论上，类似于"＃define while 10"的预处理命令也是合法的，预处理器同样会按规则执行替换操作，将源程序文本行中的"while"替换为"10"。不过，这是一种非常不良的编程习惯，强烈建议避免使用。

10.2　宏定义与替换

在 C 语言中，**宏**（macro）是一种指定名字与特定单词序列的关联机制，通常将其中的指定名字称为**宏名**，而将特定单词序列称为**宏体**，宏定义则是由 ＃define 命令完成。C 语言支持两种形式的宏定义：不接受参数的宏、接受参数的宏。通常，将前者称为**类似对象的宏**（object-like macro），而将后者称为**类似函数的宏**（function-like macro）。尽管这两个名词看起来不太专业，但它们却是源于 C 语言标准原文，其实它们的英语原词还是比较专业的，缺少的只是精准专业的中文描述。

10.2.1　类似对象的宏

一般形式如下：

＃define　**名字**　**单词序列**$_{opt}$

在类似对象的宏定义中，名字即为宏名，而单词序列则为宏体。宏名必须存在，而宏体则允许为空。类似对象的宏不接受参数，它只是通过宏名调用。在预处理过程中，遇到源程序文本行中存在与宏名一致的单词时，则使用对应的宏体替换该单词，如果宏体为空，则该单词将被直接删除。

在实际编程中，类似于"＃define aa＝10"的定义形式是初学者最容易犯的错误，他们可能太热衷于使用 C 语言的赋值运算符了,但编译器不会给予丝毫怜悯,更多时候将以出错作为反馈。

另一个常见的错误就是误用分号。由于 C 语句通常是以分号结束,许多初学者习惯上使用分号终止一个宏定义,但预处理器将会把分号作为宏体的一部分,而不是宏定义的结束。因此,在进行文本替换时,分号也将被应用到目标文本中。

10.2.2　类似函数的宏

一般形式如下:

#define　名字　(形参列表$_{opt}$)单词序列$_{opt}$

形参列表

形参列表是用于组织描述宏的形参信息。形参列表必须使用小括号括起,并且左括号必须紧跟着宏名,中间不允许有空格或其他字符,否则该宏将被视为类似对象的宏,而自左括号起的字符都将作为单词序列处理。

宏的形参只有名字,没有类型及存储类别说明。与函数形参名类似,宏的形参名也必须是合法的标识符,且互不重名,形参之间使用逗号分隔。由于宏替换的操作并不是在程序运行时完成的,因此宏的形参并不占用运行时的存储空间。C 语言也没有限制宏的形参个数,理论上,其个数只依赖于编译时刻的存储空间。C 语言允许存在没有在宏体内使用的形参,这些形参的存在不会对程序执行造成其他不良影响。C99 标准支持可变长度的形参列表,但大多数编译器并不接受,本书不涉及相关内容。

调用与实参列表

调用类似函数的宏通常需要提供相应的实参列表,实参列表使用小括号括起,形如 aa(p1,p2,p3)。根据 C 语言规定,这种宏所接受的实参与形参数量相同。在 C99 标准之前,不允许出现实参与形参数量不一致的情况。如果被调用宏的形参列表为空,则实参列表也必须为空,但实参列表外部的小括号不可省略,而 C99 标准未作要求。

正如之前所述,预处理器只会将源程序文本行分解为单词,并不会详细进行语法、语义相关解析。也就是说,界定调用宏的实参无法借助于"表达式"的概念实现。C 语言约定,实参之间就是以逗号分隔的。实参列表内部允许包含小括号,并且小括号可以嵌套使用,只需要保证左右小括号是成对匹配即可。字符常量或字符串常量内的小括号不计考虑,预处理器也不会验证其是否成对匹配。这些小括号内部还可以存在逗号,而其中的逗号不具有分隔实参的功能。标准 C 没有严格要求这种形式的宏调用必须完整地书写在一行内,但有些传统 C 编译器则有此要求,除非行尾使用续行符。

程序 10 − 5

```
1        #define add(a,b) a + b
2        int s1,s2,s3;
3        float f1,f2,f3;
4        void main()
5        {
6            s1 = 12;
7            s2 = 66;
8            s3 = add(s1,s2);
9
10           f1 = 54.23;
11           f2 = 98.18;
12           f3 = add(f1,f2);
13       }
```

如程序 10 − 5 所示,程序定义了双目加法运算的宏 add,宏 add 带有两个参数 a、b。由于宏的参数是不区别类型的,因此 add 可以应用于不同类型操作数的加法运算,而不需要任何类型转换。如果试图使用 C 语言的函数实现同样的功能,则必须定义两个函数分别应对两种不同类型的操作数,否则不得不牺牲精度或者进行类型转换。

调用处理过程

在 C 语言中,将调用类似函数的宏的预处理过程称为**宏展开**(macro expansion),其大致如下:

(1)预处理器为宏体创建一份副本;

(2)将副本中每个形参名字使用相应的实参单词序列替换;

(3)使用经过参数处理的副本替换宏调用。

10.2.3　宏与函数的差异

宏并不是真正意义的函数,从概念到实现都不能简单地等同于函数,尽管它们的形式如此相似。下面,笔者对宏与函数的差异进行简要总结:

从调用行为的角度分析。函数的调用行为是在运行时刻完成的,其参数传递是需要消耗内存资源。而宏的调用行为是在预处理过程中完成的,所谓的“调用”其实只是预处理器替换文本的操作,而其中的参数用于描述替换与被替换的对象。宏调用不会消耗内存资源,但由于程序代码增加会消耗部分代码区空间。

从静态检查的角度分析。编译器对函数的静态检查包括参数类型、一致性、访问限制等。而预处理器对宏的静态检查只考虑参数的一致性,不涉及类型等高级语义信息。

从名字空间的角度分析。到目前为止,本书已详细介绍了 4 类 C 语言的名字空间,而最后一种名字空间就是"预处理器宏名"。由于预处理逻辑发生在 C 编译之前,宏名是独立于其他名字空间存在。理论上,宏名与函数名是可以重名的,但并不建议读者尝试。

从对象的角度分析。函数可以作为程序中的实体对象,对函数进行指针运算是合法。而宏并不是程序中的实体对象,试图对其进行指针运算是非法的。

从实参求值的角度分析。函数调用中的实参只被求值一次,而宏调用的实参可能被多次求值,如果求值的过程存在副作用,宏调用的结果可能异常,如程序 10 - 6 所示。

程序 10 - 6

```
1        #define min(a,b) ((a) < (b) ? (a) : (b))
2        int s1,s2,s3;
3        void main()
4        {
5            ...
6            //下一行文本预处理后结果为:s3 = ((s1 ++) < (s2) ? (s1 ++) : (s2))
7            s3 = min(s1 ++ ,s2);
8        }
```

在程序 10 - 6 中,由于第 1 个实参存在副作用,经预处理后,该副作用被"扩大"了,但这种情形在函数调用时则不会发生。

在实际编程中,有关宏的错误种类繁杂,可能分布于程序的任何角落,没有太多的规律可循,但大多数错误都是源于程序员习惯使用函数调用的观点思考。之前,本书所涉及宏的实参都是简单的常数或变量,而不是一个单词序列构成的表达式。但 C 语言对此并没有严格限制,因此,在定义、调用宏时,必须充分考虑各种元素是表达式的情况,如程序 10 - 7 所示。

程序 10 - 7

```
1        #define add(a,b) a + b
2        int s1,s2,s3;
3        void main()
4        {
5            s1 = 5;
6            s2 = 6;
7            s3 = 8;
8            s3 = add(s1,s2) * s3;        //预处理后的文本:s3 = 5 + 6 * 8
9        }
```

该程序最初期望描述的表达式为"s3＝(s1＋s2) * s3",但预处理后的结果表达

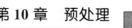

式为"s3＝s1＋s2 ＊ s3"。由于运算优先级的作用,显然两者求值的结果是不同。

　　这个问题的通常解决方法是将宏体定义为"((a)＋(b))"。特别注意,除了考虑宏体最外层新增的小括号之外,还需要考虑实参是由一个单词序列构成的表达式的情况,因此,安全的方法是将每个形参都用小括号括起,尽可能保证与原始语义一致,避免编译器不按期望的方式运用优先级与结合性规则。在表达式处理中,增加多余的小括号通常是正确的,但仍需要根据上下文环境而定。

　　实际上,关于宏定义与调用,并不存在绝对正确且有效的技巧,很多问题只能依赖于实际上下文环境讨论。对于读者来说,试图避免出错,唯一有效的途径就是深刻理解宏替换的预处理行为,暂时抛弃函数调用的观点。

10.2.4　取消宏定义

　　取消宏定义就是从预处理器中删除关于指定宏的相关信息,一般形式如下:

　　# undef　名称

　　针对一个未定义的宏执行取消命令并不会引发异常。一个宏定义的作用域从定义行开始到相应的取消定义行为止,如果不存在取消定义行,则到该文件结束处。取消宏定义命令的内部不再进行宏替换。

　　另外,还需要明确关于宏重名的问题。如果一个宏定义已被取消,后续再定义同名的宏是完全合法的,两者不存在任何联系。如果一个宏定义未取消,而再次定义同名的宏,处理结果依赖于编译器实现。为了提高代码的可读性及可移植性,笔者建议尽量不要定义同名的宏,包括取消后的重新定义。

10.2.5　预定义宏

　　预定义宏就是由预处理器或其他方式预先定义的类似对象的宏,用户只能调用但不能取消预定义宏的定义。在实际编程中,预定义宏主要用于标识一些与环境相关的信息,包括源文件信息、目标机环境等。一般来说,预定义宏名以两个下划线开始,例如,__TIME__、__DATE__等。

　　表 10－2 列出了 C89 标准规定的预定义宏及 HRCC 编译器的支持情况,C99 标准还增加了一些预定义宏,这里不再详述。HRCC 是面对嵌入式应用的 C 编译器,由于目标机架构及资源所限,并未严格遵守 ISO 标准。

表 10－2　C89 标准支持的预定义宏

宏名	值的描述	HRCC 支持情况
__TIME__	值为预处理的时间,类型为字符串常量,格式"hh:mm:ss"	支持
__DATE__	值为预处理的日期,类型为字符串常量,格式"Mmm dd yyyy"	支持

东软载波单片机应用C程序设计

宏名	值的描述	HRCC 支持情况
__FILE__	值为当前源文件名,类型为字符串常量	支持
__LINE__	值为当前源文件的行号,类型为十进制整型常量	支持
__STDC__	如果编译器遵守 ISO 标准,该宏的值为 1,否则值为 0	宏值为 0
__STDC__VERSION__	如果编译器遵守 C95 标准,该宏的值为 199409L。如果编译器遵守 C99 标准,该宏的值为 199901L。其他情况则该宏未定义	宏未定义

除了 C 语言标准规定的预定义宏之外,各种编译器可能还将提供一些特殊的预定义宏,主要针对编译器、系统平台及目标机架构等。例如,大多数 C++ 编译器都会预定义"__cplusplus",以区别 C 编译模式。

在嵌入式编译器中,预定义与目标机架构相关的宏是比较常见的。例如,在 Keil C 针对 ARM 目标机预定义了"__arm__"。

到目前为止,用户仍然只能在程序中通过 #define 命令定义宏。其实,许多编译器还支持一种非常有效的宏定义方式,即从命令行参数获取外部预定义宏。外部预定义宏与预处理器定义的宏非常类似,只不过前者可以由用户定义,而后者则完全依赖于预处理器。HRCC 编译器支持通过"－dm"参数传入外部预定义宏,例如,－dm "true＝1"表示预定义宏名为 true,其值则为 1。当然,也可以通过 IDE 的"项目属性"对话框中完成设置,如图 10-3 所示。

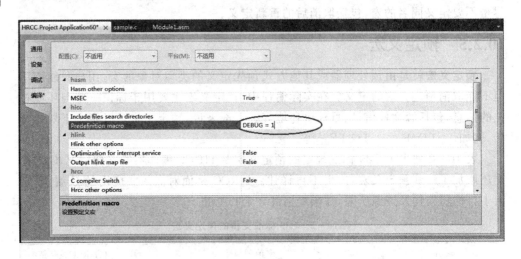

图 10-3　设置外部预定义宏

10.2.6 重新扫描

在之前章节中,笔者已经介绍了"宏展开"的基本过程,本节将更深入研究这个话题。在预处理器完成一次宏展开后,如果结果文本中还存在宏调用,之前并未定义此类情况的预处理行为。

根据 C 语言定义,在完成一次宏展开后,预处理器将重新扫描结果文本,如果结果文本中还存在宏调用,则将再次进行宏展开,直到结果文本不包含任何宏调用为止。习惯上,将该过程称为**重新扫描**(rescanning)。下面,通过具体实例分析宏展开及重新扫描的过程,如图 10 – 4 所示。

源程序文本如下:
```
#define mul_add(a, b, c) (add((a) * (b), (c)))
#define add(a, b) ((a) + (b))
#define mul(a, b) ((a) * (b))
...
rslt1 = mul_add(s1, s2, s3);
rslt2 = add(mul(s1, s2), s3);
```

宏展开过程如下:

原始文本	`mul_add(s1, s2, s3)`	`add(mul(s1, s2), s3)`
	⬇	⬇
第1次展开	`(add((s1) * (s2), (s3)))`	`((mul(s1, s2)) + (s3))`
	⬇	⬇
第2次展开	`(((s1) * (s2)) + ((s3)))`	`((((s1) * (s2))) + (s3))`

图 10 – 4　宏展开及重新扫描的过程

从 rslt1 赋值表达式右部的展开过程不难发现,宏体内部是否包含其他宏调用,并不是在宏定义时确定的,只有当宏展开过程中发生"重新扫描"行为时,宏体内的其他宏调用才被识别处理。否则宏 add 应该在宏 mul_add 定义处就已经完成展开,而不是在调用时展开。

在 rslt2 赋值表达式右部的展开过程中,宏 add 的展开先于宏 mul 完成,说明宏调用的实参求值只考虑实参单词序列的识别,而如果实参中还存在其他宏调用,则依赖于"重新扫描"完成,这个过程与函数调用是恰恰相反的。

通过对以上两个宏展开过程的分析,读者应该深刻理解宏展开及重新扫描行为是发生在宏调用处,而不是定义处或实参求值处。

10.2.7 递归展开

在宏展开过程中,如果出现调用自身的宏展开,则称为**递归展开**,例如,♯ define int unsigned int。与函数递归调用不同,宏出现递归展开通常是错误的。由于宏展开是由预处理器静态完成的,其展开过程是无条件约束的,并没有递归函数的"终止条件"。如果试图递归展开宏,则将是一个无限递归的过程,直到预处理器崩溃而终止。因此,宏定义中使用递归调用是无意义的。为了保证预处理器的安全,标准 C 约定,如果宏展开过程中出现递归展开,则不再重新展开。下面,笔者通过实例说明,如图 10 - 5 所示。

源程序文本如下:

```
#define m1(a)  (m1(a)) * (m2(a))
#define m2(a)  (m1(a)) + (m2(a))
...
m1(1)
m2(2)
...
```

宏展开过程如下:

原始文本	m1(1)	m2(2)
第1次展开	(m1(1)) * (m2(1))	(m1(2)) + (m2(2))
第2次展开	(m1(1)) * ((m1(1)) + (m2(1)))	((m1(2)) * (m2(2))) + (m2(2))

图 10 - 5　宏的递归展开

10.3　条件编译

在实际开发中,根据执行环境不同,有时可能需要选择执行不同的代码片断。例如,在调试过程中,经常需要输出一些调试信息,但它们却不能存在于正式发布版本中。在本章之前,唯一有效的办法是使用 if 语句把调试相关的代码"打包"在一起,通过 if 语句的表达式求值确定是否需要执行相应代码段。这或许是一种可行的办法,但并不是最佳的方案,理由如下:

(1) if 语句只是把调试代码组织到一起,通过"开关"控制是否执行,但这些代码仍然需要占用代码区的存储资源,无论它们最终是否被执行;

(2) if 语句选择所控制的部分只能是语句,不能是声明。

在 C 语言中,更有效的解决方案是预处理的条件编译。条件编译命令的作用是根据表达式的求值结果确定是否包含或排除指定文本行块。与 C 语言的选择语句不同,条件编译的操作行为是在预处理阶段完成的,包括条件编译所涉及的表达式求值也是静态的,因此不需要耗费程序运行时刻的任何资源。

10.3.1　♯if...♯endif 结构

一般形式如下:

♯if　常量表达式

　　文本行块$_{opt}$

#endif

　　#if、#endif 是 C 语言中最常用的条件编译命令,其功能是根据常量表达式的求值结果确定是否包含指定文本行块。如果表达式的求值结果不为 0(即表示为真),则包含指定文本行块,否则排除该文本行块。

　　在该条件编译结构中,常量表达式的求值结果必须是算术类型,其操作数包括两类:宏名、字面常量。常量表达式的求值过程如下:

　　(1) 将表达式中所有的宏展开。如果宏名已经定义,则执行相应的宏展开操作,否则将宏名默认替换为 0;

　　(2) 根据 C 语言表达式求值规则,对常量表达式进行求值。理论上,C 语言的合法运算符都适用于该常量表达式,但由于数据类型所限,有些运算可能是未定义的,例如,成员选择、下标访问等。同理,字符串类型的字面常量也不适合参与该表达式运算。

　　另外,需要说明关于“文本行块”的概念。根据 C 语言预处理的规定,#if...#endif 结构中的文本行块的范围就是从 #if 命令所在行的下一行开始到相匹配的 #endif 命令所在行的上一行结束。如果常量表达式求值结果不为 0,则该文本行块将被包含并参与预处理。如果常量表达式求值结果为 0,则该文本行块将被排除,其中的预处理命令(条件编译命令除外)都将被忽略,宏定义与替换也不再执行。值得注意的是,这里特别强调“条件编译命令除外”,原因是预处理器将对排除文本行块内的条件编译命令进行计数,以便正确识别嵌套应用的条件编译结构,但在这种情况下,并不会对其中的常量表达式进行求值。

10.3.2　#if...#else...#endif 结构

　　一般形式如下:

#if　常量表达式

　　文本行块 1$_{opt}$

#else

　　文本行块 2$_{opt}$

#endif

　　#if...#else...#endif 结构的功能是根据常量表达式的求值结果确定包含一组文本行块并且排除另一组文本行块。如果表达式的求值结果不为 0,则包含文本行块 1 且排除文本行块 2,否则包含文本行块 2 且排除文本行块 1。

　　在该条件编译结构中,文本行块 1 的范围是从 #if 命令所在行的下一行开始到相匹配的 #else 命令所在行的上一行结束,文本行块 2 的范围是从 #else 命令所在行的下一行开始到相匹配的 #endif 命令所在行的上一行结束。而关于文本行块的

处理行为与 #if..#endif 结构中的相同,不再详述。

10.3.3 　#elif 命令

正如之前所述,C 语言的 if-else 结构的嵌套使用可能导致二义性,也就是著名的"悬而未决的 else"问题。显然,#endif 命令的存在避免了相同问题在预处理中重现。不过,#endif 命令的出现也不是那么完美的,如程序 10-8 所示。

程序 10-8

```
1        # if ANSIC
2        ...文本行块 1
3        # else
4        # if GCC
5        ...文本行块 2
6        # else
7        # if MSC
8        ...文本行块 3
9        # else
10       ...文本行块 4
11       # endif      //MSC end
12       # endif      //GCC end
13       # endif      //ANSIC  end
```

从程序 10-8 中不难发现,当在 #else 结构中嵌套过多时,则大量的 #endif 命令将"聚集"于最外层结构的结束处。更令人烦恼的是,许多 C 语言编码规范要求预处理命令通常是顶格书写的,最好不存在任何缩进,因为有些旧式 C 编译器对此有严格要求。当程序规模足够大时,匹配 #endif 将是一项"艰难"的工作。其实,这个困难在许多类似的高级语言中都曾涉及,解决方法就是增加一条"elseif"语句。而在 C 预处理中,则是增加了"#elif"命令。#elif 是标准 C 规定支持的预处理命令,作用就是 #else 结构中嵌套 #if 结构的一种简化形式,如程序 10-9 所示。

程序 10-9

```
1        # if ANSIC
2        ...文本行块 1
3        #elif GCC
4        ...文本行块 2
5        #elif MSC
6        ...文本行块 3
7        #else
8        ...文本行块 4
9        #endif
```

相对程序 10-8 而言,程序 10-9 的结构更清晰,增强了程序的可读性。注意,在这种条件编译结构中,常量表达式是自上而下逐一被求值的,当出现求值结果为真的表达式时,预处理器则将包含相应的文本行块并对其进行展开,而后续常量表达式的求值操作不再继续。对于其他文本行块来说,除了进行必要条件编译命令的计数之外,预处理器将忽略其中的预处理命令及文本。从预处理行为与结果角度来说,程序 10-8 与程序 10-9 是完全相同的,最终只有一个文本行块被传递给 C 编译器,其他的文本行块都将被丢弃。

特别注意,在类似的条件编译中,♯else 命令可以省略,但如果存在,则只能与最后一个 ♯elif 相匹配。

10.3.4　defined 运算符

除了标准 C 提供的运算符之外,C 预处理器提供了专用于预处理命令的运算符,如 defined、♯♯ 等。defined 运算符的作用是判定一个宏名是否已定义,如果该宏名已定义,则运算结果为 1,否则运算结果为 0。defined 是单目运算符,其操作数必须为标识符,一般形式如下:

defined　标识符
defined　(标识符)

C 语言没有规定 defined 运算符后是否必须使用小括号括起标识符,因此两种形式都是合法的。不过,大多数 C 程序员更容易接受使用小括号的形式,这也是良好的 C 语言编码规范所倡导的。defined 运算符既可以用于判定由 ♯define 命令定义的宏,也可以作用于预定义宏及外部命令行参数传入的宏。在实际开发中,defined 运算符通常被应用于判定一些常量表达式,以实现功能更丰富的条件编译结构。

实际上,C 语言只允许 defined 运算符被应用于 ♯if、♯elif 命令的常量表达式中,否则将失去其原始的语义功能。例如,♯define aa defined(bb),宏 aa 被展开时并不会将"defined"识别为运算符,而是作为普通标识符处理。

10.3.5　♯ifdef、♯ifndef 命令

为了兼顾代码的可复用性与可移植性,defined 运算符结合条件编译通常是不错的选择。在中大型项目开发中,形如"♯if defined(标识符)"或"♯if ! defined(标识符)"的条件编译命令可能大量充斥在字里行间,为了便于阅读与书写,C 语言提出了两种简化形式,即 ♯ifdef、♯ifndef 命令。

♯ifdef、♯ifndef 命令的功能是通过测试一个宏名是否已定义确定包含或排除指定文本行块,一般形式如下:

♯ifdef　标识符$_{opt}$
♯ifndef　标识符$_{opt}$

东软载波单片机应用 C 程序设计

其实,"♯ifdef　标识符"就是"♯if defined(标识符)"的简化形式。从语言层次来说,两者是完全等价的,它们接受相同的语法限制,执行同样的语义行为。当然,♯ifdef 只适用于这种特殊形式的简化,并不能覆盖所有 defined 运算的应用场合。同理,"♯ifndef 标识符"则是"♯if！defined(标识符)"的简化形式。

特别注意,不要将"♯ifdef 标识符"误写为"♯if 标识符",两者的判定结果并不一致。如果该标识符是已定义的宏名,则前者的判定必定为真,而后者的判定结果依赖于宏体。如果该标识符未定义,则前者的判定必定为假,而对于后者而言,未定义的宏名将默认被替换为 0,故判定结果也为假。从以上分析可知,大多数情况下它们的判定结果可能是一致的,但这只是一种"假象"而已。

10.4　文件包含

文件包含的预处理命令为♯include,其操作行为是将指定文件的文本完整地进行预处理,并用预处理结果替换♯include 预处理命令行。

10.4.1　一般形式

♯include 命令支持三种形式:

♯inlcude　"字符序列$_{opt}$"

♯include　＜字符序列$_{opt}$＞

♯inlcude　宏名

在第 1 种形式中,字符序列是由除半角双引号"""与换行符之外的任意字符构成的字符串,用于描述待包含文件所在路径或文件名信息。

在第 2 种形式中,字符序列则是由除右尖括号"＞"与换行符之外的任意字符构成的字符串。考虑到跨平台应用,C 语言定义的文件路径允许的字符集几乎涵盖了所有合法字符,其实大多数操作系统的文件路径允许的字符集远小于此,但这并不会对程序执行效率产生任何不良影响,因为最终访问文件仍然需要通过系统 API 完成。

在第 3 种形式中,宏名就是一个特定的标识符,预处理器会将该宏名展开,而展开后的结果文本必须是前两种形式之一,后续的操作行为与前两者一致。注意,除非存在充分的理由,否则建议读者避免使用第 3 种形式,这不是一种良好的编程习惯。

10.4.2　搜索路径

在文件系统中,**完整路径**(full path),也被称为**绝对路径**,通常是文件的唯一标识,操作系统通过该路径信息可以唯一定位到一个文件。完整路径是绝对严格无歧义的描述形式,但其缺点是字符串形式过长,不利于书写,而源代码中出现完整路径

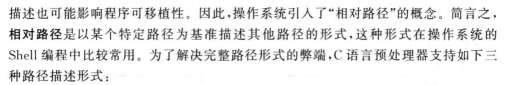

描述也可能影响程序可移植性。因此，操作系统引入了"相对路径"的概念。简言之，**相对路径**是以某个特定路径为基准描述其他路径的形式，这种形式在操作系统的 Shell 编程中比较常用。为了解决完整路径形式的弊端，C 语言预处理器支持如下三种路径描述形式：

(1) 完整路径形式：#include "c:\my_prog\config.h"

(2) 相对路径形式：#include "..\include\system.h"

(3) 仅包含文件名形式：#include "math.h"

对于完整路径形式，预处理器只需要根据路径信息查找到相应文件并执行访问操作即可。如果指定文件不存在或访问失败，则提示出错。

对于相对路径形式，预处理器必须事先定义一个相对路径的基准路径位置，通常是当前 C 源文件所在目录。

对于仅包含文件名的形式，这是一种更简洁的描述形式。预处理器将依据特定规则在指定路径中搜索该文件是否存在。

对于后两种形式，都需要由预处理器根据特定的外部环境将一个不完整的路径转换为最终操作系统可以接受的完整路径形式。为此，C 语言预处理引入了"**搜索路径**"的概念，其主要作用是引导预处理器在指定路径中搜索待包含的文件。例如，指定搜索路径为"c:\program files\common\"，对于 #include 命令中仅包含文件名的情况，预处理器将自动到"c:\program file\common\"目录下搜索指定文件，如果存在则打开并访问，否则提示出错。

从理论上来说，"搜索路径"的概念并不难理解，其预处理行为也非常清晰。不过，在实际编程中，一个搜索路径显然无法满足需求，因此 C 语言允许指定多个搜索路径，即搜索路径列表。在这种情况下，文件的搜索行为通常可能影响最终的预处理结果。例如，#include 命令指定的待包含文件名为"math.h"，而搜索路径列表中多个路径中都存在 math.h 文件，但文件内容并不相同，到底包含哪个 math.h 文件显然对最终预处理结果是有影响的。C 语言标准对此的解释是"由实现定义"，而大多数编译器是自前向后依次搜索列表中的每个路径，当定位到指定文件，搜索过程终止。

除了外部指定的搜索路径之外，有些 C 编译器还将一些系统预定义文件的存放路径默认为搜索路径。习惯上，将由编译器默认提供的搜索路径称为**系统搜索路径**，而将其他搜索路径称为**用户搜索路径**。

根据大多数编译器的实现，使用"#include <...>"形式的命令表示包含系统预定义的文件，即从系统搜索路径中查找。而使用"#include "...""形式的命令则表示包含用户文件，即从用户搜索路径中查找。其实，C 语言标准对此并没有严格规定，这只是大多数编译器所定义的规则。

10.4.3 搜索路径设置

最后，简单介绍下搜索路径设置。大多数编译器中都提供了头文件搜索路径相关的命令行参数，这是用户设置搜索路径的主要途径。在 HRCC 中，关于搜索路径的命令行参数，如表 10-3 所列。

表 10-3　HRCC 头文件搜索路径相关命令行参数

命令行参数形式	说明	限制
−ui<路径>	设置用户搜索路径，每个参数只能设置一个路径，如需设置多个搜索路径，可通过多个参数设置。搜索路径的次序以设置的先后顺序为准	可选
−si<路径>	设置系统搜索路径，每个参数只能设置一个路径，如需设置多个搜索路径，可通过多个参数设置。搜索路径的次序以设置的先后顺序为准	可选

例如，−ui"C:\MyProgram\src\"−ui"D:\Test\include\"，即表示设置两个用户搜索路径，分别为"C:\MyProgram\src\"与"D:\Test\include\"。注意，搜索路径是外部命令行参数，不是 C 语言的字符串，因此不需要使用转义字符将"\"变成"\\"。另外，但外部命令行参数的形式必须满足操作系统的相关规范。

当然，大多数情况下，用户并不会直接通过命令行形式执行编译器，而是通过 IDE 进行项目编译与调试。那么，搜索路径则可以在 IDE 的"项目属性"对话框中设置，如图 10-6 所示。

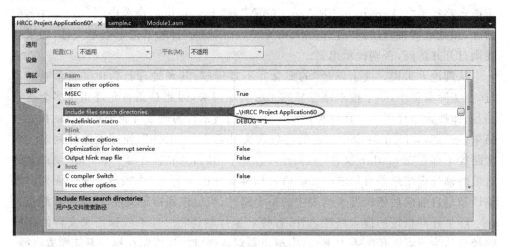

图 10-6　设置用户搜索路径

10.5　特殊命令

在预处理命令中，有一些功能特殊却无法明确归类的命令被划入了"特殊命令"类别。除了语言标准定义了一些特殊命令，如 #line、#error 等，有些编译器也会根据实际需要进行相关定制，用户可查阅相关手册。本节将介绍 4 种标准 C 定义的特殊命令：## 运算符、# 运算符、#line 命令、#error 命令。

10.5.1　♯♯运算符

♯♯运算符用于将两个单词合并为一个单词,如程序 10-10 所示。

程序 10-10

```
1      # define VAR(k) var # # k
2      ...
3      VAR(1) = VAR(2) * VAR(3);      //展开结果:var1 = var2 * var3;
```

♯♯运算符只允许出现在宏体内,不允许在其他预处理表达式中使用。例如,直接在条件编译的常量表达式中使用♯♯运算符是非法的。♯♯运算符的操作行为是在宏展开时完成的,而不是在表达式求值过程中实施,如程序 10-11 所示。

程序 10-11

```
1      # define var1 1
2      # define var2 0
3      # define VAR(k) var # # k + 1
4      # if VAR(1)       //展开结果:var1 + 1
5      ...
6      # endif
```

在程序 10-11 中,如果试图使用运算符优先级分析第 3 行宏定义,则说明尚未真正理解宏展开与表达式求值的区别。正如之前所述,预处理器对条件编译中的常量表达式的求值过程分为两个步骤:宏展开与求值计算。宏展开只是进行文本替换,不进行任何计算。而 C 语言规定♯♯运算符的行为是发生在宏展开过程,因此,与后续加法无关。当宏展开完成后,再对展开结果进行求值操作。在实际编程时,必须严格区分宏展开与表达式求值两个过程的行为细节与执行时刻。

♯♯运算符是一个双目预处理运算符,其左右操作数都必须是单词,运算符与操作数之间允许存在空白,但♯♯运算符不允许出现在宏体的开始或结束处。如果两个单词合并后的字符串不是合法的单词,则执行结果可能是未定义的。另外,有一种特殊情况需要说明,如程序 10-12 所示。

程序 10-12

```
1      # define k
2      # define VAR var # # k + 1
3      # if VAR       //展开结果:var + 1
```

在程序 10-12 中,由于 k 是未定义的操作数,根据规定,如果♯♯运算符的操作数中存在未定义或空白的情况,则展开时将使用空格替换该操作数,而不会直接与后续单词合并。因此,在程序 10-12 第 3 行的 VAR 展开时,并不会将"var"与"+"合并为一个单词"var+"。

当把♯♯运算符与宏相结合时,读者可能会有一个"神奇"的发现,似乎标识符可以"动态"生成了。当然,这里的"动态"并不是运行时刻的"动态",只是在预处理过程中完成的,但这种机制已经足够让许多用户满意了。其实,关于合并(连接)单词的需求早在C语言诞生前就出现了,但几乎没有高级语言尝试实现,以至于早期C编程中,人们不得不利用注释处理的"漏洞"来满足这个需求。在强烈的用户需求的驱使下,标准C引入了♯♯运算符,合并单词的操作也就此合法化了。为了更好地统一规范,标准C修复了注释处理的"漏洞",并推荐用户使用合法的♯♯运算符。

注释处理的"漏洞"

事实上,♯♯运算的设计动机与后来的模板类以及泛型编程是类似的,就是试图借助特殊的语言机制,实现一定程度的"动态"绑定。只不过前者是比较朴素的呈现,而后者则是形成了一套华丽而完美的语言体系。当然,更广泛意义的"动态",例如,动态执行程序代码等,则是解释性语言比较擅长的。在C语言预处理器尚不支持♯♯运算之前,动态连接生成标识符的工作则是借助于注释处理的"漏洞"巧妙地实现的。

通常,注释别除的工作是由预处理器完成的。根据C语言标准规定,其标准行为是将文本中注释替换到一个空格。但一些早期C编译器对注释别除的处理方式比较简单,就是直接将注释从源代码文本中别除。这两种处理方式的差异,则正是"漏洞"所在。例如:

```
♯defineMY          my test program
♯define MACRO(x,y)x/* ...... */y
...
MACRO(M,Y)
```

早期C编译器的处理过程大致为:先把"MACRO(M,Y)"展开为"M/* ...... */Y",然后再删除其中的注释,结果即为"MY"。但由于"M"与"Y"直接连接组成了一个新标识符"MY",而该标识符又是另一个宏的名字,编译器将其再次展开为"my test program"。在♯♯运算出现之前,人们正是巧妙地利用这个"漏洞"实现动态连接标识符的需求。但在标准C编译器中,由于注释将使用一个空格替换,"M"与"Y"将无法直接连接组成标识符。

如果认为♯♯运算是比较罕见的应用,那是非常严重的误解。在许多以C/C++开发的经典软件架构中,大量存在着♯♯运算的"身影",其中包括著名的ATL、MFC、GCC等。不过,对于初学者来说,笔者并不推荐使用这种技术,尽管它本身魅力无限。

10.5.2　♯运算符

正如读者所了解的,宏体内的形参必须是标识符,而字符串中的文本并不会被作为形参处理。例如,已经宏定义为"♯define STR(k) "my string is k"",用户的本意是将 k 作为形参在宏展开时被替换,以便根据实参"动态"构造字符串,但预处理器并不认同。事实上,该宏的展开结果永远是""my string is k"",无论实参如何传递,因为预处理器并不认为字符串中的"k"是形参。

在函数调用中,此类需求通常只能通过编写程序分析字符串并实现相应替换操作,这一过程是需要耗费运行时刻资源的。但预处理过程则不然,究其根源只是文本替换操作,故只需有合理的语言机制支持,可以被预处理器识别即可。正因如此,标准 C 引入了♯运算符。

♯运算符的作用就是将宏的参数转换为字符串常量,有时,也称为字符串化运算符。♯运算符是一个单目运算符,其操作数必须是一个形参名字。在宏展开过程中,♯运算符的处理行为如下:

(1) 将实参单词序列转换为字符串常量。如果实参单词序列中存在多个连续空白字符,则使用一个空白替换。而实参单词序列的前后空白将被自动略去。然后,使用一对双引号将其括起构成一个字符串常量;

(2) 对步骤 1 获得的字符串常量进行字符替换处理,在字符串内部所有的反斜杠字符"\"及双引号字符"""之前增加一个反斜杠字符组成转义字符,以保证原始语义;

(3) 将♯运算符及其操作数替换为步骤 2 获得的字符串常量。

根据 C 语言规定,♯运算符只允许出现在宏体内,否则是非法的。而♯运算符与♯♯运算符的求值顺序则由实现定义。

10.5.3　♯line 命令

在早期编译器设计中,预处理器是独立于 C 编译器存在的,它们之间信息交互就是通过预处理输出的中间结果完成的。显然,经过预处理的中间结果往往与原始程序已经相差甚远,行号位置等信息通常无法对应。在这种情况下,有个非常严重的问题出现了,C 编译器如何依据预处理输出的中间结果准确生成关于原始程序的调试信息,因为没有用户愿意接受基于中间结果进行调试。同样,编译器的出错信息也存在类似问题。因此,C 语言提供了♯line 预处理命令用于指示中间结果与原始程序之间的行对应关系,一般形式如下:

♯line 行号 字符串常量$_{opt}$

该命令用于提示下一文本行的行号信息,其中,行号必须是十进制数字组合,而字符串常量则是含完整路径的文件名。如果文件名缺省,则表示下一文本行是来自当前文件。特别注意,这里的"当前文件"不一定就是当前正在处理的源程序文件名,如果之前存在其他♯line 命令行描述,则当前文件即为该命令中指定的文件。对于给定♯line 命令行不满足一般形式要求的情况,例如,♯line file(a,b),则♯line 之后的部分文本将作为宏调用处理。如果宏展开成功,则展开结果必须满足一般形式要求,其他任何情况都视为错误。

在预处理过程中,预处理器会识别分析用户程序中的♯line 命令行,但不会将其剔除,而是输出到中间结果并传递给 C 编译器。当然,预处理器还会根据实际情况自动输出一些♯line 命令行,用于提供更准确的行号信息。例如,当处理完♯include 命令后,由于外部文本的导入,原始的行对应关系通常会混乱,这就需要预处理器自动输出一行♯line 命令,用于"纠正"错误。

当然,在现代编译器结构中,由于预处理器已经被集成到 C 编译器中,两者交换信息的途径就比较丰富了,可以定义一些功能更强大的数据结构,而不仅仅只是一个文本文件,因此♯line 命令的地位也大不如前了。

值得注意的是,建议读者不要尝试随意使用♯line 命令,因为"误导"编译器的后果比较严重,你将无法得到准确的出错提示与调试信息。

10.5.4　♯error 命令

♯error 命令用于输出一条编译时刻的错误信息,一般形式如下:

♯error　单词序列

其中,单词序列用于描述命令输出的错误信息,如果单词序列中包含宏调用,则宏调用将被展开。♯error 命令常用于预处理断言。

断言(assert)是一种非常实用的错误排除机制,例如,C 语言标准库提供的 assert 函数就是一个运行时刻断言,当给定条件不满足时,assert 函数输出预先设定的诊断信息并终止程序执行。通常,断言只应用于调试过程,在正式发布版本中,断言将不再有效。而预处理断言更多应用于对某些条件编译的表达式进行判定与限制,如程序 10 - 13 所示。

程序 10 - 13

```
1        ♯ if defined(GCC) && defined(MSC)
2        ♯ error invalid compiler
3        ♯ endif
```

假设宏 GCC 仅属于 GCC 编译器,而宏 MSC 仅属于 Microsoft C++,则一次编译过程中两者同时被定义的可能性是不存在的,因此可以使用♯error 命令进行预处理断言。如果某次编译过程中♯error 命令有效,则表明宏定义环境必定存在错误。

10.6　程序实例

实例：模拟函数指针

问题描述：由于目标计算机架构所限，HRCC 不支持函数指针，但不得不承认有时函数指针是一种非常有效的工具，可以优化程序逻辑及实现。那么，如何在 HRCC 中模拟实现函数指针呢？

解题思路：函数指针中存放的是某个函数的入口地址，即指针所指向的函数。对于不支持函数指针的情况，通常解决方法是为每个可能被函数指针引用的函数分配一个唯一的 ID 编号，将关于函数指针的操作转换为关于该 ID 号的操作即可，大致步骤如下：

（1）为每个可能被指向的函数指定一个整型 ID 值，该 ID 值不允许重复；

（2）将原来函数指针类型都改为 int 类型，并将所有函数指针与函数对象的绑定改为直接与相应 ID 的绑定；

（3）建立 ID 与函数名之间的对应关系；

（4）将通过函数指针实现的函数调用改为通过 ID 检索得到实际函数指示符，并进行调用。

程序 10 - 14

```
1      /*
2      * @file          func_ptr.h
3      * @brief         注册程序中所有可能被引用的函数名
4      */
5
6      //该头文件中必须将所有可能被引用的函数依次注册
7      op(add)
8      op(sub)
9      #undef op
```

程序 10 - 14 是 func_ptr.h 头文件的程序清单，其中需要包含该程序中所有可能被引用的函数名，本书将该过程称为"函数注册"。func_ptr.h 文件将在不同位置被多次包含，并且程序将根据实际需要每次重新定义 op 宏的展开形式，这是本例的关键所在。特别注意，在该文件结束位置必须对 op 宏取消定义，以保证 op 宏只在该头文件范围内有效。本例涉及两个函数被引用，即 add、sub。

程序 10 - 15

```
1      /*
2      * @file          sample.c
```

```
3       * @brief          模拟函数指针例程
4       */
5
6       //为每个可能被引用的函数分配 ID,ID_NULL 即对应 NULL 指针。
7       //ID 使用枚举常量值表示:ID_函数名
8       enum
9       {
10          ID_NULL = 0,
11      #define op(a) ID_##a,
12      #include "func_ptr.h"
13      };
14      //将函数名转换为对应的枚举常量值
15      #define _getID(a) ID_##a
16      //被引用的函数
17      int add(int a,int b)
18      {
19          return a + b;
20      }
21      //被引用的函数
22      int sub(int a,int b)
23      {
24          return a - b;
25      }
26      //根据 ptr 值调用实际被引用的函数
27      int _callID(int ptr,int p1,int p2)
28      {
29          switch(ptr)
30          {
31      #define op(a) case ID_##a: return a(p1,p2); break;
32      #include "func_ptr.h"
33          }
34      }
35      void main()
36      {
37          int ptr = 0;
38          int result = 0;
39          ...
40          ptr = _getID(add);              //指向被引用的函数
41          result = _callID(ptr,10,50);    //调用被引用的函数
42          ...
43          ptr = _getID(sub);              //指向被引用的函数
44          result = _callID(ptr,50,20);    //调用被引用的函数
45      }
```

程序 10～15 可分为几个部分:定义函数的 ID 编号(第 8～13 行)、函数名转换为 ID 编号(第 15 行)、根据 ID 调用函数(第 27～34 行)、指向函数及调用(第 37～44 行)。

定义函数的 ID 编号。在 C 语言中,最有效的定义顺序编号的方式就是枚举常量。本例使用"ID_"与函数名直接连接得到的标识符作用枚举常量名。特别注意第 11～12 行的实现,先重新定义了 op 宏的展开形式,再包含 func_ptr.h 文件。由于 func_ptr.h 文件中都是 op 宏调用,因此在包含 func_ptr.h 文件以后,预处理器将按照第 11 行的宏定义依次展开 func_ptr.h 文件中的每个 op 宏调用,其最终展开结果如下:

```
ID_add,
ID_sub,
```

按照枚举类型定义规则,ID_add 将被顺序编号为 1,ID_sub 将被顺序编号为 2,依此类推。为模拟空函数指针的情况,将 ID_NULL 预留为 0。这种宏定义的技巧被广泛应用国外开源 C 项目中,希望读者深入理解。

函数名转换为 ID 编号是比较容易的,就是将函数名转换为相应的枚举常量名,只需应用♯♯运算符即可实现。

根据 ID 调用函数。就是应用 switch 语句根据给定 ID 执行相应的函数。当然,switch 语句的所有 case 分支是不需要手工编码的,依然可以应用之前宏展开的方式实现,如第 31～32 行所示,其最终展开结果如下:

```
case ID_add: return add(p1,p2); break;
case ID_sub: return sub(p1,p2); break;
```

最后,即指向函数及调用。第 37 行定义了 int 类型变量 ptr,即用于模拟函数指针。第 40 行就是令 ptr 指向函数 add,第 41 行则是借助于 _callID 函数实现调用 ptr 指向的函数。而程序中其他关于函数指针之间赋值传递等操作都可以转换为关于 int 类型变量的同等操作。

读者不难发现,只要合理应用宏展开技术,可以大大提高编码效率及程序可读性,但前提是程序开发人员必须对 C 语言的预处理比较熟悉,否则将事倍功半。

实例:通用排序接口

问题描述:第 5 章涉及的排序算法都是基于 int 类型数组实现的,其弊端在于其通用性较差。例如,需要对一个字符串(char ＊)类型的数组按照字典顺序排序,尽管不需要改变算法思想,但仍不得不大规模修改具体实现代码。能否实现通用的排序接口,以满足对不同类型数组进行排序。

解题思路:在排序算法中,要实现"通用"就必须解决如何将那些依赖于元素类型的实现代码与排序算法分离。简言之,就是将与元素类型有关的操作抽象成独立接口,排序算法只关注调用那些接口以实现相应操作行为,而不必关注接口实现中与元素类型相关细节。通过分析排序算法代码后,不难发现,只有元素比较及元素交换两个操作是依赖于元素类型的,其他则是排序算法本身的逻辑实现。本例将应用通用气泡排序对结构类型数组及 int 类型数组进行排序。

程序 10 - 16

```
1      /*
2       * @file        func_ptr.h
3       * @brief       注册程序中所有可能被引用的函数名
4       */
5
6      //该头文件中必须将所有可能被引用的函数依次注册
7      op(compare1)
8      op(exchange1)
9      op(compare2)
10     op(exchange2)
11     #undef op
```

本例中可能被引用的函数包括:compare1(MyStru 类型变量比较)、exchange1(MyStru 类型变量交换)、compare2(int 类型变量比较)、exchange2(int 类型变量交换),故在 func_ptr.h 文件中注册了 4 个函数,如程序 10 - 16 所示。

程序 10 - 17

```
1      /*
2       * @file        common_bubble_sort.c
3       * @brief       通用冒泡排序例程
4       */
5
6      //为每个可能被引用的函数分配 ID,ID_NULL 即对应 NULL 指针。
7      //ID 使用枚举常量值表示:ID_函数名
8      enum
9      {
10         ID_NULL = 0,
11     #define op(a) ID_##a,
12     #include "func_ptr.h"
13     };
14
15     //将函数名转换为对应的枚举常量值
16     #define _getID(a) ID_##a
17
18     struct MyStru
```

```
19    {
20          int a;
21          int b;
22    };
23
24    typedef int pfunc;
25
26    //比较两个 MyStruc 结构类型变量
27    int compare1(void *  a,void *  b)
28    {
29          struct MyStru *  ptr1 = (struct MyStru * )a;
30          struct MyStru *  ptr2 = (struct MyStru * )b;
31
32          //对两个变量 a、b 字段累加后比较
33          return (ptr1 - >a + ptr1 - >b) - (ptr2 - >a + ptr2 - >b);
34    }
35    //交换两个 MyStruc 结构类型变量的值
36    int exchange1(void *  a,void *  b)
37    {
38          struct MyStru *  ptr1 = (struct MyStru * )a;
39          struct MyStru *  ptr2 = (struct MyStru * )b;
40
41          int temp;
42
43          temp = ptr1 - >a;
44          ptr1 - >a = ptr2 - >a;
45          ptr2 - >a = temp;
46
47          temp = ptr1 - >b;
48          ptr1 - >b = ptr2 - >b;
49          ptr2 - >b = temp;
50
51          return 0;
52    }
53    //比较两个 int 类型变量
54    int compare2(void *  a,void *  b)
55    {
56          int *  ptr1 = (int * )a;
57          int *  ptr2 = (int * )b;
58
59          return ( * ptr1 -  * ptr2);
60    }
```

```
61          //交换两个 int 类型变量的值
62          int exchange2(void * a,void * b)
63          {
64              int * ptr1 = (int * )a;
65              int * ptr2 = (int * )b;
66
67              int temp;
68
69              temp = * ptr1;
70              * ptr1 = * ptr2;
71              * ptr2 = temp;
72
73              return 0;
74          }
75          //根据 ptr 值调用实际被引用的函数
76          int _callID(int ptr,void * p1,void * p2)
77          {
78              switch(ptr)
79              {
80          #define op(a) case ID_ # # a; return a(p1,p2); break;
81          # include "func_ptr.h"
82              }
83          }
84          //通用冒泡排序
85          void common_bubble_sort(void * src,int num
86                                  ,int size,pfunc compare,pfunc exchange)
87          {
88              int i,j;
89              char * ptr = (char * )src;
90              for (i = 0; i < num - 1; i++)
91              {
92                  for (j = 0; j < num - 1 - i; j++)
93                  {
94                      //比较第 j 个元素与第 j+1 个元素
95                      if (_callID(compare,ptr + j * size,ptr + (j+1) * size) > = 0)
96                      {
97                          //交换第 j 个元素与第 j+1 个元素
98                          _callID(exchange,ptr + j * size,ptr + (j+1) * size);
99                      }
100                 }
101             }
102         }
```

```
103         //待排序数据初始化
104         struct MyStru data1[] = {{12,12},{1,22},{9,15},{10,12},{12,16}};
105         int data2[] = {32,76,73,11,6,12,76,87,97,12};
106
107         void main()
108         {
109             //对 data1 进行排序
110             common_bubble_sort(data1,5,sizeof(struct MyStru)
111                             ,_getID(compare1),_getID(exchange1));
112             //对 data2 进行排序
113             common_bubble_sort(data2,10,sizeof(int)
114                             ,_getID(compare2),_getID(exchange2));
115         }
```

程序 10 - 17 的基本结构与上例类似,故不再详细展开。这里,特别注意 common_bubble_sort 函数的原型定义如下:

```
void common_bubble_sort(void * src
                        ,int num
                        ,int size
                        ,pfunc compare
                        ,pfunc exchange)
```

src 是待排序数组的指针,为了兼顾通用性,一般使用 void * 类型。num 是指待排序数组的元素个数,并不是数组的实际存储长度。size 是待排序数组中每个元素占用的存储空间。compare 是比较函数的 ID,exchange 是交换函数的 ID。

如果编译器支持函数指针,则可以使用函数指针对程序 10 - 17 进行优化,如程序 10 - 18 所示。

程序 10 - 18

```
1       /*
2        * @file          common_bubble_sort.c
3        * @brief         通用冒泡排序例程
4        */
5       typedef int ( * pfunc)(void * ,void * );    //函数指针类型的别名
6       int compare1(void * a,void * b)
7       {
8           ……
9       }
10      int exchange1(void * a,void * b)
11      {
12          ……
```

```
13          }
14          int compare2(void * a,void * b)
15          {
16              ……
17          }
18          int exchange2(void * a,void * b)
19          {
20              ……
21          }
22          //通用冒泡排序
23          void common_bubble_sort(void * src,int num
24                              ,int size,pfunc compare,pfunc exchange)
25          {
26              int i,j;
27              char * ptr = (char * )src;
28              for (i = 0; i < num - 1; i++)
29              {
30                  for (j = 0; j < num - 1 - i; j++)
31                  {
32                      //比较第 j 个元素与第 j+1 个元素
33                      if (compare(ptr + j * size,ptr + (j + 1) * size) > = 0)
34                      {
35                          //交换第 j 个元素与第 j+1 个元素
36                          exchange(ptr + j * size,ptr + (j + 1) * size);
37                      }
38                  }
39              }
40          }//待排序数据初始化
41          struct MyStru data1[] = {{12,12},{1,22},{9,15},{10,12},{12,16}};
42          int data2[] = {32,76,73,11,6,12,76,87,97,12};
43
44          void main()
45          {
46              //对 data1 进行排序
47              common_bubble_sort(data1,5,sizeof(struct MyStru)
48                              ,compare1,exchange1);
49              //对 data2 进行排序
50              common_bubble_sort(data2,10,sizeof(int)
51                              ,compare2,exchange2);
52          }
```

第 **11** 章

声　明

　　为目前为止,"声明"并不算是一个崭新的概念,读者已经多次触及 C 语言的声明机制,包括变量、函数以及类型声明等。不过,以上种种都是基于某种具体语言元素或者对象进行讨论的,从某种程度上说,就是刻意将声明的概念在语言层次上进行了人为划分,如变量声明、函数声明等。其实,这种理解本身并没有任何错误,大多数语言设计者也持有相同的观点。但出于某些原因,C 语言设计者期待创造一种特殊声明模型,以便将所有语言元素的声明形式统一抽象。显然,Ritchie 做到了,至少在语法层次上实现了,但结果却并不令人满意。C 语言为此付出了相当大的代价,声明渗透于整个语言层次的各个领域,一些拙劣的类型组合行为直接导致语言被毫无意义地复杂化。十几年之后,包括 Ritchie 本人都承认:C 语言声明的语法有时会带来严重的问题(参见 K&R 的《C programming language 2ⁿᵈ Edition》)。但由于当时 C 语言已经比较盛行,这一切已经于事无补。

　　C 语言的完整声明包括 6 个部分:存储类别指定符、类型指定符、类型限定符、函数指定符、声明器和初始化值。其中,某些部分是先前章节从未涉及的内容,如存储类别指定符、类型指定符等。而有些部分则是已经详细讲解,只是没有将其与声明模型相联系而已。本章将抛弃繁杂的细节,从全局视角介绍 C 语言的声明模型,以便读者对这种晦涩的声明规则有更深入的理解。

11.1　存储类别

　　存储类别(storage class)是声明的组成部分之一,用于指定被声明对象的范围,每个声明最多只允许包括一个存储类别指定符。C 语言包括 5 种存储类别指定符:auto、extern、register、static、typedef。根据修饰对象不同,通常将其分为三类:变量存储类别、函数存储类别、类型别名。本节将介绍前面两类,类型别名将在本章后续小节中讲述。

11.1.1　变量存储类别

　　之前,本书主要从变量作用域的角度将其分为两类:全局变量、局部变量。通常,全局变量被分配到静态区内,该空间内的数据是全程有效的,将被无限保留直至程序退出,故也称为**静态存储期限变量**。而局部变量则是被分配在栈区内,其分配与释放是由所属函数管理的,将随着函数局部数据环境而变化,故也称为**自动存储期限变量**。在大多数程序语言中,这种变量作用域与存储分配的关系是隐式存在,且不允许改变。但C语言却把该权限向用户开放,即允许用户通过指定存储类别的方式改变变量的存储区域,从而实现作用域与存储期的分离。当然,这并不意味着用户可以违反运行时环境的基本策略而"任意妄为",例如,试图将全局变量分配到栈区内仍然是非法的。C语言将变量的存储类别分为4类:auto、static、extern、register。

auto 存储类别

　　auto存储类别仅允许修饰局部变量,更准确地说,只对代码块内部变量有效,主要功能是显式指定该变量具有自动存储期限属性。不过,由于所有代码块内部变量默认的存储类别就是auto,因此很少在变量声明中显式使用auto存储类别。

static 存储类别

　　static存储类别可以用于修改所有变量声明(但不包括形式参数),主要功能是显式指定该变量具有静态存储期限属性。不过,static关键字作用于全局变量与局部变量的效果稍有不同。当static出现在全局变量声明中时,表示该全局变量具有静态存储期限属性,其作用域仅限于当前翻译单元内部,也就是当前C源程序文件内部。但当static出现在局部变量声明中时,只影响该变量的存储期限,不会改变其本身的作用域,如图11-1所示。

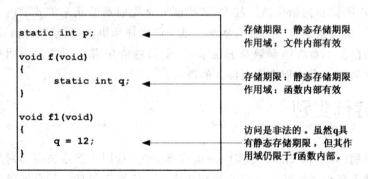

图11-1　static 存储类别示意

　　由于static存储类别可以改变全局变量的作用域,在模块化设计中,经常被用于实现"信息隐藏",相关话题将在第12章中详述。

　　至于使用static修饰局部变量,其主要目的就是改变变量对象的存储期限,换言之,就是将局部变量分配到静态区内,以保证其分配与释放不依赖于所属函数的局部数据环境的变化。static类别的局部变量具有如下特性:

　　(1) static类别的局部变量初始化是发生在执行main函数之前,并且仅被初始

化一次;

（2）函数返回指向 auto 类别的局部变量指针是非法的,但返回指向 static 类别的局部变量指针却是合法的;

（3）static 类别的局部变量不依赖于函数的局部数据环境,如果函数出现递归调用,则所有调用将共享访问该函数内部的 static 类别的局部变量;

（4）函数的局部数据环境分配与释放不会影响其内部的 static 类别的局部变量。

extern 存储类别

extern 存储类别允许用于修饰所有变量声明,主要功能是显式指定该变量是外部的静态存储期限变量。例如,extern int p; 该声明只是告知编译器 p 是 int 型全局变量,但不会导致编译器为变量 p 分配存储空间,如图 11 - 2 所示。

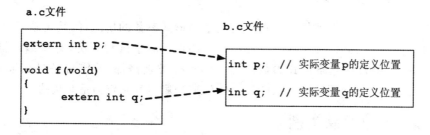

图 11 - 2　extern 存储类别示意

由于 C 编译器是采用"分别编译"策略,因此 extern 存储类别的变量与实际变量的联系是在程序链接阶段建立的。根据 C 语言规定,各翻译单元之间的变量（符号）链接的依据就是名字。以图 11 - 2 为例,在链接阶段,编译器会将变量 p 与其对应的所有使用 extern 修饰的变量 p 建立链接。如果某个 extern 修饰的变量无法在链接阶段找到相应的实际变量,则链接器将报告错误。

习惯上,将 extern 声明的变量称为"外部变量",而将其实际引用的变量称为"源变量"。extern 的声明形式与位置仅影响该外部变量本身,无法改变其源变量的作用域与存储类别,也无法影响其他同源的外部变量声明。以图 11 - 2 的变量 q 为例,在 a.c 文件中,q 是一个隶属于 f 函数的局部变量,其作用域是 f 函数内部。但 a.c 文件中的声明只是针对该外部变量本身,不会影响 b.c 文件中变量 q 的作用域及存储期限。

在 C 语言中,extern 存储类别主要用于在不同翻译单元之间实现全局变量共享访问,被广泛应用于具有一定规模的项目开发,相关内容详见第 12 章。

register 存储类别

reigster 存储类别仅允许修饰局部变量声明,主要功能是显式指定编译器把变量存储在 CPU 的寄存器中，而不是内存区域。在计算机存储体系中，CPU 的寄存器是访问速度更快的存储单元，但也是最紧缺的存储资源，通常 CPU 的通用寄存器数量大致为 10 个左右。

register 存储类型是一种对编译器存储分配的要求，但不是强制命令。大多数编译器会优先考虑将 register 修饰的变量分配到寄存器中，但并不排除在资源紧缺的情况下，register 型变量仍然存储在内存中。

C 语言规定，由于大多数 CPU 的寄存器是通过名字访问的，并没有统一编址，因此对 register 存储类型的变量使用取地址运算是非法的。

现代编译技术的观点认为：用户分配寄存器的策略通常是比较落后的，很难实现寄存器资源的最合理分配。因此，显式指定 register 存储类别可能会反而影响程序的执行效率。

存储类别修饰形式参数

C 语言标准并没有严格限制存储类别修饰形式参数的情况，但其实是完全没有意义的，例如，int foo(static int a, extern int b);。对于这种情况，有些编译器（如MSC/C++）会自动忽略形式参数声明中的存储类别修饰，并警告是"bad storage class"，而更多的编译器（如 IAR、GCC、HRCC 等）则将其判定为是非法的。

11.1.2　函数存储类别

与变量存储类别不同，通常函数都是全程有效的，不可能在程序执行过程中动态分配与释放存储空间的。这里，不考虑操作系统的存储管理机制。因此，函数存储类别主要是用于限制其可见性，而不是指定函数的存储期限。C 语言支持两种函数存储类型：extern 、static。

extern 存储类别

与 extern 存储类别的变量类似，当使用 extern 存储类型修饰函数时，则表示该声明为外部函数声明，换言之，就是告知编译器该函数的形参列表、返回类型等基本信息，以便后续源代码中调用该函数。通过声明 extern 存储类别的函数，可以在不同翻译单元之间实现函数调用。而外部声明函数与实际源函数的关联同样发生在链接阶段，如果链接器无法找到相应的源函数，则将报告错误。

static 存储类别

当 static 存储类别作用于函数声明，表示该函数是静态全局函数，其作用域为所属翻译单元内有效。与全局函数的差异在于，静态全局函数对所属翻译单元之外的其他源文件是不可见的。试图通过 extern 存储类别指定某些非当前翻译单元的静态全局函数是非法的，如图 11-3 所示，a.c 文件试图引入 b.c 的静态全局函数 p 是非法的。

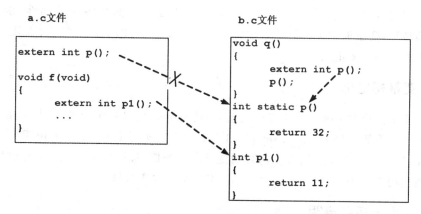

图 11-3　静态全局函数示意

需要特别注意,如果 extern 声明函数与静态全局函数位于同一个源文件中,则通过 extern 声明引入该静态全局函数是合法的。如图 11-3 所示,b.c 文件的 q 函数通过 extern 引用了同一个源文件中的 p 函数,尽管 p 函数是静态全局函数,但由于它们隶属于同一个源文件,故声明是合法的。

11.2　类型限定符

类型限定符(type specifier)是 C89 标准新增的关键字,用于补充说明类型的额外属性。C89 标准支持两种类型限定符:const、volatile。在 C 语言中,类型限定符可以任意组合出现在类型声明中。结合 HR 目标机的实际需要,HRCC 增加了两种类型限定符:sectionX、eeprom。

值得注意的是,不同版本的 C 编译器对类型限定符的支持存在较大差异。尤其在嵌入式开发领域,针对不同的目标机架构,大多数编译器都对 C 语言标准的类型限定符进行了一定的扩展与限制。为了考虑程序兼容性,使用不支持的类型限定符 C 编译器时,可以通过宏定义将类型限定符屏蔽,避免因此导致编译失败。

```
# ifndef __HRCC__
# define eeprom
# define section0
# define section1
# endif
```

11.2.1　const 限定符

const 限定符用于指示该类型所属的对象不允许被修改,换言之,具有 const 限定的变量是不能作为赋值表达式的左操作数,也不允许参与其他含有副作用的操作,如增值、减值运算等。但 const 限定符并没有改变对象的某些左值属性,例如,对 const 限定的变量取地址仍然是合法的。为了便于讲解,以下将具有 const 限定的变量简称为"const 变量"。

const 变量初始化

由于不允许对 const 变量进行赋值,因此,const 变量初值只能通过声明中的初始化值完成设置。例如,const int pi=3.1415926;。如果 const 变量的声明中未显式初始化,则编译器将报告错误。与普通变量声明类似,编译器会对 const 变量初始化进行类型检查与类型转换,这与 #define 宏定义有本质差异。

const 应用于指针声明

除了标量类型之外,const 限定符还可以应用于指针类型声明中,可以把指针限定为"const 指针"或者"指向 const 的指针"。由于 const 限定符应用于指针声明的情况稍显复杂,下面逐一举例说明。

```
const int * p1;          //指向 const 数据的指针
p1 = &aa;                //合法
* p1 = 33;               //非法
```

p1 是一个指向 const 数据对象的指针,也就是 p1 指针指向的存储单元内的数据是不可修改的,而修改 p1 指针本身是合法的。

```
int * const p2;          //const 指针
p2 = &aa;                //非法
* p2 = 33;               //合法
```

p2 是一个 const 指针,该指针本身是不可修改的,但 p2 所指向的存储单元内的数据是可以修改的。

```
const int * const p3;              //指向 const 数据的 const 指针
```

p3 是一个指向 const 数据对象的 const 指针,这意味着 p3 指向的存储单元内的数据与 p3 指针本身都是不可修改的。

特别注意,在 HRCC 中,const 变量将被分配在只读存储区(ROM)中。由于 HR 单片机的 ROM 与 RAM 是独立编址的,因此指向 const 的指针与指向普通变量的指针是不允许强制类型转换的,否则将引发运行时刻错误。

const 与宏的差异

宏是预处理提供的一种符号替换机制,而 const 是一种类型限定符,两者之间存在本质差异。

在存储空间方面,宏是一种符号串的替换机制,宏定义本身是不占用存储空间的。而 const 则是对某个对象进行只读限制,可以是数组、指针、结构等。在程序执行过程中,尽管 const 限定的对象是只读的,但它们仍然需要占用存储空间;

在类型处理方面,宏定义与替换是在预处理阶段完成的,因此不受限于 C 语言的类型机制的。而 const 限定符是 C 语言的语法元素,完全受限于语言的类型机制。

另外,值得注意的是,不要把 const 对象当作"常量",更准确地说,它应该是"只读"变量。因此,试图将 const 变量作为常量表达式的操作数是非法的,例如:

```
const int len = 10;
int p[len + 1];            //非法:数组长度不确定
```

尽管 len 的初始值已经确定,但编译器并不会认定 len 为常量,因此直接将其用于说明数组长度是非法的。

严格来说,除了字面常量之外,C 语言没有提供真正意义上的常量对象。尽管 const 与宏可以实现类似功能,但它们各有优缺点,不存在绝对的正确或错误,读者应该根据实际应用场合选择合适的方式。

11.2.2　volatile 限定符

在计算机应用中,某些存储空间的数据是"易变"的,换言之,就是保存在其中的数据可能会在程序运行过程中发生改变,但这种改变并不是程序本身的作用。在嵌入式应用中,最常见的"易变"就是单片机内部的特殊寄存器,其中的数据可能受到外部模块及单片机本身的影响而改变,这些改变并不是由用户程序中的赋值操作而导致的。

volatile 限定符特别用于指示那些"易变"对象,确保编译器不对它们进行某些特定的优化。而这些优化主要是指必须没有隐藏副作用才能进行的优化。这个提法源自于《C 语言参考手册》,是针对编译器设计的相当专业的描述,普通读者可以不必深究。下面,通过一个简单例子说明,可能更为直观,如图 11 - 4 所示。

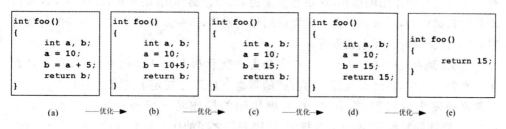

图 11 - 4　编译器优化示意

foo 函数中有两个局部变量,从程序逻辑来说,a、b 的执行结果分别为 10、15,而函数的返回值也是 15。由于 a、b 是局部变量,根据 C 语言规定,局部变量的作用域仅限于所属函数体内部,而它们的生存期则依赖于 foo 函数的执行。编译器优化所关注的是,在不影响程序执行结果的情况下,尽可能简化程序逻辑,提高执行效率。因此,针对 foo 函数,经过一系列优化后,得到的最终结果如图 11-4(e)所示。有兴趣的读者可以粗略浏览下优化过程。显然,优化结果并没有影响 foo 函数的返回值,只是删除了函数体内部的冗余求值,这是完全合法的。

不过,值得注意的是,以上优化操作都是以一个重要的假设为前提的,就是函数内部的局部变量的数据值不是"易变"的,也就是 a、b 变量内部存储的数据仅受控于程序本身的赋值或副作用。如果这个假设不成立,则以上所有的优化都是不可行的。例如,从(a)到(b),编译器将表达式 b=a+5 中的 a 直接替换为 10,这是因为编译器可以从之前对 a 的赋值中得到 a 当前存储的数据。但是,编译器是假设 a、b 两次赋值之间,a 变量内的值是不变的,也就是之前程序对 a 的赋值数据 10。如果将 a 变量声明使用 volatile 限定,即表示该变量是"易变"的,编译器则不能假设 a、b 两次赋值之间的 a 变量内的值是不变的。那么,表达式 b=a+5 中对 a 的引用只能从 a 变量的实际存储单元中读取。

抛开复杂的编译优化技术,可以将 volatile 变量简单理解为:必须严格读取与写入的存储单元,换言之,程序中任何对 volatile 变量的显式引用都必须被严格编译为对相应存储单元的读、写操作。从 C 语言标准角度,尽管这种提法并不精确,但它仍有助于读者理解 volatile 的基本概念。

volatile 与序列点 *

正如之前所述,"严格读取与写入"的观点并不精确,尽管它适用于大多数情况。下面,将为"刨根问底型"的读者更精确地解释 volatile 的本质。

关于 volatile 限定符,C 语言标准的描述为:volatile 限定的对象可用实现所未知的方式修改,或具有其他未知的副作用。所以引用这类对象的任何表达式应严格按抽象机的规则求值。"抽象机"是 C 语言标准定义的一种程序执行模型(但并不是基于操作语义的形式描述),读者不必深究,但其中明确将对 volatile 对象的读写访问都界定为是有副作用的操作,这是非常关键的。对"副作用"的处理,编译器设计者向来是比较保守的,通常会依据语义完成副作用操作,很少采用那些过于激进的优化策略,例如,代码调度、冗余删除等。

那么,是否意味着 volatile 对象完全失去优化机会?从理论上而言,答案是否定。在第 3 章中,曾经提及过"序列点"的概念。序列号规定了所有之前存在的副作用都必须发生的位置,换言之,具有副作用的操作是不能跨越序列点的。对于 volatile 修饰的对象,C 语言标准规定,在序列号之间的优化是允许的,不过很少有编译器设计者愿意尝试那么做。

11.2.3 扩展限定符

针对 HR 系列单片机架构,HRCC 支持两种特殊扩展限定符:sectionX、eeprom,

主要用于指示对象的存储属性。但有别于 C 语言的存储类别,它们的动机不在于改变对象的作用域与生存期限,只是向编译器传递关于存储分配的必要信息,因此没有将其视为是存储类别的扩展。

sectionX 限定符

sectionX 限定符用于指示全局变量的数据分组属性,其中 X 是一个整数,其取值由具体目标机确定。例如,HR7P90H 芯片支持 16 个数据分组,则 section0～section15 将作为关键字,即类型限定符,用于指定变量的数据分组信息,编译器将根据该信息将变量分配到相应的 RAM 存储区域内。而 section16 开始的标识符将视为普通标识符处理。针对 HR 系列单片机数据存储器的特性,HRCC 支持两种内存分配策略:指定分配、自动分配。

指定分配,就是程序中所有变量的数据分组都是由用户在变量声明中通过 sectionX 限定符指定的,编译器严格依据该信息进行存储分配,这种分配模式适用于 HR 系列所有单片机。在这种分配模式下,编译器不会考虑 RAM 各数据分组的负载均衡问题。也就是说,如果 section0 数据分组的存储空间已经耗费,试图再分配指定分组为 section0 的变量则将引发编译错误,编译器不会考虑将那些"溢出"的变量移至其他空闲的数据分组内。根据 HRCC 规定,sectionX 限定符仅允许用于修饰全局变量及静态变量,所有未显式指定数据分组的变量(包括不允许指定的情况)都将被默认视为指定在 section0 数据分组内。例如,

```
section1int aa;              //指定将 aa 变量分配在 section1 数据分组
float section2 bb[10];       //指定将 bb 数组分配在 section2 数据分组
section1int * section2 cc;   //指定将 cc 指针分配在 section2 数据分组
```

特别注意,在指定分配模式下,指针类型的长度是 1 个字节,只允许指向一个数据分组的存储区域。因此,在指针声明中,需要特别指示指针引用类型的数据分组。例如,上例中 cc 指针被显式说明指向的数据分组为 section1。同样地,对于未显式说明指针引用类型的数据分组,则将默认视为 secton0,如 int * section1 dd;,即表示 dd 指针引用类型的数据分组为 section0。理论上,如果两个指针的引用类型的数据分组属性不同,则它们之间的任何运算都是未定义的。

自动分配,就是将程序中所有变量的存储分配完全交由编译器规划,尽管语法上仍然兼容在变量声明中使用 sectionX 限定符,但编译器将无视它的存在。在自动分配模块下,编译器将从数据分组的负载均衡、访问效率、程序空间等因素综合考虑,选择相对更优的 RAM 分配方案。自动分配主要适用于 HR7P 系列单片机(66 条指令集芯片除外)。

eeprom 限定符

eeprom 限定符用于指示该全局对象必须分配在 EEPROM 区域。对于使用 eeprom 限定的全局对象,HRCC 只允许通过 read_eeprom 与 write_eeprom 函数访问,不允许作为表达式的操作数参与运算求值。相关内容详见《HRCC 编译器用户手册》。

11.3　声明模型 *

在 C 语言中,声明包括 6 个部分组成:存储类别指定符、类型指定符、类型限定符、函数指定符、声明器和初始化值。其中,函数指定符是 C99 标准提出的,暂不详细讨论。本节将以声明器为核心,将声明相关的内容进行串联。**声明器**(declarator)是 C 语言声明模型的核心组件。根据声明器的位置,将声明划分为两部分:声明前部、声明后部。**声明前部**(front)包括:存储类别指定符、类型指定符、类型限定符、函数指定符。而**声明后部**(rear)包括:声明器、初始化值。注意,这是非常关键的,请读者务必理解。

11.3.1　声明前部

声明前部由以下几部分组成:存储类别指定符、类型指定符、类型限定符、函数指定符。除函数指定符之外,读者对其他几个部分应该并不陌生。那么,声明前部描述的到底是什么呢? 答案就是类型,更准确地说,是该声明所描述的完整类型的一部分。在 C 语言文法中,将声明前部称为“声明指定符”,其描述如下:

声明指定符→存储类别指定符　声明指定符opt

　　　　|类型指定符　声明指定符opt

　　　　|类型限定符　声明指定符opt

类型指定符→枚举类型指定符

　　　　|整数类型指定符

　　　　|浮点类型指定符

　　　　|结构类型指定符

　　　　|联合类型指定符

　　　　|位类型指定符

　　　　|typedef 名称

　　　　|void 类型指定符

显然,声明指定符相关的产生式主要用于描述声明前部的几个组件。其中,类型指定符就是各种类型的声明,例如,标量类型、结构类型等。但声明前部不包括出现在变量名后侧的类型描述,例如,数组、函数形参列表等。关于声明前部所涉及类型的详细描述,请读者参见本书相关章节。

声明前部的作用是什么呢? 主要是为了实现类型描述的共享。例如,int

volatile a, b, c;, 声明前部"int volatile"被三个变量所共享使用。在理解一个复杂声明时,首先应该找出声明器,利用它将声明划分为前、后两部分。不论声明前部的描述形式如何晦涩,它必定可以被抽象得到一个类型信息。

默认类型指定符

早期 C 语言支持在变量、函数声明中省略类型指定符。在这种情况下,编译器将使用 int 类型作为该声明的默认类型指定符。不过,在现代 C 语言标准中,默认类型指定符被认为是一种不良的编程风格,甚至于 C99 标准已经明确禁止使用。尽管如此,由于它曾经被广泛应用,为了考虑程序兼容性,许多 C 编译器仍然有限地支持默认类型指定符。其中,默认类型指定符最常见的应用场合就是 main 函数,如下所示:

```
main()
{
    int i, j;
    i = i + j;
}
```

不要误以为 main 函数是没有返回类型(即 void 类型),其实它的返回类型是 int。注意,"void main()"与"main()"是完全不同的声明。同样的情况也适用于变量声明,只是形式上可能更"奇怪",如下所示:

```
my_var1 = 10;
my_var2;
void main()
{
    my_var2 = my_var2 + my_var1;
}
```

请读者思考如何理解 main 函数上方的两行代码? 如果认为它们是两个表达式语句,则是严重的误解。在"语句"章节中,曾经提及合法的语句必须出现在函数体内部。显然,如果它们是表达式语句,则违反了这个规定。正确的理解是,它们是省略类型指定符的变量声明,它们的默认类型都是 int,并且第 1 行声明中包含了初始化值。不过,令人更困惑的是,默认类型指定符还被允许出现在函数体内部,例如,

```
void main()
{
    my_var;                //变量声明 or 无副作用的表达式语句
    my_func();             //extern int my_func()声明 or my_func 函数调用
}
```

显然,以上两种情况是存在语法歧义的,早期 C 语言对此有复杂的处理。由于这种形式将给编译器的分析造成严重障碍,目前已经彻底被淘汰了。

11.3.2　声明器

那么,到底什么是声明器呢?《C 语言参考手册》的描述是:声明器提供了被声明的名称,并提供了其他的类型信息。其实,读者完全不必苛求声明器的定义,更重要的是辨析声明器的形式。根据 C 语言文法,声明器的起始单词必定是标识符、小括号或星号(＊),而结束单词必定是等号(＝)、逗号(,)或者分号(;),其中的单词序列就组成了一个声明器,一个声明器仅能用于声明一个符号。注意,声明器的单词包括起始单词,但不包括结束单词。例如,

```
int const a[10] = {1,2,3,4};          //声明器为  a[10]
float volatile * b[2][3];             //声明器为  * b[2][3]
long * c(int a);                      //声明器为  * c(int a)
```

根据声明器的组成规则,不难理解以上例子。下面,来看看 C 语言文法关于声明器的描述:

```
声明器        →指针声明器
              |直接声明器
指针声明器     →指针  直接声明器
指针          →＊ 类型限定符列表opt
              |＊ 类型限定符列表opt  指针
直接声明器     →简单声明器
              |(声明器)
              |函数声明器
              |数组声明器
```

C 语言将声明器分为两类:指针声明器、直接声明器。指针声明器就是以星号(＊)起始的用于说明指针符号的声明器。而直接声明器则是以标识符或小括号起始的 4 类声明器:简单声明器、(声明器)、函数声明器、数组声明器。其中,简单声明器就是由一个标识符组成,例如,int p;其中的 p 就是简单声明器。

指针声明器

指针声明器由两部分组成:指针、直接声明器。前部的指针是用于描述该指针类型的相关信息。在一个指针变量声明中,声明前部包含的是该指针变量所引用类型的信息,例如,

```
float volatile * b[2][3];
```

该声明的前部就是 float volatile,即为该指针变量所引用的类型,注意,声明前部描述的引用类型与指针变量的指针类型是完全不同的。根据这个规则,应该不难理解以下声明:

```
float volatile * b[2][3],p;
```

在本例中,p 的类型是 float volatile,而不是 float volatile *,因为" * b[2][3]"与"p"属于两个不同的声明后部。而将 p 的类型判定为 float volatile *,就是因为" * "被误认是声明前部。

在指针声明器中,特别注意多重指针的声明形式,每重指针允许独立使用类型限定符,例如,

```
float volatile * const * volatile p;
```

函数声明器

函数声明器与声明前部组成了一个完整的函数声明,其中包括:函数名、形式参数列表、返回类型。函数声明器的文法描述如下:

函数声明器	→直接声明器 (形参类型列表)
形参类型列表	→形参列表
	∣形参列表 ,...
形参列表	→形参声明
	∣形参列表 , 形参声明
形参声明	→声明指定符 声明器
	∣声明指定符 抽象声明器_{opt}

函数声明器由两部分组成:直接声明器、形参类型列表。该直接声明器最常见的形式就是函数名。当然,还可以有很多更复杂的情况,例如,函数指针、函数指针的数组等。而形参类型列表是由若干形参声明组成,每个形参的声明则是隶属于该函数声明器的子声明。

在函数声明中,另一个重要的信息就是函数返回类型。不过,返回类型并不是由函数声明器描述的,其主要部分是由该函数声明的声明前部描述的。例如,

```
long  aa(int a,float b,long c);
```

该声明的函数声明器从标识符 aa 起始,直至右小括号结束。声明前部即为 long,也就是函数返回类型。形参列表中包括三个子声明,分别用逗号分隔,用于描述三个形参信息。如果函数返回类型是指针类型,则需要选择指针声明器。在这种情况下,声明前部描述的是返回类型的引用类型,而指针类型则由声明器描述。

值得注意,在函数声明器的文法中,出现了"抽象声明器"。其实,抽象声明器主

要是用于描述匿名形参,它与声明器的差异在于不允许以标识符起始。

数组声明器

数组声明器与声明前部组成了一个完整的数组声明,其中包括:数组名、数组长度。数组声明器的文法描述如下:

数组声明器 → 直接声明器　[　常量表达式$_{opt}$　]

数组声明器由直接声明器与常量表达式组成。显然,常量表达式是用于描述数组长度的。根据 C 语言规定,该常量表达式通常是可选的。

那么,如何构造多维数组的声明呢?关键就在于直接声明器。根据文法描述,如果应用"直接声明器 → 数组声明器"进行推导,即可得到如下符号串:

直接声明器　[　常量表达式$_{opt}$　][　常量表达式$_{opt}$　]

依此类推,则可以完成任意维数组声明的构造。当然,数组名也可以从直接声明器得到,应用"直接声明器 → 简单声明器"进行推导,即可得到一个标识符。

11.3.3　声明模型

下面,来看看如何解读一个复杂的 C 语言声明。解读声明其实就是提取其中的类型与符号信息,试图理解这个问题,就需要涉及 C 语言的声明模型,即声明的组织形式,如图 11-5 所示。

图 11-5　声明模型示意

基本结构

声明由声明前部与声明后部列表组成。声明后部列表可以包括若干声明后部,各声明后部之间使用逗号分隔。每个声明后部都由声明器与初始化值组成,其中初始化值是可选的。声明前部与列表中每个声明后部独立组合并形成一个完整的对象声明。

缺省声明器

声明器是声明的核心部分,通常是不可缺少的,但有一种特殊情况例外。如果只想简单声明一种类型,而不需要描述实例对象,则可以缺省声明器。根据 C 语言标准规定,缺省声明器仅适用于结构、枚举、联合的类型声明,如图 11-6 所示。

```
struct MyStruct          union MyUnion           enum MyEnum
{                        {                       {
    int f1;                  int f1;                 CONST0 = 0,
    float f2;                float f2;               CONST1 = 1,
    ...                      ...                     ...
};                       };                      };
         (a)                       (b)                      (c)
```

图 11-6 缺省声明器示意

类型描述

从广泛意义来说,解析声明的核心其实就是理解其中承载的类型信息,任何"奇怪"的声明无非只是在设法寻求一种编译器可以辨识的类型描述而已。

为了便于讲解,需要引入一种直观的类型表示形式——类型链,主要是通过链的方式描述类型之间的联系。类型链由若干类型结点串联而成,每个结点只能描述单一类型信息,各结点之间使用"->"连接,左侧表示父类型,右侧表示**元素类型**(这里不使用"子类型"一词,因为它属于类型理论的专有名词,具有特殊含义)。针对 C 语言的类型,类型链的描述形式如表 11-1 所列。

表 11-1 C 语言主要类型的类型链描述形式

类型	类型链描述形式	实例	
算术类型	算术类型名	声明形式:int a;	int
指针类型	ptr->指针的引用类型链	声明形式:int * p;	ptr -> int
数组类型	[数组长度]->元素的类型链	声明形式:int p[10]	[10] -> int
函数	func->函数返回类型链	声明形式:int foo();	func -> int
结构类型	struct	声明形式:struct pp {...};	struct
联合类型	union	声明形式:union pp {...};	union

对于多维数组或多重指针的情况,则需要使用若干类型结点描述,每个结点只表示一个维度或一重指针。例如,int * a[10][20] 的类型信息可记为"[10]->[20]->ptr->int"。下面,先来看几个简单的例子:

```
int * * p;                    //类型:ptr->ptr->int
int * p[10];                  //类型:[10]->ptr->int
struct MyStru {...} * * p;     //类型:ptr->ptr->struct
int foo(int a,float b);       //类型:func->int
```

尽管 C 语言没有明确将函数作为类型,但这个理念却渗透在语言设计的方方面面。不过,在很多语言中,函数不但是类型,而且还是非常重要的类型元素。如果读者愿意接受函数是类型的观点,那么许多关于函数的困惑可能就迎刃而解了,例如,函数指针。通常,在讨论函数类型时,习惯将其返回类型作为其元素类型,尽管两者之间的依属关系并不明显。对于函数而言,类型链主要关注其类型属性的描述,不拘于详细的函数名,因此统一记为"func"。如果从函数类型的角度思考,函数名与变量名的地位其实是相同的,就是函数类型的某个实例的名字。本书暂不考虑将函数形参类型纳入类型链,这对于理解 C 语言的声明意义不大。但在函数式语言中,形参类型是需要纳入类型描述的,如果是那样,foo 函数的类型描述形式应为"float->int->int"。其中,涉及一个重要的概念——柯里化(currying)。

柯里化

在理论计算机科学中,柯里化(currying)提供了在简单的理论模型中,研究带有多个参数函数的方法。换言之,就是一种将接受多个参数的函数转换为若干接受单一参数的函数复合的技术。该技术由 Moses. Schönfinkel 和 Gottlob Frege 发明,并以著名逻辑学家 Haskell.Curry 的名字命名。

从直观来说,柯里化的核心就是基于函数的部分求值。简言之,对于拥有多个参数的函数而言,如果固定了某些参数后,将得到接受剩余参数的一个函数。例如,$f(x,y)=x * y$,当确定了参数 $x=10$ 时,则将返回获得一个新的函数 $f(y)=10 * y$。依据这一思路,不难得到结论:对于任何多个参数的函数都可以通过部分求值的方式转换为若干单一参数的函数复合。以 foo 函数为例,其实,可以将该函数的类型理解为是"float->(int->int)",即表示当确定参数 b 后,函数将返回一个新函数,而该函数的类型是 int->int。

柯里化被广泛应用于函数式语言、类型理论、形式语义等领域的研究中,有兴趣的读者可参考相关资料。

仔细观察以上几个例子,不难发现一个规律,就是声明中的类型描述顺序与类型链的结点顺序恰巧是相反的。那么,这个结论是否适用于所有形式的声明呢? 答案是否定,否则就不会出现关于 C 语言声明的抱怨了。看看下面的例子:

```
int p[10][20];    //类型:[20]->[10]->int 还是 [10]->[20]->int
```

以上声明的类型到底应该是"[20]->[10]->int"还是"[10]->[20]->int"呢? 在"数组"章节中,曾介绍过"低维度优先"的概念,也就是顺序遍历数组所有元素时,最左侧的下标变化最慢,而最右侧的下标变量最快。根据这个规律考虑类型复合的情况,较右侧维度表示的类型应该复合于左侧维度表示的类型内,换言之,就是较右侧维度表示的类型应该是左侧维度表示的类型的元素类型,因此其描述形式为"[10]->[20]->int"。

事实上,出于某些特殊原因,C 语言设计者将声明中的类型描述分为两部分,它们以声明器中的"标识符"(简单理解就是对象的名字)为界,两部分类型的描述顺序正巧是相反的。前者的类型描述顺序是自左向右(即左侧为元素类型,右侧为父类型),而后者的类型描述顺序则是自右向左(右侧为元素类型,左侧为父类型),将两部分类型链连接即形成了完整的类型信息。例如,

```
struct MyStru * * p[10][20][30];  //类型:[10]->[20]->[30]->ptr->ptr->struct
```

特别注意,两部分类型描述不是以声明前部与声明器区分的,而是以声明器中的"标识符"为界。因为指针描述也属于声明器的部分,但它的描述顺序却由声明器中其他部分是相反的。

优先级

尽管类型描述顺序已经足够复杂,但 C 语言设计者并不满足于此,更引入了优先级机制。当然,这主要是因为缺少优先级机制,有些现实的需求的确难以描述。例如,ptr->[10]->int,显然这是无法用已有的模型描述。而声明中的优先级则是通过声明器文法中的"直接声明器→(声明器)"产生式实现。从声明形式上来说,就是为需要提升优先级的声明部分添加括号。

与在表达式中提升运算符优先级类似,在声明部分中加括号也必须遵守 C 语言规则。根据文法可知,括号内部必须是一个完整的声明器,而不能是声明器的某个部分,例如:

```
int ( * p)[10];          //这是合法的。类型:ptr->[10]->int
int * p([10]);           //这是非法的,因为"[10]"并不是一个完整的声明器。
```

根据之前所述,声明器都将形成一段类型链,并将该类型链作为声明前部的父类型,两者连接形成完整的类型链。例如,某声明器形成的类型链为"$a_1->...->a_n$",而其声明前部的类型为"b1"(声明前部的类型链通常只有一个结点),则最终连接形成的类型链为"$a_1->...->a_n->b1$"。通常,优先级的主要体现就在于其构造类型链的方式。由于括号内提升优先级的部分是一个完整的声明器,假设由该声明器构造的类型链为"$a_1->...->a_n$",而括号外层的声明器构造的类型链为"$b_1->...->b_m$",两者最终形成的类型链为"$a_1->...->a_n->b_1->...->b_m$"。简言之,就是优先级越高的声明器所构成的类型链越靠近左侧。下面,来看一个极端复杂的例子:

```
float *( *( * a[2][3])[4])(int * * p);
```

首先,应该理清该声明中声明器的嵌套关系。显然,根据 C 语言规定,声明开始的三个星号分别标识为三个声明器的起始,它们分别为:

```
* a[2][3]                //将该声明器暂命名为 D1
*( * a[2][3])[4]         //将该声明器暂命名为 D2
```

* (* (* a[2][3])[4])(int * * p)   //将该声明器暂命名为 D3

根据暂定命名,可将三个声明器简化为如下形式:

* a[2][3]   //类型:[2]->[3]->ptr
* (D1)[4]   //类型:[2]->[3]->ptr->[4]->ptr
* (D2)(int * * p)   //类型:[2]->[3]->ptr->[4]->ptr->func

显然,D1 的类型链比较容易分析的,即为"[2]->[3]->ptr"。

D2 的类型链由两部分构造,即 D1 的类型链与小括号外层的类型链。其本身小括号外层的类型链可描述为"[4]->ptr",而两者的连接形式应为"[2]->[3]->ptr->[4]->ptr"。

D3 的类型链由两部分构造,即 D2 的类型链与小括号外层的类型链,其本身小括号外层的类型链可描述为"func->ptr",而两者的连接形式则为"[2]->[3]->ptr->[4]->ptr->func->ptr"。

最后,最外层声明器与声明前端构造的类型描述即为"[2]->[3]->ptr->[4]->ptr->func->ptr->float"。

11.3.4 类型别名

到目前为止,有种特殊的存储类别尚未涉及,那就是 typedef。而其特殊就在于使用 typedef 修饰的对象是不需要存储的,这与 typedef 的功能关系密切。当然,这里的"存储"仅限于程序运行时环境,不考虑编译过程中的存储空间。

typedef 存储类别的作用是为声明中的类型指定一个别名,也就是该声明的声明器中的标识符,C 语言将该别名称为**类型别名**(type alias)。在任何情况下,通过引用类型别名和引用类型本体的语义是完全相同。由于 C 语言的类型信息的生存期仅限于在编译过程中,故使用 typedef 修饰的对象是不会耗费额外存储资源的。例如,

```
typedef int * ty[10];
```

理解了声明模型之后,解析以上声明的类型信息应该并不困难,即为"[10]->ptr->int"。而 typedef 修饰符的作用就是指定"ty"作为该类型的别名。类型别名最常见的应用是简化 struct、union、enum 类型的引用,如程序 11-1 所示。

程序 11-1

```
1      typedef struct MyStru
2      {
3          …
4      } MyStru;
5      …
6      MyStru a1;
7      struct MyStru a2;
```

在 typedef 声明中,结构标签与类型别名是允许重名的,因为它们隶属于不同的名字空间。但类型别名不能与同一层次内的变量或函数等重名,它们隶属于同一名字空间,关于"名字空间"的概念请读者参见本书"语句"章节。在 C 语言中,typedef 只能用于创建一个类型别名,不能用于构造新的类型。从声明形式而言,类型声明与变量声明是完全一致的。例如,

```
int const * aa[10];
int typedef * aa[10];
```

由于前者是合法的,故后者也是合法的,尽管这种形式看起来非常"奇怪"。不过,强调建议千万不要把 typedef 放在声明中间,尽管这种形式是合法。另外,每行声明应该只包括一个类型别名的描述,否则将是非常"糟糕"的编程风格,例如,

```
typedef int * p,q[10];       //声明了两个类型别名:p、q
```

typedef 与 ♯ define 的差异

最后,再来看看 typedef 与 ♯ define 的差异。有些开发人员习惯使用 ♯ define 定义"类型别名",严格意义上,它并不是类型别名,只是宏定义而已。例如,♯ define uint8 unsigned char。但两者之间是有明显差异的。下面,通过几个典型的例子说明。

```
♯ define int8 char
unsigned int8 aa;        //这是合法的,aa 的类型即为 unsigned char。
...
typedef char int8
unsigned int8 aa;        //这是非法的,类型说明冲突。
```

宏定义是简单的文本替换操作,而类型别名则是属于语言层次的范畴。根据 C 语言的文法,在声明前部中,出现多个含义冲突的类型指定符是非法的。另外,还有一种特别情况也需要注意。

```
♯ define pchar char *
pchar aa,bb;            //aa 的类型是指向 char 的指针,而 bb 的类型是 char。
...
typedef char * pchar
pchar aa,bb;            //aa、bb 的类型都是指向 char 的指针
```

其实,原因也是类似的,只是大多数读者在使用宏定义时很少关注这个细节而已。笔者建议:应该尽量使用 typedef 定义规范的类型别名,以便得到编译器类型系统的支持,而不是使用 ♯ define。

const 应用于类型别名

当 const 限定符作用于类型别名时,情况则稍有不同。根据 C 语言规定,如果

const 限定符作用于一个指针类型的别名时,该限定只对指针类型本身有效,不影响指针指向的类型。例如,

```
typedef int * int_ptr;
const int_ptr p1;           //const 指针
int_ptr const p2;           //const 指针
```

p1 与 p2 都是指向普通存储单元的 const 指针,无论 const 限定符出现在类型别名之前或之后,都不会作用于类型别名中指针所指向的类型。

独特的设计理念

　　至此,笔者已经详细介绍了 C 语言的"声明模型",鉴于以上种种规则,读者应该已经为 C 语言声明的"鬼斧神工"而惊叹不已了。无论 C 语言的成功光环如何闪耀,也无法掩饰其声明设计的缺陷。甚至于有人讽刺:C 语言的声明模型只有编译器才喜欢。客观来说,作为一名编译器设计者,笔者并不认为这是一种良好的设计,相信编译器也有同感。那么,到底是什么原因导致了这种独特的设计呢?

　　追求"声明形式与使用形式统一"可能是一切错误的起源了。以数组为例,其声明形式为 int p[10][20],而使用形式也是 p[x][y],显然,下标运算的顺序与其声明形式是一致的。同样地,指针也是类似的,声明形式为 int ＊ p[10] 的指针数组,其使用形式也是 ＊ p[x]。当然,这种理念本身并不存在严重的错误,但其最终的实现结果却很难令人满意。

　　从用户的角度来说,C 语言声明最失败的设计应该是无法按照人类所习惯的顺序阅读声明。在绝大多数情况下,不得不将声明划分成两部分,前面部分自左向右分析阅读,而后面部分则自右向左分析,然后再设法将它们拼凑在一起。自 C 语言之后,可能也仅有 C＋＋ 出于兼容性考虑沿用了这种声明机制。包括 C＃、Java 在内的绝大多数语言都没有继承了这种"奇怪"的设计。例如,C＃ 语言的数组声明形式如下:

```
String [ ] pp;
```

　　这种形式显然比 C 语言的数组声明直观许多,简言之,就是将类型描述统一置于对象名之前,更符合人们阅读理解的习惯。当然,许多语言也去掉了那些 C 语言里看起来作用不大的修饰符,使声明形式更简洁明了。

　　除了独特的设计理念之外,缺乏"类型理论"支持也是导致这种糟糕设计的因素之一。在 20 世纪 60 年代,类型及程序设计语言的理论都尚不完善,人们无法从其他途径获得更多有用的信息及理论支持。显然,从今天的视角去诟病历史的"错误"是有失公平的。

11.4 小 结

关于声明的话题暂且讨论至此,经过本章讲解,相信读者对 C 语言的声明也已经有了较深刻的理解。当然,本章所涉及的某些例子可能比较极端,拥有良好编程风格的开发者绝不应该编写出如此"拙劣"的声明代码。不过,作为一名经验丰富的工程师,学习如何解析复杂声明还是有必要的。最后,笔者对解析声明的基本步骤总结如下:

(1) 辨别核心声明器的位置。

(2) 根据声明器的位置,将声明划分为声明前部、声明后部列表。

(3) 根据声明后部列表中的逗号,理清列表中包含的声明后部。

(4) 获得声明前部的类型描述,构造类型链的顺序为自左向右。

(5) 获得每个声明后部的类型描述,构造类型链的顺序为自右向左:

    ① 优先构造其中存在括号标识的部分;

    ② 将所有类型链按优先级由高到低连接,优先级高的类型链置于左侧。

(6) 将声明前部的类型描述与每个声明后部的类型描述分别连接形成独立的类型链,声明前部的类型链置于右侧。

11.5 程序实例 *

11.5.1 动态规划

20 世纪 50 年代初,美国数学家 R.E.Bellman 在研究多阶段决策过程时,提出了著名的"最优化原理"的概念,即把多阶段过程转化为一系列单阶段问题,并利用各阶段之间的关系,进行逐步求解。由此,创立了解决最优化问题的新方法——**动态规划**(dynamic programming)。自问世以来,动态规划在经济、工程、生产等许多领域都得到了广泛的应用,例如,最短路径、库存管理、排序、资源配置等问题。

动态规划的基本思想:将一个相对复杂的问题逐层分解为若干规模较小且便于处理的子问题,先对各子问题求解,最后再将子问题的解组合成完整问题的解。不过,与传统"分治法"的递归求解不同,动态规划法将记录已解决的子问题的结果,对于存在公共子问题的情况,可以有效避免子问题被重复求解。因此,动态规划法适用于子问题之间相互不独立的情况,如图 11-7 所示。

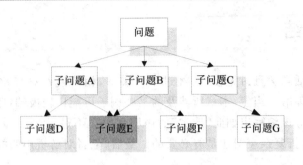

图 11-7 问题分解示意

11.5.2 实例:最长公共子序列

问题描述:给定两个序列 $X = \{x_1, x_2, \cdots, x_m\}$,$Z = \{z_1, z, \cdots, z_n\}$,如果存在 X 的一个严格递增下标序列 $\{i_1, i_2, \cdots, i_n\}$,使得对所有 $j = 1, 2, \cdots, n$,都有 $x_i = z_j$,则称 Z 是 X 的子序列。特别注意,子序列并不是子串。子串要求下标序列是严格递增 1,而子序列只需保证下标序列是严格递增即可,因此子串是子序列的一种特例。例如,$A = \{1, 2, 3, 4, 5\}$,$B = \{2, 3, 5\}$,$C = \{2, 3, 4\}$,B 是 A 的子序列,但不是子串,因为与 B 对应的 A 序列的元素的下标不是严格递增 1。而 C 却是 A 的子串,当然也是子序列,因为与 C 对应的 A 序列的元素的下标都是严格递增 1。

如果给定 Z 同时是 X,Y 的子序列,则称 Z 是 X,Y 的公共子序列。并将 X,Y 的所有公共子序列中长度最长的序列称为**最长公共子序列**(longest common subsequence,缩写为 LCS)。例如,$X = \{1, 2, 3, 4, 3, 2, 1\}$,$Y = \{2, 4, 3, 1, 2, 1\}$,X 与 Y 的 LCS 应该是 $\{2, 4, 3, 2, 1\}$。

描述最优解的结构

首先,试图应用动态规划法之前,应该明确问题是否具有最优子结构。所谓"最优子结构"就是指一个问题的最优解中包含了子问题的最优解。关于 LCS 问题,其最优子结构的性质如下:

设 $X = \{x_1, x_2, \cdots, x_m\}$ 和 $Y = \{y_1, y_2, \cdots, y_n\}$ 为两个序列,并设 $Z = \{z_1, z, \cdots, z_k\}$ 为 X,Y 的任意一个 LCS,则满足:

(1) 如果 $x_m = y_n$,则 $z_k = x_m = y_n$ 且 Z_{k-1} 是 X_{m-1} 和 Y_{n-1} 的一个 LCS;

(2) 如果 $x_m \neq y_n$,且 $z_k \neq x_m$,则蕴含 Z 是 X_{m-1} 和 Y 的一个 LCS;

(3) 如果 $x_m \neq y_n$,且 $z_k \neq y_m$,则蕴含 Z 是 X 和 Y_{n-1} 的一个 LCS。

建立递推关系

根据以上的最优子结构的性质,可建立递推关系。设 $c[i][j]$ 为 X_i 和 Y_j 的 LCS 长度,则有

(1) 如果 i=0 或 j=0,则 c[i][j]=0(边界条件);

(2) 如果 x(1)=y(1),则 z(1)=x(1),c[1][1]=c[0][0]+1;

(3) 如果 x(1)≠y(1),则 c[1][1]取 c[0][1]与 c[1][0]中的较大值。

由此,可以得到递推关系如下:

$$c[i][j]=\begin{cases} 0 & (i=0 \text{ 或 } j=0) \\ c[i-1][j-1]+1 & (i,j>0 \text{ 且 } x_i=y_i) \\ \max(c[i-1][j],c[i][j-1]) & (i,j>0 \text{ 且 } x_i \neq y_i) \end{cases}$$

计算 LCS 的长度

根据递推关系,即可很容易实现计算两个序列的 LCS 长度的算法,如程序 11-2 所示。该程序段就是用于计算 LCS 的长度,最终结果将存储在 c[M-1][N-1] 单元中。为了便于实现,x、y 序列都从数组第 1 个位置开始存储,将 x[0]、y[0] 留空。以 x={A,B,D,C,A,C,B}、y={B,C,A,B,A} 为例,该程序段执行后,二维数组 c 的结果数据如图 11-8 所示。其中,阴影部分为边界条件,c[7][5] 单元记录的是 LCS 的长度 4。

图 11-8 二维数组 c 的结果

程序 11-2

```
1       int x[M];               //M 为 x 序列的长度
2       int y[N];               //N 为 y 序列的长度
3       ...
4       int i,j;
5       int c[M][N];            //动态规划过程中用于记录子问题解的表
6       ...
7       for (i = 0; i < M; i++)
8            c[i][0] = 0;
9       for (i = 0; i < N; i++)
```

```
10            c[0][i] = 0;
11        for (i = 1; i < M; i++)
12        {
13            for (j = 1; j < N; j++)
14            {
15                if (x[i] == y[j])
16                    c[i][j] = c[i - 1][j - 1] + 1;
17                else
18                    c[i][j] = max(c[i - 1][j],c[i][j - 1]);
19            }
20        }
```

构造一个 LCS

程序 11 - 2 已经得到了两个序列的 LCS 长度,还包括所有子问题的解。下面,将依据这些信息构造一个最优解,即获得具体的 LCS。

根据二维数组 c 定义可知,如果 $x[i] = y[j]$ 并且 $c[i][j] = c[M-1][N-1]$,则表示 $x[i]$ 是 LCS 的最后 1 项。显然,如果 $x[i]$ 不是 LCS 的最后 1 项,则 $c[i][j] < c[M-1][N-1]$,那么必定存在一个 $i_0 (i < i0 < M-1)$ 使得 $x[i_0] = y[j]$,这与原始假设矛盾。同理,如果 $x[i] = y[j]$ 并且 $c[i][j] = c[M-1][N-1] - k$,则表示 $x[i]$ 是 LCS 的最后第 k 项。依据该性质,实现 LCS 的构造算法应该并不困难。

另外,为了提高算法执行效率,需要特别考虑避免重复取项的操作,即通过双层循环实施 $x(i)$ 与 $y(j)$ 的比较时,内层循环(以 j 为例)是不需要每次从 y 序列末尾处开始搜索的,只需从上一次内层循环结束时 j 所指示的位置向前搜索即可。算法实现如程序 11 - 3 所示。

程序 11 - 3

```
1     int s = N - 1;                     //记录内层循环的起始位置,初始时为 N - 1。
2     int k = 0;                         //记录已搜索获得的子项数
3     int len = c[M - 1][N - 1];         //LCS 的长度
4     ...
5     for (i = M - 1; i > = 1; i--)
6     {
7         for (j = s; j > = 1; j--)      //内层循环每次从 t 开始
8         {
9             if (c[i][j] == len - k && x[i] == y[j])
10            {
11                //逆序搜索获得 LCS 的一个子项
12                rslt[len - k] = x[i];  //将获取的子项记录到 rslt 序列
13                k ++ ;
```

```
14                s = j - 1;              //下次内层循序从 j - 1 位置开始
15                break;
16             }
17          }
18       }
```

11.5.3 实例:构造最大因式

问题描述:在 m 个数字组成的序列中插入 s(s<m)个乘号,将序列分为 s+1 个正整数,现要求寻找一种插入方式,使得形成的 s+1 个正整数乘积最大。

针对这个问题,最简单的实现方式就是穷举法,即通过枚举所有的可能结果,并测试所有可能结果确定最优解。例如,m=20、s=8,20 个数字中最多有 19 个插入位置,选择其中 8 个位置进行插入,则存在 C_{19}^8 种可能结果。显然,问题规模已经超过了穷举法可以接受的范围。下面,考虑应用动态规划法求解。

建立递推关系

$X = \{x_1, x_2, \cdots, x_m\}$ 为数字序列,$S = \{p_1, p_2, \cdots, p_s\}$ 为插入乘号位置的最优解,$c(u, w)$ 表示在前 u 位数中插入 w 个乘号得到的最大值,则求解 $c(m, s)$ 需考虑以下情况:

设在前 m−1 个数字中已插入 s−1 个乘号,则最大值为 $c(m-1, s-1) * (x_m)$;

设在前 m−2 个数字中已插入 s−1 个乘号,则最大值为 $c(m-2, s-1) * (x_{m-1} x_m)$;

设在前 m−3 个数字中已插入 s−1 个乘号,则最大值为 $c(m-3, s-1) * (x_{m-2} x_{m-1} x_m)$;

设在前 s 个数字中已插入 s−1 个乘号,则最大值为 $c(s, s-1) * (x_{s+1} \ldots x_m)$;

从以上 m−s 种情况中,得到所有求值结果的最大值,即为 $c(m, s)$。

同理,求解 $c(m-1, s-1)$ 需考虑以下情况:

设在前 m−1−1 个数字中已插入 s−1−1 个乘号,则最大值为 $c(m-1-1, s-1-1) * (X_{m-1})$;

设在前 m−1−2 个数字中已插入 s−1−1 个乘号,则最大值为 $c(m-1-2, s-1-1) * (X_{m-1-1} X_m)$;

……

设在前 s−1 个数字中已插入 s−1−1 个乘号,则最大值为 $c(s-1, s-1-1) * (X_s \ldots X_m)$;

从以上 m−s−1 种情况中,得到所有求值结果的最大值,即为 $c(m-1, s-1)$。

依此类推,设 $d(x, y)$ 表示由第 x 位到第 y 位的数字构造的正整数,即可得到递推关系如下:

东软载波单片机应用 C 程序设计

$$c(m,s) \begin{cases} \max(c(j,s-1) \times d(j+1,m)) & (0 < s \leqslant j < m) \\ d(1,m) & (s=0) \end{cases}$$

计算最大乘积

根据递推公式,计算最大乘积值的算法实现并不困难,如程序 11-4 所示。不过,这里需要涉及关于大整数的表示与运算问题。

LongType 类型内部有一个一维数组成员 d,具体表示形式为:第 0 位元素用于描述整数的符号位(0:表示正数,1:表示负数),第 1～MAXLEN−1 位元素用于表示实际数据,每个字节存储 2 位十进制数据,以小端模式存储。例如,985435657676565 可表示为 {0,65,65,67,57,56,43,85,09}。关于 LongType 类型相关运算的源码实现,可参考"结构"章节的实例,不再详述。

程序 11-4

```
1    #define N 9                              /* 已知数字序列长度 */
2    #define R 5                              /* 插入乘号的个数 */
3    #define MAX_LEN 10                       /* 用于表示大整数的一维数组的长度 */
4    //大整数的一维数组表示形式,以小端模式存储,每个字节存储2位十进制数据。
5    typedef struct LongType
6    {
7        unsigned char d[MAX_LEN];
8    }LongType;
9    /* 两个大整数的乘法运算,rslt = opd1 * opd2 */
10   extern void long_type_mul(LongType * opd1,LongType * opd2,LongType * rslt);
11   /* 两个大整数的关系运算 */
12   extern int long_type_cmp(LongType * src,LongType * dest);
13   /* 将 b 数组中的第 x～y 位的数字组成大整数 */
14   extern void to_long_type(int * d,int x,int y,LongType * rslt);
15   LongType c[N + 1][R + 1];                 //动态规划过程中用于记录子问题的解
16   int p[N + 1][R + 1];                      //用于记录插入乘号的位置
17   unsigned char b[N + 1];                   //已知数字序列
18   /* 计算c[m][s],即规划前m个数字中插入s个乘号的最优解,返回值为插入第s个乘号
的位置。*/
19   int calc_c(int m,int s,LongType * rslt)
20   {
21       int i,pos = 0;
22       LongType max;
23       //初始化最大值为0
24       for (i = 0; i < MAX_LEN; i ++)
25           max.d[i] = 0;
26       //依据递推公式进行动态规划求解
```

```
27              for (i = s; i < m; i++)
28              {
29                  LongType temp;
30                  to_long_type(&b,i+1,m,&temp); //计算 d(i+1,m)
31                  //计算 d(i+1,m)与 c[i][s-1]的乘积
32                  long_type_mul(&temp,&c[i][s - 1],&temp);
33                  //如果乘积结果小于 max,则更新 max。
34                  if (long_type_cmp(&max,&temp) < 0)
35                  {
36                      max = temp;
37                      pos = i;
38                  }
39              }
40              * rslt = max;
41              return pos;
42          }
43      void main()
44      {
45          int i,j;//循环变量
46          //初始化边界条件
47          for (j = 1; j <= N; j++)
48              calc_d(1,j,&c[j][0]);
49          //动态规划求解所有子问题
50          for (i = 1; i <= R; i++)
51              for (j = i + 1; j <= N; j++)
52                  p[j][i] = calc_c(j,i,&c[j][i]);
53      }
```

构造最大因式

通过程序 11-4 可以求得最大乘积,该结果被存储于 c[N][R] 单元中。另外,数组 p 则用于记录各子问题的求解结果,即乘号插入的位置,p[i][j] 表示前 i 个数字中插入第 j 个乘号的位置。下面,可以依据 c、p 数组构造最优解,就是获得 s 个乘号具体的插入位置,假设结果暂存于数组 t 中。

根据数组 p 的定义,显然 t[R]＝p[N][R],即前 N 个数字中第 R 个乘号的插入位置。以此为基础,可得到如下递推关系:

$$t[k]＝p[t[k+1]][k] \qquad (1 \leqslant k \leqslant R-1)$$

不难理解,第 k 个乘号应该插入在第 k＋1 个乘号插入位置之前某个适合的位置。假设将第 k＋1 个乘号插入位置(t[k+1])记为 g,根据数组 p 的定义,则第 k 个乘号的插入位置即为 p[g][k]。最后,根据递推关系实现构造算法并不困难,如程

序 11 - 5 所示。

程序 11 - 5

```
1      …
2      int t[R + 1];
3      //设置第 R 个乘号的插入位置
4      t[R] = p[N][R];
5      //根据递推关系,逆向递推前 R-1 个乘号的插入位置。
6      for (i = R - 1; i >= 1; i--)
7          t[i] = p[t[i + 1]][i];
8      …
```

第 **12** 章

软件项目开发

软件技术既没有哲学的悠久历史，也没有数学、物理的精深理论，但它却在短短50年中从实验室来到了人们的身边，成为当今科研、工程、商业、生活中最重要的技术。它促进了新科技的创新、现代科技的发展、传统技术的进化，并且正在以一种前所未有的推进力量改变着人们的生活。

在20世纪50、60年代，人们所理解的软件就是那些运行在大型计算机上的程序，它更像一种实验器材，用于辅助科研人员完成科学计算。包括许多计算机大师在内，没有人会相信计算机及软件将领导一次"新的工业革命"。

直到20世纪70年代"软件危机"爆发之后，人们才重新审视了"软件"的概念，意识到了软件是一种特殊形式的产品，与程序存在明显差异，需要完整的生产过程支持，习惯上，将该过程称为**软件开发**。软件开发是一种不同于传统工业生产的模式，它主要的成本体现在开发设计，而不是成品的复制生产。为了更有效地管理软件开发过程，由此产生了软件工程学科，专门研究如何将工程化的方法应用于软件开发过程。现代软件工程的观点认为，软件应该是团队合作的产物，其过程涉及沟通、需求分析、系统设计、编码实施、测试、支持等。作为一本C语言教程，本书将更多关注于C语言对实际软件项目开发的支持，主要包括：模块化、抽象、信息隐藏、代码规范等。讲解过程中，如涉及软件工程相关知识，再详细说明。

12.1 模块设计

到目前为止，本书主要涉及的程序规模仅限于单个源文件，但实际软件项目的规模则远胜于此。在早期，源代码行数是软件规模评估的重要指标之一，大型软件通常都在50000行源代码以上，随着计算机硬件的发展，这个标准还将不断提升。不过，这个观点在现代软件工程已经很少使用了。

软件是一个逻辑思维的产物，不同于传统工业产品。假设在相同品质及难度的前提下，完成5000行源代码的软件与1000行源代码的软件工作量的比值通常会大于5，软件工程研究对此做过实验统计。其实，这种关系同样体现于其他逻辑产物，例如文学创作、工程设计等。在处理任何复杂问题时，人类使用的策略几乎都是"分而治之"，也就是将一个复杂问题分解成可以管理的若干部分，再分别解决各部分问题。例如,操作系统的五大经典模块、OSI 网络模型的七层协议都是遵守"分而治之"策略设计的。该策略在软件设计中的实际应用就是"模块化"。

所谓**"模块化"**(modularization),就是将一个完整的软件依据特定的原则划分为若干**构件**(component)的方法。习惯上,将这些构件称为**模块**(module),它们通常拥有独立的名字,可以被寻址访问。在软件工程学中,软件设计的主要目标之一就是定义软件体系结构,而软件体系结构所描述的信息就是模块的组织、交互形式以及所涉及的数据结构。本节将从 C 语言的角度讨论模块化的实现方式。

12.1.1　编译与链接

在讲述"模块化"的实现之前,读者必须清晰了解 C 语言项目的完整编译过程,也就是 C 语言的"分别编译"模式。所谓"分别编译",即若干个源程序可以在不同的时刻单独编译,最终将它们链接组合起来形成完整的可执行程序。其实,分别编译并不是 C 语言独创的,很多高级语言有类似实现,只不过 C 语言的语法定义比较宽泛,这一过程对用户还是隐约可见的,但不幸的是这却为 C 语言初学者埋下了"陷阱"。为了帮助读者深入理解分别编译的概念,本节将从 C 编译器的角度为读者深入剖析其完整过程,如图 12-1 所示。

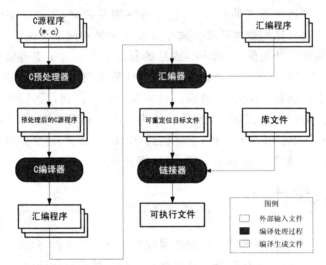

图 12-1　C 语言项目编译过程

通常,完整的编译过程包括四个阶段:预处理、编译、汇编、链接。理论上,每个阶段都是独立存在的,它们以文件形式交换中间结果,最终由链接器输出可执行文件。尽管某些现代 C 编译器没有以文件形式显式输出中间结果,但事实上它们仍然是存在的。

C 预处理器

C 预处理器(C preprocessor)是根据特定预处理命令控制执行相应的文本编辑

行为的程序。预处理器的输入是原始的 C 程序文件,其输出是预处理结果,该结果将作为 C 编译器的输入。如果项目中存在多个 C 源程序文件,需要分别执行预处理。各源文件的预处理过程是互相独立的,并不存在依赖关系。

在预处理过程中,常见的错误类别如下:

(1) 预处理命令的语法、语义错误;

(2) 需要包含的文件搜索失败,包括文件路径描述不正确、文件搜索路径设置错误等;

(3) 在调用类似函数的宏时,实参列表与形参列表不匹配;

(4) 意外使用续行符;

(5) 意外的宏替换可能导致编译出错。

对于第(2)、(3)类错误,预处理器通常可以准确报告出错行号与错误信息。但其他类别错误则不然,需要结合上下文代码情景具体分析,并且这类错误信息也可能比较隐蔽。

C 编译器

C 编译器(C compiler)的输入是一个经过预处理的 C 源程序文件,而其输出则是汇编程序文件。该阶段的主要工作是将 C 语言程序等价地转换为汇编程序,其中包括语法语义检查、编译优化、代码生成等,如图 12-2 所示。根据 C 语言规定,一次编译只处理一个 C 源程序文件。如果项目中存在多个文件,则需要分别进行编译,各文件的编译过程是互相独立的。

```
16   ; unsigned char a, b;
17   ; main()
18   ; {
19   ;     b = 0;
20       CLR            (_b) & 0X7F
21   ;     for (a = 0; a <10; a++)
22       CLR            (_a) & 0X7F
23   #L6
24       MOVI           0xa
25       SUB            (_a) & 0X7F,    0x0
26       JBC            PSW,    0x0
27       GOTO           #L50
28   ;     {
29   ;         b = b + a;
30       MOV            (_b) & 0X7F,    0x0
31       ADD            (_a) & 0X7F,    0x0
32       MOVA           (_b) & 0X7F
33       INC            (_a) & 0X7F
34   ;     }
35       GOTO           #L6
36   ; }
37   #L50
38       RET
```

图 12-2　C 编译器生成的汇编程序示意

在 C 程序开发过程中,常见的错误类别如下:

(1) C 语言词法相关错误,例如,标识符格式、常量格式错误等;

东软载波单片机应用 C 程序设计

（2）C语言语法相关错误，例如，声明、语句、表达式等语法格式错误；

（3）C语言语义相关错误，例如，类型检查错误、使用未声明的符号等；

（4）运行时刻错误，例如，程序执行死锁、运行时刻异常等。

对于第（1）、（3）类错误，C编译器通常可以准确报告出错行号与错误信息。但第（2）类错误有时稍显复杂，在某些特殊上下文环境中，这类错误报告可能延迟。第（4）类错误则是编译过程无法检测的。

汇编器

汇编器（assembler）的主要工作是将汇编程序翻译成目标程序，但该目标程序需要经过重定位才能运行，因此称为**可重定位目标程序**，如图 12-3 所示。

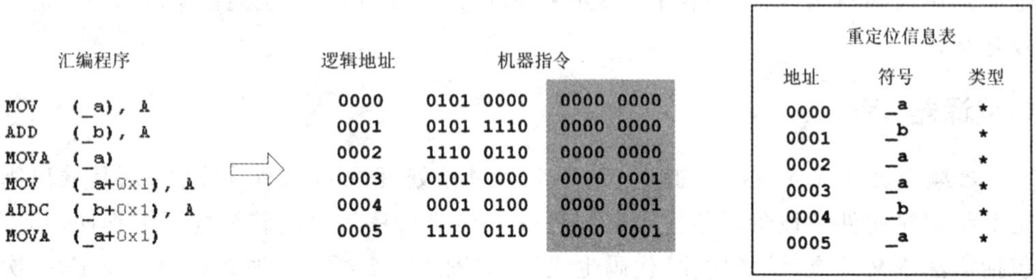

图 12-3　可重定位目标程序

通常，目标程序的机器指令由两个部分组成，即操作码与操作数地址。其中，操作数地址用于标识该指令操作的物理存储单元。不过，由于汇编器不会对变量、函数等符号进行物理存储分配，因此可重定位目标程序中的操作数地址都是逻辑地址形式。逻辑地址是该标号在所属段内的偏移，如图 12-3 灰色区域所示。在程序装载链接过程中，**重定位**（relocation）机制才会把程序中的逻辑地址空间变换成实际内存中的物理地址空间。

绝大多数可重定位目标程序都是二进制格式文件，其格式由汇编器与链接器自定义的。不同的编译器工具链生成的可重定位目标程序是不通用的，尽管它们的文件扩展名可能相同。一个完整的可重定位目标程序至少包括两部分信息，即机器指令代码与重定位信息表。关于重定位信息表的作用，稍后详述。

与通用机C编译器不同，大多数嵌入式编译器都支持在C程序项目中嵌入用户汇编程序。在这种情况下，用户汇编程序也需要由汇编器翻译生成可重定位目标程序，并将其加入最终的链接过程。

理论上，由C编译器生成的汇编程序通常是正确的，除非编译器本身存在缺陷。但大多数C编译器不会对C源程序中内嵌汇编代码进行语法、语义检查，故此类错误报告可能会延迟到汇编阶段。值得注意的是，如果发生类似错误，应该根据汇编文件中的出错信息定位到相应的C源程序中，并对其进行修改，而不是直接对编译器生成的汇编文件进行修正。

链接器

链接器(linker)的主要工作是将多个可重定位目标程序组装成一个可执行程序。一次完整的链接过程大致如下：

(1) 输入所有的可重定位目标程序；

(2) 将外部符号引用与实体符号建立关联；

(3) 为实体符号分配物理存储空间；

(4) 地址重定位；

(5) 输出可执行程序，如有需要还将输出调试信息等文件。

当链接器完成实体符号存储分配后，则需要进行地址重定位，即把符号的物理地址回填到相应的机器代码中，替换原来的逻辑地址。由于汇编器输出的可重定位目标程序中存储的代码都是二进制形式的机器指令，但链接器无法从二进制机器指令直接获得关于重定位的有用信息，例如，对哪些指令重定位及如何进行符号重定位，这就需要可重定位目标程序中的重定位信息表支持。重定位信息记录至少包括三个字段：地址、符号、类型。在重定位过程中，链接器将逐行读取重定位信息记录，并根据该信息指示回填符号的物理地址，其大致处理过程如下：

(1) 根据地址字段定位到需要重定位回填的机器指令；

(2) 根据符号字段获得该符号的实际物理地址；

(3) 根据类型字段确定机器指令中操作数地址所在位置，并将物理地址与逻辑地址之和回填到该位置中。

假设_a符号的物理地址为 0xC6，_b 符号的物理地址为 0x51，则重定位结果如图 12-4 所示。

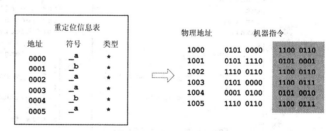

图 12-4　重定位后的机器代码

12.1.2　模块设计

"模块化"的核心问题即为分解模块，简言之，就是如何将一个完整的系统分解为若干模块。其实，这项工作远比想象中的复杂，除了严谨的理论体系之外，它也需要"经验"与"灵感"的支持。任何软件工程的书籍可以给予读者的只是理论体系，其他则需要在实践开发中领悟。

软件工程学观点认为：通过辨析系统中不相关的**关注点**（concern），可以将一个完整系统分解为若干模块的集合，每个模块都有自己唯一的目的（即拥有相关的关注点），并且模块之间是相对独立的。软件设计师可以根据实际情况选择功能、数据、任务、目标或者需求的任何方面作为关注点，以此作为模块分解的标准。

一个完整的软件都是由若干模块组成，每个模块包含了一系列服务，其中一些服务又可以被程序中其他模块使用。为了便于描述与实现这个复杂的逻辑模型，通常将模块分为两个组成部分：接口、实现。**接口**（interface）用于描述该模块可以提供的服务清单，模块使用者只能通过接口访问其中的服务。**实现**（implementation）则是模块内部完成服务的程序代码。

在 C 语言环境下，模块服务的实现形式就是函数，若干功能相关的函数被组织在同一源程序文件中构成了一个模块，而模块的接口则是以"**头文件**"（header file）形式提供给其他模块使用。其实，头文件就是一个普通文本文件，它所描述的就是提供给使用者访问该模块所必需的数据信息，如函数原型声明、外部变量声明、公共类型定义等。尽管大多数情况下头文件的扩展名为"＊.h"，但 C 语言对此并没有严格限制。通常，模块使用者通过 ♯include 预处理命令包含所需模块的头文件后即可访问相应的服务，如图 12－5 所示。

274

queue.h

```
void clear();
int is_empty();
int is_full();
void en_queue(int data);
int de_queue();
```

main.c

```
#include "queue.h"
int i;
int sum;
main()
{
    sum = 0;

    for (i = 0; i < 10; i++)
    {
        en_queue(i);
    }

    for (i = 0; i < 10; i++)
    {
        sum += de_queue();
    }
}
```

queue.c

```
#include "queue.h"
int queue[100];    //队列数据
int length;        //队列长度
void clear()
{
    length = 0;
}
int is_empty()
{
    return length == 0;
}
int is_full()
{
    return length == 100;
}
void en_queue(int data)
{
    ...
}
int de_queue()
{
    ...
}
```

图 12－5　C 语言的模块

图 12-5 是"队列"数据结构的模块及其使用,该模块由两个文件组成,即 queue.c 文件、queue.h 文件,分别作为模块的实现与模块的接口,该模块接口导出了 5 个函数供外部使用。模块使用者通过包含 queue.h 文件即可导入模块中函数原型声明。

模块分解

模块化就是一种将系统中各不相关的部分进行分离的原则。模块化的最基本问题:如何将一个软件分解成模块的集合? 其实,任何模块分解工作的动机就是降低软件开发成本,无论采用何种策略达到降低开发及维护成本的目的都是可以接受的。这是软件工程学科中的重要研究课题,本章只涉及一些最基本的概念。

软件成本(或者工作量)由两部分组成:模块开发成本、模块接口成本(也称为模块集成成本)。通常,模块开发成本是与模块规模成正比的,而模块接口成本是与模块数量成正比的。在一个完整的软件系统中,即软件整体规模确定,则模块数量与模块规模是成反比的,如图 12-6 所示。

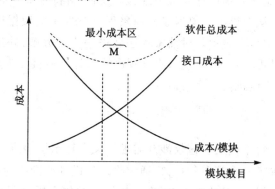

图 12-6　模块与软件成本的关系

与生活中其他事物类似,模块分解的两种极端情况都是比较糟糕的。对于具有一定规模的软件来说,如果该软件只有单个模块,那么其变量数量、函数调用关系、控制流程等是极其复杂的,该模块的开发成本也是最高的,这正是"模块化"试图改变的状态。但将软件无限地划分成模块同样也是不可行的。虽然随着模块规模的不断减小,其模块开发成本可以降低到忽略不计,但模块之间的接口成本却无限提升,总成本仍然非常高。

理论上,当模块数量位于图 12-6 的最小成本区 M 内则是比较理想的,尤其是位于两条曲线的交叉点处则是最优情况。但不幸的是,在软件设计期间,并不存在绝对有效的理论与方法可以指导软件设计人员精确预测软件的 M 区间。尽管如此,人们仍然期待寻找一些相对有效的策略,而不是束手无策。这里,需要借助于几个软件工程学的概念。

逐步求精

在心理学研究中,著名的 Miller 法则揭示了人类认知的极限:一个人在任何时候都只能把注意力集中在(7±2)个信息块上。当软件规模达到一定程度时,所涉及的信息块可能远超于 7,例如,需求描述、数据信息等,显然这已经超越了人类认知的极限。而逐步求精就是人类解决复杂问题时所采用的基本方法与策略,通过将复杂问题分解细化,帮助人们把精力集中在与当前阶段最相关的那些方面,而忽略那些对整体解决方案必要但目前还未涉及的细节。

在计算机科学领域,逐步求精策略源自于瑞士著名计算机科学家 Niklas.Wirth 教授提出的一种自顶向下的结构化软件设计方法,即从软件总体目标出发,通过连续精细化层次结构,将问题规模不断分解,直至形成可以用程序语言表述的细节。逐步求精的过程将有助于设计者在设计演化中构造出完整的软件模型。

Niklas.Wirth 教授的观点认为:在对付复杂问题的最重要办法是抽象。因此,对一个复杂的问题不应该立刻用计算机指令、数字和逻辑符号来表示,而应该用较自然的抽象语句来描述,从而得出抽象程序。抽象程序对抽象的数据进行某些特定的运算并用某些合适的记号来表示。对抽象程序做进一步的分解,并进入下一个抽象层次,这样的精细化过程一直进行下去,直到程序能被计算机接受为止。这时的程序可能是用某种高级语言或机器指令书写的。

功能独立

在模块设计中,每个模块应该仅涉及需求的某个特定子功能,并且从软件结构其他部分观察时,它只有一个简单的接口,通常将这种设计原则称为**功能独立**。功能独立可以有效地简化模块开发的难度,因为它从模块结构上限制了副作用与错误的扩散。至此,必须对 C 语言副作用的概念稍作总结。副作用就是指可能影响操作数或者外部数据环境的行为,C 语言标准中列举的副作用包括:赋值运算、增(减)值运算、访问 volatile 对象、修改全局数据环境以及执行上述操作的函数。

在软件工程中,评估功能独立的两个定性标准就是耦合与内聚,这是软件结构设计中非常的重要概念,笔者稍后详述。

信息隐藏

在模块设计中,应该尽可能隐藏自己的设计策略与实现细节,只公开其他模块使用者必需的信息,软件工程通常将这种设计原则称为**信息隐藏**。简言之,模块接口所提供的信息应该是使用该模块所必需的,除此之外,不允许使用者通过其他方式访问模块中的资源。在测试、软件维护阶段,信息隐藏的最大优点在于将代码修改的影响限制在有限的范围内。

12.1.3　耦合度

耦合度是衡量模块之间依赖关系的指标。如果两个模块之间存在大量依赖关系，则称它们之间存在**紧密耦合**。如果两个模块之间没有任何依赖关系，则称它们之间非耦合。根据依赖关系不同，软件工程将耦合度分为六个层次，按依赖关系由高到低排列次序为：内容耦合、公共耦合、控制耦合、标记耦合、数据耦合、非耦合。

内容耦合

内容耦合大致包括以下几种情况：

（1）一个模块修改了另一模块内部数据；

（2）一个模块改变了另一模块代码或执行；

（3）一个模块存在多个入口；

（4）一个模块可以不通过调用转入另一模块内部，或者两个模块代码重叠。

在 C 语言中，内容耦合的情况并不多见，除非开发人员故意通过一些"非常规"手段实现某些特殊意图，例如，通过指针非法修改其他模块的内部数据等。而改变另一模块代码的情况，则更多见于解释性语言中，例如，Python 的 exec 语句具有动态产生与执行一些语句的功能。至于另外两种情况，绝大多数高级语言已经禁止，但对于支持嵌入式汇编程序代码的高级语言来说，这仍然是可能发生的。

公共耦合

公共耦合是指两个模块之间依赖于全局变量的情况。在软件工程中，公共耦合是一种比较严重的耦合程度，因为任何对公共数据的改变都需要跟踪依赖于该公共数据的模块，并且评估修改所造成的影响。而更复杂的情况是，在中大型项目中，针对公共数据的某次修改，跟踪其"修改者"是比较困难的。例如，在 HRCC 项目开发中，main 函数与中断函数公共依赖于某个全局变量，而中断函数与 main 函数是并发执行的，不合适的全局变量访问策略可能导致数据异常。

理论上，公共耦合是应该尽量避免的，函数式语言对此有严格限制。但在 C、Pascal 等命令式语言中，公共耦合并非完全不可接受，限制其应用范围是相对可行的，绝对禁止全局变量的 C 程序并非想象中的"优美"。

控制耦合

控制耦合是一个模块通过传递参数或返回值来控制另一个模块执行的行为。在 C 语言编程中，控制耦合是比较常见的，如图 12 - 7 所示。

```
void main()
{
        ...
        module(1);
        ...
        module(2);
        ...
        module(3);
        ...
}
```

```
void module(int p)
{
        switch (p)
        {
        case 1:
                sub_module1();
                break;
        case 2:
                sub_module2();
                break;
        case 3:
                sub_module3();
                break;
        ...
        }
}
```

```
void main()
{
        ...
        sub_module1();
        ...
        sub_module2();
        ...
        sub_module3();
        ...
}
```

图 12 - 7 控制耦合示意

    图 12 - 7 是最典型的控制耦合情况,这种代码通常可以转换为右侧更优的实现。其实,在 C 语言中,控制耦合并不是非常严重的,在某些情况下,它是可以被接受的。例如,Windows 的消息处理及分发机制就存在控制耦合的情况。通常,控制耦合可以通过模块分解将其消除。

标记耦合

    标记耦合是将一个复杂的数据结构作为参数实现两个模块之间的信息传递。标记耦合的模块对特定的数据结构有依赖,它们必须保证两者之间的数据格式和组织方式是匹配的。理论上,保证数据结构一致性并不是非常困难的,有些语言也存在相应的检查机制,如 C♯、Java 等。不过,C/C++语言对此类错误却采取"忽略"态度,如图 12 - 8 所示。

module1.c

module2.c

```
struct Info
{
        int f1;
        float f2;
        char f3;
}info1;
void foo(struct Info);
void main()
{
        foo(info1);
}
```

```
struct Info
{
        float f1;
};
void foo(struct Info p)
{
        ...
}
```

图 12 - 8 模块类型不一致引发的错误

数据耦合

数据耦合是指两个模块之间只依赖于基本类型数据完成信息传递。与标记耦合依赖于数据结构相比,基本类型数据传递通常是更安全的,由于数据形式不一致导致的出错概率也很小。

12.1.4　内聚度

内聚度是衡量模块内部各元素的"黏合"程度的指标。内聚度越高的模块则表示其内部各部分之间联系越紧密,也反映了该模块实现与抽象目标的关联程度越高。软件工程将内聚度分为七个层次,按内聚度由高到低排列次序为:信息内聚、顺序内聚、通信内聚、过程内聚、时态内聚、逻辑内聚、巧合内聚。

巧合内聚

巧合内聚是指模块内部各部分互不关联的情况。在实际项目中,为了便于系统设计,将若干小规模的杂项功能统一放在一个模块内,这种设计是比较糟糕的。例如,将文件读写与数据转换放在同一个模块内,尽管它们本身只是几个简单的函数,如图 12 - 9 所示。

```
//读取文本文件
char * read_file(char * filename);
//将文本内容写入文件
char write_file(char * filename, char * content);
//将整数转换为字符串
char * itos(int s);
//将字符串转换为整数
int stoi(char * s);
...
```

图 12 - 9　巧合内聚示例

逻辑内聚

逻辑内聚是指通过代码的逻辑结构将一个模块的各部分关联的情况。在实际编程中,常见的逻辑内聚是参数化代码,即根据参数值不同执行相应的操作行为。尽管这种情形一定程度上可以解释为共享程序的某些数据状态或代码结构,但它将给后续代码维护造成障碍。

注意,逻辑内聚的重要特点是参数化代码段彼此之间没有明显的功能联系,只是通过参数形式将它们组织在一个模块内。如图 12 - 10 所示,从逻辑意义上而言,read_data()与 write_data()是两个完全不同的操作,但这里仅通过参数将它们聚合在一个模块功能中,显然合理性有待商榷。

279

时态内聚

时态内聚是指将系统划分为几个用来表示不同执行状态的模块,例如,初始、输入、计算、输出、释放。在这种模块设计中,由于数据和功能因为任务而联系在一起,因此对一些关键数据结构的访问操作会在多个模块中重复出现。在 C 语言程序设计中,经常将系统各部分初始化代码统一置于一个函数内完成,这就是典型的时态内聚。在面向对象程序设计中,构造函数与析构函数机制则有效地避免了系统初始与释放模块中的时态内聚。

过程内聚

过程内聚是指功能组合只是为了确保一系列操作顺序执行的模块。从软件工程角度来说,时态内聚关注的是数据流从一个处理单元流入另一个处理单元,而过程内聚关注的则是控制流从一个动作流入另一个动作。对于大多数嵌入式工程师,并不需要深入了解两者的细微差异。

```
void module(char p1, char p2)
{
    ...
    //公共代码段...
    if (p1 == 1)
    {
        read_data();
    }
    else if (p1 == 2)
    {
        write_data();
    }
    else if (p1 == 3)
    {
        if (p2 == 1)
        {
            //参数化代码段...
        }
        else
        {
            //参数化代码段...
        }
        ...
    }
    //公共代码段...
    ...
}
```

图 12 - 10　逻辑内聚示例

通信内聚

通信内聚是指将操作或生成同一个数据集的功能关联起来构成的模块。通常,这里的数据集是一个规模相对庞大的数据结构,例如编译器的符号表系统。解决通信内聚的对策是将各数据元素置于本身的模块中,而不是构造成统一数据集。

顺序内聚

顺序内聚是在一个模块内处理元素和同一个功能能密切相关,而且这些处理元素必须顺序执行。

功能内聚

功能内聚是指所有处理元素完成且仅完成一个功能的模块,这是最理想的软件结构设计,但并不是每个模块都能实现功能内聚的。

12.1.5　小　结

软件工程的观点认为:高内聚、低耦合的模块设计更有利于软件的维护与扩展。

不过,从现实的角度来说,数据耦合、标记耦合是可以接受的,控制耦合应该尽可能避免,公共耦合必须在有限范围内使用,内容耦合则是绝对禁止出现的。

12.2　模块实现

前面,主要从软件工程的角度介绍了模块设计的基本理论与观点,这是软件项目设计的核心,也是评价设计质量的重要指标。本节将关注于如何应用 C 语言实现"模块化"。

12.2.1　模块接口

在 C 语言中,头文件是专用于描述模块接口的文本文件。本小节将从规范设计的角度指导读者正确使用头文件描述模块接口,与编码规范不同,这是 C 语言编程的基本准则,一定程度上强制要求开发人员遵循。

基本信息

在项目开发中,必须严格遵循一个原则:头文件只能用于描述模块接口信息,包括变量外部声明、类型声明、函数原型声明、宏定义及调用。尽管 C 语言标准对此没有严格限定,但它却是评价设计质量的重要标准之一。

特别注意,不论理由如何充分,头文件中绝不应该包括函数体、执行语句、初始化等描述。通常,前两种情况并不多见,除非软件结构设计足够糟糕。然而,在头文件中包括变量初始化声明则是比较常见的,大多数情况下链接器将提示变量重定义错误。合理的修改方法应该是将初始化声明移入模块实现(即 C 源程序文件),头文件中只出现该变量的外部声明形式,如图 12 - 11 所示。当然,从模块化设计角度来说,更优的方案是尽可能避免模块导出全局变量符号,以降低模块之间的耦合度。

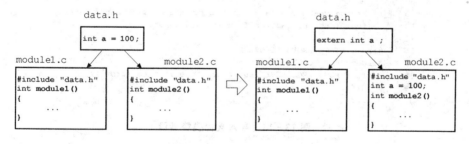

图 12 - 11　头文件中初始化示意

每个模块应该有一个独立的头文件,用于描述该模块的接口信息。在某些小型项目中,有时会将多个模块接口置于一个头文件内,但这并不是良好的设计,不推荐使用。另外,按类别收集接口信息的方式也是比较常见的"错误",例如,将项目中所有的函数原型及变量外部声明分别置于 Functions. h 及 Variables. h 文件中,如

图 12 - 12 所示。

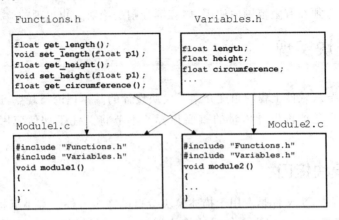

图 12 - 12 按类别收集接口描述信息

接口导入

在 C 语言编程中,通过 ♯ include 预处理命令可以将其他模块接口导入当前模块实现中,如图 12 - 13 所示。

```
21   #include "config.h"
22   #include "rtl.h"
23   #include "tree.h"
24   #include "flags.h"
25   #include "insn-flags.h"
26   #include "insn-codes.h"
27   #include "expr.h"
28   #include "insn-config.h"
29   #include "recog.h"
30   #include "gvarargs.h"
31   #include "typeclass.h"
32
33   /* Decide whether a function's arguments should be processed
34      from first to last or from last to first.  */
35
36   #ifdef STACK_GROWS_DOWNWARD
37   #ifdef PUSH_ROUNDING
38   #define PUSH_ARGS_REVERSED  /* If it's last to first */
39   #endif
40   #endif
```

图 12 - 13 导入其他模块接口

特别注意,任何情况下都应该抵制通过 ♯ include 命令包含其他 C 源程序文件实现所谓的"模块化",如图 12 - 14 所示,这种结构将为后续软件开发与调试造成严重困扰。良好的模块化设计提倡使用"分别编译"方式。

```
1    #include "stdio.h"
2    #include "display.c"
3    #include "adc.c"
4    #include "water.c"
5    #include "communicate.c"
6
7    void main()
8    {
9        InitHW();
10       VaribleInit();
11       Self_Check();
12       while(1)
13       {
14           MemFlag0 = 0x55;
15           MemFlag1 = 0x66;
16           MemFlag2 = 0x77;
```

图 12 - 14　通过 #include 命令包含其他 C 源程序文件

重复包含

　　与 C#、Java 等面向对象语言相比,C 语言的头文件并不是模块接口的完美实现,但我们仍然必须接受。由于 #include 预处理命令只是简单的文本包含操作,并不支持语言层次分析,因此嵌套使用 #include 命令可能导致同一个头文件被重复包含多次。在大多数情况下,规范的头文件即使被重复包含多次也不会造成非常严重的后果,因为 C 语言允许变量外部声明及函数原型重复多次,只要保证它们彼此兼容即可,但类型声明除外,如图 12 - 15 所示。

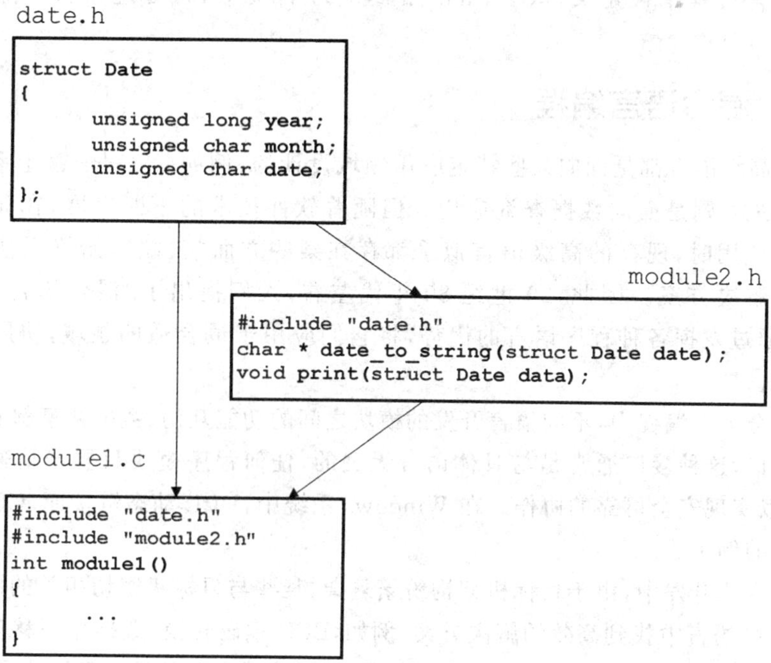

date.h

```
struct Date
{
    unsigned long year;
    unsigned char month;
    unsigned char date;
};
```

module2.h

```
#include "date.h"
char * date_to_string(struct Date date);
void print(struct Date data);
```

module1.c

```
#include "date.h"
#include "module2.h"
int module1()
{
    ...
}
```

图 12 - 15　重复包含头文件

图 12-15 是一个错误实例,原因是 date.h 被 module1.c 两次包含,导致 Date 结构类型重复声明,这是 C 语言不允许的。其实,在中大型项目中,当文件包含关系比较复杂时,头文件重复包含的情况是极其常见的,除非设计过程已充分考虑。

某些 C/C++编译器支持♯pragma once 预处理命令,可以有效避免头文件重复包含的情况。不过,由于该预处理命令不属于标准 C 的语言元素,故并非所有编译器都支持。这里,介绍一种更通用的解决方案。如果将图 12-15 中 date.h 文件内容改成如图 12-16 所示形式,即使该文件被重复包含也不会出现任何编译错误。

```
#ifndef DATE_H
#define DATE_H
struct Date
{
        unsigned long year;
        unsigned char month;
        unsigned char date;
};
#endif
```

图 12-16　避免被重复包含的头文件描述形式

当 date.h 文件被首次包含时,由于宏 DATE_H 未定义,♯ifndef 的编译条件有效,预处理器会包含后续文本块。但当该文件被再次包含时,由于宏 DATE_H 已在前一次包含过程中被定义,故♯ifndef 的编译条件无效,预处理器将排除后续文本块。

12.2.2　混合语言编程

任何高级语言都是面向某些特定应用领域设计的,例如 C\C++善于系统程序开发,而 SQL 则是面向数据查询应用。但随着软件技术的不断发展,在面对一些交叉领域应用时,现存的高级语言似乎都存在某些方面"欠缺",始终无法得到令人满意的解决方案。因此,20 世纪 80 年代左右,人们提出了"混合语言编程"思想,期待通过发挥各种程序语言的优势,将它们应用于最合适的领域,协同构造完整的系统。

在混合语言编程中,不同语言开发的模块之间的功能互访、数据共享都必须依赖于特定接口,这种接口通常是与具体语言无关的,任何程序模块只要严格遵守该协议,就可以实现安全可靠的协作。在 Windows 系统中,DLL 动态链接库、COM 组件就是典型的例子。

在嵌入式开发中,由于目标机架构纷繁复杂,某些与目标机密切相关的操作都很难在通用 C 语言中找到高效的解决方案,例如,BCD 编码转换、数据循环移位及某些特殊指令的执行等。面对这些独特的应用需求,汇编语言通常是最好的选择。因此,在大多数面向嵌入式开发的 C 编译器都支持与汇编语言的混合编程,它既不严重破坏 C 语言的语法机制,又可以直接面向目标机操作。HRCC 支持两种混合语言编程方式:内联汇编、汇编模块链入。

符号重命名

在讲解 HRCC 的混合语言编程之前,需要简单介绍下"符号重命名"的概念。正如读者所了解的,C 语言支持同一个标识符名在不同运行时刻绑定不同的对象。其实,这种情况在其他高级语言中同样存在。但相对而言,汇编语言则简单得多,它既没有类型系统,也不支持控制结构,其标识符(习惯上称为"标号")是全局有效的,同一汇编文件内不允许存在符号重名。显然,将 C 程序中的符号名字直接作为汇编程序的标号可能导致重名错误。通常,C 编译器会根据特定的规则对 C 程序中的符号名字进行重命名,以保证其拥有一个全局唯一标识名,本书暂称为"全名"。

内联汇编

内联汇编就是指在 C 语言模块中直接嵌入汇编程序代码的方式,其语法形式如下:

```
__Asm    汇编代码行;
__asm    {    汇编代码块_opt    }
```

这两种内联汇编形式的唯一差异:前者只允许嵌入单行汇编代码,而后者允许嵌入一段汇编代码。在使用内联汇编时,必须注意以下几点:

(1) C 编译器不会对通过内联方式嵌入汇编代码进行语法、语义检查;

(2) 在汇编代码中,尽量不要改变 SECTION 及 PAGE 状态,否则可能造成异常;

(3) 由于内联汇编可能对 C 编译器的优化效果造成影响,尽量将其置于单独函数内;

(4) 禁止直接通过地址修改 RAM 数据,这种行为造成的危害极大;

(5) 在内联汇编代码中,应该尽量避免使用伪指令。

程序 12 - 1

```
1      void init_ram()
2      {
3          __asm
4          {
5              CLR        IAAL
6              CLR        IAAH
7          L1:
```

```
8          CLR        IAD
9          ISTEP      0x1
10         MOV        IAAH,0
11         XORI       0x80
12         JBS        PSW,Z
13         GOTO       L1
14              }
15         }
```

如程序 12-1 所示,该函数通过内联汇编方式实现 HR7P90H 芯片 RAM 清零功能,关于 HR 单片机的汇编语言及指令系统,详见本书附录。注意,C 编译器不会对__asm 语句进行语法、语义检查,只是将该语句文本复制到编译生成的汇编文件中,由汇编器统一处理。但如果__asm 语句中出现宏调用或预处理命令,则仍然执行相应的预处理行为。

尽管内联汇编代码是"混合"在 C 程序中,但它们是基于两种不同语言描述的,因此两者之间的交互操作就涉及"符合重命名"规则。不过,这项工作并不需要开发人员过多介入。在内联汇编代码中,用户只需要通过特定的规则将需要重命名的符号标记出来即可,C 编译器将自动为该符号进行重命名。通过这种方式,用户可以在内联汇编中便捷地获得 C 程序中变量的全名,而不必深入了解"符号重命名"的细则,如程序 12-2 所示。

程序 12-2

```
1          int g;
2          void foo(int p)
3          {
4              __asm
5              {
6          SECSEL     &p&                //引用形式参数 p
7          MOV        (&p&) % 0x80,0
8          SECSEL     &g&                //引用全局变量 g
9          MOVA       (&g&) % 0x80
10         SECSEL     &p&
11         MOV        (&p& + 1) % 0x80,0
12         SECSEL     &g&
13         MOVA       (&g& + 1) % 0x80
14              }
15         }
16         void main()
17         {
```

```
18        foo(1234);
19    }
```

根据 HRCC 规定,内联汇编代码可通过"&<C 程序变量名>&"形式引用 C 程序变量的全名。在编译过程中,"&<C 程序变量名>&"将被替换为该变量的实际全名。值得注意的是,这种处理方式只是引用了变量全名,与 C 语言中变量访问是完全不同的概念。C 编译器也只是进行简单的文本替换,并不会检查访问有效性。反之,由于内联汇编中不应该包括汇编符号声明,故通常不需要考虑 C 语言访问汇编符号的情况。

汇编模块链入

汇编模块链入的方式是指在 C 语言项目中使用汇编语言开发部分模块,这些模块由汇编器编译成可重定位目标程序,再由链接器完成链接生成,如图 12 - 1 所示。相对于内联汇编而言,这种方式可能更为灵活,它允许用户通过汇编语言独立开发完整的汇编模块,而不必纠结于 C 语法限制。

与普通 C 语言模块类似,汇编模块与其他模块的交互操作也是通过公共全局符号实现的,包括变量与函数。在 HRCC 中,C 语言模块中公共全局符号的重命名规则比较简单,就是在该符号名前加个下划线即可,如图 12 - 17 所示。

Module1.c

```
extern void add();
int p1;
int p2;
int rslt;
void foo1()
{
    p1 = 1234;
    p2 = 9876;
    add();
}
void foo2()
{
    p1 = 5987;
    p2 = 2316;
    add();
}
void main()
{
    foo1();
    foo2();
}
```

Module2.asm

```
PUBLIC _add
EXTERN _p1
EXTERN _p2
EXTERN _rslt
    CSEG
_add
    SECSEL _p1
    MOV (_p1) & 0x80, 0
    SECSEL _p2
    ADD (_p2) & 0x80, 0
    SECSEL _rslt
    MOVA (_rslt) & 0x80
    SECSEL _p1 + 1
    MOV (_p1 + 1) & 0x80, 0
    SECSEL _p2 + 1
    ADDC (_p2 + 1) & 0x80, 0
    SECSEL _rslt + 1
    MOVA (_rslt + 1) & 0x80
    RET
END
```

图 12 - 17　汇编模块链入

关于汇编语言及指令系统说明,参见本书附录。特别注意,不同语言开发的模块之间的信息共享、数据传递应该借助于全局符号实现,尽量避免通过形参或局部符号完成。因为全局符号的存储分配是由链接器完成的,而其他符号的分配策略则依赖于编译器设计。

值得注意的是,汇编模块中的外部符号其实就是外部标号,没有类型及作用域的概念,汇编器也不会对其进行语法、语义检查,故所有操作行都是由用户控制的。例如,在图 12 - 17 中,用户程序通过标号 _p1 访问(_p1 ＋ 10)单元仍然是有效的,汇编器并不关注 _p1 标号对应变量的合法存储区域仅为(_p1 ＋ 0)与(_p1 ＋ 1)两个单元。

12.2.3　信息隐藏

信息隐藏是软件模块设计的重要原则之一,其主要思想就是良好的模块设计应该尽可能对"客户"隐藏设计策略与实现细节,只公开"客户"使用该模块的必要信息。信息隐藏原则可以有效地降低模块间的耦合程度。这与设计模式所提倡的"依赖倒置"原则是一脉相承的,即依赖于抽象,不依赖于具体。只不过后者更多适用于面向对象设计。

在 C 语言编程中,信息隐藏的实现方式就是 static 存储类别,其主要作用在于限制全局符号的可见性,但不改变其生存期。注意,声明中存在 static 的变量必定是全局变量,而其声明位置只能用于限制该符号的可见性,如程序 12 - 3 所示。

程序 12 - 3

```
1        static int data;
2        void foo()
3        {
4            static double data;
5            {
6                static float data;
7            }
8        }
```

在程序 12 - 3 中,三个变量都是全局符号,但它们的可见性不同。根据 C 语言规定,将第 1 行的 data 变量称为"静态全局变量",该变量的可见性是当前所在的模块,也就是编译单元,而第 2、3 行的 data 变量称为"静态局部变量",其可见性与同样位置的局部变量相同。

与变量声明类似,函数声明同样可以使用 static 修饰。由于 C 语言不存在局部函数的情况,因此只有静态全局函数是合法的。静态全局函数的可见性是其所在模块内,编译器将阻止外部环境访问模块内的静态全局函数,如图 12 - 18 所示。

客观地说,与面向对象语言相比,C 语言针对信息隐藏、封装、抽象等提供的语言级别支持是比较弱的,无法实现更深层次的信息隐藏与抽象。例如,抽象数据类型、为结构字段指定不同的访问权限等。

```
Module1.c
```

```
extern void foo1();
extern void foo2();
void foo3()
{
     foo1();      //非法访问
     foo2();
}
```

```
Module2.c
```

```
static void foo1()
{
     ...
}
void foo2()
{
     foo1();
}
```

图 12 - 18　静态全局函数实例

12.2.4　程序实例

栈的概念

栈(stack)是一种操作受限制的线性表结构,只允许在线性表的表末位置进行插入与删除元素的操作。如图 12 - 19 所示,该栈共有 10 个存储单元,其中 3 个已被占用。栈结构中有一个指针用于指向表末的位置,通常称为"栈顶"。栈顶指针指向的元素即为栈顶元素,也就是本例中的 a3 元素。

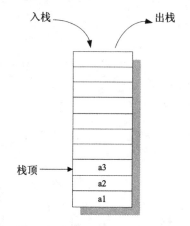

图 12 - 19　栈模型:入栈、出栈操作示意

对栈的基本操作包括:入栈、出栈。**入栈**(push)操作就是将数据元素插入到线性表的表末位置,换言之,就是将栈顶指针后移一个位置,并将数据存储到该位置的存储单元中。**出栈**(pop)操作就是将栈顶指针指向的元素取出,并将栈顶指针前移一个位置,即删除该元素。

栈结构有两个特殊的状态:栈满、栈空。栈满就是指线性表中所有存储空间已被占用,而栈空则是指线性表中没有任何有效的数据元素,在栈满状态下实施入栈操作或在栈空状态下实施出栈操作都是非法的。

栈是一种"**先进后出**"(first in last out,缩写为 FILO)的数据结构,栈的主要实现形式包括两种:顺序结构、链式结构。

实例:栈的实现

问题描述:应用"模块化"设计思想,完成栈模块的设计与实现。

东软载波单片机应用 C 程序设计

290

程序 12 - 4

```
1      /*
2       * @file        stack.h
3       * @brief       栈模块的接口
4       */
5
6      //避免重复包含
7      # ifndef STACK_H
8      # define STACK_H
9
10     # define MAXSIZE 100
11
12     //顺序栈的结构类型
13     typedef struct
14     {
15         //预设足够长度的一维数组作为栈的存储空间
16         ElemType data[MAXSIZE];           //所有 ElemType 应替换为实际类型
17         //栈顶指针
18         int top;
19     }SeqStack;
20
21     //栈初始化
22     SeqStack *  init_stack(SeqStack * ptr);
23     //判定栈是否为空
24     int is_empty(SeqStack * ptr);
25     //判定栈是否已满
26     int is_full(SeqStack * ptr);
27     //读取栈顶数据元素
28     int top(SeqStack * ptr,ElemType * v);
29     //将数据元素入栈
30     int push(SeqStack * ptr,ElemType * v);
31     //将栈顶数据元素出栈
32     int pop(SeqStack * ptr,ElemType * v);
33
34     # endif
```

　　程序 12 - 4 是栈模块的接口描述,保存于 stack.h 头文件中。该文件中包括了栈的类型声明及基本操作,例如,栈初始化、入栈、出栈、取栈顶元素等。值得注意的是,在大多数函数声明中,都有指针类型的形参 ptr,这是为了保证操作独立于数据而存在。这种实现可以更有效地复用模块代码,而不需要依赖具体数据。与面向对象语言中类方法的设计思想是基本一致的。接口描述是非常重要的,任何考虑不周的细节都可能给"使用者"造成严重的困扰。例如,本例第 7、8 行的预处理命令。如果"使用者"包含顺序足够合理,这是不需要关注的,但这种假设通常是不成立的。

定义完模块的接口之后,就需要考虑相应的实现。一般来说,良好的模块设计应该能够保证其代码行数限制在 1000 行之内,在这种情况下,模块的实现通常存储在一个源文件中是比较合适的。如果模块的实现代码超过 1000 行,那可能意味着该模块的抽象是不太合理的。下面,就来看看栈模块各函数的实现,如程序 12 - 5 所示。

程序 12 - 5

```
1        # include "memory.h"
2        # include "stack.h"
3        //栈初始化
4        SeqStack *  init_stack(SeqStack *  ptr)
5        {
6            //如果 ptr 为 NULL,则动态分配一块存储区。
7            if (ptr == NULL)
8            {
9                ptr = malloc(sizeof(SeqStack));
10           }
11           //栈顶初始化为 - 1
12           ptr - >top = - 1;
13           return ptr;
14       }
```

init_stack 函数的主要作用是对栈进行初始化。初始化包括两部分工作:
(1) 如果栈对象的指针(ptr)为空,则表示尚未创建栈的对象,需要动态分配;
(2) 初始化栈顶指针,在顺序存储结构中,通常被初始化 - 1,表示栈空状态。
该函数的返回值是指向栈对象的指针,该指针将作为其他栈操作的必要参数。

程序 12 - 6

```
1        ...
2        //判定栈是否为空
3        int is_empty(SeqStack *  ptr)
4        {
5            //栈顶为 - 1,则表示栈空
6            if (ptr - >top == - 1)
7                return 1;
8            else
9                return 0;
10       }
11       //判定栈是否为满
```

```
12      int is_full(SeqStack * ptr)
13      {
14          //栈顶已指向存储空间的最后一个单元,则表示栈满
15          if (ptr - >top = = MAXSIZE - 1)
16              return 1;
17          else
18              return 0;
19      }
```

　　is_empty、is_full 是两个栈状态的判定函数。如果 is_empty 函数返回 1,则表示栈状态为空。如果 is_full 函数返回 1,则表示栈状态为满。在顺序存储结构中,栈满状态主要依赖于栈内部数组的最大存储空间。但在链式存储结构中,栈满状态则依赖于堆区的存储资源。

　　程序 12 - 7

```
1       …
2       //读取栈顶数据元素
3       int top(SeqStack * ptr,ElemType * v)
4       {
5           if (! ptr || is_empty(ptr))
6               return 0;
7           else
8           {
9               * v = ptr - >data[ptr - >top];
10              return 1;
11          }
12      }
13      //将数据元素入栈
14      int push(SeqStack * ptr,ElemType * v)
15      {
16          if(! ptr || is_full(ptr))
17              return 0;
18          else
19          {
20              ptr - >top + + ;
21              ptr - >data[ptr - >top] = * v;
22              return 1;
23          }
24      }
25      //将栈顶数据元素出栈
26      int pop(SeqStack * ptr,ElemType * v)
27      {
```

```
28          if (! top(ptr,v))
29              return 0;
30          else
31          {
32              ptr - >top -- ;
33              return 1;
34          }
35      }
```

top、push、pop 是三个关于数据操纵的函数。这里,只需注意栈满状态时入栈与栈空状态时出栈都是非法的,其他实现比较简单,不再详述。

实例:泛型栈的实现

问题描述:泛型栈是指不关注栈元素类型的实现方式,换言之,栈模块的实现可以不依赖于元素类型。从之前所述,不难发现,栈操作其实并不关注其内部存储的数据元素类型,但由于 C 语言是一门静态类型语言,声明栈结构时必须明确指出栈元素的类型,限制了栈模块的可移植性。不过,泛型编程并不是 C 语言所擅长的,本例将应用一些指针的技巧实现。

程序 12 - 8

```
1       //避免重复包含
2       # ifndef STACK_H
3       # define STACK_H
4
5       # define MAXSIZE 100
6
7       //顺序栈的结构类型
8       typedef struct
9       {
10          //预设足够长度的一维数组作为栈的存储空间
11          unsigned char data[MAXSIZE];
12          //栈顶指针
13          int top;
14          //元素类型大小
15          int elem_size;
16      }SeqStack;
17
18      //栈初始化
19      SeqStack * init_stack(SeqStack * ptr,int elem_size);
20      //判定栈是否为空
21      int is_empty(SeqStack * ptr);
```

```
22        //判定栈是否已满
23        int is_full(SeqStack * ptr);
24        //读取栈顶数据元素
25        int top(SeqStack * ptr,void * v);
26        //将数据元素入栈
27        int push(SeqStack * ptr,void * v);
28        //将栈顶数据元素出栈
29        int pop(SeqStack * ptr,void * v);
30
31        #endif
```

程序 12 - 8 是泛型栈模块的接口声明。其中，主要涉及三方面的修改：

(1) init_stack 函数增加了一个形参，用于指定元素类型的大小；

(2) data 数组的元素类型改为 unsigned char；

(3) top、push、pop 函数的形参 v 的类型改为通用指针 void * 。

程序 12 - 9

```
1        ...
2        //判定栈是否为空
3        int is_empty(SeqStack * ptr)
4        {
5            ... //实现与上例完全相同
6        }
7        //判定栈是否为满
8        int is_full(SeqStack * ptr)
9        {
10           //栈顶已指向存储空间的最后一个单元,则表示栈满
11           //注意,MAXSIZE 为实际字节数,需要考虑每个数据元素的类型大小
12           if (ptr - >top == (MAXSIZE/ptr - >elem_size) - 1)
13               return 1;
14           else
15               return 0;
16       }
```

程序 12 - 9 是泛类型栈的状态判定函数的实现。其中，判定栈空的依据不变，而在判定栈满时，需要考虑存储元素的类型大小。

程序 12 - 10

```
1        //读取栈顶数据元素
2        int top(SeqStack * ptr,void * v)
3        {
4            if (! ptr || is_empty(ptr))
```

```
5                 return 0;
6             else
7             {
8                 //根据元素类型的大小,复制数据块
9                 unsigned char * s = (unsigned char * )v;
10                unsigned char * d = ptr - >data + ptr - >top * ptr - >elem_size;
11                int i;
12                for (i = 0; i < ptr - >elem_size; i ++ )
13                    * s ++ = * d ++ ;
14                return 1;
15            }
16        }
17    //将数据元素入栈
18    int push(SeqStack * ptr,void * v)
19    {
20        if(! ptr || is_full(ptr))
21            return 0;
22        else
23        {
24            ptr - >top ++ ;
25            //根据元素类型的大小,复制数据块
26            unsigned char * d = (unsigned char * )v;
27            unsigned char * s = ptr - >data + ptr - >top * ptr - >elem_size;
28            int i;
29            for (i = 0; i < ptr - >elem_size; i ++ )
30                * s ++ = * d ++ ;
31            return 1;
32        }
33    }
34    //将栈顶数据元素出栈
35    int pop(SeqStack * ptr,void * v)
36    {
37        ... //实现与上例完全相同
38    }
```

　　如程序 12 - 10 所示,使用 C 语言实现泛型栈的基本思想是:将栈内部存储区的管理权限赋予栈模块,栈模块根据初始的元素类型大小,决定入栈与出栈的操作行为。而不是由编译器根据静态定义的元素类型,直接管理存储区。在某种程度上,这种策略可以将那些原先依赖于编译类型的行为转换成基于泛型的操作。

实例：迷宫问题

问题描述：迷宫问题就是通过计算机模拟人们在迷宫中探索出口的过程。计算机求解的基本策略其实就是"回溯法"，即从入口出发，沿某个方向向前探索，若能走通，则继续往前；否则沿原路返回，换另一个方向再继续探索，直至所有可能的通路都探索完毕。

在迷宫问题中，首先需要解决的就是迷宫的存储结构，最常见的方式是采用 m×n 的二维数组表示，如图 12-20 所示。该二维数组的所有元素取值为 0 或 1。其中，1 表示墙壁（即图 12-20 中阴影部分），0 表示道路。

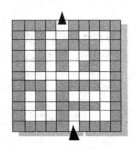

图 12-20　迷宫示意

以迷宫中某个地点（也就是某个数值为 0 元素的位置）作为"当前位置"，从当前位置出发，可以选择 4 个方向（上、下、左、右）的位置作为"下一步"。假设当前位置的下标为 (x,y)，则 4 个方向的位置下标分别为 $(x-1,y+0)$、$(x+1,y+0)$、$(x+0,y-1)$、$(x+0,y+1)$，如图 12-21 所示。为了便于实现，将 4 个方向的偏移位置记录于 next 数组内。

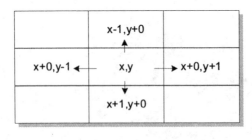
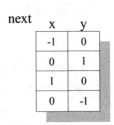

图 12-21　"当前位置"与"下一步"的下标关系

下面，谈谈关于路径试探的问题。从入口搜索一条路径的基本思想如下：若当前位置是"道路"，则将其纳入"当前路径"，并继续探索"下一步"位置，就是将"下一步"作为"当前位置"，如此重复直至到达出口。若当前位置是"墙壁"，则回退一步，然后再朝下一个方向探索"下一步"位置。若"当前位置"的 4 个方向都已探索，且都不可到达出口，则表示该道路位置不属于有效路径，应将其从"当前路径"中剔除，并回退一步。以此类推，即可完成路径探索。

在路径试探过程，当前路径的记录是必要的。结合算法思想，读者不难想到，描述当前路径的最佳数据结构应该就是栈。显然，纳入"当前路径"就是将当前位置入栈，而从当前路径中剔除道路块的动作则对应于出栈操作。

至此，关于路径试探的最主要问题已经解决，但仍然有需要考虑一种特殊情形——死胡同，如图 12-22 所示。根据之前的算法思想，当陷入"死胡同"后，由于总有一个方向是可行的，始终无法满足回退的条件，程序将无法循环试探同一片区域。引起这一问题的关键在于，算法没有将已走过的道路与未走过的道路区分。通常，只需要借助于一个集合记录所有曾经走过的道路，保证路径试探算法不重蹈覆辙即可。

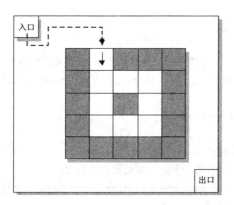

图 12-22　"死胡同"示意

下面，先来看看迷宫问题的相关数据结构定义，如程序 12-11 所示。

程序 12-11

```
1      # include "stack.h"
2
3      //"当前位置"与"下一步"的下标关系
4      struct
5      {
6          int x;                                //x 下标偏移
7          int y;                                //y 下标偏移
8      }next[4] = {{-1,0},{0,1},{1,0},{0,-1}};   //定义下一步 x、y 下标偏移
9
10     //位置信息
11     struct Position
12     {
```

```
13          int x;                           //x 下标
14          int y;                           //y 下标
15          int direction;                   //方向
16      };
```

迷宫问题的求解涉及栈操作,本例将引入 stack 模块(泛型栈)的接口,通过调用 stack 模块提供的服务实现。

程序 12 - 12 是迷宫问题的深度优先算法实现。深度优先,简言之,就是尽可能沿着一个方向搜索到极致,如果遇到"墙壁",则回退一步,再向另一个方向搜索到极致,依此类推,直到搜索完毕。从本例不难看出,由于栈结构的"先进后出"特性,使得它在"回溯法"的算法实现中表现优异。其实,路径搜索类问题是离散数学与程序算法领域一个重要组成部分,涉及许多有趣的算法,有兴趣的读者可以参考相关书籍。

程序 12 - 12

```
1       #define M 100
2       #define N 100
3       int maze[M][N];         //迷宫的二维数组存储,需要补充相应的初始化数据
4       int maze_path(int start_x,int start_y,int end_x,int end_y)
5       {
6           Position cur_pos,temp;
7           int i,j;
8           int flag[M][N];
9           //初始化泛型栈,第 2 个实参为元素类型的大小。
10          SeqStack * ps = init_stack(0,sizeof(struct Position));
11          //初始化标记数组
12          for (i = 0; i < M; i++)
13              for (j = 0; j < N; j++)
14                  flag[i][j] = 0;
15          //将迷宫起始位置入栈
16          cur_pos.x = start_x;
17          cur_pos.y = start_y;
18          cur_pos.direction = - 1;
19          push(ps,&cur_pos);
20          //如果栈为空,则退出循环,表示该迷宫无解
21          while (! is_empty(ps))
22          {
23              pop(ps,&temp);
24              cur_pos.x = temp.x;
25              cur_pos.y = temp.y;
26              int d = temp.direction + 1;
27              while (d < 4)
```

```
28                    {
29                        i = cur_pos.x + next[d].x;
30                        j = cur_pos.y + next[d].y;
31                        //判定该位置是"通路"且未走过
32                        if (maze[i][j] = = 0 && flag[i][j] = = 0)
33                        {
34                            //将新的位置入栈
35                            temp.x = cur_pos.x;
36                            temp.y = cur_pos.y;
37                            temp.direction = d;
38                            push(ps,&temp);
39                            //将新位置作为当前位置
40                            cur_pos.x = i;
41                            cur_pos.y = j;
42                            //标记位置已经走过,避免进入"死胡同"
43                            flag[i][j] = 1;
44                            //如果当前位置就是出口,则直接返回
45                            if (cur_pos.x = = end_x && cur_pos.y = = end_y)
46                                return 1; //迷宫路径探索完成,栈内存储的就是路径位置信息。
47                            else
48                                d = 0;        //从向上方向开始搜索
49                        }
50                    else
51                        d + + ;               //顺时针进行其他方向试探
52                    }
53                }
54            return 0;                         //该迷宫无解
55    }
```

回溯法(backtracking)是一种选优搜索法,即按选优条件向前搜索,以求达到最终目标。但当处于某个状态时,发现原先选择的步骤不优或不能达到目标,则回退一步重新选择其他方案。

从解空间的角度分析,可以将关于问题 P 的解集表示为:对于已知由 m 元组 $(x_1,x_2,x_3,\cdots,x_m)$ 组成的一个状态空间 $E = \{(x_1,x_2,x_3,\cdots,x_m) \mid x_i \in S_i, i=1,2,3,\cdots,m\}$($S_i$ 表示分量的定义域),给定关于 m 元组中一个分量的一个约束集 D,问题 P 的解集 R 即为 E 集合中满足 D 全部约束条件的所有 m 元组,而解集 R 中的任意一个 m 元组则为问题 P 的一个解。求解 R 的最"蛮力"方法就是穷举法,即对 E 中所有 m 元组逐一测试是否满足 D 的全部约束条件。显然,这种方式的效率是相当低的,仅适用于规模较小的问题。

经研究发现,很多现实问题的约束条件是具有完备性的,即 p 元组 $(x_1,x_2,x_3,$

$\cdots, x_p$）满足 D 约束集（其中，关于 $x_1, x_2, x_3, \cdots, x_p$ 的约束），则 $q(q \le p)$ 元组（$x_1, x_2, x_3, \cdots, x_q$）也一定满足 D 约束集。换言之，如果 q 元组违反了 D 约束集，则 p 元组也必定不是问题 P 的解。针对这个特性，回溯法的基本思想：当检测发现 q 元组违反了 D 约束集，则不再测试以 q 元组为前缀的所有 s 元组（$x_1, x_2, x_3, \cdots, x_q, x_{q+1}, \cdots, x_s$）（$q \le s \le m$），因为它们必定不是问题 P 的解。

关于状态空间 E，可以表示成一棵高为 m 的树 T，而针对问题 P 的求解即被转化为基于树 T 的搜索过程。设 S_i 的所有元素排列成 $x_{i(1)}, x_{i(2)}, x_{i(3)}, \cdots, x_{i(ki)}$，其中，$k_i = |S_i|, i=1,2,3,\cdots,m$。树 T 的第 i 层的每个结点都有 k_{i+1} 个子结点，可表示为 $\{(x_1, x_2, x_3, \cdots, x_i, x_{i+1(j)}) | j = 1, 2, \cdots, k_{i+1}\}$。依据这种树型结构，E 中的每个 m 元组即对应于树 T 的一个叶结点，而该叶结点的所有祖先结点都是其对应的 m 元组的前缀元组，如图 12-23 所示。

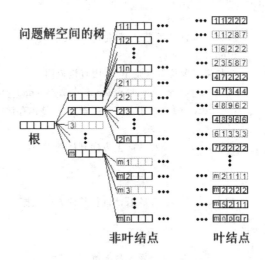

图 12-23　问题解空间的树型表示

那么，关于问题 P 的求解也就是对树 T 的叶结点的搜索，并要求该叶结点对应的 m 元组满足 D 约束集。而深度优先则是最通用的树搜索策略，即从根出发依次搜索满足 D 的前缀 1 元组，2 元组，…，直到 m 元组。在此过程中，如果发现不满足 D 的前缀元组，则由该元组结点生长出的所有子孙结点都不需要再检测，而是选择该结点的兄弟结点继续搜索。如果所有的子结点都不满足 D 约束集，则表明它们的父结点 p 也不是解的前缀元组，尽管它本身可能满足 D 的部分约束，需要选择 p 结点的兄弟结点继续搜索。而这种基于深度优先的树搜索过程就是回溯法求解的基本策略。

12.3 代码规范

相对于本章其他主题而言,代码规范是一个比较轻松的话题。简言之,代码规范就是用于指导用户如何编写整洁源程序代码的基本规则。那么,什么才是整洁的代码呢?这个问题并不容易回答。在极限编程资深顾问 Robert C. Martin 所著《Clean Code》中,关于整洁代码的观点就是:艺术。与许多唯美的艺术类似,整洁代码的终极目标也是构造出令人赏心悦目的代码。但关于"赏心悦目"却没有唯一的标准,就像艺术拥有如此纷繁的流派一样。尽管他用整本书的篇幅进行了足够详尽的描述,但都只能视作是"Object Mentor"整洁代码派。目前,在软件领域中,至少可以找到几十个整洁代码的流派,例如,GNU、Linux、Google、IBM 等等。这些代码规范的篇幅少则数十页,多则上百页,其详尽程度不亚于《Clean Code》。

笔者并不打算详尽列举某种现存的代码规范,有兴趣的读者可以通过网络获取相关资源。因为那样做的实际意义并不大,没有多少人可以在短期内熟悉并遵守其中每条规则而不犯任何错误。这里,将选取各个流派中的一些最基本准则,期待读者在阅读完本节之后,即可在实际编程中实施,而不需要花费太多时间熟悉记忆。

12.3.1 整体布局

缩 进

(1) 函数开始、结构定义、case 标号的处理语句及循环、判断等语句中的代码采用缩进风格;

(2) 4 个空格一个缩进层。为兼容各种编辑器,缩进应该避免使用 TAB。

代码行的限制

(1) C 程序代码的所有行应该限制 80 字符以内,包括注释与缩进;

(2) 长表达式划分新行时,操作符放在新行之首,划分出的新行要进行适当的缩进,使排版整齐,语句可读;

(3) 若函数调用的实参或形参较长,则要进行适当的划分;

(4) 一个源文件内的代码行数应该限制在 1000 行以内。

语句块

(1) 绝对不要将多个短语句写在一行中;

(2) if、for、do、while、case、switch、default 等必须自占一行;

(3) 相对独立的程序块之间、变量说明之后必须加空行;

(4) 左、右大括号都必须独立成行,并与其属主语句左对齐。

（5）双目运算符前后必须加空格，单目运算符则不需要加空格；

（6）if、for、while、switch 等关键字与后续的括号间应加空格；

（7）逗号、分号只在后面加空格；

（8）运算优先级不太明晰的表达式必须使用括号；

（9）在控制语句的条件中，判等表达式必须优先将常量放在运算符左边；

（10）赋值表达式不允许作为其他表达式的操作数；

（11）存在相关意义的常量必须使用宏或枚举常量定义。

12.3.2 注　释

基本约定

（1）源程序的有效注释量必须达到 20%；

（2）为保证注释表达通俗易懂，因此建议多使用中文表达；

（3）注释只是对程序代码本身的补充说明，代码结构的合理是更重要的，不要试图用注释解释不合理的代码结构；

（4）注释与所处语句块的缩进一致；

（5）避免在注释中使用缩写，特别是一些不常见的缩写形式；

（6）注释的内容要清晰、明了，含义准确，防止注释二义性；

（7）注释必须与代码保持一致，失效的注释要及时删除。

注释的位置

（1）避免在一行代码或表达式的中间插入注释；

（2）注释与其上面的代码必须用空行隔开；

（3）行内注释：较短的注释通常放在代码的右方；

（4）注释块：注释块通常放在代码的上方。

分支语句、标号注释

（1）分支语句必须注释；

（2）每个 case 标号必须注释；

（3）标号、goto 语句必须注释，说明跳转的具体情况。

文档注释

文档注释就是指放置在说明性文件的头部、源文件的头部、函数头部、数据结构的声明处的基本说明性注释，如程序 12-13 所示。

其中，说明性文件的头部（如头文件）与源文件的头部的文档注释应该放置在文件最上方，通常包括：版权说明、版本号、生成日期、作者、模块目的/功能等。

函数头部、数据结构声明等的文档注释则放置在声明的上方,通常包括:函数的目的/功能、输入参数、输出参数、返回值、调用关系等。

程序 12-13

```
1      / * *
2      * @file              文件名
3      * @brief             模块描述
4      * @author            作者
5      * @version           版本
6      * @date              完成日期
7      * @details           详细信息描述
8      * /
9
10     ...
11     / * *
12     * @details           函数功能描述
13     * @param[in]         输入参数
14     * @param[out]        输出参数
15     * ......
16     * @see               相关参考
17     * @return            返回值说明
18     * /
19     void select_sort( int src[],int num)
20     {
21     ...
22     }
```

12.3.3　命　名

基本约定

(1) 函数名、变量名、文件名必须含义明确。类型名、变量名必须是名词。函数名必须是动作描述,即"动词＋名词"的形式,例如,set_data;

(2) 避免使用不常见的缩写;

(3) 不提倡使用匈牙利命名法,即在命名中加入类型信息,例如,unsigned int ui_count;

(4) 避免使用可能引起二义的字母、符号、单词;

(5) 可以使用 i、j、k 作为循环变量,除此之外尽可能避免单字符名字。

对象命名

(1) 类型名:每个单词的首字母大写,其余小写,单词之间不使用下划线分隔,例

如,MyType;

　　(2) 变量名、成员名全部使用小写字母,单词之间使用下划线分隔,例如,error_counter;

　　(3) 全局变量名必须以"g_"开始,例如,g_error_counter;

　　(4) 常量名:以"k"开头,后续单词首字母大写,其余字母小写,例如,kDaysInAWeek;

　　(5) 函数名:使用小写字母,单词之间使用下划线分隔,函数名必须是"动词+名词"的组合;

　　(6) 宏名、枚举常量名:全部采用大写字母,单词之间使用下划线分隔,例如,MY_ERROR。

第 13 章

嵌入式程序设计

与 PC 机或中大型计算机系统不同,嵌入式计算机主要作为一个完整系统的组成部分,它们以各种形态藏匿于系统内部,只是默默地专注于完成某项特定的服务。例如,当一台轿车迎面驶来,它至少配备有几十台嵌入式计算机用于控制各种部件工作,甚至于还有分布式计算机系统正与卫星通信。

尽管嵌入式计算机看起来与传统计算机形态差异巨大,但不可否认它同样拥有计算机的四大核心部件:处理器、存储器、输入输出模块、系统总线。与传统计算机系统类似,嵌入式计算机的工作也离不开程序控制,本章将关注于 C 语言在嵌入式程序设计中的应用。嵌入式程序设计的思想与方法较普通程序设计区别不大,相关的理论、技术也基本通用,只不过由于系统资源、架构等因素,嵌入式程序设计将更多涉及硬件底层操作。

13.1 中断服务

中断(interrupt)是由单片机提供的一种异步信号机制。当系统发生某个特殊事件(event)时,单片机将自动产生中断信号,并挂起(suspend)当前正在执行的程序,转入处理相应的中断服务,直到该中断服务处理完毕后,再恢复(resume)执行被挂起的程序。未产生中断时,单片机可以处理任何其他操作而不必关注外部事件是否发生。

13.1.1 中断源

大多数 HR 单片机都提供了丰富的中断源,且绝大部分中断源在单片机休眠时可以将其唤醒,其中主要的中断源包括:

(1) 外部按键中断;

(2) 外部端口中断;

(3) 定时器计数溢出中断;

(4) CCP 模块事件捕捉/比较匹配中断;

(5) 串行通信接收发送中断;

(6) A/D 转换结束中断。

外部按键中断：当外部按键输入电平与上一次对该端口进行读操作的结果电平相比发生变化时，将触发外部按键中断。

外部端口中断：当外部输入端口信号发生变化，并且变化边沿满足触发条件时，将产生外部端口中断。与外部按键中断的主要差异在于：外部端口中断可由用户选择上升沿触发或者下降沿触发，而外部按键中断只能在电平发生变化时触发。

定时器计数溢出中断：当定时器设置完成并使能后，8 位定时器的计数值由 0xFF 变为 0x00 时，如果 16 位定时器则是计数值从 0xFFFF 变为 0x0000 时，将触发定时器计数溢出中断。

CCP 模块事件捕捉/比较匹配中断：当 CCP 模块的捕捉事件发生或比较事件发生时，将触发 CCP 模块相应的匹配中断。

串行通信接收发送中断：在 UART、SPI 等方式进行串行通信时，当数据接收缓存区满或数据发送缓存区空，都将触发相应的中断。

A/D 转换结束中断：当 ADC 模块将输入的连续变化的模拟信号转换为单片机能够识别的数字信号后，将触发 A/D 转换结束中断。

根据中断源与单片机内核接合的紧密程度，可以将其分为两类：内核中断、外设中断。内核中断主要包括：外部按键中断、外部端口中断、定时器计数溢出中断，而其他中断则被统一归为外设中断。外设中断与单片机支持的外部资源有关，除了以上提及几类之外，有些单片机还可能支持 EEPROM 读写中断、并行通信中断等。

13.1.2　中断向量

中断向量（interrupt vector）即中断服务程序的入口地址，当中断触发时，单片机即转入中断向量开始执行中断服务程序。HR7P 系列单片机支持两种中断模式：默认中断模式、中断向量模式。

在默认中断模式下，所有中断的处理都将转入 0004_H 地址处，再由程序根据中断标志判定触发中断源。在这种模式下，中断源之间不存在优先级差异，单片机不支持中断嵌套响应。因此，优先级的仲裁可以由软件实现。通常，中断服务程序应该先判别优先级高的中断，后判别优先级低的中断。但软件实现方式无法处理中断嵌套的情况，即使在低优先级中断已响应过程中发生了高优先级中断，也必须执行完成当前低优先级中断服务程序后再响应高优先级中断。

在中断向量模式下，针对不同中断源，单片机将转入不同的入口地址执行相应的中断服务程序，中断源之间存在优先级差异，并支持中断嵌套响应。这里，笔者以 HR7P90H 为例说明，如表 13 - 1 所列。

东软载波单片机应用 C 程序设计

表 13-1　HR7P90H 中断源

中断组号	高低优先级选择	中断名	备注
IG0	IGP0	KINT	外部按键中断
IG1	IGP1	T8NINT	8 位定时器中断
IG2	IGP2	PINT0	外部端口 0 中断
		PINT1	外部端口 1 中断
		PINT2	外部端口 2 中断
		PINT3	外部端口 3 中断
IG3	IGP3	T8P1INT	8 位 PWM 时基定时器 1 中断
		T8P2INT	8 位 PWM 时基定时器 2 中断
IG4	IGP4	T16G1INT	16 位门控定时器 1 中断
		T16G2INT	16 位门控定时器 2 中断
IG5	IGP5	TX1INT	UART1 发送缓存空中断
		RX1INT	UART1 接收缓存满中断
		TX2INT	UART2 发送缓存空中断
		RX2INT	UART2 接收缓存满中断
		TX3INT	UART3 发送缓存空中断
		RX3INT	UART3 接收缓存满中断
IG6	IGP6	ADINT	A/D 转换结束中断
IG7	IGP7	PINT4	外部端口 0 中断
		PINT5	外部端口 5 中断
		PINT6	外部端口 6 中断
		PINT7	外部端口 7 中断

307

HR7P90H 单片机共支持 19 个硬件中断源,分为 8 组(IG0～IG7),以及 1 个软件中断源。用户可以通过设置 INTV 寄存器数据位选择中断向量分配表,如表 13-2 所列。

表 13-2　HR7P90H 中断向量分配表

优先级		0(高)	1	2	3	4	5	6	7	8(低)
入口地址		0004H	0008H	000CH	0010H	0014H	0018H	001CH	0020H	0024H
INTV	00	软中断	IG0	IG1	IG2	IG3	IG4	IG5	IG6	IG7
	01		IG0	IG1	IG6	IG7	IG4	IG5	IG2	IG3
	10		IG4	IG5	IG2	IG3	IG0	IG1	IG6	IG7
	11		IG7	IG6	IG5	IG4	IG3	IG2	IG1	IG0

13.1.3　中断优先级

在中断向量模式下,软件中断源的优先级最高,而 8 组硬件中断源的优先级则是由 IGPx 和 INVT 寄存器确定。通过 IGPx 的选择将所有硬件中断源分为高、低两个优先级仲裁区。IGP0~IGP7 分别对应硬件中断组 IG0~IG7。在高、低两个优先级仲裁区内,根据 INTV<1:0> 的设置,对处于该仲裁区内的硬件中断组,进行优先级排序,从而先响应优先级最高的,如表 13-2 所示。高、低两个优先级仲裁区分别由 GIE 和 GIEL 来使能。在执行低优先级中断服务程序时,可嵌套响应高优先级中断组。

例如,INTV 寄存器位设为 01_B,IGP0~IGP7 位设为 01001100_B,则表示 IG1、IG4、IG5 位于高优先级仲裁区,而 IG0、IG2、IG3、IG6、IG7 位于低优先级仲裁区。如果 IG1、IG3 组的中断源同时发生,则 IG1 中断源位于高优先级,将优先响应。如果 IG0、IG6 组的中断源同时发生,由于两者位于同一优先级仲裁区,则根据 INTV 寄存器设置,IG0 的优先级为 1、而 IG6 的优先级为 3,故 IG0 将优先响应。如果 IG2 组中断处理中,IG1 组中断源发生,则单片机将挂起 IG2 的中断处理,转而处理 IG1 的中断服务,因为 IG1 位于高优先级仲裁区,习惯上将这种情况称为中断嵌套。注意,如果两个中断源位于同一仲裁区,则不会出现中断嵌套。

13.1.4　中断处理

中断处理(interrupt handler),也称为中断服务,中断触发后用于判别与处理中断事件的过程。通常,计算机系统的中断处理过程大致如下:

(1) 挂起当前执行程序;

(2) 保护现场;

(3) 完成具体中断服务;

(4) 恢复现场;

(5) 恢复被挂起的程序。

中断现场是指中断触发时计算机系统的当前状态,通常包括一些重要的寄存器及内存数据,这些数据信息与当前被挂起执行程序的运行状态密切相关,为保证被挂起程序能够在中断处理完毕后正常恢复运行,因此必须在中断处理程序的入口与出口处进行中断现场保护与恢复。

在大多数计算机系统中,中断现场保护与恢复都是由软、硬件共同协作完成的。最基本的现场信息就是程序计数器 PC,它表明了被挂起程序的执行位置,待中断处理完毕后,计算机需要依据该 PC 信息转入被挂起的程序继续执行,因此,在绝大多情况下,PC 保护与恢复是由硬件完成的。除此之外,还有哪些信息需要在进入中断时保护呢? 答案则取决于用户程序。以 HR7P90H 单片机为例,程序状态寄存器 PSW 与 A 寄存器是必须保护的。有时,间接寻址寄存器(IAA、IAD)、PCRH、BKSR

等内核寄存器也是经常需要保护的。

至于暂存现场的存储区域,对于大多数支持数据栈的计算机来说,使用数据栈结构暂存现场数据是最合适的。不过,对于那些没有提供了充足的数据栈资源的计算机架构来说,则需要寻找其他存储资源。例如,HR7P90H 单片机的硬件堆栈仅限于保护 PC 数据,不能用作保护其他寄存器,这种情况就不得不借助于内存及其他通用寄存器资源完成现场保护。

13.1.5　中断服务的实现

在 C 语言中,中断服务的实现比较简单,只需通过定义专门的函数即可实现中断处理,即**中断处理函数**,其函数声明首部的形式如下:

```
void    函数名(void)    interrupt
```

与普通函数声明类似,只是增加了关键字 interrupt 指示该函数是中断处理函数。中断处理函数的形参列表与返回类型都必须显式说明为 void,否则 C 编译器将提示出错。当用户将某个函数说明为中断处理函数,则该函数的入口地址将被分配到指定中断向量处,在中断触发时,由计算机自动调用执行,用户程序中任何函数不允许显式调用中断处理函数。

关于中断现场保护与恢复,与汇编语言程序不同,C 语言的中断处理函数相关的现场保护与恢复代码都是由 C 编译器生成的,主要涉及系统执行相关的内核寄存器,如 A、PSW、PCRH、BKSR 等。但用户自定义的全局变量或局部变量则需要由用户程序进行访问控制。程序 13 - 1 是一个简单的定时器实例。

程序 13 - 1

```
1       # include "hic.h"
2       void isr(void) interrupt
3       {
4           if (T8NIF)
5           {
6               ...
7               T8N = 0x64;
8               T8NIF = 0;
9           }
10      }
11      main()
12      {
13          T8NC = 0b00000101;          //预分频系数为 1:64
14          T8N = 0x64;
15          T8NIF = 0;
16          GIE = 1;
```

```
17          T8NIE = 1;
18          while (1);
19      }
```

使用关键字 interrupt 指示的中断处理函数只能工作于默认中断模式，中断向量入口地址即可 00004$_H$，中断判别与处理需要用户通过软件实现。

与默认中断模式相比，在 C 语言中，实现中断向量模式则稍复杂些，需要用户显式指定中断函数的优先级仲裁区及中断函数的向量入口信息，其函数声明首部的形式如下：

void　函数名（void）interrupt_low　　中断向量入口

void　函数名（void）interrupt_high　　中断向量入口

实现中断向量模式需要借助于"interrupt_low"、"interrupt_high"两个关键字分别用于指示该函数属于的优先级仲裁区，如程序 13 - 2 所示。其中，前者用于说明该函数属于低优先级仲裁区，而后者则是用于说明该函数属于高优先级仲裁区。中断函数的仲裁区优先级及中断向量入口都是静态指定的，不允许在程序执行中动态改变。值得注意的是，C 编译器不会依据 INTV、IGPx 寄存器的值对中断函数的说明进行一致性检查。

程序 13 - 2

```
1       # include "hic.h"
2       void isr1(void) interrupt_low 0x10
3       {
4           ...
5       }
6       void isr2(void) interrupt_high 0x14
7       {
8           ...
9       }
10      main()
11      {
12          ...
13      }
```

13.2　输入与输出

通常，单片机都带有用于信号输入与输出的引脚，即 I/O 端口。虽然不同单片机的 I/O 端口数量可能存在差异，但它们的基本特性和使用方法是一致的。I/O 端口是单片机的最基本外围模块，通过 I/O 端口可以实现信号检查及控制设备等操作。HR 单片机一个典型 I/O 端口的内部逻辑结构,如图 13 – 1 所示。

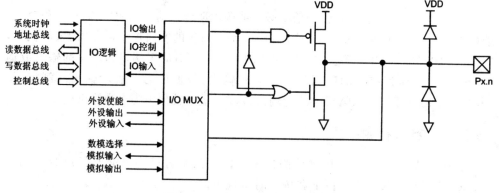

图 13 – 1　输入/输出端口结构图

HR7P 系列单片机典型的 I/O 端口既可以设置为数字信号输出,又可以作为信号输入,是标准的双向端口。作为输出或输入的状态完全是由用户程序设定的,而且每一个端口都可以独立设定,彼此之间互不影响。

13.2.1　输入电压

在单片机应用中,绝大多数情况下,I/O 端口涉及处理的都是数字信号。但从电气特性来说,I/O 端口状态都是电压形式,也就是说,单片机是依据某个特定的电压范围来判定数字逻辑状态。大多数单片机的 I/O 端口都是 TTL/SMT 输入和 TTL 输出,关于 TTL 电平信号的规则,如表 13 – 3 所列。

表 13 – 3　TTL 电平信号规则

工作电压	电压范围	数字逻辑
5V	0～0.8V	0
	2～5V	1
3.3V	0～0.5V	0
	1.6～3.3V	1

从表 13 – 3 中不难发现,当工作电压为 5V 时,0.8V～2V 之间的电压范围是回差区间,其数字逻辑状态是不确定的。同样地,当工作电压为 3.3V 时,0.5～1.6V 之间的电压范围也是如此。为此,单片机的 I/O 端口通常都设计为 TTL/SMT 输入,这些端口的输入电压在回差区间内其数字逻辑状态不发生变化。例如,工作电压为 5V 时,当前端口输入电压为 4V,其数字逻辑状态将保持为 1,直到输入电压低于 0.8V 时数字逻辑状态才变为 0。

13.2.2　端口方向设定

每个端口的每个引脚在使用前都必须明确说明作为输入或输出端口,俗称"设置端口方向"。在 HR 单片机中,每个端口 Px 都有对应的方向控制寄存器 PxT,例如,PA 与 PAT、PB 与 PBT 等。方向寄存器的每一位都对应于端口相应位的输入或输出状态。若方向寄存器的数据位为 1 表示输入,数据位为 0 表示输出。例如,将 PAT 设为 0x50 则表示 PA4、PA6 为输入口,PA 端口其他引脚作为输出口。

13.2.3　按键检测

在嵌入式系统设计中,按键检测最常见的方法是直接将按键连接到 I/O 端口上,硬件上设计使按键在未按下和按下时呈现不同的电平。例如,按键未按下时为高电平,而一旦按下则呈现低电平。程序通过查询或中断方式根据输入电平判断按键状态,如图 13-2 所示。

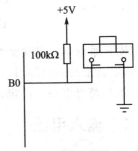

13.2.4　程序实例

实例:矩阵键盘实现

图 13-2　按键直接连接 I/O 端口

不过,在 I/O 端口直接连接按键的方式中,通常一个按键需要占用一个端口。当系统按键较多时,为了节约资源,可以采用矩阵键盘设计方案。例如,设计一个 5×4 的矩阵键盘,总共可检测 20 个按键,如图 13-3 所示。

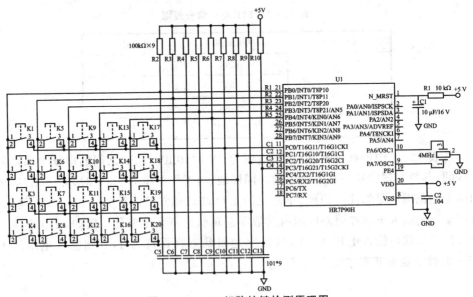

图 13-3　5X4 矩阵按键检测原理图

在图 13 - 3 中,构成 5X4 矩阵键盘共占用了 9 个 I/O 端口,用户可以将 PB 端口低 5 位作为矩阵行,设定为输入,而将 PC 端口低 4 位作为矩阵列设定为输出。当检测按键时,轮流设置 C1～C4 为低电平,相应读 PB 端口低 5 位的输入电平状态,若 PB0～PB4 全为 1,则表示 C1 这一列没有按键按下,继续检测 C2 列。如果检测 C1 列有端口为 0,则表示该列有键按下,按下按键的键值等于输出为低电平的列号乘以 16 加上检测到为低电平的行号。例如,当 C2 输出为低电平,检测到 PB2 端口为低电平,则 C2 列与 R3 行相交的按键处于按下状态,其键值即为 $1 \times 16 + 2 = 18$。矩阵按键检测流程,如图 13 - 4 所示。

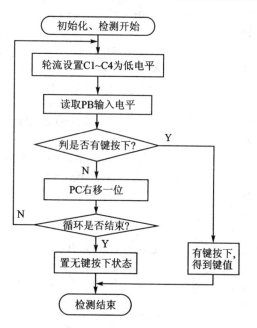

图 13 - 4　矩阵按键检测流程

程序 13 - 3 是矩阵按键检测的程序实现,其中 key_scan 函数用于检测按键并计算键值。

程序 13 - 3

```
1        # include <hic.h>
2        # define BIT_CLR(var,bit_no)    ((var) & = ～(1 << (bit_no)))
3        unsigned char key_state;                //用于保存按键的状态
4        unsigned char key_value;                //用于保存按键值
5        void key_scan(void);                    //定义按键扫描函数
6        void main(void)
7        {
8            PBT | = 0x1f;                       //设置 PB0～PB4 为输入端口
9            PCT & = 0xf0;                       //设置 PC0～PC4 为输出端口
10           while(1)
11           {
12               key_scan();
13           }
14       }
15       void key_scan(void)
16       {
17           unsigned char i,j;                  //局部变量 i 和 j 用于控制循环
18           key_state = 0;                      //初始化 key_state 为无键按下
```

```
19        for(i = 0; i < 4; i++)
20        {
21            PC |= 0x0f;
22            BIT_CLR(PC,i);                      //依次循环将 PC0～PC3 清 0
23            for(j = 0; j < 5; j++)
24            {
25                if(((PB >> j) & 0x01) == 0)
26                {
27                    key_value = (i << 4) + j;    //得到键值
28                    key_state = 1;               //按键状态修改为有键按下
29                    break;
30                }
31            }
32            if(key_state == 1)                   //已检测到按键,不再继续检测
33                break;
34        }
35    }
```

实例:端口过零检测实现计时

很多嵌入式系统都具有交流电过零检测电路,用于实现控制或计时。在一些测量精度要求并不很高的应用场合,只需要外接一个阻容降压电路就可以实现交流电的过零检测。为提高安全可靠性,在将交流市电通过阻容降压后,接一个由三极管构成的开关电路,然后连接到单片机的 I/O 口上。HR7P90H 单片机的 PB0 端口具有检测外部端口中断的功能,因此,经常被用作过零检测的输入,典型的过零检测电路,如图 13-5 所示。

交流市电输入固定为 50Hz 的正弦波,而且误差非常小,可利用过零检测实现精确计时。在图 13-5 中,输入 110～230V 的交流电压经阻容降压和开关电路后,从单片机 PB0 端口得到周期为 20ms 的方波。用户只需设置 PB0 端口检测外部上升沿产生中断,每产生 1 次外部中断,就进行一次计数,当计数达到 50 次就是 1 秒,从而实现计时,如程序 13-4 所示。

程序 13-4

```
1        # include <hic.h>
2        unsigned long sec;
3        unsigned char count;
4        void main()
5        {
6            PBT |= 0x01;
7            INTC = 0x01;
```

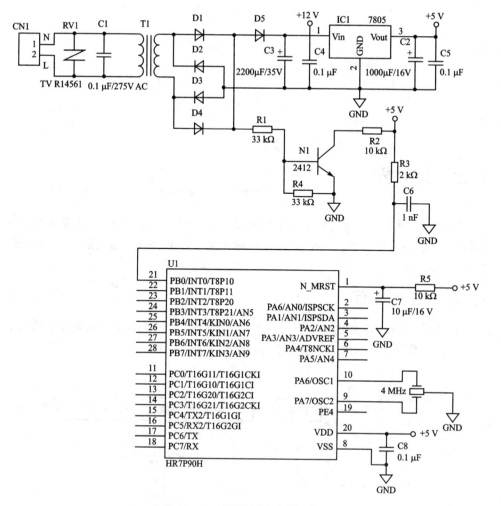

图 13 - 5 过零检测电路原理图

```
8          INTE0 = 0X01；
9          INTG = 0b11000000；
10         sec = 0；
11         min = 0；
12         hour = 0；
13         count = 0；
14     }
15     void isr(void) interrupt
16     {
17         if(PIF0)
18         {
19             PIF0 = 0；
```

```
20              count + + ;
21              if(count = = 50)
22              {
23                  count = 0;
24                  sec + + ;
25              }
26          }
27      }
```

13.3　定时器

定时器与计数器是单片机最基本的外设之一。如果计数脉冲源自于单片机的内部指令周期,称为**定时器**(timer)。若计数脉冲源于外部引脚的输入信号,则称为**计数器**(counter)。

13.3.1　工作原理

计数器:是定时器的内部核心组件之一,每次特定的脉冲信号将触发计数器自增1。通常,计数器的初始值与当前值都可以由用户程序设置访问。

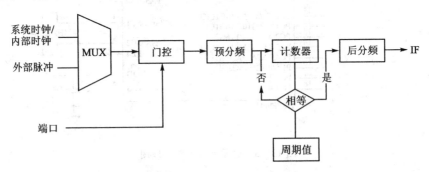

图 13 - 6　定时器的基本工作原理

周期值:当计数器的值达到设定的周期值时,计数器将自动复位到 0。大多数单片机的定时器并没有提供用于设定周期值的寄存器,而是将计数器允许的最大值作为周期值。例如,8 位计数器的最大值就是 255,故其周期值即为 255。当计数值已达到 255 时,再进行一次计数则自动复位到 0,通常将该过程称为**定时器溢出**。

预分频:大多数定时器都支持预分频。简言之,就是将原始脉冲输入预分频器,预分频器将对输入脉冲进行计数,仅当计数达到预分频值时,才向定时计数器输出一次脉冲。例如,原始脉冲每 1us 输出一次,而预分频值为 16,则预分频器将每 16us 向定时计数器输出一次脉冲。通常,预分频器的内部计数值是由硬件控制的,不允许用户程序访问。

　　后分频：后分频的输入是计数器的溢出信号，其输出则是用于控制中断触发的信号。后分频的工作机制与预分频类似，例如，计数器每 256us 输出一次脉冲，而后分频值为 8，则该定时器将每 2048us 触发一次中断。通常，单片机中只有一部分定时器支持后分频。

　　门控：某些定时器支持门控，也称为门控型定时器。门控机制主要用于控制脉冲信号是否输入定时器。仅当门控打开时（通过寄存器及端口设置），脉冲信号才能正常输入定时器，否则定时器将暂定计数。

　　MUX：是信号源选择器。通常，信号源可以是系统时钟或内部时钟、外部端口、外部晶振等。

　　以上所述的定时器的基本结构，适用于绝大多数单片机。针对某个具体定时器资源而言，读者可查阅相关数据手册，其中包括了定时器的原理结构。HR 系列单片机大多数都有 T8、T16N 和 T8P 这三个最具代表性的定时器。其中 T8 是一个 8 位宽的定时器，T16N 是一个 16 位宽的定时器，而 T8P 是一个具有 PWM 时基的定时器。下面，笔者将通过实例介绍 HR7P90H 定时器资源的应用。

13.3.2　程序实例

实例：实现方波输出

　　在嵌入式系统中，通过端口输出方波是最常见的应用，如图 13 - 7 所示。

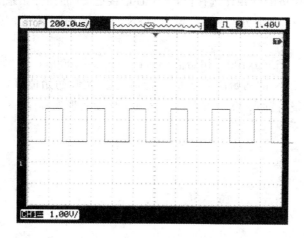

图 13 - 7　方波输出示例

　　本例将采用 HR7P90H 的 T8N 定时器实现方波输出，产生的方波信号从 PC1 端口输出，由 PB4 端口输入并引起中断，如图 13 - 8 所示。

　　这里，选择振荡器的频率为 4MHz，当 T8N 工作于定时器模式，时钟源为系统时钟二分频（$f_{osc}/2$），在不使用预分频器的情况下（预分频系数 1:1），定时器从 0x00 递

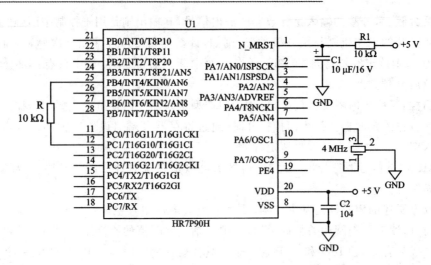

图 13 - 8　T8N 定时器方波输出的原理图

增计数直到 0xFF＋1 产生溢出共产生 128μs 的延时(计数值每增加 1 延时 0.5μs)。假设要求从 PC1 端口输出方波的脉冲宽度为 5ms,也就是说,每定时 5ms 对 PC1 端口的输出电平进行一次反向。

首先,需要确定预分频系数。在不设置 T8N 计数器初始值的情况下,预分频系数至少要选择≥5000/128(≈39)。HR 单片机的 BSET 寄存器针对 T8N 定时器为用户提供了 8 种规格的分频比选择位,大于且最接近 39 的预分频系数是 1∶64。

然后,根据选择的预分频系数,设置 T8N 计数器的初始值,其计算公式大致如下:

$$(0x100-初始值) * 64 * 0.5μs＝5000μs$$

经计算可得 T8N 的初始值为 0x64。特别注意,实际初始值可能是一个浮点数,需要四舍五入取整后置入 T8N 寄存器。该方案详细实现如程序 13 - 5 所示。

程序 13 - 5

```
1       # include <hic.h>
2       void main()
3       {
4           PCT1 = 0;
5           PBT4 = 1;
6           PC1 = 0;
7           T8NC = 0b00000101;        //预分频系数为 1∶64
8           T8N = 0x64;               //定时器初始值
9           INTE1 = 1;                //使能 T8N 溢出中断
10          INTG = 0b11000000;        //使能全局中断
11          T8NIF = 0;                //清 T8N 溢出中断标志位
```

```
12          while(1);
13      }
14      void isr(void) interrupt
15      {
16          if(T8NIF)
17          {
18              T8NIF = 0;
19              T8N + = 0x64;
20              PC1 = ~PC1;
21          }
22      }
```

如果要求输出方波脉宽值很大（例如 100ms），当晶体振荡器选择 4MHz，即使预分频系数选择最大值 1：256，T8N 定时器计数溢出最多也只能产生 65.536ms 的延时。在这种情况下，要产生 100ms 定时，用户程序中需使用一个变量进行计数，每发生一次 T8N 溢出，变量值加 1。在定时 5ms 的基础上，当变量计数到 20 的时候就得到 100ms 的定时。

实例：端口分时复用

由于单片机端口数量有限，很多情况下是无法满足实际应用需求的，因此需要考虑将其中某些端口功能复用。所谓"端口复用"就是通过定时器控制端口在不同时间执行不同功能。如图 13-9 所示，按键 K1 的输入和指示灯 D1 的点亮使用了相同的端口 PC0。当 PC0 设定为输入时，系统检测 K1 按键的输入，而当 PC0 设置为输出

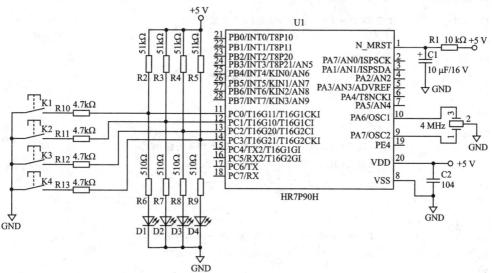

图 13-9　端口分时复用原理图

时,系统控制 D1 指示灯点量或熄灭。在端口复用时,需要合理搭配各电阻的阻值,避免指示灯控制不正常等异常情况。

在程序设计中,需要合理选择端口分时复用的周期,如果时间太长,会出现偶尔检测不到按键的异常,如果时间太短,又可能会出现 LED 亮度不够甚至不亮的情况。根据实际经验,通常端口执行某一项功能的时间设置在 2~20ms 比较合理。

程序 13 - 6

```
1      # include <hic.h>
2      void set_led(void);
3      void scan_key(void);
4      sbit flag;                    //flag 用于控制端口复用状态
5      void main()
6      {
7          flag = 0;                 //flag 为 0:检测按键输入,flag 为 1:则 LED 输出
8          PCT | = 0x0F;             //PC0~PC4 设置为输入
9          T8NC = 0x02;              //T8N 分频比选择 1:8,实现 8ms 定时
10         T8N = 6;
11         INTE1 = 1;                //使能 T8N 溢出中断
12         INTG = 0b11000000;        //使能全局中断
13         T8NIF = 0;                //清 T8N 溢出中断标志位
14         while(1);
15     }
16     void   ISR(void) interrupt
17     {
18         if(T8NIE && T8NIF)        //T8N 中断服务
19         {
20             T8NIF = 0;
21             T8N += 6;             //T8N 定时器赋初值
22             flag = ~flag;
23             if(flag)
24             {
25                 PCT & = 0xF0;     //设置 PC0~PC3 为输出
26                 set_led();        //控制 D1~D4 输出
27             }
28             else
29             {
30                 PCT | = 0x0F;     //设置 PC0~PC3 为输入
31                 scan_key();       //检测按键 k1~k4 输入
32             }
33         }
34     }
```

```
35      void set_led()
36      {
37          //...
38      }
39      void scan_key()
40      {
41          //...
42      }
```

13.4　模/数转换

通常,计算机系统更多关注的是数字信号的处理,即 0、1 两种数字逻辑状态。但在嵌入式应用中,某些应用领域可能涉及模拟信号,例如,速度检测、温度检测等。外部传感器通常将采集得到的数据以不同电压值的形式表示,并输入单片机供后续处理。这种电压值不同于端口电平处理,不能简单识别为 0、1 两种数字状态,而需要表示成一个特定的数据,便于单片机根据该数据准确获得外部传感器的输入电压,并最终可以等价换算成相应的物理量。习惯上,将输入连续变化的模拟电压信号转换成单片机能够识别的数字信号的过程称为**模/数转换**(简称 A/D)。

13.4.1　工作原理

几乎所有的单片机都集成了 A/D 转换模块 ADC,可以将模拟电压信号转换成若干位宽的数字信号。对于 ADC 模块应用,有两个重要的概念:基准电压、A/D 精度。**基准电压**就是允许输入的最高电压。A/D 精度则是指 A/D 转换结果的位宽。对于 8 位 ADC 模块,其输出的数字值在 0x00~0xFF 之间,0x00 对应的是最低电压(通常就是 0V),而 0xFF 则对应的是最高电压(就是基准电压)。一般来说,基准电压可以由用户配置选择,A/D 精度则是由单片机设计决定的。HR7P90H 的 ADC模块的内部结构,如图 13-10 所示。

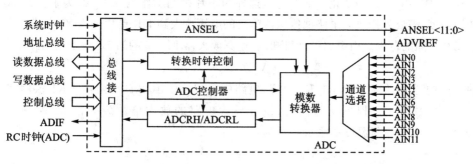

图 13-10　ADC 模块内部结构图

13.4.2 程序实例

实例：温度采集

本小节将使用 HR7P90H 单片机的 ADC 模块实现恒温控制系统中的温度采集功能。该系统设计原理图，如图 13-11 所示。

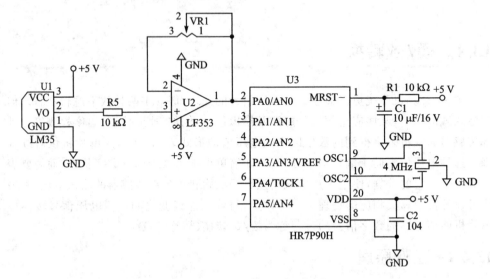

图 13-11 ADC 模块实现温度采集的原理图

本系统中采用 LM35 电压输出型模拟温度传感器，该传感器具有很高的工作精度和较宽的线性工作范围，输出电压与摄氏温度线性成比例，转换公式如下：

$$V_{LM35\_out} = 10\,mV \times T\,℃$$

LM35 的使用温度范围为：$-55℃ \sim +150℃$ 额定范围，由于电路中采用单电源供电模式，因此，其测量的温度范围是 $0℃ \sim +150℃$，根据转换公式可计算输出的电压在 $0 \sim 1500\,mV$ 之间变化。基准电压选择为单片机的工作电压 $+5V$，为了提高 A/D 转换精度，需要外接放大电路把传感器输出的电压放大到 HR 单片机 ADC 能够接受的 $0 \sim 5V$ 之间的范围。由电路设计可知，从运算放大器 LF353 的第 1 脚输出电压为：

$$V = (1 + VR1/R_5) \times V_{LM35\_out}$$

在上式中，放大倍数由 $VR1/R_5$ 决定，电路中采用一个 $100k\Omega$ 电阻器 VR1 供用户调节放大倍数使用。根据实际需要，设计放大电路的放大倍数为 5 倍，因此输入到 PA0 端口的电压与温度关系可表示为：

$$V_{in} = 10 \times 10\,e^{-3} \times A_f \times T\,℃$$

在上式中，$10 \times 10e^{-3}$ 即表示 $10\,mV$，A_f 表示放大倍数。HR7P90H 单片机内部提供了 10 位的 AD 转换模块，输入到 PA0 端口的电压经内部 A/D 转换后的数字量可表示为：

$$D = (1024/V_{ref}) \times V_{in}$$

在上式中，V_{ref} 为 A/D 转换的基准电压值，将上面两个公式合并，可得到 AD 转换后的数字量与温度 D 之间的对应关系为：

$$D = (1024/V_{ref}) \times 10 \times 10\ e^{-3} \times A_f \times T℃ = 1024/100 \times T℃ = 10.24 \times T℃$$

例如，当采集到的温度值为 30℃，对应转换后的数字量约为 $10.24 \times 30 = 307$。

程序 13 - 7

```
1       # include <hic.h>
2       unsigned int result;            //得到 AD 转换的结果(温度值)
3       void init()
4       {
5           PAT0 = 1;                    //设置 PA0 方向为输入
6           ANSEL = 0;                   //设置 PA0 模拟输入
7           ADCCH = 0x02;                //设置 AD 转换结果右对齐
8           ADCCL = 0b00000001;          //选择通道 0,使能 AD 转换器
9       }
10      void  get_ad(void)              //AD 转换子程序
11      {
12          ADCCL = 0b00000001;          //选择通道 0,使能 AD 转换器
13          __Asm  nop;                  //延时
14          ADTRG = 1;                   //启动 AD 转换
15          while(ADTRG);                //判断 AD 转换是否完成
16          result = ((ADCRH & 0x03) << 8) + ADCRL;
17      }
```

实例：模/数转换实现按键检测

本小节将介绍一种利用模/数转换实现按键检测的方案。与数字端口检测按键电平的方式不同，通过 ADC 可以实现一个端口识别多个按键的需求。该方案基本原理大致如下：结合外部电路设计，使每个按键按下时输出不同的电压值，单片机根据 ADC 转换结果识别按键状态，如图 13 - 12 所示。

在图 13 - 12 中，针对不同的按键输入，PA0 端的电压值是不一样的，经单片机内 A/D 模块转换结果如表 13 - 4 所列。

理论上，转换精度为 10 位的 ADC 模块可以识别 1024 个状态。但实际按键检测应用中，相邻按键转换结果距离太近时，容易造成误判，并且抗干扰能力也差，所以不宜使用同一路 A/D 检测过多按键。在电路设计时，要注意各分压电阻的合理取值，尽可能增大各键按下输入到 A/D 端口的电压值差异。同时，程序设计要适当放宽 A/D 转换结果的判断标准，尽可能避免按键错判和漏判。为提高按键检测的正确性，通常需要在

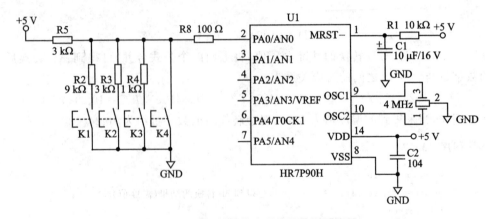

图 13 - 12　模/数转换实现按键检测原理图

获得 A/D 转换结果后增加滤波处理。系统主要流程设计,如图 13 - 13 所示。

表 13 - 4　按键按下状态对应的 A/D 输入电压及转换结果

按键	PA0 输入电压 Vin	转换结果(取高 8 位)	程序判断标准
K1	3/4VDD	0xC0	0xBB~0xC5
K2	1/2VDD	0x80	0x7B~0x85
K3	1/4VDD	0x40	0x3B~0x45
K4	0	0x00	0x00~0x05

　　为了简化程序,ADC 转换结果仅取高 8 位足以满足系统需求,判断新采集按键值是否有效的方法:将新采集获得 A/D 结果与上一次取得的值相减,其差值在±5以内,即表示本次采集的按键值有效。

　　程序 13 - 8

```
1       # include   <hic.h>
2       unsigned char  ad_base1;              //备份第一次 A/D 转换值
3       unsigned int   ad_result1;            //备份 AD 累加和以及滤波后的 AD 值
4       unsigned char  ad_count1;             //记录采集 AD 的笔数
5       sbit   key_value;                     //记录是否得到有效按键值
6       volatile union
7       {
8           unsigned char byte;
9           struct
10          {
11              unsigned bit0:1;
12              unsigned bit1:1;
13              unsigned bit2:1;
14              unsigned bit3:1;
```

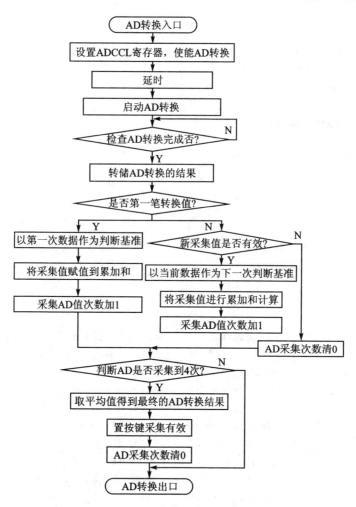

图 13 - 13　A/D 转换实现按键检测流程

15		unsigned bit4:1;
16		unsigned bit5:1;
17		unsigned bit6:1;
18		unsigned bit7:1;
19		};
20	}flag;	
21	#define　key_flag	flag.byte
22	#define　k1_flag	flag.bit0
23	#define　k2_flag	flag.bit1
24	#define　k3_flag	flag.bit2
25	#define　k4_flag	flag.bit3
26	sbit key_press;	//按键是否按下标志

```
27       int abs(int val)
28       {
29           if (val < 0)
30               return - val;
31           return val;
32       }
33       void key_process(void)
34       {
35           if(key_value)
36           {
37               key_value = 0;
38               if (ad_result1 > = 0xF9)
39               {
40                   key_flag = 0;                    //AD0 通道没有按下任何键
41                   key_press = 0;                   //按键弹起
42               }
43               else
44               {
45                   if(! key_press)                  //是否已按下按键
46                   {
47                       key_press = 1;           //有键按下
48                       if(abs(ad_result1 - 0xC0) < = 5)
49                           k1_flag = 1;         //k1 键有效
50                       else if(abs(ad_result1 - 0x80) < = 5)
51                           k2_flag = 1;         //k2 键有效
52                       else if(abs(ad_result1 - 0x40) < = 5)
53                           k3_flag = 1;         //k3 键有效
54                       else if(ad_result1 < 0x05)
55                           k4_flag = 1;         //k4 键有效
56                       else
57                           key_press = 0;       //无有效键按下
58                   }
59               }
60           }
61       }
62       void ad_convert(void)
63       {
64           unsigned char current_ad;                //保存当前 A/D 转换结果
65           if(! key_value)
66           {
67               ADCCL = 0b00001001;                  //16 分频,选择 PA0 通道,使能 A/D 转换
68               __Asm  NOP;
```

```
69              ADTRG = 1;                           //启动 A/D 转换
70              while(ADTRG);                        //等价 A/D 转换是否完成
71              current_ad = ADCRH;                  //获得 A/D 转换结果
72              if(ad_count1 == 0)
73              {
74                  ad_base1 = current_ad;
75                  ad_result1 = ad_base1;
76                  ad_count1 ++ ;
77              }
78              else
79              {
80                  if(abs(current_ad - ad_base1) < 6)
81                  {
82                      ad_base1 = current_ad;
83                      ad_result1 += ad_base1;
84                      ad_count1 ++ ;
85                  }
86                  else
87                  {
88                      ad_count1 = 0x00;
89                  }
90              }
91              if(ad_count1>3)
92              {
93                  ad_result1 >> = 2;
94                  key_value = 1;
95                  ad_count1 = 0x00;
96              }
97          }
98      }
99      void main()
100     {
101         PAT0 = 1;
102         ADCCH = 0x00;
103         ADCCL = 0b00001001;                  //设置 A/D 转换的通道,使能 A/D 转换
104         while(1)
105         {
106             ad_convert();                    //读取 A/D 转换的结果
107             key_process();                   //根据转换结果值判断具体按下的按键
108         }
109     }
```

13.5　异步串行通信

串行通信（serial communication），即逐位传递数据的通信方式，其通信介质成本相对较低，可以实现较远距离通信，通常被应用于计算机与外部设备之间的数据传输。常见的串行通信方式有两种：异步串行通信、同步串行通信。

异步串行通信（asynchronous serial communication）是指两个通信设备之间没有统一的时钟信号，而是采用控制传输速度、数据格式、数据校验等措施同步数据流。其中，传输速度即每秒传输的数据位数，通常被称为**波特率**（baud rate）。在异步通讯中，通常将一个字节数据作为一个独立的传输实体。除了数据本身之外，每个传输实体还需要包括起始位、停止位，以便数据接收端识别传输的开始与结束状态。对于某些可靠性要求较高的应用，每个传输实体中还可能包含数据校验位，一般采用一个数据位作为奇偶校验位。

同步串行通信（synchronous serial communication）是指两个通信设备之间有统一的时钟信号，进行数据传输时，收发双方严格遵循时钟信号。在同步通信中，通常将若干字节数据打包成数据块，并为每个数据块添加起始、结束及校验信息形成"帧"，并以"帧"为单位进行数据传输。例如，高级数据链路控制（HDLC）就是一种通用的同步串行传输标准，其帧格式如图 13 - 14 所示。

图 13 - 14　高级数据链路控制的数据帧格式

13.5.1　通用异步收发器

在嵌入式系统中，异步串行传输是极其常用的功能，许多单片机都将该功能实现为标准模块，即**通用异步收发器**（universal asynchronous receiver/transmitter），简称为"UART"。尽管不同单片机的 UART 模块实现可能稍存差异，但其工作原理是基本类似的，如图 13 - 15 所示。

每个 UART 模块都有一个控制器，主要用于管理与控制数据发送与接收任务，包括波特率、起始位、停止位、校验位等设置。"发送数据寄存器"与"接收数据寄存器"是 UART 模块与 CPU 内核之间的数据接口，两者之间的数据交换是通过并行方式实现的。而"发送移位寄存器"与"接收移位寄存器"是 UART 模块内部的两个数据缓存区，用于实现逐位发送与接收数据。"波特率发生器"则根据预先设定的波特率产生时钟信号控制数据串行发送与接收过程。

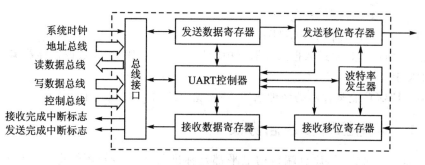

图 13 - 15 UART 内部结构图

当 UART 模块发送模式使能,如果发送数据寄存器内不为空,则表示当前存在待发送的数据。UART 模块将该寄存器的数据自动载入到发送移位寄存器,并在波特率发生器产生的时钟信号控制下逐位发送数据。每个传输实体发送完毕后,UART 模块将产生一次外设中断,用户程序可查询该中断标志判定数据发送状态。

当 UART 模块接收模式使能,UART 模块将在波特率发生器产生的时钟信号控制下逐位接收数据,并将其收集缓存于接收移位寄存器。直到一个传输实体接收完毕后,UART 模块自动将接收移位寄存器内的数据移入接收数据寄存器,并产生一次外设中断,用户程序可查询该中断标志判定数据接收状态。

值得注意的是,由于发送(接收)数据寄存器与发送(接收)移位寄存器的状态变化是存在一定延时,因此不同种类的单片机产生中断的时机也可能稍有差异。有些单片机依据发送(接收)数据寄存器的状态变化产生中断,而有些单片机则依据发送(接收)移位寄存器的状态变化产生中断。

最后,笔者简单介绍下 HR7P90H 的 UART 模块及其应用,其内部结构如图 13 - 16 所示。

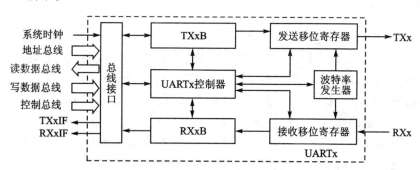

图 13 - 16 HR7P90H 单片机的 UART 内部结构图

HR7P90H 共有 3 个 UART 模块(UART1/UART2/UART3),以 UART1 为例说明,与该模块相关的特殊功能寄存器大致如下:

(1) 控制状态寄存器:发送控制寄存器 TX1C、接收控制寄存器 RX1C、波特率寄存器 BR1R;

（2）发送数据寄存器：TX1B；

（3）接收数据寄存器：RX1B；

（4）中断标志：发送数据寄存器空中断标志位 TX1IF、接收数据寄存器满中断标志位 RX1IF。

关于特殊功能寄存器的详细描述，请参见《HR7P90H datasheet》。

13.5.2　常用的异步通信协议

正如之前所述，单片机端口的电平都是标准的数字信号逻辑电平，即 TTL 电平。针对两个串行模块之间的通信，最简单的实现方式是直接使用逻辑电平互联，也就是将两个 UART 模块的发送、接收端口连接，如图 13 - 17 所示。

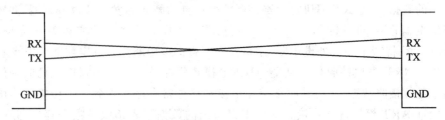

图 13 - 17　直接使用逻辑电平互联两个 UART 模块实现通信

但由于电气特性所限，直接使用逻辑电平互联的实现方式的传输可靠性不高，主要应用于同一个系统板内部模块间的短距离通信。对于那些传输距离较长、可靠性较高的应用，通常需要借助于一些通信协议实现，至少包含更稳定可靠的物理层线路驱动协议，甚至还可能包括数据链路控制。最常用的通信协议就是 RS - 232，其次还有 RS - 485/RS - 422 等。

RS - 232 协议

习惯上，将符合 RS - 232 通信协议的接口称为"串口"（也称为 COM 端口），尽管它正在被 USB 所取代，但 RS-232 仍是计算机与外部设备间比较常用的通信协议。

在物理层上，RS - 232 通信协议规定：逻辑"1"的电压为 $-3V\sim-15V$，而逻辑"0"的电压为 $+3V\sim+15V$。$-3V\sim+3V$ 之间的电压为非法信号。所有的电压值都基于一个固定的地电平，所以也称之为单极性信号。

在数据链接层上，RS - 232 通信协议规定：起始位为 0，结束位为 1，因此 1 到 0 的信号变化即表示需要开始接收数据，如图 13 - 18 所示。

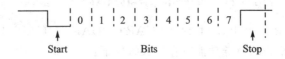

图 13 - 18　RS - 232 数据链接层协议

RS‐232 通信的优点在于已经标准化,市场上的 9 芯、15 芯的通信电缆都可以直接与标准串口连接,而 UART 电平信号与 RS‐232 接口的电平信号之间的互转也有许多标准芯片支持,如 MAX232、ADM232 等。但由于 RS‐232 是单极性信号,其通信距离大约为十几米左右,不能应用于更长距离的通信。

RS‐422 协议

RS‐422 协议与 RS‐232 协议的主要差异是物理层的实现。RS‐422 协议规定:物理传输的信号电平为差分方式,即通过 A、B 两条数据线进行 1 路数据信号传输,当 A 线的电压高于 B 线时,传送的信号为 0,反之则表示传送的信号为 1,而 A、B 两线能够承受的共模信号为 ±7V。也就是说,数字逻辑信号的判定是通过 A、B 的相对电压高低实现的,这样的差分信号更容易长距离传输。RS‐422 协议一般可以实现几十米或上百米的通信,在低速传输时,甚至可以达到一千米。

RS‐485 协议

RS‐485 协议是 RS‐422 协议的一种扩展形式,它们的物理层特性差异不大,RS‐485 的 A、B 两线承受的共模信号为 −7V～+12V。与 RS‐422 需要 4 条连线实现一个半双工的通信网络不同,RS‐485 只需 2 条连线就可以实现,因此,实际系统中更多采用 RS‐485 协议。

13.5.3　程序实例

实例:UART 模块与 PC 机通信

本例将使用 HR7P90H 的 UART 模块与 PC 机 RS‐232 接口实现通信。由于 UART 模块的电平信号与 PC 机的 RS‐232 接口的物理层协议存在差异,因此需要通过一颗专用的电平转换芯片 MAX232 实现互连,如图 13‐19 所示。

在 PC 机上,可以通过"超级终端"或其他串口调试工具实现通过串口接收与发送数据。在本例中,当单片机上电后,等待来自于 PC 机的一组长度为 10 个字节的数据,数据固定以 0x02 开头,以 0x0D 结束,其格式如下:

02	P1	P2	P3	P4	P5	P6	P7	CK	0D

其中,P1～P7 为 7 个有效数据,CK 为校验码,校验方式累加和,即有效数据累加和的低字节。单片机收到数据后,将 7 个有效数据逆序返回给 PC 机,其返回数据格式如下:

03	P7	P6	P5	P4	P3	P2	P1	CK	0D

返回数据以 0x03 开头,以 0x0D 结束,CK 同样为累加和校验码。如果单片机从

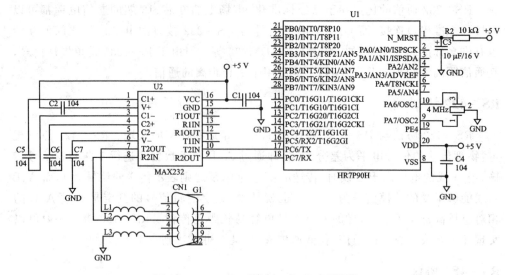

图 13-19 UART 模块与 PC 机实现通信

PC 机接收的数据错误,则返回的 7 个有效数据都为 0xFF。

关于数据通讯速率,约定单片机与 PC 机之间的通讯波特率为 9600bps,当外部晶振为 4MHz 时,并且单片机工作于高速波特率模式下,其波特率计算公式如下:

$$BPS = \frac{f_{OSC}}{16(X+1)}$$

X 表示波特率设置寄存器 BR1R 的初始值,根据公式:$9600 = 4000000/(16(BR1R+1))$,可计算得到 $X = 0x19$。

程序 13-9

```
1        # include <hic.h>
2        sbit   start;                          //开始接收标志位
3        sbit   end;                            //接收完成标志位
4        unsigned char   rx_char;               //存接收缓冲区数据
5        unsigned char   buf_ptr;               //接收存储指针
6        unsigned char   rx_buf[10];            //存储接收的数据
7        unsigned char   tx_buf[10];            //存储待发送的数据
8        unsigned char   rx_checksum;           //存储接收数据累加和
9        unsigned char   tx_checksum;           //存储发送数据累加和
10       void isr(void) interrupt
11       {
12           if (RX1IF)                         //判是否发生了串行口接收中断
13           {
14               if ((! OERR1) && (! FERR1))    //发生溢出错误或帧格式错误否
15               {
```

```
16            rx_char = RX1B;                    //备份接收缓冲区的数据
17            if ((! end) && (start))
18            {
19                rx_buf[buf_ptr] = rx_char;    //存储接收数据
20                buf_ptr ++ ;                  //接收数组的指针加 1
21                if((buf_ptr == 10)
22                    && (rx_char == 0x0d))     //判接收一笔数据完成否
23                    {
24                        end = 1;              //置接收完成标志位
25                    }
26            }
27            if ((rx_char == 0x02) && (! start))
28            {                                  //接收到头 0x02
29                start = 1;                     //置位接收开始
30                rx_buf[buf_ptr] = rx_char;
31                buf_ptr ++ ;                   //准备接收下一个字节
32            }
33        }
34        else                                   //发生了串行口接收错误
35        {
36            buf_ptr = 0;                       //存储地址指向首字节
37            rx_char = RX1B;                    //取出缓冲区里面的数据
38        }
39        RX1IF = 0;                             //清接收中断标志位
40    }
41  }
42  void main()
43  {
44      PCT = 0b10111111;                        //设置 PC7 输入，PC6 输出
45      BR1R = 25;                               //初始化波特率寄存器
46      RX1C = 0b10000000;                       //SPEN = 1;使能连续发送
47      TX1C = 0b10100000;                       //选择高速波特率
48      RX1IE = 1;                               //使能接收中断
49      INTG = 0xC0;                             //GIE = 1,PEIE = 1
50      INTF2 = 0;                               //初始化接收中断标志位
51      while(1)
52      {
53          __Asm  CWDT;                         //清看门狗
54          if(end)
55          {
56              unsigned char i;                 //局部变量 i 用于计算累加和
57              rx_checksum = 0;                 //接收数据累加和初始化为 0
```

```
58              for(i = 1; i < 8; i ++)
59              {
60                  rx_checksum += rx_buf[i];   //对数据 P1 - P7 累加和运算
61              }
62              if(rx_buf[8] == rx_checksum)     //判校验是否正确
63              {
64                  for(i = 1; i < 8; i ++)       //将接收数据逆序输出
65                  {
66                      tx_buf[i] = rx_buf[8 - i];
67                  }
68              }
69              else
70              {
71                  for(i = 1; i < 8; i ++)       //将发送数据置为 0xff
72                  {
73                      tx_buf[i] = 0xff;
74                  }
75              }
76              tx_buf[0] = 0x03;
77              tx_checksum = 0;                //发送数据累加和初始化 0
78              for(i = 1; i < 8; i ++)          //将发送数据置为 0xff
79              {
80                  tx_checksum += tx_buf[i];
81              }
82              tx_buf[8] = tx_checksum;
83              tx_buf[9] = 0x0d;
84              TX1EN = 1;                      //发送使能
85              for(i = 0; i < 10; i ++)
86              {
87                  TX1B = tx_buf[i];            //发送数据
88                  while(! TRMT1);
89              }
90              TX1EN = 0;                      //发送停止
91          }
92      }
93  }
```

第 **14** 章

集成开发环境

一般来说,程序从源码变成一个可执行的文件,都需要经过"代码编辑"、"编译链接"、"调试"等步骤。早期的程序设计人员需要分别使用不同的命令行工具进行这些工作,他们不仅需要精通程序语言本身,还需要对这些命令行工具十分熟悉,例如 shell、vi、gcc、gdb 等。

集成开发环境(integrated development environment,简称 IDE)将编辑、编译、调试等功能集成在同一软件环境中,使开发人员关注的焦点集中在程序设计本身,而非各种命令行工具。同时,IDE 也使得各项工作之间的切换更为方便。除此之外,如今大部分的 IDE 在"项目管理"、"代码分析"、"可视化设计"等方面都提供了相当强劲的工具。近年来,Eclipse、NetBeans、Visual Studio Shell 等开源 IDE 出现并发展起来,许多人参与开发扩展这些 IDE,使其能够支持其他编程语言。

iDesigner 是上海东软载波微电子有限公司基于 Visual Studio Shell 开发的一套嵌入式专用 IDE,不仅包括程序编译、调试、烧录等基本功能,还提供了丰富的编辑功能、强大的代码分析功能,以及众多的调试功能窗口。本章将向读者介绍 iDesigner 相关功能的应用。

14.1　iDesigner 概述

iDesigner 是基于 Visual Studio Shell 开发的 IDE,为保证 iDesigner 能够顺利运行,必须安装微软公司提供的运行环境(即预安装环境)。运行环境以及 iDesigner 安装软件都可以在上海东软载波微电子有限公司官方网站(www.essemi.com)下载。

14.1.1　iDesigner 安装

首次安装 iDesigner 时,必须严格按照安装说明中指定的顺序安装运行环境:

(1) 安装.Net Framework4.0;

(2) 安装.Net Framework4.0 中文补丁包;

(3) Visual Studio 2010 Shell (Isolated)。

安装完运行环境后,运行 iDesigner.msi 程序,进入 iDesigner 的安装界面,依次执行以下步骤:

（1）阅读"最终用户许可协议"，勾选"我接受许可协议中的条款"，单击"下一步"。

（2）选择安装目录，单击"下一步"。

（3）单击"安装"。在 iDesigner 安装过程中，将会多次要求权限许可，请选择"是"，否则安装将会失败。

（4）单击"完成"。

注意，在 Windows 7 及 Windows 8 系统上安装及运行时需要有管理员权限。

14.1.2　菜单与工具

在开始菜单中依次选择"所有程序"→"iDesigner"→"iDesigner"即可运行 iDesigner 程序，也可以在桌面双击 iDesigner 图标运行。iDesigner 用户界面主要由以下几部分元素组成：菜单工具栏、标准工具栏、编辑区域以及其他工具窗口，如图 14-1 所示。

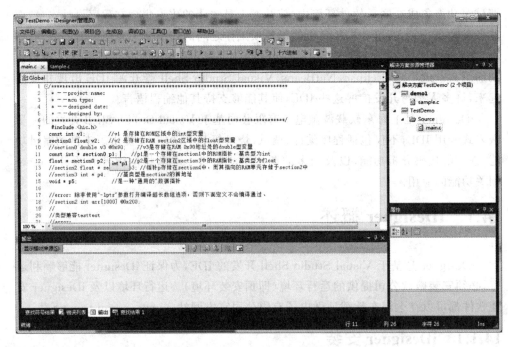

图 14-1　iDesigner 主要界面

菜单工具栏：包括"文件"、"编辑"、"视图"、"项目"、"生成"、"调试"、"工具"、"窗口"等主菜单项，位于用户界面的顶部。根据应用状态的不同，菜单栏的项目也将随之更改。iDesigner 的绝大多数操作都可以通过相应的菜单命令完成。对于常用的菜单命令或者菜单项，iDesigner 都提供了快捷方式，可以方便地通过相应组合键访问。

标准工具栏：以图标按钮的方式为开发人员提供常用命令的快捷访问,如"打开"、"保存"、"复制"、"剪切"等。iDesigner 进入调试模式后,还会启动调试工具栏,支持"逐语句"、"逐过程"、"复位"、"停止"等操作。除了 iDesigner 默认提供的标准工具栏外,还允许开发人员根据习惯定制、组织工具栏。

编辑区域：用于显示、编辑源程序的文本区域。程序开发过程中,程序代码输入、编辑操作主要都是在编辑区域中完成的。除了常规的文本编辑功能之外,iDesigner还提供了强大的语言层次支持,如语法高亮、函数列表、基于语义的符号搜索、函数形参列表、代码折叠等,这些辅助功能可以为编码工作提供较大便捷。

其他工具窗口：主要指项目管理、编辑、编译、调试过程中的各类工具窗口。iDesigner 中的工具窗口一般都可以停靠、移动、自动隐藏,开发人员可以根据习惯定制窗口布局,并导入、导出相关设置。当然,iDesigner 的某些工具窗口的布置也会根据当前应用需要自行切换。

14.1.3　解决方案与项目

在 iDesigner 中有两个概念上的容器,即解决方案和项目。

解决方案是 iDesigner 资源管理中最外层的容器,它包含了一个或多个项目。在一个 iDesigner 环境中同一时间只能打开一个解决方案,它允许开发人员同时处理多个项目。

项目是解决方案内的容器,通常包含了一组源文件。编译、调试等工作都是以项目为基本单位。

与项目以及文件相关的操作,通常都是在**解决方案资源管理器**窗口中进行:

(1) 选择解决项目节点时,可以新建项目或添加现有的项目。

(2) 选择项目节点时,可以新建文件夹、新建文件、添加现有文件,设置启动项目、设置项目属性,或者编译项目。

(3) 选择文件节点时,可以修改文件名,或将文件从项目中排除。

项目模板

iDesigner 中提供了多种类型的项目模板,开发人员使用项目模板建立项目时,项目容器中将带有基本的源文件,并设置好一些默认的配置。常用项目模板如下:

HRCC Project Application：8 位 HR 系统单片机 C 语言项目模板,支持扩展名为.c 的源文件,及扩展名为.h 的头文件,项目中至少要有一个.c 文件。

HASM Project Application：8 位 HR 系统单片机汇编语言项目模板,支持扩展名为.asm 的源文件,及扩展名为.inc 的头文件。

HR32bit Project Application：32 位 HR 系统单片机 C 语言项目模板,支持扩展名为.c 的源文件,及扩展名为.h 的头文件,项目中至少要有一个.c 文件。

HR32bit Library：32 位 HR 系统单片机库项目模板,输出扩展名为.a 的库文件。

支持扩展名为.c 的源文件。

HRCCLibrary：8 位 HR 系统单片机 C 语言库项目模板，其生成结果为.lib 库文件。支持扩展名为.c 的源文件，及扩展名为.h 的头文件，项目中至少要有一个.c 文件。

HR32bit C＋＋Project Application：32 位 HR 系统单片机 C＋＋语言项目模板，支持扩展名为.cpp 的源文件，项目中至少要有一个.cpp 文件。

启动项目

虽然解决方案可以包括多个项目，但是 iDesigner 的调试器只能从一个项目启动调试，所以必须将某个项目作为启动调试时的首选项目。在解决方案资源管理器中，右键单击目标项目节点，从快捷菜单中选择"设为启动项目"可以将该项目设置为启动项目。

14.2　编码辅助功能

智能编码辅助功能是评价 IDE 的一个重要指标。iDesigner 向开发人员提供包括成员信息、函数信息、定义与引用、语法着色在内的诸多辅助功能。

14.2.1　成员信息

列出成员功能会显示当前区域的有效成员，包括全局变量、局部变量、函数等。

在键入符号时，成员列表将自动显示，并匹配键入的内容，若有一个或多个匹配项，将自动选中第一个匹配项。选择列表中的某个成员，按"Enter"可以将该成员插入到代码中。按"Esc"可以关闭成员列表。

结构体、联合的成员列表

列出成员功能还可以列出结构体及联合的成员。在结构体或联合的名称后键入"."，或者在结构体类型的指针后键入"－＞"，成员列表会自动将其成员列出，如图 14－2所示。

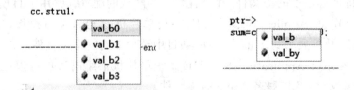

(a) 结构体的成员变量　　　　　　　(b) 结构体指针的成员变量

图 14－2　结构体的成员变量

14.2.2　函数信息

代码编辑器右上方的下拉列表中，会显示当前源文件内定义的函数列表，选择函数后，编辑区域的光标将跳转至该函数，如图 14 - 3 所示。

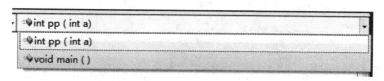

图 14 - 3　函数列表

参数信息功能打开"参数"列表，以提供有关函数或属性所需的参数数目、参数名称和参数类型的信息。在函数名之后，键入左括号将打开"参数"列表，随着开发人员键入函数参数，粗体显示将进行更改，以反映需要输入的下一参数。键入右括号或按"Esc"将关闭"参数"列表，如图 14 - 4 所示。

```
304       t=fv;
305       t=t&0xff000000;
306       word=(unsigned int)(0x2300+(t>>=24));    //get 8H MSB with mask
307       SendWordDDS(
308    }
309
          void SendWordDDS(unsigned int ddsword)
```

图 14 - 4　参数信息

14.2.3　定义与引用

在实际开发过程中，经常需要查看函数或者变量的定义，或者查找函数或变量的引用、定义位置，这就需要转到定义与查找引用功能。

转到定义功能可以使开发人员迅速定位到定义符号的位置。在代码编辑器中右键点击想要跳转的符号，在快捷菜单中选择"转到定义"或按"Ctrl＋."，代码编辑器将跳转到相应的位置。

iDesigner 还提供了更方便的查看定义的方式——**代码定义窗口**。在"视图"菜单中选择"代码定义窗口"以打开代码定义窗口，之后在代码编辑器中点击任意符号时，代码定义窗口将自动跳转至定义符号的位置。需要注意的是，代码定义窗口是只读的，若要修改定义，需要到代码编辑器中操作，如图 14 - 5 所示。

查找所有引用功能可以找到项目中所有引用到所选符号的位置。右键点击目标符号，在快捷菜单中选择"查找所有引用"，查找的结果将在"查找符号结果"窗口中显示，如图 14 - 6 所示。双击某条结果，可以在代码编辑器中跳转至该位置。

```
main.c* ✕
🔍 Global                                    ▼  ◆ int main ( )

          if(j==8000)
          {
              b=j;
              break;//跳出for循环
              //continue;//继续开始下一个for循环
          }
          b=999;
      }

      cc.stru1.val_b0=0;//位赋值，会改变cc.val_byte的值
      cc.stru1.val_b1=1;//位赋值，会改变cc.val_byte的值
      cc.val_byte=5;//cc.stru1.val_b0 值应为1；cc.stru1.val_b1值应为0；cc.val_byte 值应为5
      stru.val_b=1;
      stru.val_by=2;

      ptr->
        struct *ptr     -byte+10;

100 %
```

```
代码定义窗口 - ptr (main.c)*                              ⊞ ✕
    } cc;

    struct
    {
        unsigned char val_by;
        unsigned char val_b;
    } stru, *ptr;

    int aa(int a| int b)
```

查找符号结果　⊞ 错误列表　代码定义窗口　⊞ 输出　书签　⊞ 查找结果 1

图 14 - 5　代码定义窗口

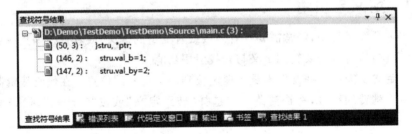

```
查找符号结果                                              ▼ ⊞ ✕
  ⊟ 📄 D:\Demo\TestDemo\TestDemo\Source\main.c (3)：
        📄 (50, 3)：    }stru, *ptr;
        📄 (146, 2)：   stru.val_b=1;
        📄 (147, 2)：   stru.val_by=2;


查找符号结果　⊞ 错误列表　代码定义窗口　⊞ 输出　书签　⊞ 查找结果 1
```

图 14 - 6　查找符号结果

14.2.4　智能显示

代码编辑器对符合 C 或汇编语法的关键字以及注释等元素分别着色，极大地增强了代码的可读性，如图 14 - 7 所示。打开"工具"→"选项"窗口，在"字体和颜色"一页中，用户可以自定义设置各种元素的颜色。

不仅仅是 C 标准中的关键字会被着色，开发人员也可以在"工具"→"选项"窗口的"智能编辑选项"页中设置**自定义关键字**，自定义的关键字在代码编辑器中也会被

```
 * ——project name:
 * ——mcu type:
 * ——designed date:
 * ——designed by:
 ************************************************
 #include <hic.h>

const int v1;          //v1 是存储在ROM区域中的int型变量
section0 float v2;     //v2 是存储在RAM section2区域中的float型
//section0 double v3 @0x90;   //v3是存储在RAM 0x90地址处的d
const int * section0 p1;    //p1是一个存储在section1中的ROM
float * section0 p2;       //p2是一个存储在section3中的RAM
//section2 float * section4 p3; //指针p存储在section4中，而指
//section3 int * p4;     //基类型是section2的首地址
void * p5;             //是一种"通用的"数据指针


void main(void)
{
    //
    for(j=0;j<10000;j++)
    {
        if(j==8000)
```

图 14-7　语法着色

着色。设置自定义关键字时,关键字之间以逗号(,)分隔。需要注意的,自定义的关键字仅对着色功能起作用,对于语法解析及编译功能没有影响。

除了语法着色外,iDesigner 还提供**智能高亮**功能,可以将所有与光标所指单词相同的单词高亮显示,如图 14-8 所示。

341

```
cc.stru1.val_b0=0;//位赋值，会改变cc.val_byte的值
cc.stru1.val_b1=1;//位赋值，会改变cc.val_byte的值
cc.val_byte=5;//cc.stru1.val_b0 值应为1；cc.stru1.val_b1值应为0；cc.val_byte 值应为5
stru.val_b=1;
stru.val_by=2;
sum=cc.val_byte+10;
```

图 14-8　智能高亮

括号匹配

自动括号匹配功能可以对括号不匹配或无终止的代码段提供即时反馈。

当开发人员键入一个右大括号时,该括号及与其匹配的左大括号会保持突出显示,或者直到键入其他按键或移动光标为止。当光标置于大括号、中括号、小括号的两侧时,将以矩形轮廓突出显示匹配的括号,如图 14.9 所示。

```
int aa(int a1, int b1)
{
    float va[8];
    //error: section0 float va[8];
```

图 14-9　括号匹配

右键单击大括号,在快捷菜单中选择"选跳转至匹配的括号",可以将光标跳转至相应位置。

14.2.5　大纲显示

　　默认情况下,所有文本都会显示在代码编辑器中,但为了便于从不同视角浏览、分析代码,代码编辑器允许开发人员选择一个代码区域并将其设置为可折叠的,以便该代码区域显示在一个加号(＋)下。以大纲方式显示的代码并没有被删除,只是在视图中隐藏起来而已。通过单击该符号旁边的加号(＋)或减号(－)可以控制展开或隐藏该区域。如图 14－10 所示。

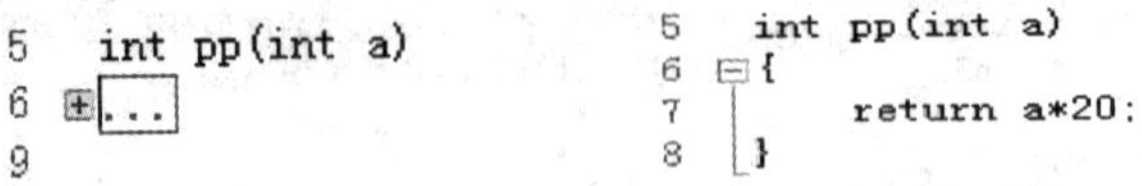

```
5    int pp(int a)           5    int pp(int a)
6 ⊞ ...                      6 ⊟ {
9                            7        return a*20;
                             8   }

    (a) 大纲折叠                    (b) 大纲展开
```

图 14－10　大纲显示

14.3　编译生成

　　编写好的程序需要编译生成 Hex 文件才能调试或编程。iDesigner 提供了生成、清理、重新生成三种生成操作。

14.3.1　生　成

　　生成操作将会编译目标项目,将中间文件及最终的 Hex 文件保存在编译选项中设置的输出路径中,默认生成在".\debug"目录下。

　　在解决方案资源管理器窗口中右击需要生成的项目,从快捷菜单中选择"生成";或者在解决方案资源管理器窗口中选择需要生成的项目,选择菜单"生成"→"生成××项目",即可执行生成操作。

　　生成操作并不会每次都编译所有的源文件,iDesigner 会将上一次生成的结果与当前的源文件版本进行比较,仅对存在差异的文件进行编译,以提高编译生成效率。若头文件内容发生改变,所有源文件都会重新编译。

14.3.2　清　理

　　清理操作会删除目标项目生成过程中产生的所有文件,包括中间文件及最终的 Hex 文件。

　　在解决方案资源管理器窗口中,右击需要清理的项目节点,在快捷菜单中选择"清理";或者在解决方案资源管理器窗口中,选择需要生成的项目,选择菜单"生成"→"清理××项目",即可执行清理操作。

14.3.3　重新生成

重新生成操作会将所有源文件都重新编译。

在解决方案资源管理器窗口中,右击需要重新生成的项目节点,从快捷菜单中选择"重新生成";或者在解决方案资源管理器窗口中,选择需要生成的项目,选择菜单"生成"→"重新生成××项目",将执行重新生成操作。

建议:生成与重新生成

当修改少量源文件的代码时,执行生成操作可以节省编译时间。添加、删除、重命名.h 或.inc 文件后,建议开发人员不要使用生成功能,应该使用重新生成,否则编译结果可能不正确。

14.3.4　生成结果

在编译过程中,项目源程序的各种错误包括:拼写错误、头文件引用错误、语法错误等都可能引起编译出错。当发生错误时,编译过程将终止,并在输出窗口中显示编译器输出的信息,在错误窗口中输出错误信息,如图 14－11 所示。双击错误信息可以迅速在编辑窗口中定位到错误行,以便开发人员修改错误。

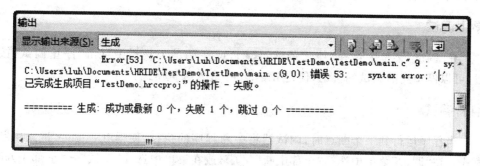

图 14－11　输出窗口

14.4　调　试

调试是开发过程中相当重要的一环,强大的调试功能可以使开发人员更容易找到 bug 并修正。

14.4.1　配置调试环境

调试项目需要配置相关的环境。配置步骤如下:

(1) 连接硬件设备并上电,确认计算机与硬件设备连接成功;

(2) 设置项目的芯片类型;

（3）设置项目的芯片配置字；

（4）设置需要连接的通信口。在"工具"菜单中选择"连接设置..."，从"连接设置"对话框的下拉列表中选择与硬件设备连接的通信口，单击"连接"按钮。

若没有设置连接的通信口，在启动调试时会自动弹出"连接设置"对话框。

14.4.2　执行控制

iDesigner 有三种状态模式：编辑模式（design mode）、运行模式（run mode）、中断模式（break mode）。刚启动时，iDesigner 处于**编辑模式**。此时用户可以建立项目、添加或删除项目中的文件，以及编辑代码等。启动调试后，iDesigner 将进入**运行模式**，此时芯片处于运行状态，不可以编辑代码，大部分调试窗口也不可用。当芯片因为某种原因暂停运行时，iDesigner 进入**中断模式**，此时不可以编辑代码，但可以使用调试窗口查看芯片状态。

开始调试

在"调试"菜单中选择"启动调试"（▶），调试器将开始调试**启动项目**。如果需要调试非启动项目，在"解决方案资源管理器"中右击项目节点，在快捷菜单中选择"调试"后单击"启动新实例"。启动调试成功后，iDesigner 进入运行模式。

停止调试

在"调试"菜单中选择"停止调试"（■），或在调试工具栏中点击"停止调试"按钮，可以停止当前调试的会话，使得 iDesigner 进入编辑模式。

中断调试

当程序运行到一个断点时，调试器将中断程序的执行，使得 iDesigner 进入中断模式。在"调试"菜单中选择"全部中断"（❙❙），或在菜单中选择"调试"→"全部中断"也可以主动中断程序。需要特别注意区分中断调试与停止调试。

代码执行

程序处于中断模式时，可以执行逐语句（❐）、逐过程（❐）、跳出（❐）命令，指示下一步芯片如何运行。

逐语句和逐过程都是执行当前行代码，区别在于逐语句只执行一行代码，而逐过程将执行直至调用堆栈与执行之前相同。如图 14－12 所示，当以逐语句执行第 5 行代码时，调试器将在函数 Add() 的入口处（第 22 行）暂停。而以逐过程执行时，调试器将执行完函数 Add()，停留在第 6 行处。

跳出则是一直运行程序至调用堆栈比开始执行之前少一层。

在"调试"菜单中选择"窗口"，然后单击"反汇编"即可打开"反汇编"窗口，或者在

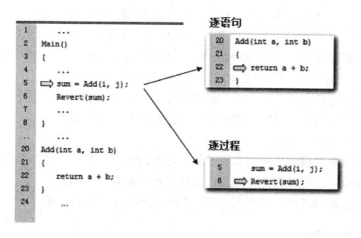

图 14-12　逐语句与逐过程

源窗口内单击右键,选择"转到反汇编",若该行源代码有对应的反汇编代码,即可跳转至对应的反汇编代码行。在"反汇编"窗口中单击右键,选择"转到源代码",将跳转至该行反汇编代码对应的源代码的位置。在"反汇编"窗口中的地址栏中输入反汇编地址,可以快速跳转至该地址。在反汇编窗口中执行逐语句等命令,调试器将执行**反汇编单步**。

　　iDesigner 还可以指定执行到某行代码处,即**运行到指定位置功能**。当然,指定代码并不是一定能够执行到的。例如,在某个没有退出条件的 while() 循环之外使用这个功能,结果一定是程序始终在 while() 循环中运行。

　　由于每次启动调试时都会下载 Hex 文件,在"调试"菜单中选择"复位"( ),可以更快捷地将当前调试状态重置为刚启动调试时的状态。

断点功能

　　断点功能允许设置一个标志,当程序运行到标志所在位置时暂停,以便查看当前程序的状态。根据 PC 地址设置的断点称为 **PC 断点**。当程序在 PC 断点处暂停时,断点所在行的代码没有被执行。

14.4.3　调试窗口

　　iDesigner 提供了许多调试窗口,当处于中断状态时,开发人员可以通过它们查看当前程序运行状态。

　　内存窗口显示了芯片当前状态下数据存储器的数据。在"内存"窗口中选择"地址"栏,输入想要查看的地址,按"Enter"后将跳转至该地址,显示于数据区的开始处。注意,地址区分十进制/十六进制,而数据区按十六进制地址显示。

　　局部变量窗口及监视窗口显示指定变量的信息。变量窗口是网格窗口,其中包含三列："名称"、"值"和"类型"。开发人员可以在"值"列中编辑变量的值。

　　iDesigner 还提供了另外一种变量监视方式**数据提示**。当鼠标在变量上悬停时，鼠标处会出现浮动提示，其中显示了该变量的名称及值；或者在源窗口中右键点击变量，从快捷菜单中选择固定到源，在该行行末会出现浮动提示。

　　调用堆栈窗口记录了当前函数调用关系。右键单击选择列表中的函数名称，在快捷菜单中选择"转到源代码"或"转到反汇编"，可以在源窗口或"反汇编"窗口中跳转至该函数调用的位置。

　　特殊功能寄存器窗口可以查看及修改芯片的特殊功能寄存器的状态。

　　跑表窗口可以查看每次命令执行花费的指令周期与时间。

　　状态监视窗口可以查看当前 PSW 状态位、PC、A 寄存器等信息。

14.5　编　程

　　开发人员调试完程序后，可以通过 iDesigner 提供的编程工具完成小批量的编程验证。对于大批量编程需求，仍然推荐使用全驱动编器 HR50S 或 HR60S。

　　根据开发人员使用的设备，在 iDesigner 中的"工具"菜单中选择"ICD 编程工具"或"HR10M 编程工具"打开编程工具。HR10M 编程工具的主界面如图 14 - 13 所示，从上到下分别是菜单栏、工具栏、信息栏、状态栏。

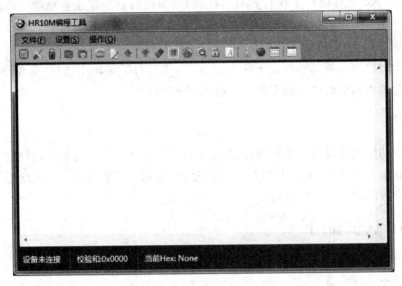

图 14 - 13　编程工具主界面

　　通常，编程的操作步骤如下：

　　（1）连接设备并选择芯片；

　　（2）指定目标 Hex。通过"文件"→"打开"菜单选择需要编程的 Hex 文件，将其加载至 Hex 编辑器可以查看或修改 Hex 的内容；

（3）配置芯片配置字并下载；

（4）下载 Hex。对于使用 HR10M 设备编程且目标芯片容量不大于 32K 字的情况，需要选择"操作"→"下载"菜单将目标 Hex 下载至 HR10M 设备后，再执行编程操作；

（5）擦除。清空芯片中的数据。OTP 类型的芯片不支持擦除，Flash 类型的芯片需要在编程之前执行擦除操作以保证编程内容的准确性；

（6）查空（可选）。查空操作可以确认芯片是否为空白。当查空失败时，信息栏中会提示第一个非空地址及其数据；

（7）编程；

（8）校验（可选）。读出芯片数据与目标 Hex 比较，确保编程数据正确；

（9）加密（可选）。加密操作会使得芯片在读出时数据全为 0。

连接已经编程完成并且未加密的芯片，可以将芯片内容读出并保存为 Hex 文件。

除了这些基本的操作，iDesigner 的编程工具还提供了自动编程、序列号编程（ICD 设备不支持）等功能，将在第 15 章中详细介绍。

第 **15** 章

iDesigner 应用实例

通过前面章节的阅读,读者对于 C 语言以及 iDesigner 提供的功能都有了基本的了解。在本章中,将通过具体实例向读者介绍如何使用 iDesigner 完成项目的开发与调试。本章讲述的重点主要在于调试功能,至于智能编码功能,读者可以在实际编程过程中结合第 14 章的内容学习应用。

15.1　生成项目

本节将创建一个新的 HRCC 项目,将现有的多个源文件及头文件加入项目并编译通过,并不会演示如何编辑代码。

15.1.1　创建项目

首先,以 HRCC Project Application 模板创建一个项目。选择"文件"→"新建"→"项目"菜单,打开新建项目对话框,如图 15 - 1 所示。在左侧选择 HRIDE,在中间

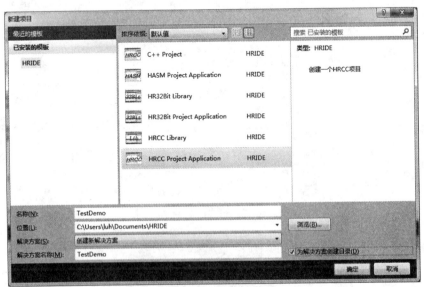

图 15 - 1　新建项目

一栏选择 HRCC Project Application 模板,在名称栏输入项目名称 TestDemo,在位置栏输入或单击浏览按钮选择项目保存路径。单击"确定"按钮即可完成项目的创建。

　　项目创建完成后会自动创建一个 sample.c 文件,它包含了系统头文件 hic.h,并有一个空的 main 函数。开发人员可以在此文件中键入代码,也可以新建文件或添加已有的文件。右键单击项目节点,选择"添加"→"新建项"或"现有项",即可添加新文件或现有文件;右键单击文件节点,选择"重命名"可以将其重命名,如图 15 - 2 所示。

　　当文件数量较多时,通常需要分文件夹存放,右键单击项目节点,选择"添加"→"新建文件夹",为项目添加子文件夹,之后将文件加入文件夹,如图 15 - 3 所示。

图 15 - 2　重命名文件

349

　　在本例中,右键单击 sample.c 文件选择"从项目中排除"将其移出项目,并将现有文件 sys.h 等头文件加入子文件夹 include 中,将 main.c 等源文件加入子文件夹 source 中,如图 15 - 4所示。

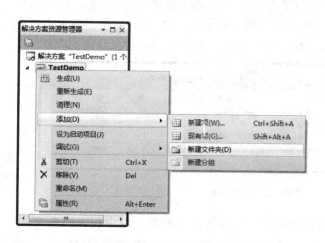

图 15 - 3　新建文件夹

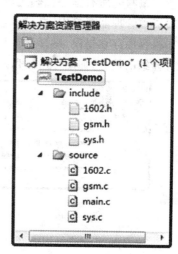

图 15 - 4　项目结构

　　接着,还需要设置芯片的类型。在菜单中选择"工具"→"启动项目芯片选择",在弹出的芯片选择对话框中,选择"HR7P90H"一项,并单击确定按钮,如图 15 - 5 所示。

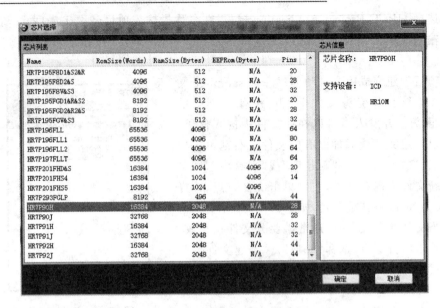

图 15 - 5　"芯片选择"对话框

15.1.2　编译项目

编写完所有程序代码之后,需要编译项目,生成 Hex 文件方可使用。在解决方案资源管理器窗口中,右键单击项目节点,从快捷菜单中选择"生成",将编译该项目。如果程序存在错误,编译结束后,输出窗口将显示生成失败,切换到错误列表窗口查看详细的信息,如图 15 - 6 所示。双击错误信息,在编辑窗口中定位到错误位置。

	说明	文件	行	列	项目
1	preprocess error: error: could not find include file: gsm.h	gsm.c	1	1	TestDemo
2	preprocess error, target file can not be generated.		1	1	TestDemo
3	preprocess error: error: could not find include file: 1602.h	1602.c	1	1	TestDemo
4	preprocess error, target file can not be generated.		1	1	TestDemo

图 15 - 6　错误列表

从详细信息中可以看出,错误原因是编译器无法找到源文件中包含的头文件。本项目的源文件中直接通过文件名引用了项目中的 3 个头文件,而在项目结构中,头文件位于子文件夹 include 中,与源文件并不在同一个目录中。

对于头文件与源文件不在同一个目录的情况,一般有以下两种修改方式:

(1) 在源文件中包含头文件时指定头文件路径。

(2) 在编译属性中设置头文件搜索路径。

这两种方式均可以使用绝对路径或相对路径。使用相对路径时需要注意的是,直接包含头文件时,使用的相对路径是相对于源文件本身的,而在编译属性中使用的相对路径是相对于项目文件夹的。

　　这里,使用编译属性设置搜索路径。右键单击项目节点,选择"属性",在弹出的"项目属性页"左侧一栏选择"编译",在右侧的"Include files search directories"一栏中输入相对路径".\Include",如图 15 – 7 所示。

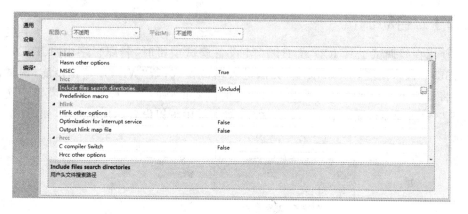

图 15 – 7　编译属性页

　　之后重新再执行一次"生成"操作,生成成功。编译成功后,输出窗口中将显示编译时间,同时可以看到芯片 ROM 与 RAM 的使用情况,如图 15 – 8 所示。

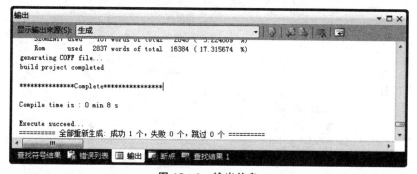

图 15 – 8　输出信息

15.1.3　优化选项

　　在图 15 – 7 中,可以看到一个选项"Optimization",在此可以设置优化级别。默认优化级别为 O0(即常规优化),将其设置为 O1(即指令优化),编译器将进行指令级别的优化。相对于 O0,O1 可以将程序容量减少 5%～10%。但是需要注意的是,因为编译优化可能对指令顺序调整较多,并且会减少各类冗余变量及赋值,**提高优化级别可能导致调试过程中的行号等信息不准确**。

15.2　调试项目

　　本节将详细介绍如何使用 iDesigner 提供的变量监视、查看内存、断点与条件断点、反汇编、跑表等调试功能。

15.2.1　启动调试

　　使用在线调试工具 ICD 或 HR10M 设备调试项目时,若配置字中"ICDEN"或"DEBUG"位未使能,iDesigner 将无法进入调试模式;若"WDTEN"位使能,调试过程中将可能出现异常情况。所以启动调试前需要正确的设置配置字,在菜单中选择"工具"→"启动项目配置字...",从"配置字"对话框中可以设置芯片配置字,如图 15 - 9 所示。

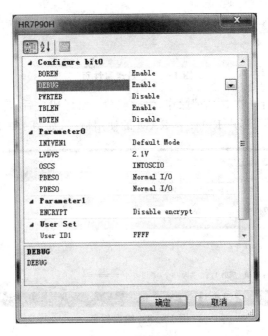

图 15 - 9　配置字窗口

　　将调试工具与 PC 连接,在菜单中选择"工具"→"连接设置...",在弹出的"连接设置"对话框中选择调试工具与 PC 所连的通信口,单击"确定"按钮。

　　单击工具栏上的"启动调试"(▶)按钮,开始向芯片中下载配置字及程序,下载成功后,iDesigner 界面将切换至调试模式。在调试模式,iDesigner 将禁止编辑功能,并启用调试工具栏,允许使用各种调试窗口,如图 15 - 10 所示。若下载失败,iDesigner 将不会进入调试模式,而是在"输出"窗口提示相应的错误信息。

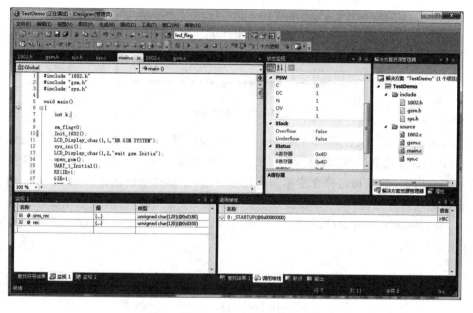

图 15 – 10　调试模式

15.2.2　变量监视功能

在调试过程中,监视全局变量 rec 只需右键单击 rec,在弹出的快捷菜单中选择"添加监视",变量 rec 就被加入监视 1 窗口,在类型栏中可以看到它的类型及地址。单击名称前的展开符号＋,将数组展开,就可以看到数组中每个元素对应的值,如图 15 – 11 所示。双击"值"一栏后,可以修改指定元素值,用于模拟输入信号等。

名称	值	类型
rec	{...}	uchar array(Address = 0X0100)
[0]	138	uchar(Address = 0X0100)
[1]	232	uchar(Address = 0X0101)
[2]	18	uchar(Address = 0X0102)
[3]	42	uchar(Address = 0X0103)
[4]	93	uchar(Address = 0X0104)
[5]	96	uchar(Address = 0X0105)
[6]	60	uchar(Address = 0X0106)

图 15 – 11　监视窗口

15.2.3　浮动监视

由于监视窗口中数组 rec 太长,可能会影响监视窗口中其他变量的显示。此时可以使用浮动提示框来查看变量 end_pos 的数值。将鼠标悬停在变量 end_pos 处,变量下方将出现一个浮动提示框,显示该变量的当前值,如图 15 – 12 所示。

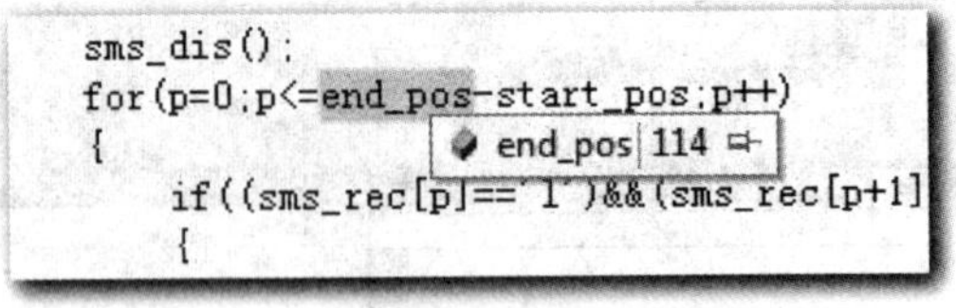

图 15 - 12　浮动提示框

在调试 main.c 文件第 50 行的 for 循环时,如果需要一直监视一个状态变量 sm_flag 的值,而不需要每次将鼠标移上去之后才能显示,则可以使用"固定到源"功能来监视 sm_flag。将鼠标悬停在变量 sm_flag 处,当浮动提示框出现以后,单击浮动提示框右边的附着按钮(⇨),浮动提示框将转变为"固定到源"提示框显示在该行代码行末,直到手动关闭该窗口,如图 15 - 13 所示,以便在调试过程中,随时方便地监视 sm_flag 的值。

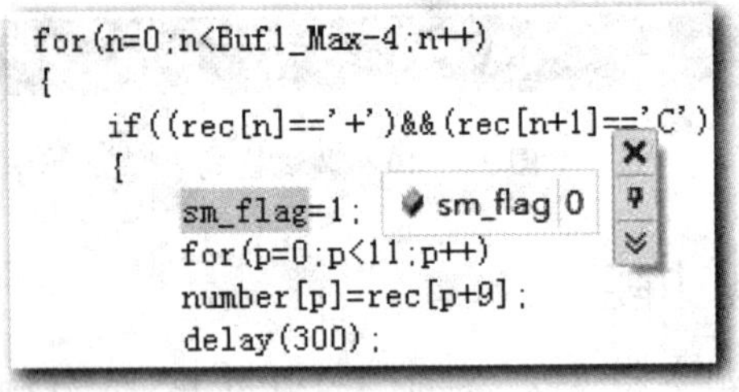

图 15 - 13　"固定到源"提示框

15.2.4　内存窗口

在 main.c 文件第 38 行的 for 循环中,对长度为 120 的 unsigned char 类型数组 rec 的部分元素进行了赋值。执行完循环后,并不知道 rec 中有哪些元素的值发生了变化,及是否符合预期,而在变量监视窗口中,可能只显示了少量数据元素,需要频繁的翻页才能查看全部元素,此时可以通过内存窗口来观察 rec 的变化。在菜单中,依次选择"调试"→"窗口"→"内存"→"内存 1",打开"内存 1"窗口。在变量监视窗口中可以查看到 rec 在 RAM 中分配的地址为 0x0100,所以在内存窗口的地址栏中输入 0x0100,按"Enter"键,此时内存窗口的数据区中前 120 个字节就是 rec 的数据,其中以红色表示发生改变的数据。在循环执行完成后,通过内存窗口可以很方便地看到 rec 中哪些元素发生了变化,如图 15 - 14 所示。

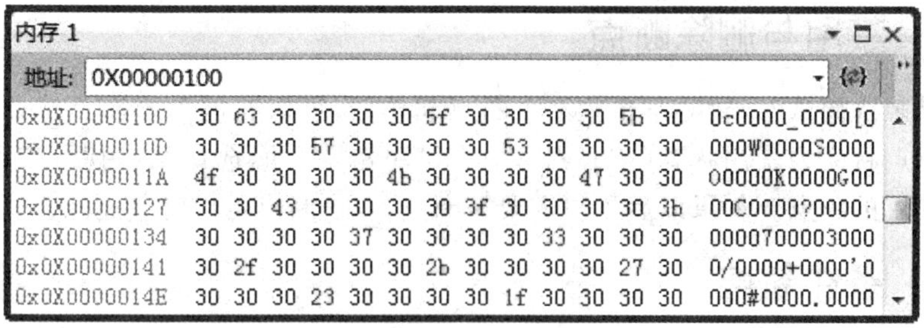

图 15 - 14　内存窗口

15.2.5　PC 断点

在调试如图 15 - 15 所示程序时,希望能够监视循环中每次符合 if 条件时程序的运行状态。如果使用"逐语句"命令的话,可能会一直在 if 语句块之外单步运行,需要执行多次"逐语句"命令,才能进入一次 if 语句块中。双击 if 语句块内第一行(即第 42 行)的行首,可以在该行设置一个 PC 断点,在行首出现的实心圈表示断点设置成功。然后,使用"启动"命令全速运行该段程序,当程序满足 if 条件时,就会在第 42 行处暂停,此时可以方便的查看 k、rec 等变量的状态,或使用"逐语句"命令执行 if 语句块内的代码。继续执行"启动"命令,程序会在下一次符合 if 条件时,再次暂停。

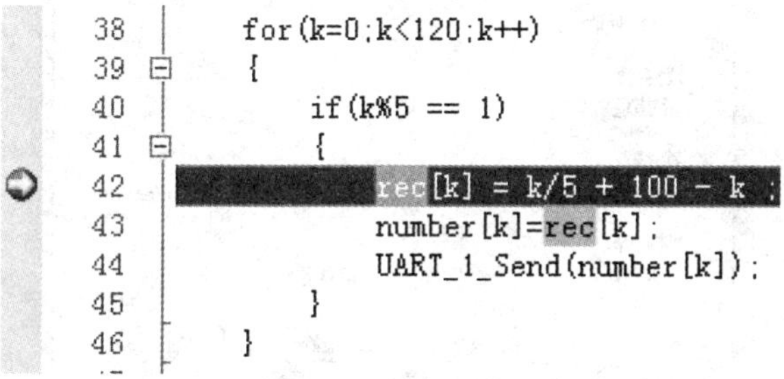

图 15 - 15　PC 断点

需要注意的是,并不是任何时候、任何语句处设置断点都是有效的,以下几种情况将无法设置断点:

(1) 如果目标行是空行、注释行、括号行等,在该行设置断点会被拒绝,状态栏会提示"这不是断点的有效位置"。

(2) 如果目标行没有对应的指令代码,如变量的定义、宏定义等,行首将会出现一个无效断点(空心圈)标志,提示"该行号没有对应的指令代码,该行上不能设置断点。"

(3) 如果断点总数超过芯片的限制,在设置断点时,行首将会出现一个无效断点(空心圈)标志,提示"超过断点最大个数(n)。"

15.2.6　禁用与删除断点

如果某次调试时,暂时不希望某个断点起作用,可以右键单击断点选择"禁用断点",该断点将变为禁用状态(空心圈),而右键单击空心圈选择"启用断点"可以再次启用被禁用的断点。如果以后不再需要该断点,双击断点可以将其删除。

15.2.7　条件断点

在调试上一段程序时,并不想每次满足 if 条件时都暂停程序,而是每进入 if 语句块 3 次才暂停一次,这时需要用到条件断点功能。单击菜单"调试"→"条件断点",打开"条件断点"对话框,如图 15 - 16 所示。在默认情况下,只有 PC 断点使能,且匹配次数为 1 次,即每次 PC 断点触发都会暂停。

356

图 15 - 16　"条件断点"窗口

将"匹配次数"栏中的"PC 指针"一项修改为 3,点击"确定"按钮。单击调试工具栏上的"复位"按钮(⟳)将程序恢复至初始状态,然后执行"启动"命令全速运行,当程序在第 42 行处暂停时,可以看到变量 k 的值是 11,而不是之前的 1,再执行一次"启动"命令,当程序暂停时,k 的值变成了 26。该功能使得 PC 断点在命中指定次数后才暂停程序。

从图 15 - 16 可以看出条件断点提供的中断条件相当丰富,PSW 状态、A 寄存器、普通寄存器都可以作为中断条件来辅助调试。

例如,作为标志的变量 sm_flag 在程序中多个地方被置为 1,如果希望在 sm_

flag 被置为 1 时暂停程序,可以在"条件断点"窗口中勾选"普通寄存器断点使能",在类型一项中选择"WRITE MATCH",在"其他寄存器"一栏中输入变量 sm_flag 的地址 0x00CC,以及数值 1,再单击"确定"按钮。执行"启动"命令全速运行,程序将会在第 54 行对 sm_flag 赋值为 1 的代码处暂停。

普通寄存器断点设置类型分为如下几类:

(1) READ:读寄存器断点,指定寄存器读操作。

(2) READ MATCH:读寄存器匹配断点,指定寄存器读操作时读出值与预设值相等。

(3) WRITE:写寄存器断点,指定寄存器写操作。

(4) WRITE MATCH:写寄存器匹配断点,指定寄存器写操作时写入值与预设值相等。

同样,当 A 寄存器或者 PSW 寄存器断点使能时,指定位或寄存器值符合指定值就会暂停程序。

15.2.8　调用堆栈

函数 delay 在很多地方都被调用,在其中设置断点使得调试程序暂停时,通过"调用堆栈"窗口可以方便地查看它是被何处代码调用的。选择"调试"→"窗口"→"调用堆栈"菜单可以打开调用堆栈窗口,它显示了当前的函数调用堆栈,栈顶为当前 PC 所在的函数 delay。双击它的上一级堆栈 _WriteData,编辑窗口就会跳转到 _WriteData 方法中调用 delay 的位置,以绿色箭头作为标记。可以看到,当前调用 delay 的是 _WriteData 中第 5 行代码而不是第 7 行,如图 15 - 17 所示。

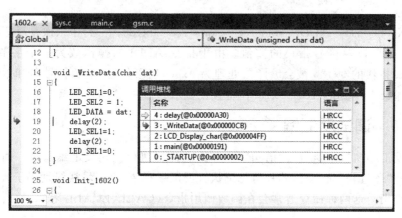

图 15 - 17　"调用堆栈"窗口

15.2.9　反汇编

在某些情况下,可能需要查看或调试汇编指令以排查问题,此时可以将编辑窗口切换至反汇编页面。右键单击 sys.c 文件中的第 45 行,选择"转到反汇编",iDesigner 将会打开反汇编窗口,并跳转到该行代码对应的反汇编处。

如图 15 - 18 所示,反汇编窗口中显示了许多信息,在上方的"查看选项"中可以选择显示或隐藏指定信息。

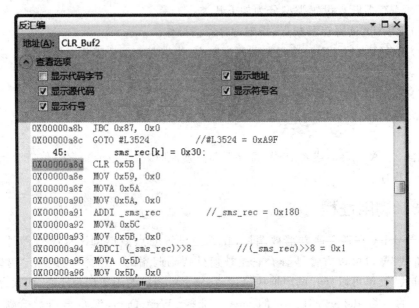

图 15 - 18 "反汇编"窗口

"45:sms_rec[k]＝0x30;"是之后一段反汇编程序所对应的源代码,45 是源代码的行号。

"0X00000a91 ADDI _sms_rec//_sms_rec＝0x180;"一行中依次是反汇编指令的地址、指令以及符号指代的数值。由于指令 ADDI 的操作数为一个字节,符号 _sms_rec 指代的 0x180 被会编译器处理为 0x80,当不勾选"显示符号名"时,"ADDI _sms_rec //_sms_rec＝0x180;"将直接显示为指令"ADDI 0x80"。

15.2.10　调试反汇编

在反汇编窗口中执行"逐语句"命令时,芯片将执行一句反汇编指令。而在反汇编中执行"逐过程"命令时,芯片将持续执行反汇编指令,直至堆栈级别小于或等于当前堆栈级别。这两种命令通常会在函数调用指令(CALL、LCALL 等)处执行效果产生差别。

程序 15 - 1

```
1          ...
2          0000010E 00 EC              PAGE 0X0
3          0000010F 62 65              CALL 0X562
```

4	00000110 00 EC	PAGE 0X0
5	...	
6	00000562 83 E7	CLR 0X83
7	00000563 01 EA	SECTION 0X1
8	00000564 2F E7	CLR 0X2F
9	...	
10	0000057C 00 EA	SECTION 0X0
11	0000057D 83 C1	RET
12	...	

在程序 15-1 中,当程序运行到 0000010F 处时,执行"逐语句"命令,程序将会在 00000562 处暂停,继续执行"逐语句"命令,将一步步执行后续的指令直至 0000057D 返回 00000110。而在 0000010F 处执行的是"逐过程"命令时,程序将直接在 00000110 处暂停。

15.2.11　跑表窗口

图 15-19　跑表窗口

跑表窗口可以辅助开发人员调试一些对于芯片运行时间精确度要求比较高的程序。例如,芯片在执行第 48 行调用函数 LCD_Display_char( )所耗费的时间。选择"调试"→"窗口"→"跑表"菜单打开跑表窗口,在晶振一栏输入调试芯片的晶振值 16MHz。将程序运行到第 34 行暂停,然后,使用"逐过程"命令执行步越操作。当程序在第 35 行暂停时,从图 15-19 所示跑表窗口中可以看到本次操作芯片共执行 674140 个指令周期,耗时 84.2675 毫秒,下方的 Total 区域为累计时间。

需要注意的是,跑表窗口中反应的只是一段程序在某次执行时所花费的时间。再次执行时,可能由于某个外部状态的改变导致该段程序执行的指令周期发生变化,最终执行时间也会有所差别。

15.3　编程工具

调试完成后,需要将 Hex 文件烧录到芯片进行验证。在本例中,使用的编程设备是 HR10M,所以在 iDesigner 的"工具"菜单中选择"HR10M 编程工具"打开编程界面。

首先,设置芯片类型。在菜单中选择"设置"→"芯片选择",在弹出的对话框中,将芯片类型设置为"HR7P90FHD"。在工具栏中,选择"设备"按钮连接编程设备。

然后，指定需要烧录的 Hex 文件，在菜单中选择"系统"→"载入 Hex 文件"，找到调试项目中生成的 TestDemo.hex 文件。编程工具会将 Hex 文件的数据加载进缓冲区，如图 15 - 20 所示，在缓冲区窗口中可以查看或修改当前缓冲区数据，地址一栏是以字节为单位显示的。用户可根据需要选择以单字节、双字节或四字节为显示单位，每个数据单元内都是大端显示。

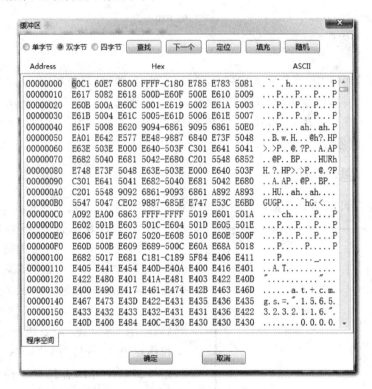

图 15 - 20　缓冲区

在调试过程中，通过查看反汇编可以知道数组 const char ShowInfo2[12] ＝ "AT％SLEEP＝0\r" 被分配在 Rom 的 0x0434 处。在烧录芯片测试时，希望能将 ShowInfo2 的值修改为"SLEEP％AT＝0\r"。单击"定位"按钮，在弹出的对话框中输入字节地址 0x868，编辑器的焦点将跳转至 0x868 处，如图 15 - 21 所示。将 0x868 及之后的数据依次改为 E453、E44C、E445、E445、E450、E425、E441、E454。单击"保存"按钮，hex 文件中的内容修改完成。

```
00000860   E74A EA00 C183 5F84-E441 E454 E425 E453   J......_A.T.%.S.
00000870   E44C E445 E445 E450-E43D E430 E40D E400   L.E.E.P.=.0.....
```

图 15 - 21　修改程序

单击"确定"按钮保存修改的数据后，在依次弹出的"配置字设置"窗口、"操作设置"窗口中设置配置字、自动项目、序列号等信息。然后，依次执行"下载"、"擦除"、"查空"、"编程"、"校验"、"加密"操作。完成后就可以查看芯片运行的情况了。

对于超过 32K 字的芯片，HR10M 设备不支持"下载"功能，ICD 设备也不支持"下载"功能，它们可以在指定 Hex 文件后直接执行"编程"操作。

序列号编程与自动编程

当需要烧录多颗芯片进行测试，并且在芯片的指定地址编入递增的序号，可通过序列号编程功能实现。

在"操作设置"窗口中的"自动项目"页可以配置自动编程操作的步骤，设置完成后点击工具栏上的"自动"按钮，将自动执行设定好的编程步骤。本例中只保留"擦除"、"编程"、"校验"三项。

在"操作设置"窗口中的"自动序号"页可以配置序列号编程功能。选择"联机自动序号"，依次设置开始地址为 0x3FFD，序号宽度为 3，起始序号为 0，自动增量为 1，增量方式为递增，如图 15-22 所示。序列号获取方式为查表时，序列号所在地址的高字节必须为 RETIA 指令码，自动序号只替换低字节；获取方式为"自读"时，自动序号将替换指定地址的所有数据。

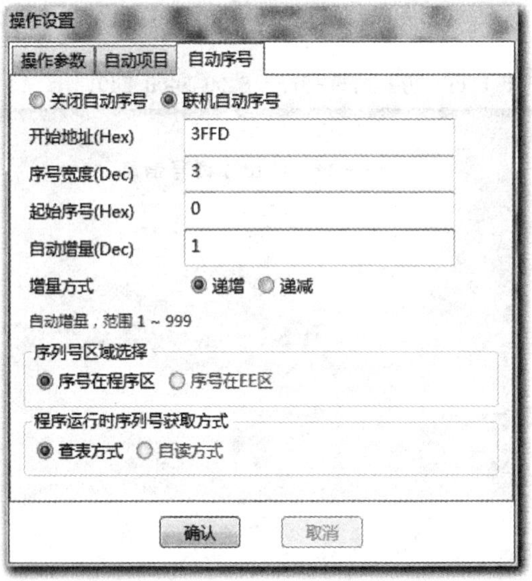

图 15-22　设置序列号

连接芯片后执行自动编程操作，编程完成后更换芯片，继续执行自动编程操作。重复上一个步骤直至芯片全部烧录完成，查看主信息区，如图 15-23 所示。编程第一颗芯片时，将字地址 0x3FFD、0x3FFE、0x3FFF 处的低字节替换初始值 0。第二颗芯片递增 1，将最高地址的低字节替换为 1。第三颗芯片递增为 2。

擦除成功

花费时间0.350s

序列号编程成功，当前序列号000000

花费时间4.052s

擦除成功

花费时间0.355s

序列号编程成功，当前序列号000001

花费时间4.051s

擦除成功

花费时间0.357s

序列号编程成功，当前序列号000002

花费时间4.058s

图 15 - 23　序列号信息

连接第二颗芯片，选择工具栏上的"读芯片数据"按钮读取芯片 Rom 的数据，跳转至字节地址 0x7FFF 处，可以看到读出的值为 01，如图 15 - 24 所示。

```
00007FF0   FFFF FFFF FFFF FFFF-FFFF E400 E400 E401   ...............
```

图 15 - 24　读出序列号信息

语言文法

说明:灰色底纹部分表示特定的字符集。中文楷体印刷符号为非终结符。

整体结构部分

翻译单元 *	→	翻译单元　顶层声明
	|	顶层声明
顶层声明	→	声明
	|	函数定义
	|	内联汇编语句
函数定义	→	函数定义指定符　复合语句
函数定义指定符	→	声明指定符$_{opt}$　声明器　绝对地址$_{opt}$
	|	声明指定符$_{opt}$　声明器　中断声明指定符
	|	声明指定符$_{opt}$　中断声明指定符　声明器
绝对地址	→	@　常量表达式
中断声明指定符	→	interrupt
	|	interrupt_low　常量表达式
	|	interrupt_high　常量表达式

声明部分

声明	→	声明指定符　初始化声明器列表$_{opt}$
声明指定符	→	存储类别指定符　声明指定符$_{opt}$
	|	类型指定符　声明指定符$_{opt}$
	|	类型限定符　声明指定符$_{opt}$
初始化声明器列表	→	初始化声明器
	|	初始化声明器列表　，　初始化声明器
初始化声明器	→	声明器　绝对地址$_{opt}$
	|	声明器　＝　初始化值
存储类别指定符	→	auto
	|	register

		static
	|	extern
	|	typedef
	|	section
	|	common
	|	eeprom
类型指定符	→	枚举类型指定符
	|	整数类型指定符
	|	浮点类型指定符
	|	结构类型指定符
	|	联合类型指定符
	|	位类型指定符
	|	typedef 名称
	|	void 类型指定符
枚举类型指定符	→	枚举类型定义
	|	枚举类型引用
枚举类型定义	→	enum 枚举标签$_{opt}$ ｛枚举定义列表｝
	|	enum 枚举标签$_{opt}$ ｛枚举定义列表 ，｝
枚举类型引用	→	enum 枚举标签
枚举标签	→	标识符
枚举定义列表	→	枚举常量定义
	|	枚举定义列表 ， 枚举常量定义
枚举常量定义	→	枚举常量
	|	枚举常量 ＝ 常量表达式
枚举常量	→	标识符
整数类型指定符	→	有符号类型指定符
	|	无符号类型指定符
	|	字符类型指定符
有符号类型指定符	→	signed int
	|	int
	|	signed
	|	signed long
	|	signed long int
	|	long
	|	long int
无符号类型指定符	→	unsigned int

	|	unsigned
	|	unsigned long
	|	unsigned long int
字符类型指定符	→	char
	|	unsigned char
	|	signed char
浮点类型指定符	→	float
	|	double
结构类型指定符	→	结构类型定义
	|	结构类型引用
结构类型定义	→	struct 结构标签$_{opt}$ { 字段列表 }
结构类型引用	→	struct 结构标签
结构标签	→	标识符
字段列表	→	成员声明
	|	字段列表 成员声明
成员声明	→	类型指定符 成员声明器列表
成员声明器列表	→	成员声明器
	|	成员声明器列表 , 成员声明器
成员声明器	→	简单成员
	|	位段
简单成员	→	声明器
位段	→	声明器$_{opt}$: 宽度
宽度	→	常量表达式
联合类型指定符	→	联合类型定义
	|	联合类型引用
联合类型定义	→	union 联合标签$_{opt}$ { 字段列表 }
联合类型引用	→	union 联合标签
联合标签	→	标识符
位类型指定符	→	sbit
typedef 名称	→	标识符
void 类型指定符	→	void
类型限定符	→	const
	|	volatile
	|	remain
声明器	→	指针声明器
	|	直接声明器

365

指针声明器	→	指针　直接声明器
指针	→	*　类型限定符列表$_{opt}$
		*　类型限定符列表$_{opt}$　指针
类型限定符列表	→	类型限定符
		类型限定符列表　类型限定符
直接声明器	→	简单声明器
		（声明器）
		函数声明器
		数组声明器
简单声明器	→	标识符
函数声明器	→	直接声明器　（　形参类型列表　）
形参类型列表	→	形参列表
		形参列表　,...
形参列表	→	形参声明
		形参列表　,　形参声明
形参声明	→	声明指定符　声明器
		声明指定符　抽象声明器$_{opt}$
抽象声明器	→	指针
		指针$_{opt}$　直接抽象声明器
直接抽象声明器	→	（　抽象声明器　）
		直接抽象声明器$_{opt}$　[　常量表达式$_{opt}$　]
		直接抽象声明器$_{opt}$　（　参数类型列表$_{opt}$　）
数组声明器	→	直接声明器　[　常量表达式$_{opt}$　]
初始化值	→	赋值表达式
		{　初始化值列表　,　}
		{　初始化值列表　}
初始化值列表	→	初始化值
		初始化值列表　,　初始化值

语句部分

语句	→	表达式语句
		标签语句
		复合语句
		条件语句
		迭代语句
		switch 语句

东软载波单片机应用 C 程序设计

	break 语句
	continue 语句
	return 语句
	goto 语句
	空语句
	内嵌汇编语句

表达式语句	→	表达式 ；
标签语句	→	标签 ： 语句
复合语句	→	｛ 声明列表$_{opt}$ 语句列表$_{opt}$ ｝
声明列表	→	声明
		声明列表 声明
语句列表	→	语句
		语句列表 语句
条件语句	→	if 语句
		if—else 语句
if 语句	→	if （ 表达式 ） 语句
if—else 语句	→	if （ 表达式 ） 语句 else 语句
迭代语句	→	while 语句
		do 语句
		for 语句
while 语句	→	while （ 表达式 ） 语句
do 语句	→	do 语句 while （ 表达式 ）；
for 语句	→	for for 表达式 语句
for 表达式	→	（ 表达式$_{opt}$；表达式$_{opt}$；表达式$_{opt}$ ）
switch 语句	→	switch （ 表达式 ） 语句
break 语句	→	break ；
continue 语句	→	contine ；
return 语句	→	return 表达式$_{opt}$ ；
goto 语句	→	goto 名称标签 ；
标签	→	名称标签
		case 标签
		default 标签
名称标签	→	标识符
case 标签	→	case 常量表达式
default 标签	→	default
空语句	→	；

367

| 内嵌汇编语句 | → | 内嵌汇编 |

表达式部分

表达式	→	逗号表达式
逗号表达式	→	赋值表达式
	|	逗号表达式 ， 赋值表达式
赋值表达式	→	条件表达式
	|	单目表达式 赋值运算符 赋值表达式
赋值运算符	→	=
	|	*=
	|	/=
	|	%=
	|	-=
	|	<<=
	|	>>=
	|	&=
	|	^=
	|	|=
条件表达式	→	逻辑或表达式
	|	逻辑或表达式 ？ 表达式 ： 条件表达式
逻辑或表达式	→	逻辑与表达式
	|	逻辑或表达式 || 逻辑与表达式
逻辑与表达式	→	按位或表达式
	|	逻辑与表达式 && 按位或表达式
按位或表达式	→	按位异或表达式
	|	按位或表达式 | 按位异或表达式
按位异或表达式	→	按位与表达式
	|	按位异或表达式 ^ 按位与表达式
按位与表达式	→	判等表达式
	|	按位与表达式 & 判等表达式
判等表达式	→	关系表达式
	|	判等表达式 判等运算符 关系表达式
判等运算符	→	==
	|	!=
关系表达式	→	移位表达式
	|	关系表达式 关系运算符 移位表达式

关系运算符	→	＜
	|	＜＝
	|	＞
	|	＞＝
移位表达式	→	加减表达式
	|	移位表达式　移位运算符　加减表达式
移位运算符	→	＜＜
	|	＞＞
加减表达式	→	乘除表达式
	|	加减表达式　加减运算符　乘除表达式
加减运算符	→	＋
	|	—
乘除表达式	→	类型转换表达式
	|	乘除表达式　乘除操作符　类型转换表达式
乘除表达式	→	＊
	|	／
类型转换表达式	→	单目表达式
	|	（　类型名　）　类型转换表达式
单目表达式	→	后缀表达式
	|	sizeof 表达式
	|	单目负号表达式
	|	单目正号表达式
	|	逻辑非表达式
	|	按位非表达式
	|	取地址表达式
	|	间接访问表达式
	|	前缀增值表达式
	|	前缀减值表达式
sizeof 表达式	→	sizeof　（　类型名　）
	|	sizeof　单目表达式
单目负号表达式	→	—　类型转换表达式
单目正号表达式	→	＋　类型转换表达式
逻辑非表达式	→	！　类型转换表达式
按位非表达式	→	～　类型转换表达式
取地址表达式	→	&　类型转换表达式
间接访问表达式	→	＊　类型转换表达式

东软载波单片机应用 C 程序设计

前缀增值表达式	→	++ 单目表达式
前缀减值表达式	→	—— 单目表达式
后缀表达式	→	基本表达式
		下标表达式
		成员选择表达式
		函数调用
		后缀增值表达式
		后缀减值表达式
基本表达式	→	标识符
		常量
		常括号的表达式
带括号的表达式	→	(表达式)
下标表达式	→	后缀表达式 [表达式]
成员选择表达式	→	直接成员选择
		间接成员选择
直接成员选择	→	后缀表达式 . 标识符
间接成员选择	→	后缀表达式 —> 标识符
函数调用	→	后缀表达式 (表达式列表$_{opt}$)
表达式列表	→	赋值表达式
		表达式列表 , 赋值表达式
后缀增值表达式	→	后缀表达式 ++
后缀减值表达式	→	后缀表达式 ——

词法定义

常量	→	整数常量
		浮点常量
		字符常量
		字符串常量
整数常量	→	十进制常量 整数后缀$_{opt}$
		八进制常量 整数后缀$_{opt}$
		十六进制常量 整数后缀$_{opt}$
		二进制常量
十进制常量	→	非零数字
		十进制常量 数字
数字	→	0
		非零数字

非零数字	→	1
	|	2
	|	3
	|	4
	|	5
	|	6
	|	7
	|	8
	|	9
八进制常量	→	0
	|	八进制常量　八进制数字
八进制数字	→	0
	|	1
	|	2
	|	3
	|	4
	|	5
	|	6
	|	7
十六进制常量	→	0x　十六进制数字
	|	0X　十六进制数字
	|	十六进制常量　十六进制数字
十六进制数字	→	数字
	|	A
	|	B
	|	C
	|	D
	|	E
	|	F
	|	a
	|	b
	|	c
	|	d
	|	e
	|	f
二进制常量	→	0b　二进制数字

			0B 二进制数字
			二进制常量 二进制数字
二进制数字	→	0	
		1	
整数后缀	→	long 后缀 unsigned 后缀opt	
		unsigned 后缀 long 后缀opt	
long 后缀	→	l	
		L	
unsigned 后缀	→	u	
		U	
浮点常量	→	十进制浮点常量	
十进制浮点常量	→	数字序列 指数 浮点后缀opt	
		带点号的数字 指数opt 浮点后缀opt	
数字序列	→	数字	
		数字序列 数字	
带点号的数字	→	数字序列 .	
		数字序列 . 数字序列	
		. 数字序列	
指数	→	e 正负号 数字序列	
		E 正负号 数字序列	
正负号	→	＋	
		－	
浮点后缀	→	f	
		F	
		l	
		L	
字符常量	→	' C字符序列 '	
C字符序列	→	C字符	
		C字符序列 C字符	
C字符	→	除了单引(')、反斜杠(\)或换行符之外的其他任何源字符	
		转义字符	
转义字符	→	\ 转义码	
		统一字符名称	
转义码	→	字符转义码	
		八进制转义码	

372

	|	十六进制转义码
字符转义码	→	n
	|	t
	|	b
	|	r
	|	f
	|	v
	|	\
	|	'
	|	"
	|	a
	|	?
八进制转义码	→	八进制数字
	|	八进制数字　八进制数字
	|	八进制数字　八进制数字　八进制数字
十六进制转义码	→	x　十六进制数字
	|	十六进制转义码　十六进制数字
字符串常量	→	"　s 字符序列　"
s 字符序列	→	s 字符
	|	s 字符序列　s 字符
s 序列	→	除了双引号(")、反斜杠(\)或换行符之外的其他任何源字符
	|	转义字符
标识符	→	非数字标识符
	|	标识符　非数字标识符
	|	标识符　数字
非数字标识符	→	非数字
非数字	→	英文字母及下划线(_)
内嵌汇编	→	__asm　{　a 字符序列　}
	|	__Asm　行字符序列
a 字符序列	→	a 字符
	|	a 字符序列　a 字符
a 字符	→	除了右大括号(})之外的其他任何源字符
行字符序列	→	行字符
	|	行字符序列　行字符
行字符	→	除了换行符之外的其他任何源字符

373

预处理

预处理文卷 *	→	程序组$_{opt}$
程序组	→	程序组成分
	|	程序组　程序组成分
程序组成分	→	预处理单词序列$_{opt}$　新行
	|	if 段
	|	控制行
if 段	→	if 组　elif 组列表$_{opt}$　else 组$_{opt}$　endif 行
if 组	→	#if　常量表达式　新行　程序组$_{opt}$
	|	#ifdef　标识符　新行　程序组$_{opt}$
	|	#ifndef　标识符　新行　程序组$_{opt}$
elif 组列表	→	elif 组
	|	elif 组列表　elif 组
elif 组	→	#elif　常量表达式　新行　程序组$_{opt}$
else 组	→	#else　新行　程序组$_{opt}$
endif 行	→	#endif　新行
控制行	→	#include　预处理单词序列　新行
	|	#define　标识符　替换符号串　新行
	|	#define　标识符　形参左括号　标识符列表$_{opt}$　)
		替换符号串　新行
	|	#undef　标识符　新行
	|	#line　预处理单词序列　新行
	|	#error　预处理单词序列$_{opt}$　新行
	|	#　新行
	|	#pragma　预处理单词序列$_{opt}$　新行
形参左括号	→	与左侧单词间不包括空白字符的左小括号
替换符号串	→	预处理单词序列$_{opt}$
预处理单词序列	→	预处理单词
	|	预处理单词序列　预处理单词
新行	→	换行符(\n)
预处理单词	→	头文件名
	|	标识符
	|	预处理数值
	|	字符常量
	|	字符串常量

374

|　｜　标点符
|　｜　除以上类别外的非空白字符

头文件名　　　→　＜　h 字符序列　＞
　　　　　　　｜　"　q 字符序列　"

h 字符序列　　→　h 字符
　　　　　　　｜　h 字符序列　h 字符

h 字符　　　　→　除了右尖括号（＞）和换行符之外的其他任何源字符

q 字符序列　　→　q 字符
　　　　　　　｜　q 字符序列　q 字符

q 字符　　　　→　除了双引号（"）和换行符之外的其他任何源字符

预处理数值　　→　数字
　　　　　　　｜　.　数字
　　　　　　　｜　预处理数值　数字
　　　　　　　｜　预处理数值　指数
　　　　　　　｜　预处理数值　.

标点符　　　　→　所有合法的运算符与界符

东软载波单片机应用 C 程序设计

附录 B

ASCII 字符集

Hex.	Octal	Dec.	Char.	Name	Dec.	Char.	Dec.	Char.	Dec.	Char.
		0			0x20		0x40		0x60	
		0			040		0100		0140	
0	0	0	^@	NUL	32	SP	64	@	96	`
1	1	1	^A	SOH	33	!	65	A	97	a
2	2	2	^B	STX	34	"	66	B	98	b
3	3	3	^C	ETX	35	#	67	C	99	c
4	4	4	^D	EOT	36	$	68	D	100	d
5	5	5	^E	ENQ	37	%	69	E	101	e
6	6	6	^F	ACK	38	&.	70	F	102	f
7	7	7	^G	BEL,\a	39	'	71	G	103	g
8	010	8	^H	BS,\b	40	(	72	H	104	h
9	011	9	^I	TAB,\t	41	)	73	I	105	i
0xA	012	10	^J	LF,\n	42	*	74	J	106	j
0xB	013	11	^K	VT,\v	43	+	75	K	107	k
0xC	014	12	^L	FF,\f	44	,	76	L	108	l
0xD	015	13	^M	CR,\r	45	—	77	M	109	m
0xE	016	14	^N	SO	46	.	78	N	110	n
0xF	017	15	^O	SI	47	/	79	O	111	o
0x10	020	16	^P	DLE	48	0	80	P	112	p
0x11	021	17	^Q	DC1	49	1	81	Q	113	q
0x12	022	18	^R	DC2	50	2	82	R	114	r
0x13	023	19	^S	DC3	51	3	83	S	115	s
0x14	024	20	^T	DC4	52	4	84	T	116	t
0x15	025	21	^U	NAK	53	5	85	U	117	u
0x16	026	22	^V	SYN	54	6	86	V	118	v
0x17	027	23	^W	ETB	55	7	87	W	119	w
0x18	030	24	^X	CAN	56	8	88	X	120	x
0x19	031	25	^Y	EM	57	9	89	Y	121	y
0x1A	032	26	^Z	SUB	58	:	90	Z	122	z
0x1B	033	26	^[	ESC	59	;	91	[	123	{
0x1C	034	28	^\	FS	60	<	92	\	124		
0x1D	035	29	^]	GS	61	=	93	]	125	}
0x1E	036	30	^^	RS	62	>	94	^	126	~
0x1F	037	31	^_	US	63	?	95	_	127	DEL

HR 系列单片机指令集

HR7P 系列单片机采用 79 条精简指令集系统。汇编指令为了方便程序设计者使用,指令名称大多是由指令功能的英文缩写所组成的。这些指令所组成的程序经过编译器的编译与链接后,会被转换为相对应的指令码。转换后的指令码可以分为操作码(opcode)与操作数(operand)两个部分。操作码部分对应到指令本身。

指令的字宽是 16 位,按照指令码的字数可将指令分为单字指令和双字指令。双字指令包括 AJMP、LCALL,其他指令都为单字指令。

在 79 条指令集系统中,除了 NOP、NOP2 两条空操作指令不执行任何操作外,其余指令根据执行功能可分为 3 类:寄存器操作类指令、程序控制类指令、算术逻辑运算类指令。

1. 寄存器操作类指令

寄存器操作类指令如表 C-1 所列。

表 C-1 寄存器操作类指令

	指 令		状态位	操 作
1	SECTION	i	—	$i<7:0> \rightarrow BKSR<7:0>$
2	PAGE	i	—	$i<4:0> \rightarrow PCRH<7:3>$
3	ISTEP	i	—	$IAA+i \rightarrow IAA(-128 \leqslant i \leqslant 127)$
4	MOV	R,F	Z、N	$(R) \rightarrow (目标)$
5	MOVA	R	—	$(A) \rightarrow (R)$
6	MOVAR	R	—	$(A) \rightarrow (R)$
7	MOVI	i	—	$i<7:0> \rightarrow (A)$
8	MOVRA	R	—	$(R) \rightarrow (A)$

(1) SECTION

指令格式:

```
SECTION  i
```

指令功能:通用数据存储体选择指令。

操作数:i 为 8 位立即数,即为所选存储体的编号。

执行时间:1 个指令周期。

执行过程:$i<7:0> \rightarrow BKSR<7:0>$。

影响标志位:无。

指令说明:该指令将立即数 i 置入 BKSR 寄存器,若 i 的值大于单片机实际的最大存储体编号,则默认选择 SECTION0。

(2) PAGE

指令格式:

```
PAGE    i
```

指令功能:程序存储器选页指令。

操作数:i 为 5 位立即数,即为所选程序存储器页的编号。

执行时间:1 个指令周期。

执行过程:$i<4:0> \rightarrow PCRH<7:3>$。

影响标志位:无。

指令说明:该指令将立即数 i 置入 PCRH$<7:3>$,常用于 GOTO、CALL 指令之前,进行程序存储器页的切换。

(3) ISTEP

指令格式:

```
ISTEP    i
```

指令功能:修改间接寻址地址寄存器 IAA 的指令。

操作数:i 为 8 位有符号立即数,表示地址的偏移量。

执行时间:1 个指令周期。

执行过程:$IAA+i \rightarrow IAA(-128 \leqslant i \leqslant 127)$。

影响标志位:无。

指令说明:该指令将立即数 i 与 IAA 相加的结果置入 IAA,其中 i 是有符号数。

(4) MOV

指令格式:

```
MOV    R,F
```

指令功能:把数据寄存器 R 的值传送到目的寄存器。

操作数:R 为数据寄存器,F 为运算结果方向位(0~1)。关于 F 方向位的说明参见 JINC 指令。

执行时间:1 个指令周期。

执行过程:$(R) \rightarrow (目标)$。

影响标志位:Z、N。

指令说明:如果传送的值为 0,则置 Z 标志位;如果传送的值为负数,则置 N 标志位。

(5) MOVA

指令格式:

```
MOVA    R
```

指令功能:把寄存器 A 的值传送到数据寄存器 R。

操作数:R 为数据寄存器。

执行时间:1 个指令周期。

执行过程:(A)→(R)。

影响标志位:无。

指令说明:该指令常用于对数据寄存器进行赋值,并且不影响任何标志位。

(6) MOVAR

指令格式:

MOVAR R

指令功能:把寄存器 A 的值传送到通用数据寄存器 R。

操作数:R 为通用数据寄存器,其最大寻址范围为 2 KW。

执行时间:1 个指令周期。

执行过程:(A)→(R)。

影响标志位:无。

指令说明:该指令常用于对数据寄存器进行赋值,并且不影响任何标志位。与 MOVA 指令不同,MOVAR 指令的最大寻址范围为 2 KW,可对通用数据存储器区进行全空间寻址。因此,MOVAR 指令并不依赖于 BKSR 寄存器的当前状态。但是,MOVAR 指令不能访问特殊寄存器区。

(7) MOVI

指令格式:

MOVI i

指令功能:把立即数 i 置入寄存器 A。

操作数:i 为 8 位立即数。

执行时间:1 个指令周期。

执行过程:i<7:0>→(A)。

影响标志位:无。

指令说明:该指令常用于对寄存器 A 进行赋值,并且不影响任何标志位。

(8) MOVRA

指令格式:

MOVRA R

指令功能:把通用数据寄存器 R 的值传送到寄存器 A。

操作数:R 为通用数据寄存器,其最大寻址范围为 2 KW。

执行时间:1 个指令周期。

执行过程:(R)→(A)。

影响标志位:无。

指令说明:该指令常用于获取数据寄存器的值,并且不影响任何标志位。MOVRA 指令的最大寻址范围为 2 KW,可对数据存储器进行全空间寻址。因此,MOVRA 指令并不依赖于 BKSR 寄存器的当前状态。但是,MOVRA 指令不能访问特殊寄存器区。

2. 程序控制类指令

程序控制类指令如表 C - 2 所列。

东软载波单片机应用 C 程序设计

表 C-2　程序控制类指令

	指　令		状态位	操　作
1	JUMP	i	—	PC+1+i<7;0>→PC（-128≤i≤127）
2	AJMP	i	—	i<15;0>→PC<15;0>，i<15;8>→PCRH<7;0>
3	GOTO	i	—	i<10;0>→PC<10;0>，PCRH<7;3>→PC<15;11>
4	CALL	i	—	PC+1→TOS，i<10;0>→PC<10;0>， PCRH<7;3>→PC<15;11>
5	LCALL	i	—	PC+2→TOS，i<15;0>→PC<15;0>， i<15;8>→PCRH<7;0>，
6	RCALL	R	—	PC+1→TOS，(R)→PC<7;0>， PCRH<7;0>→PC<15;8>
7	RET		—	TOS→PC
8	RETIA	i	—	i→(A)，TOS→PC
9	RETIE		—	TOS→PC，1→GIE
10	CWDT		N-TO、N-PD	00H→WDT，0→WDT 预分频计数器，1→N-TO， 1→N-PD
11	RST		ALL	软件复位
12	IDLE		N-TO、 N-PD	00H→WDT，0→WDT 预分频计数器，1→N-TO， 0→N-PD
13	JBC	R,B	—	如果 R<B>=0,则跳过下一条指令
14	JBS	R,B	—	如果 R<B>=1,则跳过下一条指令
15	JINC	R,F	—	(R+1)→(目标),如果(目标)=0,则跳过下一条指令
16	JDEC	R,F	—	(R-1)→(目标),如果(目标)=0,则跳过下一条指令
17	JCAIE	i	—	如果 (A)=i,则跳过下一条指令
18	JCAIG	i	—	如果 (A)>i,则跳过下一条指令
19	JCAIL	i	—	如果 (A)<i,则跳过下一条指令
20	JCRAE	R	—	如果 (R)=(A),则跳过下一条指令
21	JCRAG	R	—	如果 (R)>(A),则跳过下一条指令
22	JCRAL	R	—	如果 (R)<(A),则跳过下一条指令
23	JCCRE	R,B	—	如果 C=R(B),则跳过下一条指令
24	JCCRG	R,B	—	如果 C>R(B),则跳过下一条指令
25	JCCRL	R,B	—	如果 C<R(B),则跳过下一条指令
26	POP		—	AS→A，BKSRS→BKSR,PSWS→PSW， PCRHS→PCRH
27	PUSH		—	A→AS，BKSR→BKSRS,PSW→PSWS， PCRH→PCRHS

(1) JUMP

指令格式：

　JUMP　　i

指令功能：程序相对短跳转。

操作数：i 为 8 位有符号立即数，指定的跳转目标地址为 PC+i。

执行时间：2 个指令周期。

执行过程：PC+1+i$<$7:0$>$→PC（$-128 \leqslant$ i $\leqslant$ 127）。

影响标志位：无。

指令说明：与 GOTO 指令的绝对跳转不同，JUMP 是相对跳转。如果 i 为负数，则表示向前跳转 i 个指令地址；如果 i 为正数，则表示向后跳转 i 个指令地址。

(2) AJMP

指令格式：

　AJMP　　i

指令功能：程序绝对长跳转。

操作数：i 为 16 位立即数，指定的跳转目标地址。

执行时间：2 个指令周期。

执行过程：i$<$15:0$>$→PC$<$15:0$>$，i$<$15:8$>$→PCRH$<$7:0$>$。

影响标志位：无。

指令说明：程序无条件跳转到目标地址处继续执行。与 GOTO 指令不同，AJMP 支持程序存储器全空间跳转。

(3) GOTO

指令格式：

　GOTO　　i

指令功能：程序绝对跳转。

操作数：i 为 11 位立即数，指定的跳转目标地址。

执行时间：2 个指令周期。

执行过程：i$<$10:0$>$→PC$<$10:0$>$，PCRH$<$7:3$>$→PC$<$15:11$>$。

影响标志位：无。

指令说明：程序无条件跳转到目的地址处继续执行。目标地址由本指令所含的 11 位地址码和 PCRH$<$7:3$>$一起构成完整的 16 位地址。

(4) CALL

指令格式：

　CALL　　i

指令功能：调用子程序。

操作数：i 为 11 位立即数，指定的子程序入口地址。

执行时间：2 个指令周期。

执行过程：PC+1→TOS，i$<$10:0$>$→PC$<$10:0$>$，PCRH$<$7:3$>$→PC$<$15:11$>$。

影响标志位：无。

指令说明：首先将指向下一条指令的 PC 值压入硬件堆栈，然后跳到目标子程序入口处继续执行。子程序的入口地址由本指令所含的 11 位地址码和 PCRH<7:3>一起构成完整的 16 位地址。

(5) LCALL

指令格式：

```
LCALL    i
```

指令功能：调用子程序（即全空间范围寻址）。

操作数：i 为 16 位立即数，指定的子程序入口地址。

执行时间：2 个指令周期。

执行过程：PC+2→TOS，i<15:0>→PC<15:0>，i<15:8>→PCRH<7:0>。

影响标志位：无。

指令说明：首先将指向下一条指令的 PC 值压入硬件堆栈，然后跳到目标子程序入口处继续执行。与 CALL 指令不同，LCALL 指令是全空间范围寻址的，因此，不依赖于 PCRH 寄存器的原始状态。

(6) RCALL

指令格式：

```
RCALL    R
```

指令功能：间接调用子程序。

操作数：R 为数据寄存器。

执行时间：2 个指令周期。

执行过程：PC+1→TOS，(R)→PC<7:0>，PCRH<7:0>→PC<15:8>。

影响标志位：无。

指令说明：首先将指向下一条指令的 PC 值压入硬件堆栈，然后跳到子程序入口处继续执行。子程序的入口地址由本指令数据寄存器 R 的值和 PCRH<7:0>一起构成完整的 16 位地址。

(7) RET

指令格式：

```
RET
```

指令功能：子程序结束返回。

操作数：无。

执行时间：2 个指令周期。

执行过程：TOS→PC。

影响标志位：无。

指令说明：该指令把硬件堆栈栈顶的值弹出送到 PC 内。程序将回到子程序调用时的下一条指令处继续执行。注意，该指令并不改变特殊寄存器 PCRH 的内容。

(8) RETIA

指令格式：

```
RETIA    i
```

指令功能：子程序结束返回，并将立即数 i 置入寄存器 A。

操作数：i 为 8 位立即数，返回时将 i 置入寄存器 A。

执行时间：2 个指令周期。

执行过程：i→(A)，TOS→PC。

影响标志位：无。

指令说明:该指令与 RET 指令类似,差异在于该指令中的立即数 i 将被自动置入寄存器 A。

指令范例:

1		MOV	Index,A	
2		CALL	TBL_8LED	;调用查表子程序 TBL_8LED
3	TBL_8LED:			
4		ADD	PCRL	;修改 PCRL 的值实现查表
5		RETIA	0x00	;子程序返回,并将 0 置入寄存器 A
6		RETIA	0x01	;子程序返回,并将 1 置入寄存器 A

(9) RETIE

指令格式:

RETIE

指令功能:中断服务程序结束返回。

操作数:无。

执行时间:2 个指令周期。

执行过程:TOS→PC,1→GIE。

影响标志位:无。

指令说明:该指令与 RET 指令类似,差异在于该指令会自动将中断控制寄存器 INTCO 中的第 7 位 GIE (全局中断使能位)置 1。

(10) CWDT

指令格式:

CWDT

指令功能:清除看门狗计数器。

操作数:无。

执行时间:1 个指令周期。

执行过程:00H→WDT,0→WDT 预分频计数器,1→N_TO,1→N_PD。

影响标志位:N_TO、N_PD。

指令说明:如果单片机在烧写配置字时使能了 WDT 片上看门狗电路,那么,程序在运行时必须每隔一段 时间执行一次该条指令。如果长时间没有执行该条指令,那么单片机将自动复位。

指令范例:

1	MainLoop:			
2		CWDT		;清看门狗
3		CALL	KeyProcess	;按键处理
4		CALL	DspProcess	;显示刷新
5		GOTO	MainLoop	;重复主循环

(11) RST

指令格式:

RST

指令功能:软件复位。

操作数:无。

执行时间:1 个指令周期。

执行过程:软件复位。

影响标志位:全部状态位。

指令说明:该指令使单片机软件复位。

(12) IDLE

指令格式:

IDLE

指令功能:进入低功耗休眠模式。

操作数:无。

执行时间:1 个指令周期。

执行过程:00H→WDT,0→WDT 预分频计数器,1→N_TO,0→N_PD。

影响标志位:N_TO,N_PD。

指令说明:该指令使单片机停止所有工作,并进入低功耗休眠模式。此时,芯片自身的功耗降至最低。在休眠状态下,主时钟振荡器停振,所有内部寄存器值保持不变,直到满足唤醒条件时,单片机被唤醒。

指令范例:

1	CALL	PreIdle	;关闭不需要输出的负载,准备休眠
2	IDLE		;进入休眠模式
3	NOP		;唤醒后开始执行的第一条指令

(13) JBC

指令格式:

JBC   R,B

指令功能:如果数据寄存器 R 中的第 B 位为 0,则跳过下一条指令。

操作数:R 为数据寄存器,B 为数据位编号(0~7)。

执行时间:当满足条件跳转时为 2 个指令周期,否则为 1 个指令周期。

执行过程:如果 R<B> = 0,则跳过下一条指令。

影响标志位:无。

指令说明:如果寄存器 R 的第 B 位为 0,则跳过下一条指令。常用于根据标志位实现程序分支跳转的控制。

指令范例:

1	JBC	PSW,Z	;判断状态寄存器的 Z 标志位
2	GOTO	Zero	;如果 Z = 1,则跳转到 Zero 标号继续执行
3	NOP		;如果 Z = 0,则继续执行此处指令

(14) JBS

指令格式:

JBS   R,B

指令功能:如果数据寄存器 R 中的第 B 位为 1,则跳过下一条指令。

操作数:R 为数据寄存器,B 为数据位编号(0~7)。

执行时间:当满足条件跳转时为 2 个指令周期,否则为 1 个指令周期。

执行过程:如果 R<B> = 1,则跳过下一条指令。

影响标志位:无。

指令说明:如果寄存器 R 的第 B 位为 1,则跳过下一条指令。常用于根据标志位实现程序分支跳转的控制。

(15) JINC

指令格式:

```
JINC  R,F
```

指令功能:数据寄存器 R 加 1,如果运算结果为 0,则跳过下一条指令。

操作数:R 为数据寄存器,F 为运算结果方向位(0~1)。如果 F=0,运算结果存储到寄存器 A 中,寄存器 R 中的值不变;如果 F=1,运算结果存储到寄存器 R 内,寄存器 A 的值不变。

执行时间:当满足条件跳转时为 2 个指令周期,否则为 1 个指令周期。

执行过程:(R) + 1→(目标),如果(目标) = 0,则跳过下一条指令。

影响标志位:无。

指令说明:首先,该指令对数据寄存器 R 的值进行加 1 运算,运算结果存到 F 指定的目标寄存器;然后,根据状态寄存器的 Z 标志位进行程序分支跳转控制。该指令常用于计数次数或循环次数控制。

(16) JDEC

指令格式:

```
JDEC  R,F
```

指令功能:数据寄存器 R 减 1,如果运算结果为 0,则跳过下一条指令。

操作数:R 为数据寄存器,F 为运算结果方向位(0~1)。关于 F 方向位的说明参见 JINC 指令。

执行时间:当满足条件跳转时为 2 个指令周期,否则为 1 个指令周期。

执行过程:(R)−1→(目标),如果(目标) = 0,则跳过下一条指令。

影响标志位:无。

指令说明:首先,该指令对数据寄存器 R 的值进行减 1 运算,运算结果存到 F 指定的目标寄存器;然后,根据状态寄存器的 Z 标志位进行程序分支跳转控制。该指令常用于计数次数或循环次数控制。

(17) JCAIE

指令格式:

```
JCAIE  i
```

指令功能:如果寄存器 A 的值与立即数 i 相等,则跳过下一条指令。

操作数:i 为 8 位立即数。

执行时间:当满足条件跳转时为 2 个指令周期,否则为 1 个指令周期。

执行过程:如果(A)=i,则跳过下一条指令。

影响标志位:无。

指令说明:该指令常用于比较寄存器 A 的值与立即数是否相等。

(18) JCAIG

指令格式:

```
JCAIG  i
```

指令功能:如果寄存器 A 的值大于立即数 i,则跳过下一条指令。

385

操作数:i 为 8 位立即数。

执行时间:当满足条件跳转时为 2 个指令周期,否则为 1 个指令周期。

执行过程:如果(A)>i,则跳过下一条指令。

影响标志位:无。

指令说明:该指令常用于比较寄存器 A 的值是否大于立即数。

(19) JCAIL

指令格式:

JCAIL　i

指令功能:如果寄存器 A 的值小于立即数 i,则跳过下一条指令。

操作数:i 为 8 位立即数。

执行时间:当满足条件跳转时为 2 个指令周期,否则为 1 个指令周期。

执行过程:如果(A)<i,则跳过下一条指令。

影响标志位:无。

指令说明:该指令常用于比较寄存器 A 的值是否小于立即数。

(20) JCRAE

指令格式:

JCRAE　R

指令功能:如果数据寄存器 R 的值与寄存器 A 的值相等,则跳过下一条指令。

操作数:R 为数据寄存器。

执行时间:当满足条件跳转时为 2 个指令周期,否则为 1 个指令周期。

执行过程:如果(R)=(A),则跳过下一条指令。

影响标志位:无。

指令说明:该指令常用于比较寄存器 A 的值与数据寄存器 R 的值是否相等。

(21) JCRAG

指令格式:

JCRAG　R

指令功能:如果数据寄存器 R 的值大于寄存器 A 的值,则跳过下一条指令。

操作数:R 为数据寄存器。

执行时间:当满足条件跳转时为 2 个指令周期,否则为 1 个指令周期。

执行过程:如果(R)>(A),则跳过下一条指令。

影响标志位:无。

指令说明:该指令常用于比较数据寄存器 R 的值是否大于寄存器 A 的值。

(22) JCRAL

指令格式:

JCRAL　R

指令功能:如果数据寄存器 R 的值小于寄存器 A 的值,则跳过下一条指令。

操作数:R 为数据寄存器。

执行时间:当满足条件跳转时为 2 个指令周期,否则为 1 个指令周期。

执行过程:如果(R)<(A),则跳过下一条指令。

影响标志位:无。

指令说明:该指令常用于比较数据寄存器 R 的值是否小于寄存器 A 的值。

(23) JCCRE

指令格式:

JCCRE R,B

指令功能:如果 C 标志位的值与数据寄存器 R 指定位的值相等,则跳过下一条指令。

操作数:R 为数据寄存器。

执行时间:当满足条件跳转时为 2 个指令周期,否则为 1 个指令周期。

执行过程:如果 C=R(B),则跳过下一条指令。

影响标志位:无。

指令说明:该指令常用于比较数据寄存器 R 的第 B 位的值是否与 C 标志位相等。

(24) JCCRG

指令格式:

JCCRG R,B

指令功能:如果 C 标志位的值大于数据寄存器指定位的值,则跳过下一条指令。

操作数:R 为数据寄存器。

执行时间:当满足条件跳转时为 2 个指令周期,否则为 1 个指令周期。

执行过程:如果 C>R(B),则跳过下一条指令。

影响标志位:无。

指令说明:该指令常用于比较 C 标志位是否大于数据寄存器 R 第 B 位的值。

(25) JCCRL

指令格式:

JCCRL R,B

指令功能:如果 C 标志位的值小于数据寄存器指定位的值,则跳过下一条指令。

操作数:R 为数据寄存器。

执行时间:当满足条件跳转时为 2 个指令周期,否则为 1 个指令周期。

执行过程:如果 C<R(B),则跳过下一条指令。

影响标志位:无。

指令说明:该指令常用于比较 C 标志位是否小于数据寄存器 R 第 B 位的值。

(26) POP

指令格式:

POP

指令功能:恢复 A、BKSR、PSW、PCRH 寄存器的值。

操作数:无。

执行时间:1 个指令周期。

执行过程:AS→A,BKSRS→BKSR,PSWS→PSW,PCRHS→PCRH。

影响标志位:无。

指令说明:恢复 A、BKSR、PSW、PCRH 寄存器的值。在中断出口处,常用于恢复现场。

(27) PUSH

指令格式：

PUSH

指令功能：保护 A、BKSR、PSW、PCRH 寄存器的值。

操作数：无。

执行时间：1 个指令周期。

执行过程：A→AS,BKSR→BKSRS,PSW→PSWS,PCRH→PCRHS。

影响标志位：无。

指令说明：保护 A、BKSR、PSW、PCRH 寄存器的值。在中断入口处,常用于保护现场。

3. 算术逻辑运算类指令

算术逻辑运算类指令如表 C-3 所列。

表 C-3　算术逻辑运算类指令

	指　令		状 态 位	操　　作
1	ADD	R,F	C,DC,Z,OV 和 N	(R)+(A)→(目标)
2	ADDC	R,F	C,DC,Z,OV 和 N	(R)+(A)+C→(目标)
3	ADDI	i	C,DC,Z,OV 和 N	i+(A)→(A)
4	ADDCI	i	C,DC,Z,OV 和 N	i+(A)+C→(A)
5	SUB	R,F	C,DC,Z,OV 和 N	(R)-(A)→(目标)
6	SSUB	R,F	C,DC,Z,OV 和 N	(A)-(R)→(目标)
7	SUBC	R,F	C,DC,Z,OV 和 N	(R)-(A)-(~C)→(目标)
8	SSUBC	R,F	C,DC,Z,OV 和 N	(A)-(R)-(~C)→(目标)
9	SUBI	i	C,DC,Z,OV 和 N	i-(A)→(A)
10	SSUBI	i	C,DC,Z,OV 和 N	(A)-i→(A)
11	SUBCI	i	C,DC,Z,OV 和 N	i-(A)-(~C)→(A)
12	SSUBCI	i	C,DC,Z,OV 和 N	(A)-i-(~C)→(A)
13	AND	R,F	Z,N	(A) AND (R)→(目标)
14	ANDI	i	Z,N	i AND (A)→(A)
15	IOR	R,F	Z,N	(A) OR (R)→(目标)
16	IORI	i	Z,N	i OR (A)→(A)
17	XOR	R,F	Z,N	(A) XOR (R)→(目标)
18	XORI	i	Z,N	i XOR (A)→(A)
19	BSS	R,B	—	1→R(B)
20	BCC	R,B	—	0→R(B)
21	BTT	R,B	—	(~R(B))→R(B)
22	CLR	R	Z	0→(R)

续表 C-3

	指　令		状态位	操　作
23	SETR	R	—	(FFH)→(R)
24	COM	R,F	Z,N	(~R)→(目标)
25	NEG	R	C、DC、Z、OV 和 N	(~R)+1→(R)
26	DAR	R,F	C	对(R)十进制调整→(目标)
27	DAA		C	对(A)十进制调整→(A)
28	INC	R,F	C、DC、Z、OV 和 N	(R)+1 →(目标)
29	DEC	R,F	C、DC、Z、OV 和 N	(R)-1 →(目标)
30	RLB	R,F,B	C、Z 和 N	C<<R<7:0><<C
31	RLBNC	R,F,B	Z,N	R<7:0><<R<7>
32	RRB	R,F,B	C、Z 和 N	C>>R<7:0>>>C
33	RRBNC	R,F,B	Z,N	R<0> >>R<7:0>
34	SWAP	R,F	—	R<3:0>→(目标)<7:4>, R<7:4>→(目标)<3:0>
35	TBR		—	Pmem(FRA)→ROMD
36	TBR♯1		—	Pmem(FRA)→ROMD,(FRA)+1→(FRA)
37	TBR_1		—	Pmem(FRA)→ROMD,(FRA)-1→(FRA)
38	TBR1♯		—	(FRA)+1→FRA,Pmem(FRA)→ROMD
39	TBW		—	ROMD→Pmem(FRA)
40	TBW♯1		—	ROMD→Pmem(FRA),(FRA)+1→(FRA)
41	TBW_1		—	ROMD→Pmem(FRA),(FRA)-1→(FRA)
42	TBW1♯		—	(FRA)+1→(FRA),ROMD→Pmem(FRA)

（1）ADD

指令格式：

ADD　R,F

指令功能：寄存器 A 的值与数据寄存器 R 的值进行不带进位加法运算，结果传送到目标寄存器。

操作数：R 为数据寄存器，F 为运算结果方向位（0～1）。关于 F 方向位的说明参见 JINC 指令。

执行时间：1 个指令周期。

执行过程：(R)+(A)→(目标)。

影响标志位：C、DC、Z、OV 和 N。

指令说明：如果运算结果为 0，则置 Z 标志位；如果运算结果为负数，则置 N 标志位；如果运算结果产生了进位，则置 C 标志位；如果运算结果半字节产生了进位，则置 DC 标志位；如果运算结果产生了溢出，则置 OV 标志位。

指令范例：

```
1        MOVI      0x55              ;将立即数 0x55 传送到寄存器 A
2        ADD       Sum               ;将寄存器 Sum 的值与寄存器 A 的值相加
```

(2) ADDC

指令格式:

```
ADDC  R,F
```

指令功能:寄存器 A 的值与数据寄存器 R 的值进行带进位加法运算,结果传送到目标寄存器。

操作数:R 为数据寄存器,F 为运算结果方向位(0～1)。关于 F 方向位的说明参见 JINC 指令。

执行时间:1 个指令周期。

执行过程:(R)+(A)+C→(目标)。

影响标志位:C、DC、Z、OV 和 N。

指令说明:如果运算结果为 0,则置 Z 标志位;如果运算结果为负数,则置 N 标志位;如果运算结果产生了进位,则置 C 标志位;如果运算结果半字节产生了进位,则置 DC 标志位;如果运算结果产生了溢出,则置 OV 标志位。

(3) ADDI

指令格式:

```
ADDI  i
```

指令功能:寄存器 A 的值与立即数 i 进行不带进位加法运算,结果传送到寄存器 A。

操作数:i 为 8 位立即数。

执行时间:1 个指令周期。

执行过程:i+(A)→(A)。

影响标志位:C、DC、Z、OV 和 N。

指令说明:如果运算结果为 0,则置 Z 标志位;如果运算结果为负数,则置 N 标志位;如果运算结果产生了进位,则置 C 标志位;如果运算结果半字节产生了进位,则置 DC 标志位;如果运算结果产生了溢出,则置 OV 标志位。

(4) ADDCI

指令格式:

```
ADDCI  i
```

指令功能:寄存器 A 的值与立即数 i 进行带进位加法运算,结果传送到 A 寄存器。

操作数:i 为 8 位立即数。

执行时间:1 个指令周期。

执行过程:i+(A)+C→(A)。

影响标志位:C、DC、Z、OV 和 N。

指令说明:如果运算结果为 0,则置 Z 标志位;如果运算结果为负数,则置 N 标志位;如果运算结果产生了进位,则置 C 标志位;如果运算结果半字节产生了进位,则置 DC 标志位;如果运算结果产生了溢出,则置 OV 标志位。

(5) SUB

指令格式:

```
SUB  R,F
```

指令功能：数据寄存器 R 的值与 A 寄存器的值进行不带借位减法运算,结果传送到目标寄存器。

操作数：R 为数据寄存器,F 为运算结果方向位(0~1)。关于 F 方向位的说明参见 JINC 指令。

执行时间：1 个指令周期。

执行过程：(R)－(A)→(目标)。

影响标志位：C、DC、Z、OV 和 N。

指令说明：如果运算结果为 0,则置 Z 标志位；如果运算结果为负数,则置 N 标志位；如果运算结果产生了借位,则清 C 标志位；如果运算结果半字节产生了借位,则清 DC 标志位；如果运算结果产生了溢出,则置 OV 标志位。

指令范例：

| 1 | MOVI | 0x55 | ;将立即数 0x55 传送到寄存器 A |
| 2 | SUB | Sum | ;(Sum) = (Sum) － (A) |

(6) SSUB

指令格式：

SSUB R,F

指令功能：寄存器 A 的值与数据寄存器 R 的值进行不带借位减法运算,结果传送到目标寄存器。

操作数：R 为数据寄存器,F 为运算结果方向位(0~1)。关于 F 方向位的说明参见 JINC 指令。

执行时间：1 个指令周期。

执行过程：(A)－(R)→(目标)。

影响标志位：C、DC、Z、OV 和 N。

指令说明：如果运算结果为 0,则置 Z 标志位；如果运算结果为负数,则置 N 标志位；如果运算结果产生了借位,则清 C 标志位；如果运算结果半字节产生了借位,则清 DC 标志位；如果运算结果产生了溢出,则置 OV 标志位。

(7) SUBC

指令格式：

SUBC R,F

指令功能：数据寄存器 R 的值与寄存器 A 的值进行带借位减法运算,结果传送到目标寄存器。

操作数：R 为数据寄存器,F 为运算结果方向位(0~1)。关于 F 方向位的说明参见 JINC 指令。

执行时间：1 个指令周期。

执行过程：(R)－(A)－(~C)→(目标)。

影响标志位：C、DC、Z、OV 和 N。

指令说明：如果运算结果为 0,则置 Z 标志位；如果运算结果为负数,则置 N 标志位；如果运算结果产生了借位,则清 C 标志位；如果运算结果半字节产生了借位,则清 DC 标志位；如果运算结果产生了溢出,则置 OV 标志位。

(8) SSUBC

指令格式：

SSUBC R,F

指令功能：寄存器 A 的值与数据寄存器 R 的值进行带借位减法运算,结果传送到目标寄存器。

操作数：R 为数据寄存器,F 为运算结果方向位(0~1)。关于 F 方向位的说明参见 JINC 指令。

执行时间：1 个指令周期。

执行过程：$(A) - (R) - (\sim C) \to$（目标）。

影响标志位：C、DC、Z、OV 和 N。

指令说明：如果运算结果为 0，则置 Z 标志位；如果运算结果为负数，则置 N 标志位；如果运算结果产生了借位，则清 C 标志位；如果运算结果半字节产生了借位，则清 DC 标志位；如果运算结果产生了溢出，则置 OV 标志位。

(9) SUBI

指令格式：

```
SUBI  i
```

指令功能：立即数 i 与寄存器 A 的值进行不带借位减法运算，结果传送到寄存器 A。

操作数：i 为 8 位立即数。

执行时间：1 个指令周期。

执行过程：$i - (A) \to (A)$。

影响标志位：C、DC、Z、OV 和 N。

指令说明：如果运算结果为 0，则置 Z 标志位；如果运算结果为负数，则置 N 标志位；如果运算结果产生了借位，则清 C 标志位；如果运算结果半字节产生了借位，则清 DC 标志位；如果运算结果产生了溢出，则置 OV 标志位。

(10) SSUBI

指令格式：

```
SSUBI  i
```

指令功能：寄存器 A 的值与立即数 i 进行不带借位减法运算，结果传送到 A 寄存器。

操作数：i 为 8 位立即数。

执行时间：1 个指令周期。

执行过程：$(A) - i \to (A)$。

影响标志位：C、DC、Z、OV 和 N。

指令说明：如果运算结果为 0，则置 Z 标志位；如果运算结果为负数，则置 N 标志位；如果运算结果产生了借位，则清 C 标志位；如果运算结果半字节产生了借位，则清 DC 标志位；如果运算结果产生了溢出，则置 OV 标志位。

(11) SUBCI

指令格式：

```
SUBCI  i
```

指令功能：立即数 i 与寄存器 A 的值进行带借位减法运算，结果传送到寄存器 A。

操作数：i 为 8 位立即数。

执行时间：1 个指令周期。

执行过程：$i - (A) - (\sim C) \to (A)$。

影响标志位：C、DC、Z、OV 和 N。

指令说明：如果运算结果为 0，则置 Z 标志位；如果运算结果为负数，则置 N 标志位；如果运算结果产生了借位，则清 C 标志位；如果运算结果半字节产生了借位，则清 DC 标志位；如果运算结果产生了溢出，则置 OV 标志位。

(12) SSUBCI

指令格式：

SSUBCI　i

指令功能:寄存器 A 的值与立即数 i 进行带借位减法运算,结果传送到寄存器 A。

操作数:i 为 8 位立即数。

执行时间:1 个指令周期。

执行过程:$(A)-i-(\sim C) \rightarrow (A)$。

影响标志位:C、DC、Z、OV 和 N。

指令说明:如果运算结果为 0,则置 Z 标志位;如果运算结果为负数,则置 N 标志位;如果运算结果产生了借位,则清 C 标志位;如果运算结果半字节产生了借位,则清 DC 标志位;如果运算结果产生了溢出,则置 OV 标志位。

(13) AND

指令格式:

AND　R,F

指令功能:寄存器 A 的值与数据寄存器 R 的值的位进行与运算,结果传送到目标寄存器。

操作数:R 为数据寄存器,F 为运算结果方向位(0~1)。关于 F 方向位的说明参见 JINC 指令。

执行时间:1 个指令周期。

执行过程:$(A) AND (R) \rightarrow (目标)$。

影响标志位:Z、N。

指令说明:如果运算结果为 0,则置 Z 标志位;如果运算结果为负数,则置 N 标志位。

(14) ANDI

指令格式:

ANDI　i

指令功能:寄存器 A 的值与立即数 i 的位进行与运算,结果传送到寄存器 A。

操作数:i 为 8 位立即数。

执行时间:1 个指令周期。

执行过程:$i AND (A) \rightarrow (A)$。

影响标志位:Z、N。

指令说明:如果运算结果为 0,则置 Z 标志位;如果运算结果为负数,则置 N 标志位。

(15) IOR

指令格式:

IOR　R,F

指令功能:寄存器 A 的值与数据寄存器 R 的值的位进行或运算,结果传送到目标寄存器。

操作数:R 为数据寄存器,F 为运算结果方向位(0~1)。关于 F 方向位的说明参见 JINC 指令。

执行时间:1 个指令周期。

执行过程:$(A) OR (R) \rightarrow (目标)$。

影响标志位:Z、N。

指令说明:如果运算结果为 0,则置 Z 标志位;如果运算结果为负数,则置 N 标志位。

(16) IORI

指令格式:

IORI　i

指令功能:寄存器 A 的值与立即数 i 的位进行或运算,结果传送到寄存器 A。

操作数:i 为 8 位立即数。

执行时间:1 个指令周期。

执行过程:i OR (A)→(A)。

影响标志位:Z、N。

指令说明:如果运算结果为 0,则置 Z 标志位;如果运算结果为负数,则置 N 标志位。

(17) XOR

指令格式:

```
XOR  R,F
```

指令功能:寄存器 A 的值与数据寄存器 R 的值的位进行异或运算,结果传送到目标寄存器。

操作数:R 为数据寄存器,F 为运算结果方位位(0~1)。关于 F 方向位的说明参见 JINC 指令。

执行时间:1 个指令周期。

执行过程:(A) XOR (R)→(目标)。

影响标志位:Z、N。

指令说明:如果运算结果为 0,则置 Z 标志位;如果运算结果为负数,则置 N 标志位。

(18) XORI

指令格式:

```
XORI  i
```

指令功能:寄存器 A 的值与立即数 i 的位进行异或运算,结果传送到寄存器 A。

操作数:i 为 8 位立即数。

执行时间:1 个指令周期。

执行过程:i XOR (A)→(A)。

影响标志位:Z、N。

指令说明:如果运算结果为 0,则置 Z 标志位;如果运算结果为负数,则置 N 标志位。

(19) BSS

指令格式:

```
BSS  R,B
```

指令功能:将数据寄存器 R 的第 B 位置为 1。

操作数:R 为数据寄存器,B 为数据位编号(0~7)。

执行时间:1 个指令周期。

执行过程:1→R(B)。

影响标志位:无。

指令说明:该指令对任何数据寄存器的某一位置 1,常用于标志位设置或将某输出引脚置高。

(20) BCC

指令格式:

```
BCC  R,B
```

指令功能:将数据寄存器 R 的第 B 位置为 0。

操作数:R 为数据寄存器,B 为数据位编号(0~7)。

执行时间:1 个指令周期。

执行过程:0→R(B)。

影响标志位:无。

指令说明:该指令对任何数据寄存器的某一位置 0,常用于标志位设置或将某输出引脚置低。

(21) BTT

指令格式:

BTT　R,B

指令功能:将数据寄存器 R 的第 B 位取反。

操作数:R 为数据寄存器,B 为数据位编号(0~7)。

执行时间:1 个指令周期。

执行过程:(~R(B))→R(B)。

影响标志位:无。

指令说明:该指令对任何数据寄存器中的某一位取反。

(22) CLR

指令格式:

CLR　R

指令功能:将数据寄存器 R 清 0。

操作数:R 为数据寄存器。

执行时间:1 个指令周期。

执行过程:0→(R)。

影响标志位:Z。

指令说明:该指令执行完后,将置 Z 标志位。

(23) SETR

指令格式:

SETR　R

指令功能:将数据寄存器 R 置为 0xFF。

操作数:R 为数据寄存器。

执行时间:1 个指令周期。

执行过程:(FFH)→(R)。

影响标志位:无。

指令说明:对数据寄存器 R 的各数据位置 1。

(24) COM

指令格式:

COM　R,F

指令功能:对数据寄存器 R 进行取反运算,结果传送到目标寄存器。

操作数:R 为数据寄存器,F 为运算结果方向位(0~1)。关于 F 方向位的说明参见 JINC 指令。

执行时间:1 个指令周期。

执行过程:(~R)→(目标)。

影响标志位:Z、N。

指令说明:如果运算结果为 0,则置 Z 标志位;如果运算结果为负数,则置 N 标志位。

(25) NEG

指令格式：

　NEG　R

指令功能：对数据寄存器 R 取补运算。

操作数：R 为数据寄存器。

执行时间：1 个指令周期。

执行过程：~(R)+1→(R)。

影响标志位：C、DC、Z、OV 和 N。

指令说明：如果运算结果为 0，则置 Z 标志位；如果运算结果为负数，则置 N 标志位；如果运算结果产生了进位，则置 C 标志位；如果运算结果半字节产生了进位，则置 DC 标志位；如果运算结果产生了溢出，则置 OV 标志位。

(26) DAR

指令格式：

　DAR　R,F

指令功能：对数据寄存器 R 的值进行十进制调整运算，结果传送到目标寄存器。

操作数：R 为数据寄存器，F 为运算结果方向位（0~1）。关于 F 方向位的说明参见 JINC 指令。

执行时间：1 个指令周期。

执行过程：对(R)十进制调整→(目标)

影响标志位：C。

指令说明：该指令的直接前趋指令必须是一条算术运算指令，否则该指令无效。

指令范例：

```
1        MOVI        0x0A
2        MOVA        Tmp          ;将 0x0A 置入 Tmp
3        MOVI        0x12
4        ADD         Tmp          ;将计算结果 0x0C 传送到 Tmp
5        DAR         Tmp          ;对 Tmp 进行十进制调整,结果为 0x22
```

(27) DAA

指令格式：

　DAA

指令功能：对寄存器 A 的值进行十进制调整运算，结果传送到寄存器 A。

操作数：无。

执行时间：1 个指令周期。

执行过程：对(A)十进制调整→(A)

影响标志位：C。

指令说明：该指令的直接前趋指令必须是一条算术运算指令，否则该指令无效。

(28) INC

指令格式：

　INC　R,F

指令功能:数据寄存器 R 的值加 1,结果传送到目标寄存器。

操作数:R 为数据寄存器,F 为运算结果方向位(0~1)。关于 F 方向位的说明参见 JINC 指令。

执行时间:1 个指令周期。

执行过程:(R)+1→(目标)

影响标志位:C、DC、Z、OV 和 N。

指令说明:该指令对数据寄存器 R 的值进行加 1 运算,结果存到 F 指定的目标寄存器。值得注意的是,JINC 指令不影响标志位,而 INC 指令是影响标志位的。如果运算结果为 0,则置 Z 标志位;如果运算结果为负数,则置 N 标志位;如果运算结果产生了进位,则置 C 标志位;如果运算结果半字节产生了进位,则置 DC 标志位;如果运算结果产生了溢出,则置 OV 标志位。

(29) DEC

指令格式:

```
DEC   R,F
```

指令功能:数据寄存器 R 的值减 1,结果传送到目标寄存器。

操作数:R 为数据寄存器,F 为运算结果方向位(0~1)。关于 F 方向位的说明参见 JINC 指令。

执行时间:1 个指令周期。

执行过程:(R)−1→(目标)。

影响标志位:C、DC、Z、OV 和 N。

指令说明:该指令对数据寄存器 R 的值进行减 1 运算,结果存到 F 指定的目标寄存器。如果运算结果为 0,则置 Z 标志位;如果运算结果为负数,则置 N 标志位;如果运算结果产生了进位,则置 C 标志位;如果运算结果半字节产生了进位,则置 DC 标志位;如果运算结果产生了溢出,则置 OV 标志位。

(30) RLB

指令格式:

```
RLB   R,F,B
```

指令功能:数据寄存器 R 的值带 C 标志位的左移 B 位运算,结果传送到目标寄存器。

操作数:R 为数据寄存器,F 为运算结果方向位(0~1),B 为移位次数(0~7)。关于 F 方向位的说明参见 JINC 指令。

执行时间:1 个指令周期。

执行过程:$C << R<7:0> << C$

影响标志位:C、Z 和 N。

指令说明:该指令对由数据寄存器 R 的值及 C 标志位组成的 9 位数据进行左移 B 位运算,运算结果存到 F 指定的目标寄存器。如果运算结果为 0,则置 Z 标志位;如果运算结果为负数,则置 N 标志位;如果运算结果产生了进位,则置 C 标志位。

(31) RLBNC

指令格式:

```
RLBNC   R,F,B
```

指令功能:数据寄存器 R 的值不带 C 标志位的左移 B 位运算,结果传送到目标寄存器。

操作数:R 为数据寄存器,F 为运算结果方向位(0~1),B 为移位次数(0~7)。关于 F 方向位的说明参见 JINC 指令。

执行时间:1 个指令周期。

执行过程:$R<7:0> << R<7>$

影响标志位：Z、N。

指令说明：该指令对数据寄存器 R 的值进行左移 B 位运算，运算结果存到 F 指定的目标寄存器。如果运算结果为 0，则置 Z 标志位；如果运算结果为负数，则置 N 标志位。

(32) RRB

指令格式：

　RRB　R，F，B

指令功能：数据寄存器 R 的值带 C 标志位的右移 B 位运算，结果传送到目标寄存器。

操作数：R 为数据寄存器，F 为运算结果方向位（0～1），B 为移位次数（0～7）。关于 F 方向位的说明参见 JINC 指令。

执行时间：1 个指令周期。

执行过程：C>> R<7：0> >>C

影响标志位：C、Z 和 N。

指令说明：该指令对由数据寄存器 R 的值及 C 标志位组成的 9 位数据进行右移 B 位运算，运算结果存到 F 指定的目标寄存器。如果运算结果为 0，则置 Z 标志位；如果运算结果为负数，则置 N 标志位；如果运算结果产生了进位，则置 C 标志位。

(33) RRBNC

指令格式：

　RRBNC　R，F，B

指令功能：数据寄存器 R 的值不带 C 标志位的右移 B 位运算，结果传送到目标寄存器。

操作数：R 为数据寄存器，F 为运算结果方向位（0～1），B 为移位次数（0～7）。关于 F 方向位的说明参见 JINC 指令。

执行时间：1 个指令周期。

执行过程：R<0> >> R<7：0>

影响标志位：Z、N。

指令说明：该指令对数据寄存器 R 的值进行右移 B 位运算，结果存到 F 指定的目标寄存器。如果运算结果为 0，置 Z 标志位；如果运算结果为负数，则置 N 标志位。

(34) SWAP

指令格式：

　SWAP　R，F

指令功能：数据寄存器 R 的值的高、低半字节交换，结果传送到目标寄存器。

操作数：R 为数据寄存器，F 为运算结果方向位（0～1）。关于 F 方向位的说明参见 JINC 指令。

执行时间：1 个指令周期。

执行过程：R<3：0>→（目标）<7：4>，R<7：4>→（目标）<3：0>。

影响标志位：无。

指令说明：该指令对数据寄存器 R 的值进行高、低半字节交换，结果存到 F 指定的目标寄存器。

(35) TBR

指令格式：

　TBR

指令功能：将 FRA 所指向的程序存储器的值传送到 ROMD 寄存器中。

操作数：无。

执行时间：1 个指令周期。

执行过程：Pmem(FRA)→ROMD

影响标志位：无。

指令说明：该指令将 FRA 查表指针寄存器组（FRAL、FRAH 寄存器）指向的程序存储器的值传送到 ROMDH 和 ROMDL 寄存器。

(36) TBR♯1

指令格式：

TBR♯1

指令功能：将 FRA 所指向的程序存储器的值传送到 ROMD 寄存器中，再将 FRA 的值自增 1。

操作数：无。

执行时间：1 个指令周期。

执行过程：Pmem(FRA)→ROMD,(FRA)+1→(FRA)

影响标志位：无。

指令说明：该指令将 FRA 查表指针寄存器组（FRAL、FRAH 寄存器）指向的程序存储器的值传送到 ROMDH 和 ROMDL 寄存器，再将 FRA 的值自增 1。

(37) TBR_1

指令格式：

TBR_1

指令功能：将 FRA 所指向的程序存储器的值传送到 ROMD 寄存器中，再将 FRA 的值自减 1。

操作数：无。

执行时间：1 个指令周期。

执行过程：Pmem(FRA)→ROMD,(FRA)−1→(FRA)

影响标志位：无。

指令说明：该指令将 FRA 查表指针寄存器组（FRAL、FRAH 寄存器）指向的程序存储器的值传送到 ROMDH 和 ROMDL 寄存器中，再将 FRA 的值自减 1。

(38) TBR1♯

指令格式：

TBR1♯

指令功能：FRA 的值自增 1，再将 FRA 所指向的程序存储器的值传送到 ROMD 寄存器中。

操作数：无。

执行时间：1 个指令周期。

执行过程：(FRA)+1→(FRA),Pmem(FRA)→ROMD

影响标志位：无。

指令说明：FRA 的值自增 1，再将 FRA 查表指针寄存器组（FRAL、FRAH 寄存器）指向的程序存储器的值传送到 ROMDH 和 ROMDL 寄存器中。

(39) TBW

指令格式：

TBW

指令功能：将 ROMD 寄存器中的值传送到 FRA 所指向的程序存储器中。

操作数：无。

执行时间：1 个指令周期。

执行过程：ROMD→Pmem(FRA)

影响标志位：无。

指令说明：该指令将 ROMDH 和 ROMDL 寄存器的值传送到 FRA 查表指针寄存器组（FRAL、FRAH 寄存器）指向的程序存储器中。

(40) TBW♯1

指令格式：

TBW♯1

指令功能：将 ROMD 寄存器中的值传送到 FRA 所指向的程序存储器中，再将 FRA 的值自增 1。

操作数：无。

执行时间：1 个指令周期。

执行过程：ROMD→Pmem(FRA)，(FRA)+1→(FRA)

影响标志位：无。

指令说明：该指令将 ROMDH 和 ROMDL 寄存器的值传送到 FRA 查表指针寄存器组（FRAL、FRAH 寄存器）指向的程序存储器中，再将 FRA 的值自增 1。

(41) TBW_1

指令格式：

TBW_1

指令功能：将 ROMD 寄存器中的值传送到 FRA 所指向的程序存储器中，再将 FRA 的值自减 1。

操作数：无。

执行时间：1 个指令周期。

执行过程：ROMD→Pmem(FRA)，(FRA)−1→(FRA)

影响标志位：无。

指令说明：该指令将 ROMDH 和 ROMDL 寄存器的值传送到 FRA 查表指针寄存器组（FRAL、FRAH 寄存器）指向的程序存储器中，再将 FRA 的值自减 1。

(42) TBW1♯

指令格式：

TBW1♯

指令功能：FRA 的值自增 1，再将 ROMD 寄存器中的值传送到 FRA 所指向的程序存储器中。

操作数：无。

执行时间：1 个指令周期。

执行过程：FRA+1→(FRA)，ROMD→Pmem(FRA)

影响标志位：无。

指令说明：FRA 的值自加 1，再将 ROMDH 和 ROMDL 寄存器的值传送到 FRA 查表指针寄存器组（FRAL、FRAH 寄存器）指向的程序存储器中。

参考文献

[1] Samuel P. Harbinson III，Guy L. Steele Jr. C A Reference Manual，5th Edition，2002

[2] American National Standards Institute(1990)：ANSI/ISO 9899－1990 for Programming Languages——C，1990

[3] ISO/IEC(2005)：ISO/IEC 9899：TC2 Programming Languages——C

[4] ISO/IEC(2011)：ISO/IEC 9899：201x Programming Languages——C

[5] 国家技术监督局(1994)：GB/T 15272－94 程序设计语言——C

[6] Brian W.Kernighan，Dennis M.Ritchie. The C Programming Language，Prentice Hall，1998

[7] K.N.King.C 语言程序设计——现代方法.北京：人民邮电出版社，2007

[8] Stephen Prata. C Primer Plus，6th Edition. Pearson Education，Inc，2014

[9] Dijkstra. A Case against the GO TO Statement. ACM 11，1968

[10] Robert W.Sebesta. Concepts of Programming Language，9th Edition. Pearson Education，Inc，2010

[11] Peter Van Der Linden.C 专家编程.北京：人民邮电出版社，2008

[12] Donald E.Knuth.The Art of Computer Programming，3rd Edition. Pearson Education，1998

[13] Barry B.Brey. The Intel Microprocessors Architecture，Programming，and Interfacing，6th Edition. Prentice Hall，2003

[14] Intel Corporation.IA-32 Intel Architecture Software Developer's Manual. Intel Corporation，2001

[15] John L.Hennessy，David A.Patterson.计算机系统结构：量化研究方法，第 4 版. 北京：电子出版业出版社，2007

[16] 杨荣，王秀芳，潘松，陈立权，史卫东.海尔单片机原理及应用.北京：北京航空航天大学出版社，2011

[17] 王娣，安剑，孙秀梅.C 语言程序开发范例宝典.北京：人民邮电出版社，2010

[18] 杨克昌，刘志辉.趣味 C 程序设计集锦.北京：中国水利水电出版社，2010

[19] Benjamin C.pierce.Types and Programming Languages. The MIT Press，2002

［20］Kenneth Slonneger，Barry L.Kurtz.Formal Syntax and Semantics of Programming Languages. Addison-Wesley Publishing Company，1995

［21］Thomas H. Cormen，Charles E. Leiserson.算法导论.北京：机械工业出版社，2011

［22］Jonh C.Mitchell.程序设计语言理论基础.北京：电子工业出版社，2006

［23］Kenneth H.Rosen.离散数学及其应用.北京：机械工业出版社，2012

［24］Roger S.Pressman.软件工程——实践者的研究方法.北京：机械工业出版社，2010

［25］Dorai Sitaram.Model of Control and Their Implications for Programming Language Design，1994

［26］Michael L.Scott.程序设计语言实践之路.北京：电子工业出版社，2005

［27］曹衍龙，林瑞仲，徐慧.C语言实例解析精粹.北京：人民邮电出版社，2005